탄소나노소재의 합성 및 응용

탄소나노소재의 합성 및 응용

이창섭·현유라 지음

탐구당

머리말
Preface

탄소나노소재는 나노 크기의 탄소 소재를 원자, 분자 수준에서 다루고 제어, 조작하는 나노기술과 접목하여 합성 또는 응용할 수 있는 나노소재를 말한다. 지난 수십년 간 탄소나노소재는 발견과 동시에 많은 연구자들의 관심을 끌어왔으며, 학술적인 연구와 산업적인 응용 두 측면에서 모두 괄목할 만한 성장을 이루어왔다.

탄소나노소재의 종류로는 플러렌, 탄소나노튜브, 탄소나노와이어, 탄소나노섬유 및 그래핀 등과 같은 나노 구조의 탄소 동소체가 있다. 이들 소재는 기본적으로 넓은 비표면적을 가지고 있으며 화학적 안정성이 크고 전기적, 광학적 특성이 우수하며 고에너지 효율을 가지고 있어 이차전지, 연료전지, 태양전지와 같은 에너지 저장 및 전환 물질, 초전도 물질, 센서, 촉매, 윤활제, 반도체, 초박형 디스플레이 소자, 우주 항공 및 환경 등의 다양한 분야에서 혁신을 가져올 차세대 나노소재로서 각광을 받고 있다. 이 중 탄소나노튜브는 원통형 모양의 나노 구조를 가지는 탄소 동소체로서 기계적, 전기적 및 열적 특성이 우수하여 고분자 복합소재, 스포츠용품, 전자파 차폐재, 전극소재, 발열 및 방열소재 등에 응용이 되고 있다. 탄소나노섬유는 탄소의 함량이 90% 이상이며, 1 마이크론 이하의 두께를 가지는 섬유상의 소재로서 다양한 물질과의 복합소재, 전자파 차폐재, 디스플레이 소자, 탄소 반도체, 센서 소재, 촉매의 지지체 및 이차전지의 음극재로 사용되고 있다. 그래핀은 탄소원자들이 육각형 벌집 모양으로 연결된 평평한 판 형태의 물질로서, 강철보다 200배 이상 강하며, 구리보다 100배 이상 전기 전도도가 높고, 실리콘보다 100배 이상 전자 이동성이 크다. 따라서 그래핀의 높은 전기적 특성을 활용한 초고속 반도체, 광학적 특성을 활용한 휘는 디스플레이, 디스플레이만으로 작동하는 컴퓨터, 높은 전도도를 이용한 고효율 태양전지 및 이차전지 등에 응용되며, 플라스틱 소재 발견 이후 최고의 발견으로서 꿈의 신소재리 여겨지고 있다.

결과적으로 탄소나노소재는 유연하고, 기계적 강도가 우수하며, 저온에서도 공정이 가능해 나노소재의 장점과 유기소재가 가지는 다양한 화학적 특성을 통한 물성 제어와 가격경쟁력의 장점 모두를 지니고 있기 때문에 기존 소재를 대체할 수 있으며, 활용도가 뛰어나 여러 분야에서 다양한 응용가치를 가질 것으로 예상된다.

2020년 12월 25일 저 자

목차
contents

01 서론

탄소소재는 지구상에서 가장 흔한 자원 중 하나인 탄소로 이루어진 소재이며, 그 중에서도 나노 크기의 작은 물질을 분자, 원자 수준에서 다루고 통제, 조작하는 나노테크놀로지와 결합하여 합성 및 응용할 수 있는 나노소재를 탄소나노소재라고 한다.

탄소나노소재는 그림 01-1에서 보듯이, 소재 자체의 구조에 따라 0차원, 1차원, 2차원 및 3차원 탄소소재로 구분할 수 있으며, 플러렌, 탄소나노튜브, 탄소나노와이어, 탄소나노섬유, 및 그래핀 등을 포함한다.

플러렌(Fullerene, C60)은 탄소원자 60개가 오각형 모양 12개와 육각형 모양 20개로 이루어진 축구공 같은 구형 분자화합물로서, 내부 직경은 0.71nm이며 전기화학적 기능, 기체 및 물질 저장 기능, 기계적 기능, 광학적 기능 등 특별한 성질을 가지고 있다. 플러렌은 다이아몬드만큼 강하면서도 아주 작은 물질을 새장처럼 가둘 수 있고 미끄러운 성질이 있으며, 다른 물질을 삽입할 수 있도록 열리기도 하고 튜브처럼 이어질 수도 있다. 플러렌은 탄소원자끼리 강하게 결합해 반응성이 적은 대신, 인체에 독성이 없는 특징이 있어 과학자들은 이를 이용해 의약 성분의 저장 및 체내 운반체 등으로 이용하는 약물 전달 시스템(DDS)으로 연구를 하고 있다. 최근에는 아주 미세한 구조를 가지고 있어 조그만 양으로도 매우 예민한 반응을 하는 플러렌의 특성을 이용하려는 연구가 주목받고 있다. 또한 여러 금속 원자를 섞어 도체, 혹은 초전도체로 이용하거나 수많은 플러렌을 서로 연결해 새로운 섬유나 촉매, 그리고 각종 센서로 응용하는 등 플러렌의 이용 분야가 날로 증가하고 있다. 이러한 점에서 플러렌은 전지, 윤활제, 초전도 물질, 고분자, 촉매, 컴퓨터 기억소자, 우주 항공, 환경 등의 분야에서 혁신을 가져올 차세대 나노소재로 기대를 모으고 있다.

탄소나노튜브(Carbon Nanotube, CNT)는 탄소끼리 육각형으로 결합하여 원통형 튜브 구조를 이룬 탄소 동소체의 일종으로 흑연, 다이아몬드 등 다른 탄소 동소체와 동일하게 탄소 성분으로 구성되어있으나 모양과 성질에서 차이가 있다. 직경이 수nm 정도로 작은 튜브 모양을 하고 있어 나노튜브로도 지칭하고 있다. 하나의 튜브로 이루어진 단일벽(Single walled: SW), 두 개의 튜브가 겹쳐진 이중벽(Double walled: DW), 3개 이상의 튜브로 구성된 다중벽(Multi walled: MW) 등으로 구분되고 있다. 단일벽 탄소나노튜브는 생산수율이 낮고 정제 과정이 복잡하여, 현재 대부분 다중벽 탄소나노튜브를 사용하고 있으며, 탄소층이 감겨있는 각도에 따라 도체와 반도체의 성격을 나타낸다.[1-4]

그래핀(Graphene)은 연필심에 사용되어 우리에게 친숙한 흑연으로부터 만들어지며, 주기율표상 원자번호 6번에 해당하는 탄소로 만들어진 동소체 중 하나이다. 흑연은 탄소들이 벌집 모양의 육각형 그물처럼 배열된 평면들이 겹겹이 쌓여 있는 원자 구조를 가지고 있는데, 이러한 원자 구조를 가지는 흑연의 한 층을 그래핀이라고 한다. 그래핀은 독특한 전기적 특성 이외에 우수한 광학적, 기계적 특성을 동시에 가진다. 그래핀의 열전도율은 구리보다 20배 이상 높으며, 영률(Young's modulus)은 철에 비하여 5배 이상 크다. 또한 단일층의 그래핀은 빛을 97% 가까이 투과시킬 정도로 투명함을 가진다.

현대 사회에서는 과학 기술의 발전과 함께 스마트 기기도 발전함에 따라, 휘어지는 배터리, 투명 디스플레이 등 여러가지 스마트 기기를 가능하게 할 뿐만 아니라, 차세대 전극재료로도 다양한 형태의 탄소나노소재가 요구되고 있다. 탄소나노소재는 유연하고, 기계적 강도가 우수하며, 저온에서 공정이 가능해 매우 유망한 소재로 기대를 받고 있다. 또한, 넓은 표면적을 제공하고 전달 경로를 짧게 해서 물질 전달을 원활하게 하고 전지의 충·방전 시 부피 팽창/수축에 의한 스트레스를 효과적으로 줄일 수 있다는 나노소재의 장점과, 유기소재가 가지는 다양한 화학적 특성을 통한 물성 제어와 가격 경쟁력의 장점을 모두 지니고 있다. 따라서 탄소나노소재는 기존 소재를 대체할 수 있으며, 활용도가 뛰어나 여러 분야에서 다양한 응용 가치를 가질 것으로 예상된다.

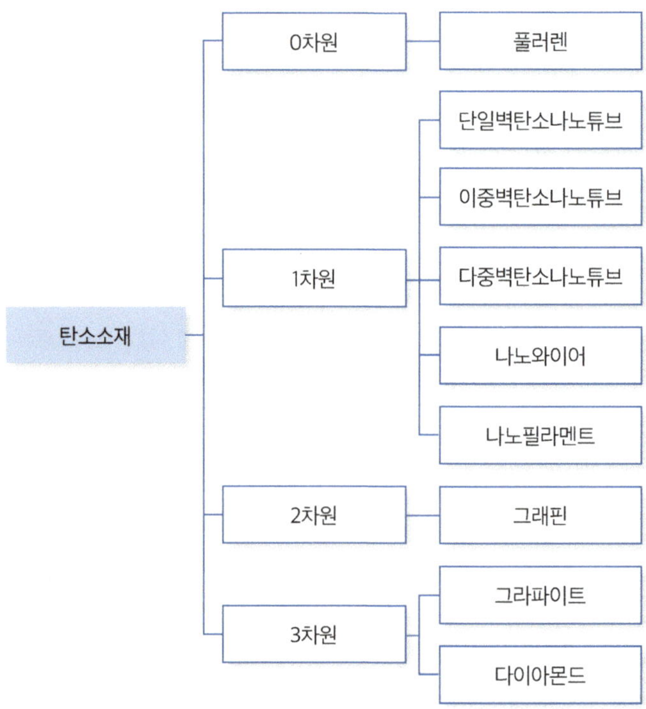

그림 01-1. 탄소나노소재의 분류 [4]

02 탄소나노섬유의 합성방법 및 특성

2.1 전기 방사

전기 방사는 용액 또는 용융물에 정전기력이 가해질 때 나노 미터 내지는 마이크로 미터 규모의 직경을 갖는 섬유를 생성한다. 전형적인 전기 방사 공정에서는, 용액 또는 용융물에 고전압이 인가된다. 이어서 바늘에 용액 방울이 형성되며, 정전기적 반발이 유체의 표면 장력을 극복하기 시작할 때, 바늘에 형성된 용액 방울은 바늘 끝에서 Taylor 원뿔로 알려진 원뿔형 방울로 변형된다.

정전기력이 원뿔형 방울의 표면 장력을 극복함에 따라, 미세하게 하전된 중합체 용액 제트가 니들 팁(Niddle tip)으로부터 배출된다. 전기장과 유체의 표면 장력 사이의 상호 작용은 제트 스트림을 늘려서 용매를 증발시키는 휘핑 동작을 하게한다. 이는 제트 스트림이 길고 얇은 필라멘트로서 연속적으로 연장되게 한 다음, 이 필라멘트는 응고되고 결국 접지 된 수집기 상에 증착되어 균일한 섬유를 형성한다.

전기 방사는 탄소나노섬유의 제조에 가장 널리 사용되는 방법 중 하나이다. Inagaki는 최근 전기 방사 공정으로 제조된 탄소나노섬유를 체계적으로 검토하였다.[5] 최근에 Zhang은 전기 방사에 의해 제조된 탄소나노섬유의 제조와 응용을 상세하게 설명하였다.[6] 전기 방사법에 의해 탄소나노섬유를 제조하기 위하여, 중합체 나노섬유는 탄소나노섬유의 전구체로부터 제조되어야 하는데, 최종 탄소나노섬유의 특성은 중합체 용액의 유형 및 처리 파라미터에 의해 결정된다. PAN 계와 Pitch 계가 가장 많이 사용되는 폴리머이다. PAN 계는 아크릴로나이트릴(Acrylonitrile)을 중합한 후 방사해 얻은 PAN(Poly-Acrylonitrile) 섬유를 고온에서 탄화해 제조한 것이다. 반면 Pitch 계는 석유·석탄 공정에서 증류하고 남은 잔류물(Pitch)을 방사한 후, 고온에서 탄화하여 제조한 것이다. 세계 탄소섬유 시장에서는 PAN 계가 96.2%로 압도적이며 Pitch 계는 3.8% 정도이다. 또한 폴리비닐알코올(PVA), 폴리이미드(PI), 폴리벤즈이미다졸(PBI), 폴리비닐리덴 플루오라이드(PVDF), 페놀 수지 및 리그닌도 사용된다.[5]

중합체 나노섬유가 성공적으로 제조되면, 열처리는 중합체 나노섬유를 탄화시켜 탄소나노섬유가 형성하도록 한다. 형태, 순도, 결정도, 직경 및 다공성은 대기 및 온도와 같은 열처리 공정의 조건에 따라 달라진다. 중합체 나노섬유가 제조된 후, 탄화 공정에 이어서 특정 환경에서 중합체 나노섬유를 1,000℃까지 가열한다. 일반적으로, 탄화 공정 동안 부피 및 중량 변화가 발생하여 탄소나노섬유의 직경이 감소된다.

대부분의 경우, 전기 방사법에 의해 제조된 탄소나노섬유는 웹(거미집) 또는 매트 구조를 형성하기 쉽다. 이러한 구조는 배터리 또는 슈퍼캐패시터의 전극 재료로 사용하기에 적합한 형태이다.

배터리의 전체 성능이 전해질에서 이온의 수송 성능에 크게 의존한다는 사실 때문에, 공극 구조를 제어하는 것이 배터리 성능을 향상시키는 가장 중요한 요소이다.

(1) PAN의 전기 방사

지난 10년 동안 PAN의 전기 방사에 관한 광범위한 연구가 수행되었다.[7-10] 건식 방사, 습식 방사 또는 용융 방사와 같은 기존의 섬유 방사 기술과 달리 PAN의 전기 방사는 기계적 힘이 아닌 전기력에 의해 구동되며 다른 희석 메커니즘을 따른다.

전기장에 노출될 때, 방사구 끝의 PAN 용액 방울은 표면장력으로 인해 만들어진 모양에서 변형되어 Taylor cone을 형성한다.[11] 적용된 전위가 임계 값에 도달하고 PAN 용액의 액적에서 발생하는 전기력이 표면장력과 점탄성력을 극복함에 따라 PAN 용액의 제트가 Taylor cone의 끝에서 방출되어 전기 방사가 시작된다. 그런 다음 제트는 3D에서 굽힘, 감기 및 나선형 경로를 따르고, 그림 02-1과 같이 루프 둘레가 증가함에 따라 얇아진다. 이 현상은 전기 방사에서 월등히 얇게 해주는 메커니즘으로 굽힘 불안정이라고 한다.[12-15]

일반적으로 굽힘 불안정성은 섬유 방사와 동시에 매우 짧은 시간(50ms 이하)으로 전기 방사 제트의 길이가 10,000배 이상 연장되도록 한다. 따라서, 굽힘 불안정 동안의 연신율 또는 드로잉 속도는 매우 크다(최대 1,000,000 s^{-1}).[13] 다른 방법으로는 접근할 수 없는 이러한 엄청난 드로잉 속도는 나노섬유에서 PAN 거대 분자 사슬을 효과적으로 늘려 나노섬유 축을 따라 밀접하게 정렬할 수 있다.[16] 용매를 빠르게 증발시키는 것 외에도, 즉 전기 방사 제트에서 99% 이상의 용매가 굽힘 불안정 동안 또는 직후에 제거될 수 있으며, 전기 방사된 PAN 나노섬유에서 거대 분자의 배향이 유지될 수 있다. 그럼에도 불구하고, 전기 방사 제트의 혼돈 궤적은 전기 방사된 PAN 나노섬유를 정렬 또는 정렬된 조립품을 형성하는 것을 매우 어렵게 하고, 본질적으로 무작위로 증착된 PAN 나노섬유로 구성된 부직포 매트를 생성한다. 이 때 수반되는 높은 비표면적으로 인해, 전기 방사 PAN 매트(펠트, 막 또는 다른 동등한 명칭으로도 불림)는 흡착/여과/분리 및 촉매 분야에서 광범위하게 사용되는 것으로 나타났다.[17-20]

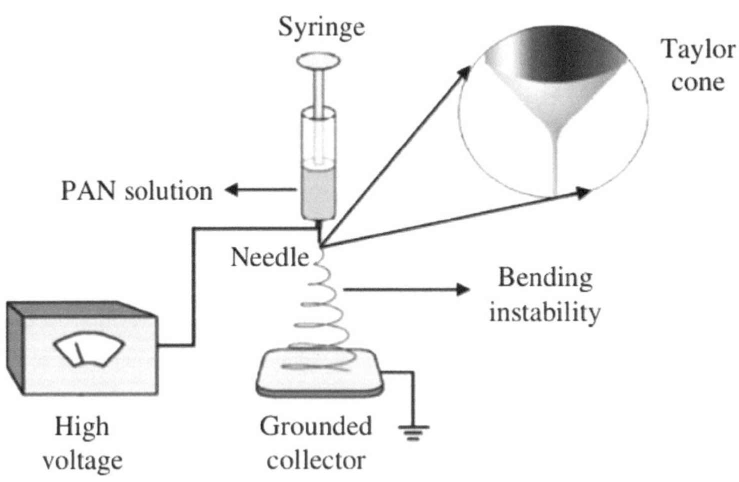

그림 02-1. 기본 전기 방사 장치, Taylor cone 및 굽힘 불안정성을 포함하는 전기 방사 PAN의 구성도 [11]

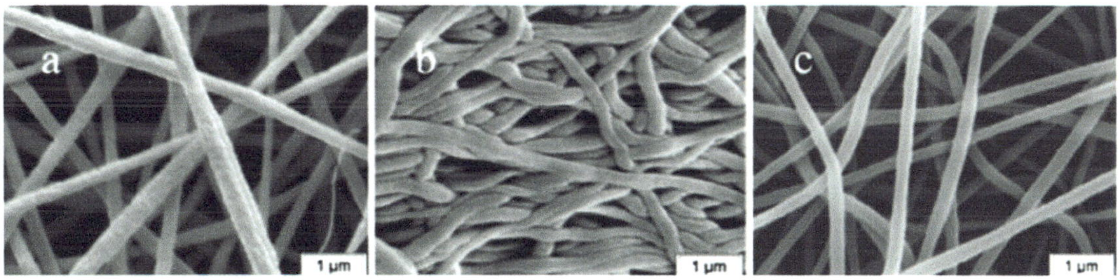

그림 02-2. (a) N, N-다이메틸포름아미드(DMF)의 8% PAN 용액으로부터 전기 방사된 PAN 나노섬유의 대표적인 SEM 이미지, (b) 2단계 가열에서 제조된 탄소나노섬유: 200℃에서 30분 및 750℃에서 1시간, (c) 다단계 점진적 가열에서 제조된 탄소나노섬유: 30~230℃에서 5℃/분, 230~270℃에서 1℃/분, 270~800℃에서 5℃/분 [27]

(2) 전기 방사된 PAN 나노섬유의 탄화

기존의 탄소섬유 생산과 유사하게 탄소나노섬유는 PAN을 전기 방사한 후, 2 단계 공정: 안정화 및 탄화에 의해 성공적으로 제조된다.

200~300℃의 온도에서 공기 중에서 안정화가 수행되고, 최대 2,800℃의 비활성 대기에서 탄화가 추가로 수행되는 전기 방사 PAN 나노섬유에 대한 다양한 안정화 및 탄화 조건이 보고되었으며, [21-26] 질량 손실과 치수 수축을 줄이기 위해 안정화 및 탄화를 다루기 위한 점진적이고 다단계 가열 절차가 개발되었다. 그 단계는 30~230℃에서 5℃/min, 230~270℃에서 1℃/min, 270~800℃에서 5℃/min의 점진적 안정화 및 탄화 과정으로 섬유 패킹의 변화가 거의 없고, 안정화가 200℃에서 30분 동안 수행된 후, 750℃에서 1시간 동안 탄화되는 보고된 절차와 비교할 때, 이 공정은 평면 치수가 덜 수축되고 탄소 수율이 현저하게 증가된다.[22, 27]

2.2 촉매 열 화학 기상 증착

촉매 열 화학 기상 증착법으로 제조하는 탄소나노섬유는 컵 적층형 탄소나노섬유(cup-stacked

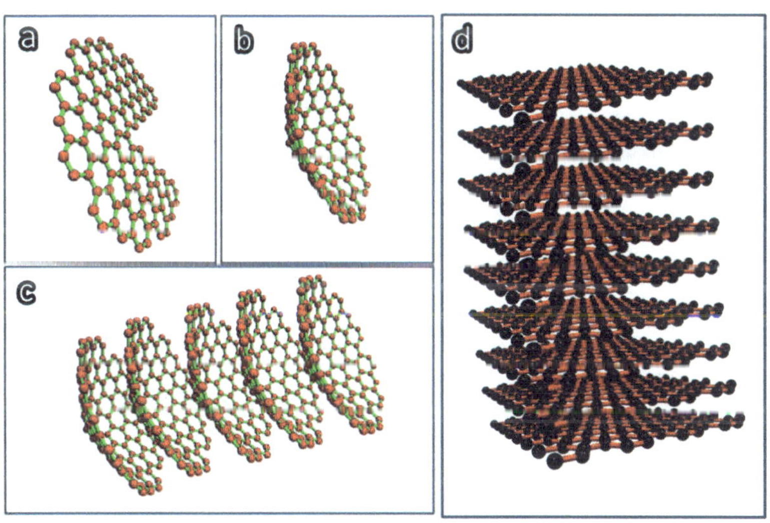

그림 02-3. 컵 적층형 탄소나노섬유 구조의 형성(a-c) 및 혈소판 탄소나노섬유의 구조 (d)의 개략도 [28]

CNF) 및 혈소판 탄소나노섬유(platelet CNF) 두 가지 유형으로 제조될 수 있다. 추형 탄소나노섬유라고도 하는 컵 적층형 탄소나노섬유는 1994년 Ge와 Sattler에 의해 처음 발견되었다.[28] 그림 02-3(a)-(c)는 컵 적층형 탄소나노섬유의 형성에 대한 개략도이고, 그림 02-3 (d)는 혈소판 탄소나노섬유 구조에 대한 개략도이다.

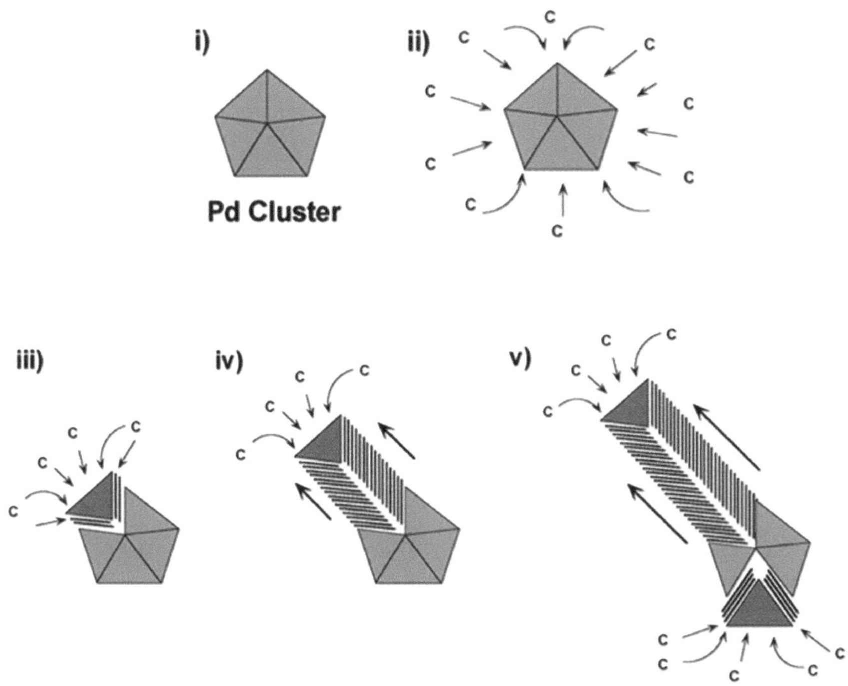

그림 02-4. 컵 적층형 탄소나노섬유의 전형적인 화학 기상 증착 메커니즘의 개략도 [31, 32]

그림 02-5. 혈소판 탄소나노섬유의 전형적인 화학 기상 증착 메커니즘의 개략도 [31, 32]

촉매 증착 성장 접근법에 의한 탄소나노섬유의 제조를 위해, 탄소를 용해시켜 금속 카바이드를 형성할 수 있는 여러 유형의 금속 또는 합금으로 철, 코발트 및 니켈, 크롬 및 바나듐 또는 몰리브덴을 포함한 촉매가 사용된다. 또한 탄소원으로는 700~1200 K의 온도 범위에서 메탄, 일산화탄소,

합성 가스(H_2/CO), 아세틸렌 또는 에텐을 사용한다.[29] 일반적으로, 탄소나노섬유의 구조는 촉매 나노 크기의 금속 입자의 형상에 의존한다. 성장 메커니즘은 금속 입자에 용해되고 금속 표면에 흑연 탄소로서 침전된 탄화수소의 증착으로서 입증된다.[30]

그림 02-4와 5는 컵 적층형 및 혈소판 탄소나노섬유의 전형적인 성장 메커니즘의 개략도를 보여준다.[31, 32] 그림 02-6은 컵 적층형 탄소나노섬유와 혈소판 탄소나노섬유의 고해상도 투과전자현미경(HRTEM) 이미지를 보여주며,[31, 32] 이 그림으로 열 화학 기상 증착법으로 제조된 탄소나노섬유에 대한 성장 메카니즘을 설명한다.

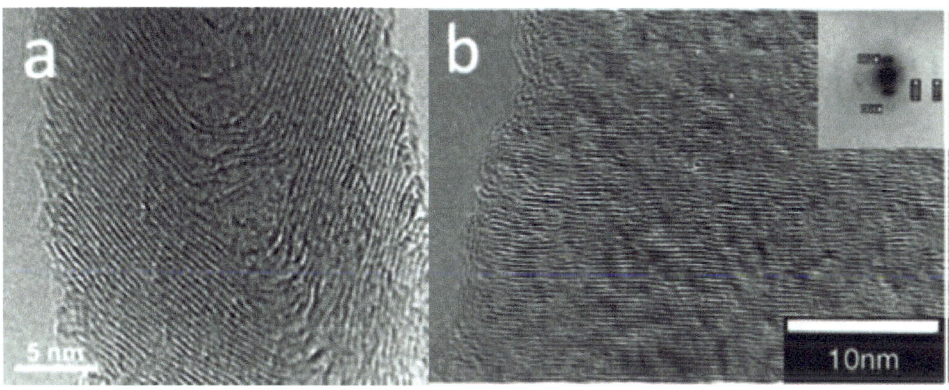

그림 02-6. 고해상도 투과전자현미경(HRTEM) 이미지

(a) 컵 적층형 탄소나노섬유(cup-stacked CNF) (b) 혈소판 탄소나노섬유(platelet CNF) [31, 32]

2.3 탄소나노소재의 물리적 성질

기상 성장 탄소나노섬유(VGCNF)는 전형적으로 탄화수소 공급 원료(천연 가스, 아세틸렌 등) 또는 철과 같은 금속 촉매상에서 일산화탄소의 열분해에 의해 생성된다. 이 공정은 비교적 저렴한 비용으로 잘 제어된 직경을 가진 기상 성장 탄소나노섬유의 대량 생산을 위해 가장 유망한 기술로 간주된다.[33,34] 철 촉매 나노 입자는 페로센 $Fe(C_5H_5)_2$ 및 철 펜타 카보닐 $Fe(CO)_5$와 같은 유기금속화합물의 열분해에 의해 생성되며,[35] 탄화수소의 분해는 탄소나노섬유를 성장시킨다. 섬유의 두께는 촉매 크기, 작동 조건 및 촉매 활성에 따라 달라진다. 반응기에서 생성되는 기상 성장 탄소나노섬유의 두께와 길이의 성장은 그림 02-7과 같이 동시 공정이 아니다.[33]

촉매 활성이 감소하고 반응 온도가 증가하면 섬유의 농축이 시작된다.VGCNF의 특성은 제조 기술(공급 원료, 촉매 등) 및 후 처리 방법의 기능에 의존한다.[36]VGCNF 구조의 기계적 특성 및 기타 관련 흥미로운 특징을 살펴보면, 열처리된VGCNF의 전기 저항은 $1\times10^{-4}\Omega$cm인 CNT의 전기 저항과 유사하다.[37] 또한VGCNF(1950 W/mK)의 열전도율은 CNT(~3000-6000 W/mK)의 열전도율과 비슷하며, 기존의 탄소섬유(CF)보다 2배 더 높다.

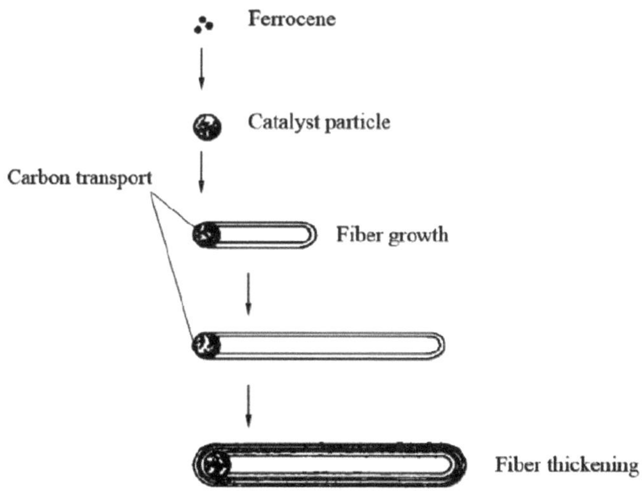

그림 02-7.VGCNF 직경과 길이의 성장을 위해 제안된 메커니즘 [33]

(1) 구조

탄소나노섬유의 구조에 대한 명확한 아이디어를 얻기 위해 탄소의 동소체에 대한 검토를 아래에 제시하였다. 1985년 이전에는 흑연과 다이아몬드 단 두개의 동소체만이 인정되었는데, 흑연은 sp^2 혼성화의 2D 육각형 배열을 나타내며, 다이아몬드는 등방성을 갖는 3D 재료(sp^3 결합)이다.

최근에 발견된 두 가지 새로운 형태의 탄소는 흑연과 다이아몬드를 결합한 것으로 풀러렌(0 차원, 0D), 탄소나노튜브 및 탄소나노섬유(1D 형태)이다.[38] 그림 02-8은 위에서 언급한 탄소 재료의 차원을 보여준다.

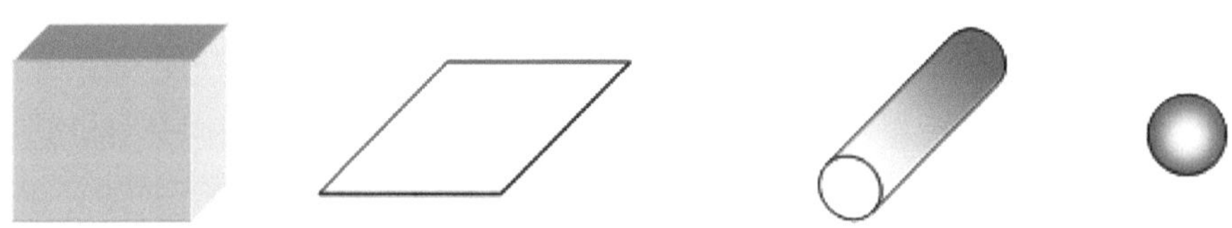

그림 02-8. 탄소 소재의 차원 [38]

탄소나노튜브(CNT)는 풀러렌의 반구에 의해 캡핑된 그래핀층으로 구성된 실린더로 볼 수 있다(그림 02-9). 그래핀층에서의 곡률은 탄소원자 당 튜브의 에너지를 증가시킨다. 그러나 그래핀층의 가장자리에 불포화 결합이 없으면 총 에너지가 낮아진다.

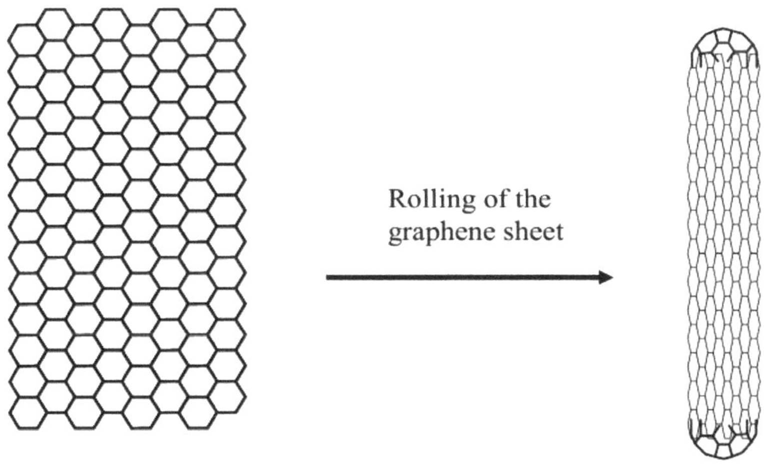

그림 02-9. 단일벽 탄소나노튜브의 개요 [38]

한편, 탄소섬유는 흑연 관련 물질의 종류를 나타낸다. 탄소섬유를 합성하는데 사용되는 몇 가지 전구체가 있으며, 각각 섬유를 생산할 때 상이한 형태를 갖는다. 이 섬유의 기계적 강도는 그래핀층의 면내 방향에 가까운 섬유축을 기준으로 한다.[39]

개별 상업용 섬유의 일반적인 직경은 ~10 μm이다.VGCF는 1,000 Å 미만(나노섬유) 내지 100 μm를 초과(마이크로 섬유)하는 광범위한 직경에 걸쳐 제조될 수 있다.VGCF는 탄소나노튜브와 유사한 중공 코어를 갖는다. 모든 탄소섬유들 사이의 종횡비 및 직경의 비교는 각각 그림 02-10과 11에 주어진다. 탄소나노튜브는VGCF와 비슷한 종횡비를 갖는 반면, 풀러렌은 카본 블랙과 유사한 단일 종횡비를 갖는다. 탄소나노튜브는VGCF보다 훨씬 작은 직경을 가지며, 결과적으로 감소된 양의 그래핀 실린더를 보여준다. 예를 들어 다중벽 나노튜브는 여러 동심 그래핀 튜브를 보여준다.

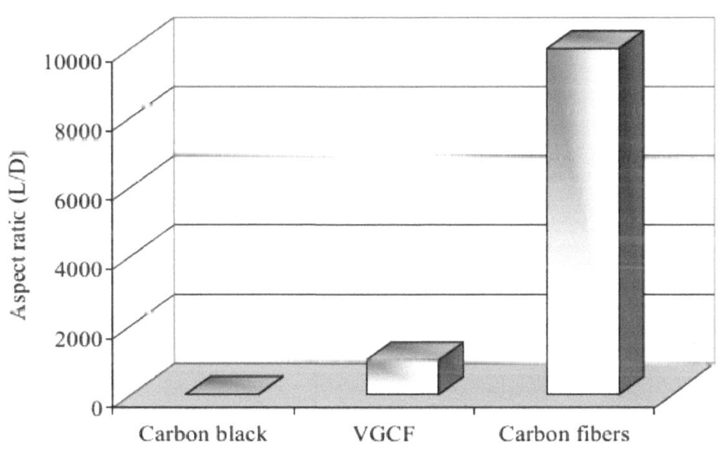

그림 02-10. 여러가지 탄소 소재의 종횡비 [40]

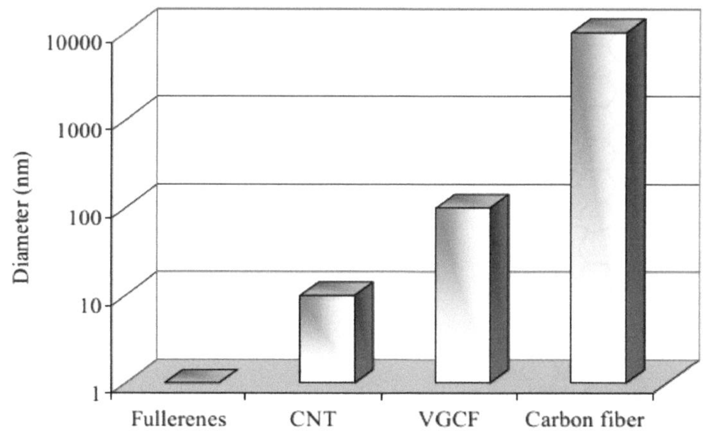

그림 02-11. 여러가지 탄소 소재의 직경 [40]

VGCF는 종래의 탄소 미세 섬유와 비교하여, 이들 사이에 가교 결합이 없는 고순도 그래핀층을 나타낸다. 이러한 사실로 인해VGCF는 섬유 표면에 활성 부위가 부족하여 산화에 강하고 매트릭스 물질에 덜 결합하는 경향이 있다.[41]

(2) 특성

VGCF의 물리적 특성은 단결정 흑연의 물리적 특성과 유사하다. 고정 촉매로 생성된 기상성장 탄소섬유 및 부유 방법은 다른 전구체로부터 생성된 일부 거대 섬유와 비교하여 표 02-1에 나타내었다. 단결정 흑연 형태와 유사한VGCF가 모든 탄소섬유 중에서 가장 높은 인장 특성과 가장 낮은 전기 저항을 가진다.[39]

표 02-1. 다른 섬유에 대한VGCFs의 특성 [39]

Property	Isotropic pitch-based fiber	PAN fiber	VGCF(micro)	VGCF (nano)
Diameter, μm	14.5	10	5-8	0.05
Density, g/cm³	1.57	2.0	2.0	2.1
Tensile strength, GPa	0.6	2.1	4	12
Young's modulus, GPa	30	520	300	600
Resistivity, $\mu\Omega cm^{-1}$ (single fiber)	5000	500	50	20

마이크로-섬유 및 마이크로-VGCF 섬유의 단일-섬유 특성은 일반적으로 직접 실험 기술로 수행된다. 그러나 부유 촉매 기술에 의해 생성된 나노-VGCF의 특성은 더 작은 치수로 인해 결정하기가 더 어렵다. 기계적 또는 전기적과 같은 고유 특성에 대한 아이디어를 얻기 위해, 나노섬유의 흑연 지수를 미세 섬유의 흑연 지수와 비교할 수 있으며, 이들의 특성을 유추할 수 있다. 탄소 소재의 전기 전도도는 격자 완성에 매우 민감하며, 결정이 완벽에 가까울수록 전도성이 높아진다. 이 특징은 그림 02-12에서 구리에 대한 다양한 탄소 소재의 전기 저항률 측면에서 비교하여 나타내었다.[42]

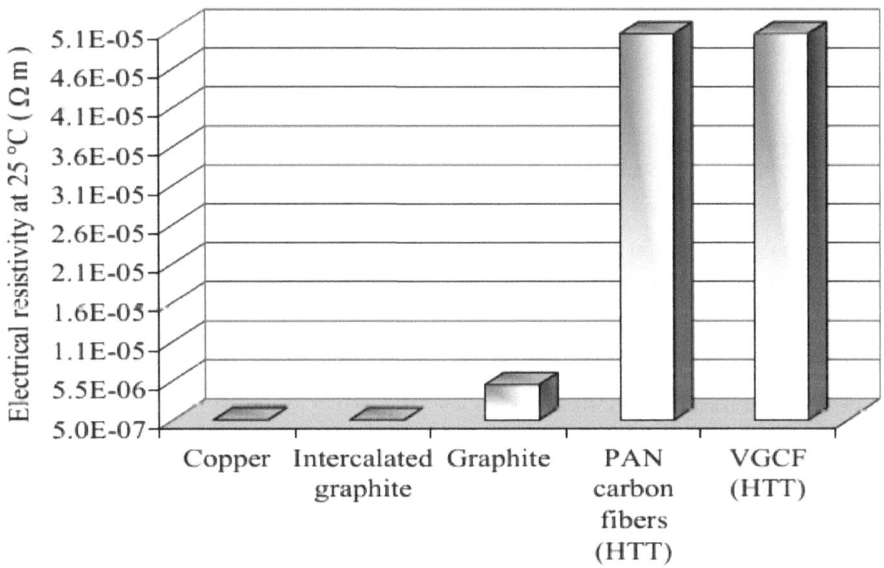

그림 02-12. 구리와 비교하여 다양한 형태의 탄소의 전기 저항(HHT: 열처리 온도) [42]

03 탄소나노소재의 응용분야

3.1 리튬 이차전지

최근 환경오염 문제로 인해 친환경적인 대체 에너지의 필요성이 증가하고, 전자소자 및 전기자동차 산업의 발달에 의하여 에너지 문제에 대한 관심이 커지고 있다. 또한 화학 에너지나 태양 에너지를 전기 에너지로 변환하는 소자와 발생된 전기를 저장 및 이용할 수 있는 에너지 저장 소자에 대한 기술이 절실히 요구되고 있다. 이에 따라서 전 세계적으로 이러한 기술의 연구 및 개발이 진행되고 있다. 탄소나노섬유 역시 에너지 저장 및 변환 소자에 응용가능성이 보고되면서, 이와 관련된 연구들이 활발히 수행되고 있다.[43-45]

하지만 탄소나노섬유 자체만으로는 한계점이 존재하기 때문에 탄소나노섬유의 장점을 활용하면서도 부족한 특성을 개선하기 위한 연구들이 적극적으로 진행되고 있다. 리튬 이차전지는 고용량, 고에너지 밀도, 장수명, 낮은 독성 등의 우수한 장점으로 인하여 현재 가장 각광받고 있는 에너지 저장소자 중 하나로 노트북, 스마트 폰, 테블릿 PC 등 휴대용 전자소자에서부터 전기자동차 및 상시 에너지 저장장치 등 대형장치에 이르기까지 다양한 분야에서 필수적으로 사용되고 있다. 리튬 이차전지의 음극재료로 이용되고 있는 탄소 소재는 낮은 가격 및 긴 수명 등의 장점을 지니고 있지만, 낮은 이론적 용량의 한계(~372 mAh g^{-1})로 인하여 실리콘(Si)계, 금속 및 금속산화물(Sn, SnO_2, Co_3O_4, Fe_2O_3 등)과 같이 고용량을 지니는 소재와의 복합화 연구가 필수적으로 필요하다. 따라서, 탄소나노섬유와 고용량 소재의 복합화를 진행하여 개선된 리튬 이차전지를 개발하고자 하는 연구개발이 이루어져야 한다.[46, 47]

탄소나노섬유를 리튬 이차전지 전극재료로 이용하는 방법은 크게 두 가지가 있다.[48-52]

첫 번째로는 탄소나노섬유 내부에 고용량 전극재료를 복합화시키는 방법이다. 이는 전기 방사 용액에 금속 및 금속산화물을 형성하는 이온 상태의 전구체를 첨가하거나, 고체 상태의 금속 및 금속산화물을 첨가하는 방법이다. 그 중 하나로 충전 용량이 큰 전극재료인 실리콘(~4,200mAhg^{-1})은 매우 높은 이론적 용량을 지니고 있지만, 충·방전 시 과도한 부피 팽창 및 수축(~400%)으로 재료의 열화와 전기적 단락이 발생하여 수명을 단축시킨다. 따라서 실리콘 나노 입자를 탄소나노섬유 내부에 복합화 시킴으로 인하여 부피 팽창 및 수축율 억제, 전기적 특성 향상, 생산된 전자의 효율적인 이동 등의 장점을 바탕으로 고용량, 장수명, 빠른 속도에서의 우수한 충·방전 성능을 기대할 수 있다.

두 번째 방법은 탄소나노섬유의 표면에 고용량 전극재료를 복합화하는 방법이다. 이는 탄소나노섬유의 높은 비표면적을 이용하여 적은 양의 고용량 전극재료를 효과적으로 이용할 수 있기 때문에 전극 무게에 비하여 고용량 특성을 확보할 수 있다. 게다가 리튬 이온과 전극재료 간의 확산 거리가 짧아 빠른 속도에서의 충·방전 성능을 가지며, 표면에서 생성된 전자가 내부에 존재하는 탄소나노섬유를 통해 효율적으로 이동할 수 있는 장점도 있다. 위와 같이 탄소나노섬유 단독으로는 리튬 이온전지 전극재료가 요구하는 특성을 만족시키지 못하므로 이를 개선하려는 시도가 계속되고 있다.[53]

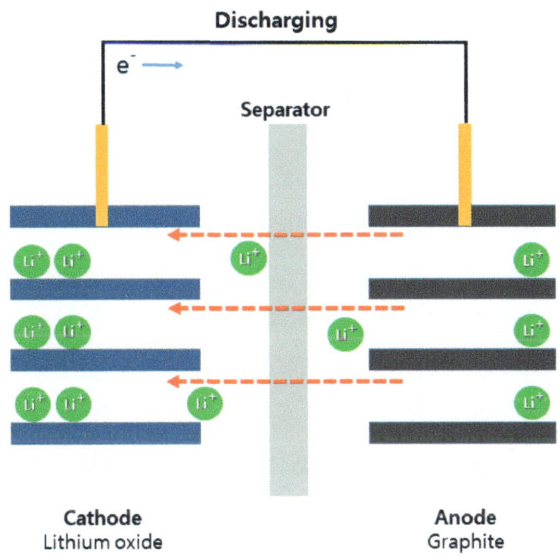

그림 03-1. 리튬 이온 배터리의 작동 원리에 대한 개략도

3.2 슈퍼캐패시터

슈퍼캐패시터(Supercapacitors)의 원리는 활성탄 표면에 전하의 물리적 흡·탈착으로 에너지를 충전 또는 방전하는 원리로 순간적으로 많은 에너지를 저장 후 높은 전류를 순간적 혹은 연속적으로 공급하는 고출력 동력원을 말한다. 슈퍼캐패시터는 단위무게 당 비표면적을 증가시킨 활성 탄소(~3000m²/g)를 전극재료로 사용하여 비약적인 용량 증가를 가져왔다. 슈퍼캐패시터의 기본 구조는 양극과 음극으로 구성하는 다공성 전극, 전해질, 집전체, 분리막으로 이루어져 있다. 단위 셀 전극의 양단에 수 볼트의 전압을 가해 전해액 내의 이온들이 전기장을 따라 이동하여 전극표면에 흡착되어 발생되는 전기화학적 메커니즘으로 작동하게 된다. 슈퍼캐패시터는 빠른 충·방전 속도, 고출력, 긴 수명 등의 장점이 있으며, 풍력발전, 경전철, 전기자동차, 블랙박스 등에 사용되고 있다. 슈퍼캐패시터는 작동 메커니즘, 사용되는 전극재료에 따라 세 가지로 나뉜다. 물리적인 전기 이중층을 이용하는 전기 이중층 캐패시터(Electric Double Layer Capacitors, EDLCs)와 화학적인 산화·환원 반응을 이용하는 슈도 캐패시터(Pseudo-capacitors), 그리고 언급된 두 가지 메커니즘을 모두 이용하는 하이브리드 캐패시터(Hybrid Capacitors)로 구분된다. 이 중 전기 이중층 캐패시터는 슈도 캐패시터와 하이브리드 캐패시터에 비하여 고출력, 반영구적 수명 특성과 같은 장점으로 현

재 가장 널리 산업화되어 일상 생활에서 이용되고 있으며, 이를 통상 '슈퍼캐패시터'라고 칭한다. 슈퍼캐패시터는 리튬 이차전지와 유사한 음극, 양극, 전해질, 분리막으로 구성되어 있으며, 특히 음극 및 양극은 전지의 성능을 좌우하는 중요한 요소이다. 그러나 리튬 이차전지와는 다르게 음극과 양극 모두 비표면적이 높은 탄소재료를 사용하며, 그 이유는 전극 표면에 많은 전기 이중층을 확보하기 위함이다. 하지만 기존의 탄소나노섬유를 슈퍼캐패시터 전극재료로 사용할 경우 낮은 정전용량(~30 F g^{-1})을 나타냄으로, 이를 개선하기 위한 기술이 필수적으로 필요하다. 따라서 탄소나노섬유의 비표면적의 향상, 전기적 특성을 개선하여 향상된 슈퍼캐패시터 성능을 향상시킬 수 있다.

첫 번째로는 탄소나노섬유의 비표면적을 향상시키는 방법이다. 전하를 저장하는 표면적이 극대화되고 세공의 크기가 최적화를 이루게 되면 슈퍼캐패시터의 고용량 특성을 확보할 수 있다. 탄소나노섬유의 비표면적을 향상시키기 위해서는 PAN 전구체 용액에 기공형성용 고분자(poly(styrene-co-acrylonitrile), Polymethyl methacrylate, Poly(4-vinylphenol-co-methyl methacrylate)) 등을 첨가하여 방사한 후 탄화하게 되면 첨가된 고분자들이 분해되면서 2nm 이하의 마이크로 기공이 형성된다. 이렇게 얻어진 다공성 탄소나노섬유는 600~1300 m^2g^{-1}의 높은 비표면적을 보유하게되어 향상된 슈퍼캐패시터 성능을 나타낸다. 더욱이 빠른 속도에서의 충·방전 능력은 2nm 이상의 메조기공의 분포가 높을수록 우수한 성능을 보이기 때문에 메조기공 분포의 향상에도 많은 관심이 모이고 있다. 탄소나노섬유의 메조기공 분포를 향상시키기 위해서는 금속 또는 금속산화물이 내재된 탄소나노섬유 복합체에서 열처리를 통한 응집법과 산 에칭공정 등을 이용하여 금속 또는 금속산화물을 제거하여 메조기공의 분포를 향상시키는 연구들이 진행되고 있다. 이렇게 얻어진 메조 다공성 탄소나노섬유는 높은 비표면적(~1082 m^2g^{-1})과 높은 메조기공 분포율(~35%)을 동시에 나타내며, 이로써 슈퍼캐패시터에서 고용량(~289.0 Fg^{-1}) 특성과 빠른 속도에서의 충·방전 능력을 동시에 확보할 수 있다.

두 번째 방법은 질소 및 붕소 등을 도핑하는 방법이다. 질소를 많이 보유한 전구체를 이용하여 탄소원자와 도핑을 이루게 하여 전기 전도성를 향상시키고, 비표면적의 향상을 동시에 얻을 수 있다. 향상된 전기 전도성은 전기 이중층에 의하여 생성된 전자를 쉽게 이동시킬 수 있도록 도와주어 고용량(~202 Fg^{-1}) 특성을 제공한다. 하지만 위와 같은 방법들로 개선된 탄소나노섬유 일지라도 부피에 비하여 낮은 에너지 밀도를 가지는 단점은 앞으로 개선해야 될 문제점이다.[53]

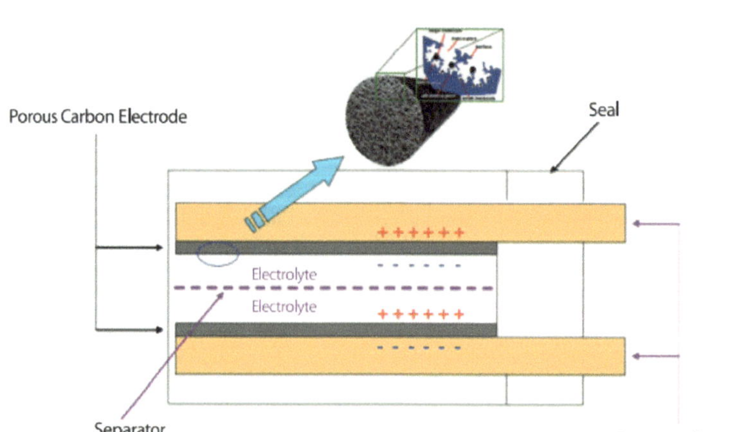

그림 03-2. 슈퍼캐패시터 작동 원리(출처: 한국과학기술정보원)

3.3 연료전지

대표적인 에너지 변환소자인 연료전지는 연료인 화학에너지로부터 전기를 생산하는 소자이다. 한쪽 전극에서 연료인 수소나 메탄올을 공급하고, 나머지 전극에 공기나 산소를 공급하여 산화·환원 반응을 통해 전기를 발생시킨다. 연료의 종류, 전해질, 작동 온도, 촉매에 따라 직접메탄올 연료전지, 고분자전해질 연료전지, 고체산화물 연료전지, 용융탄산염 연료전지 등으로 나뉜다. 다음은 직접 메탄올 연료전지(Direct Methanol Fuel Cells, DMFCs)에 탄소나노섬유가 이용되는 경우이다. 직접메탄올 연료전지는 환경 친화적이며, 낮은 작동 온도(25~90℃), 높은 에너지 밀도, 손쉬운 구동 등 매력적인 장점을 지닌다.

하지만 전기를 생산하기 위해서는 값비싼 백금촉매가 필수적으로 사용되어야 하고 이로 인하여 높은 상용화 장벽을 지니고 있다. 따라서 지금까지 많은 연구자들이 백금 촉매의 사용량을 줄이기 위하여 백금촉매용 지지체를 도입하고 있다.

다음은 탄소나노섬유를 백금촉매 지지체로 이용하여 연료전지 성능을 향상시킨 연구 방법이다. 값비싼 백금 촉매를 효율적으로 이용하기 위해서는 백금촉매를 탄소나노섬유의 표면에 고르게 분산시키는 기술이 중요하다. 표면에 고르게 분산된 백금은 전해질과의 반응 면적을 향상시키기 때문에 향상된 연료전지 성능을 얻을 수 있다. 뿐만 아니라 촉매 사용량의 절감효과 또한 있기 때문에 가격 경쟁력도 얻을 수 있다.

탄소나노섬유의 표면에 백금을 고르게 담지하기 위해서 접근하는 대표적인 방법은 두 가지로 구분할 수 있다.

첫 번째는 탄소나노섬유의 비표면적을 향상시켜 백금촉매가 담지될 수 있는 영역을 확보하는 방법이다. 탄소나노섬유의 비표면적이 높을수록 백금촉매가 더 고르게 분산되고 이는 우수한 촉매 성능을 나타낸다. 하지만, 백금 촉매를 담지 시키기 전에 탄소나노섬유의 표면을 산소 작용기가 포함된 기능기(C-O, C=O 및 O-C=O 그룹)의 분포가 높아지도록 하는 전처리 과정이 필수적으로 필요하다. 전처리 과정으로는 산 에칭, 플라즈마 에칭, 전자빔 에칭 등이 있다. 이러한 전처리 과정을 진행해야 하는 이유는 탄소나노섬유의 C-C 그룹이 강한 결합력을 가지기 때문에, 백금촉매가 표면에 담지 되는 것을 저해하는 역할을 하기 때문이다. 하지만 C-O, C=O 및 O-C=O 그룹은 백금촉매의 담지를 효과적으로 도와주는 역할을 함으로써 이들의 분포가 높을수록 유리하다.

두 번째 방법으로는 탄소나노섬유와 백금촉매 사이에 중간층(interlayer)의 도입이다. 중간층의 재료는 주로 금속 또는 금속산화물이 이용되며, 이들은 백금촉매의 분산성을 향상시켜 우수한 촉매성능을 확보할 수 있도록 도와준다. 또한 백금촉매의 산화·환원 중에 발생하는 일산화탄소를 제거할 수 있는 조 촉매(Ru, Rh 등)를 중간층의 재료로 이용할 경우, 백금촉매의 일산화탄소에 의한 피독에 대한 저항력을 향상시켜 연료전지의 수명을 향상시키는 장점을 가질 수 있다. 하지만 연료전지 작동 중 탄소재료의 부식에 의한 성능저하가 있어 이러한 단점을 극복하기 위한 연구가 추가적으로 필요하다.[53]

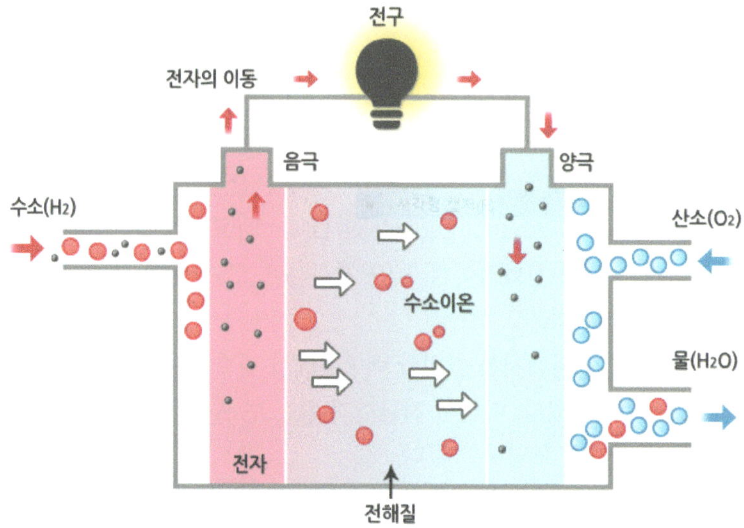

그림 03-3. 연료전지의 작동 원리

3.4 윤활제

윤활제는 상대 접촉면에서 발생하는 마찰 에너지 손실을 줄이기 위하여 사용하는 화학물질이다. 따라서 윤활제는 일차적으로 마찰력을 줄여주는 기능성을 가지는 모든 물질을 의미하기 때문에, 그러한 물질의 종류는 매우 다양하게 개발되고 있다. 마찰력을 줄여주는 감마 작용을 한다는 것은 윤활제의 기본 역할이고, 그 외에 냉각성, 내하중성, 내마멸성, 내부식성 등을 동시에 갖는 화학물질이 진정한 윤활제라고 할 수 있다. 2개 이상의 물체가 접촉표면에서 서로 마찰운동을 할 때, 이들 접촉계면에 공급한 윤활제는 접촉면의 마찰을 줄여주는 감마 작용을 수행함으로써 마찰에 의한 열의 발생이나 마모와 표면 손상을 방지하는 부수적 역할을 동시에 수행하게 된다. 기계장치의 마찰 표면에 공급한 윤활제에 의한 마찰력의 감소는 결국 마찰에 따른 손실 에너지를 줄여준다는 것으로 에너지 절약에 밀접하게 연계되어 있다. 따라서 기계장치에서 윤활제는 마찰손실 및 마찰열 발생을 줄여주는 가장 효율적인 방법으로 활용되고 있다.

최근 움직이는 기계적 시스템에서 마찰과 마모에 관계되는 기계적 고장을 줄이는 것은 효율, 내구성 그리고 환경적 적합성에 반하는 마찰과 관계됨으로써 높은 관심을 가지게 되었다. 생산되는 에너지의 중요한 부분은 기계적 시스템을 움직이는 데 윤활제가 과도하게 사용되면 CO_2가 과도하게 발생하여 기후변화에 영향을 미치므로 마찰을 줄이는 효과적인 방법이 필요하다. 탄소나노소재 중 하나인 그래핀은 테스트 환경에 관계없이 마모를 10,000배까지 줄일 수 있다. 그래핀은 2차원 육각 밀집구조의 탄소 동소체로서 많은 분야에서 매혹적인 물질로 관심을 받고 있다. 그래핀은 종래의 소재에서 보이지 않는 특별한 마찰력과 마모 특성을 가지고 있다. 우수한 열적, 전기, 광학 그리고 역학적 특성 이외에 그래핀은 고체 혹은 콜로이드 액체 윤활제로서 사용될 수 있다. 높은 화학적 불활성, 높은 탄성률, 부드러운 표면 위의 높은 화학적 불활성 그리고 전단력은 우수한 마찰력에 대해 주요한 영향력을 가진다. 그래핀은 다층으로 아주 얇기 때문에 마찰, 마모를 줄이기 위해 진동하며 회전하고 미끄러지는 접촉을 하는 마이크로 전기기계 시스템 , 나노 전기기계 시스템과 같은 나노 크기 및 거시 규모 시스템에 응용될 수 있다. 무엇보다 그래핀에 대한 높은 기계적 강도는 재료 마모를 억제한다. 결함이 없는 그래핀 시트의 측정된 강도는 1 TPa의 영율과 일치한다. 두 번째로 그래핀은 육방밀집구조에 꽉찬 2차원 물질이기 때문에 부식과 산화를 일으키는 물과 산소와 같은 액체나 기체를 통과시킬 틈이 없다. 따라서 그래핀은 마찰공학에서 요구하는 낮은 마찰과 마모를 갖고 있어 대단히 매력적인 물질이다.[54-57]

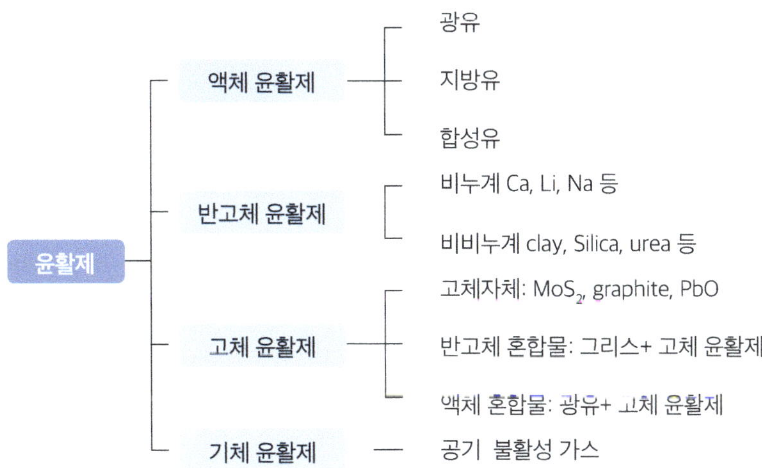

그림 03-4. 윤활제의 분류

3.5 기타 응용분야

탄소나노섬유는 에너지 저장·변환 소자뿐만 아니라, 센서, 수 처리 필터, 에어 필터, 재생의료용 지지체, 약물전달 시스템, 세균침입방호 코팅재료, 방열 도료 등 여러 분야에 응용가능성이 제기되고 있다. 특히 센서에서는 높은 비표면적과 네트워크 구조에 의한 우수한 전달 특성을 바탕으로 분자 담지, 광 탐지를 할 수 있는 고성능 나노 센서에 응용 가능성이 제기되고 있다. 특히, 탄소나노섬유의 표면에 겨자무과산화효소(horseradish peroxidase)를 도포하였을 경우, 과산화수소에 대한 우수한 감도를 나타내며, 이러한 센서는 세포 내의 과산화수소 수준의 변화를 역동적으로 측정할 수 있다. 또 다른 응용으로는 수처리 필터가 있다. 탄소나노섬유의 높은 비표면적과 우수한 화학적 안정성을 바탕으로 물속의 미세입자를 분리하는 고효율 기능성 수처리 필터 재료로의 가능성이 보고되고 있다. 특히 네트워크 구조를 지니는 탄소나노섬유는 여과효율이 높고 공극률이 매우 높아 필터링 중 발생하는 압력강하가 적은 장점이 있다.[53]

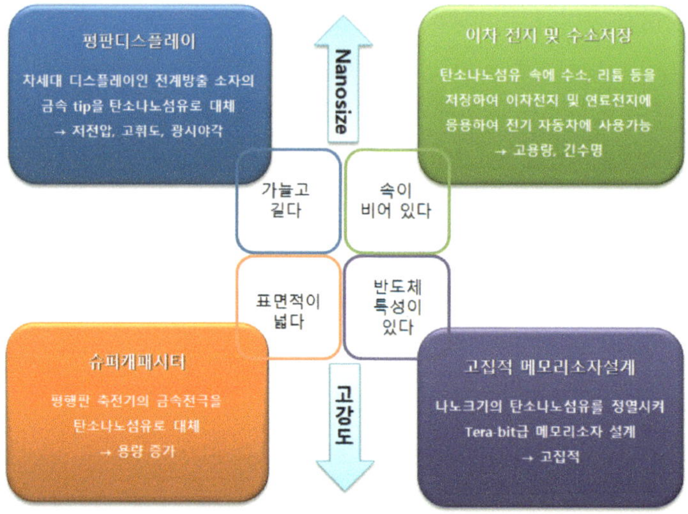

그림 03-5. 탄소나노섬유의 응용분야

04 페놀수지를 기반으로 한 탄소나노섬유의 합성 및 특성

4.1. Co(Ⅱ) 촉매를 기반으로 한 탄소나노섬유의 합성 및 특성[58]

(1) Co(Ⅱ) 촉매의 증착 및 탄소나노섬유의 합성

페놀수지에서 레졸형은 축합 중합이 잘 일어나서 열경화성 수지가 되고, 노블락형은 축합 중합이 잘 일어나지 않아 경화제를 첨가하여 열경화성 수지를 만들 수 있다. 따라서 25ppi의 폴리우레탄 폼을 사용하고 페놀수지는 축합 중합이 잘 일어나는 레졸형의 두 종류인 메탄올을 용매로 사용한 KR-65와 물을 용매로 사용한 DH-40을 사용한다.

먼저 레졸형 페놀수지가 코팅된 폴리우레탄 폼을 고온에서 탄화하여 RVC 폼(Reticulated vitreous carbon foam)을 만든다. 탄화시킨 RVC 폼을 질산에 산화시킴으로써 RVC 폼 표면에 수산화 그룹을 결합시킨다. 산화시킨 RVC 폼을 가수분해를 통해 Co(II)를 증착시킨다. 다음에 산화시킨 RVC 폼 1g:xg Co(II)의 질량 비율로 증류수에 넣고 서서히 가열한다. 30분간 유지한 뒤 질산을 넣어 pH를 1.0 및 3.0로 낮춘다. 증류수에 1g 산화시킨 RVC 폼:xg Co(II) 질량 비율로 넣고 pH는 5.0～5.5 사이를 유지시킨다.

다음에 1 mol Co(II):y mol 요소 비율(y=1, 3, 5)로 만든 요소를 천천히 떨어뜨려 서서히 pH를 올린다. 이때 온도는 80～90℃로 유지를 한다. 반응이 끝난 후 용액을 서서히 식혀 상온에 이르면 샘플을 꺼내어 증류수로 세척하고 건조시킨다.

$Co(II)_{n-1}$-$(OH)_n$-RVC 폼을 600℃, 700℃(분당 10℃씩 상승)까지 20% 수소 가스(400mL/min)를 흘려주어 환원을 1분, 1시간, 2시간, 3시간 동안 진행하고, 1시간, 2시간, 3시간 동안 20% 에틸렌 가스(100mL/min)를 흘려주어 탄소나노섬유를 합성한다. 환원을 하는 이유는 산화시킨 탄소 폼에 코발트(II)를 결합하는데 있어 완전히 결합하지 않고 남아있는 수산화기를 제거하기 위하여 환원 과정을 거치는 것이다.

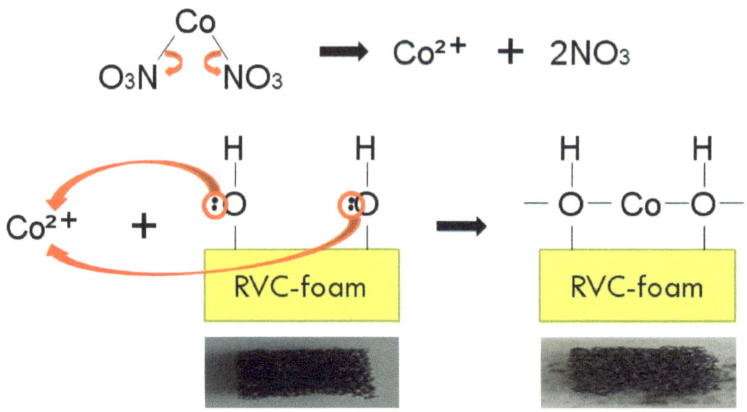

그림 04-1. 페놀수지 가수분해의 메커니즘

(2) 물리화학적 특성

레졸형 페놀수지를 다르게 하여 만든 RVC 폼과 가해주는 질산의 농도와 산화 시간을 달리하여 실험을 한 결과, 그림 04-2(b)의 샘플만이 형태를 유지하였다. 이로 인해 RVC 폼 샘플의 가장 적절한 조건은 KR-65 레졸형 페놀수지를 사용하여, 800℃에서 탄화를 한 샘플과 산화에 있어 적정 농도는 20% 질산과 산화 시간 1시간인 경우이다.

그림 04-2. RVC 폼의 산화 과정

(a) 20% HNO_3, DH-40(700℃, 1시간) (b) 20% HNO_3, KR-65(800℃, 1시간)
(c) 20% HNO_3, KR-65(800℃, 2시간) (d) 40% HNO_3, KR-65(800℃, 1시간)

그림 04-3은 RVC 폼에 Co를 증착시킨 후의 SEM 이미지이다. 그림 04-3(b)는 Co의 결정형이 뚜렷이 나타나는 것에 비해, (c)와 (d)는 Co의 양이 많아서 서로 응집 현상이 일어난다.

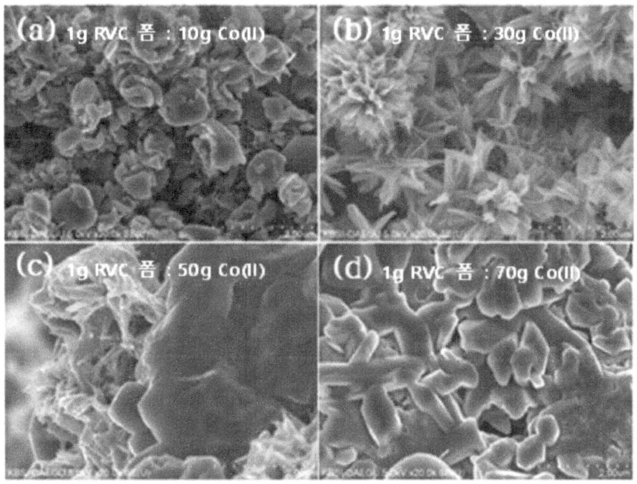

그림 04-3. RVC 폼: Co(II) 무게비율(1 mol Co(II):3 mol, pH 3.0)에 따른 SEM 이미지

그림 04-4(a)와 (c)는 (b)에 비하여 Co의 결정형 구조가 뚜렷하지 않고 침상형이다. (d)는 pH가 낮아 결정형이 녹아보인다. Co(II) 증착을 할 때 최적의 조건은 1g 산화시킨 RVC 폼:30g Co(II) 무게비율, 1mol Co(II):3mol 요소, 그리고 pH 3.0일 때이다.

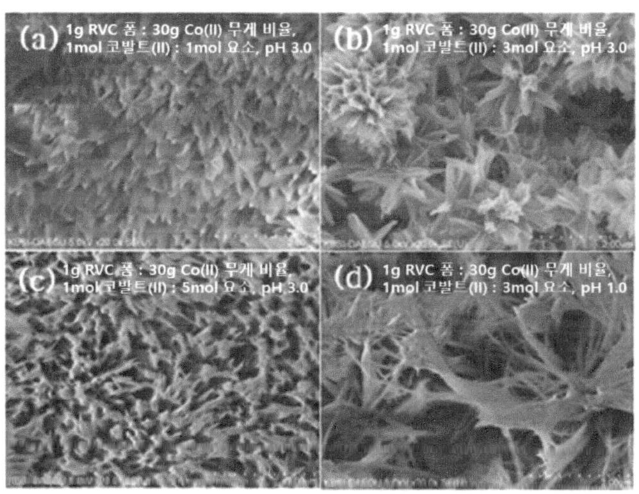

그림 04-4. Co(II): 요소 mol 비율과 pH에 따른 SEM 이미지

환원 과정에서 유지시간이 1시간 이상일 때 샘플의 형태는 유지하지 못하고 부서진다. 그리하여 유지시간은 1분으로 탄소나노섬유를 합성한다. 그림 04-5(a)는 탄소나노섬유가 균일하게 합성되지 않고, 반면에 (b), (c), (d)에서는 균일한 탄소나노섬유가 합성된다. 그 중에 (c), (d)는 Co(II) 양이 과량으로 포함되어 탄소나노섬유가 많이 합성된다. 이 때 합성된 탄소나노섬유의 평균 직경은 15~20nm이다.

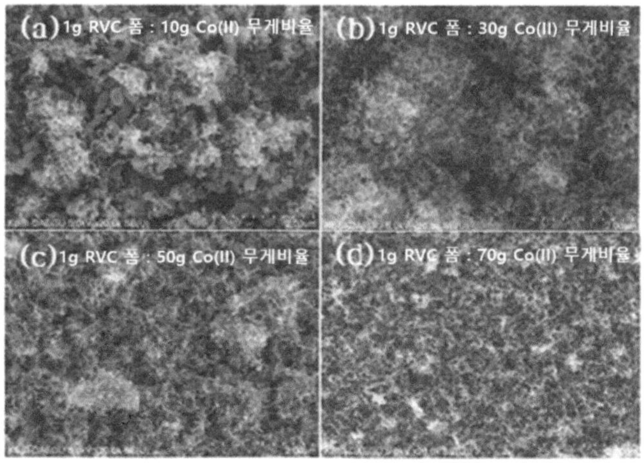

그림 04-5. 합성된 탄소나노섬유의 SEM 이미지(1 mol Co(II):3 mol urea, pH 3.0).

그림 04-6은 에틸렌 가스를 시간별로 흘려주어 성장시킨 탄소나노섬유와 에틸렌 가스를 2시간 동안 흘려 성장시킨 탄소나노섬유의 단면을 관찰한 SEM 이미지이다. 그림 04-6(a)에 비하여 (b)가 더 얇고 균일하게 합성된다. 시간이 지날수록 탄소나노섬유의 직경이 더 얇게 합성됨을 알 수 있으며, (c)에서는 탄소나노섬유가 약 1.05μm 두께로 합성된다.

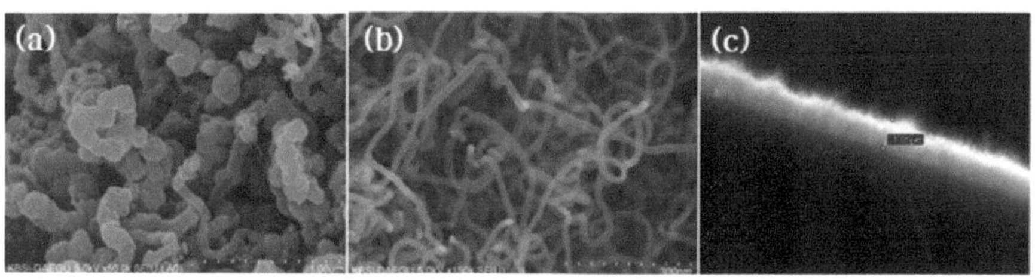

그림 04-6. 시간별로 성장시킨 탄소나노섬유의 SEM 이미지

(a) 1시간 성장 (b) 2시간 성장 (c) 탄소나노섬유의 단면(에틸텐 가스, 2시간)

그림 04-7은 RVC 폼 위에 성장한 탄소나노섬유와 코발트의 결합을 확인한 XPS 분석 결과이다. 모든 탄소와 코발트의 결합에서 탄소 피크는 284eV 부근에서 나타났고, 탄소나노섬유의 탄소 피크는 285eV 부근에서 나타났다. 탄소와 코발트의 결합에서 코발트 피크는 778eV 부근에서 나타났다. 이로 인해 탄소와 코발트가 화학적 결합을 하고 있다는 것을 알 수 있다. 코발트와 결합한 탄소가 가장 낮은 결합 에너지를 가지는 것은 전기 음성도를 비교했을 때, 탄소가 코발트보다 전기 음성도가 커서 전자를 많이 당기기 때문에 가장 낮은 결합 에너지를 나타낸다. 결합 에너지에서 가장 높은 탄소 피크를 가지는 것은 XPS 챔버 내에 존재하는 CO에 의해 오염된 탄소에 의한 것이다.

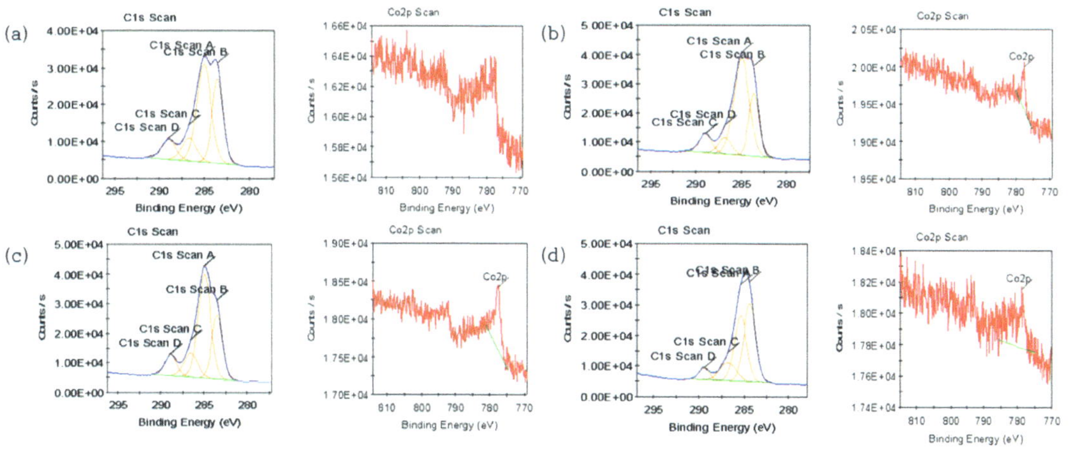

그림 04-7. 합성된 탄소나노섬유의 XPS 분석.

(a) 1 g RVC foam:10 g Co(II) weight rate, 1mol Co(II):3 mol urea, pH 3.0
(b) 1 g RVC foam:30 g Co(II) weight rate, 1mol Co(II):3 mol urea, pH 3.0
(c) 1 g RVC foam:50 g Co(II) weight rate, 1mol Co(II):3 mol urea, pH 3.0
(d) 1 g RVC foam:70 g Co(II) weight rate, 1mol Co(II):3 mol urea, pH 3.0

4.2. Fe(Ⅲ) 촉매를 기반으로 한 탄소나노섬유의 합성 및 특성 [59]

(1) Fe(Ⅲ) 촉매의 증착 및 탄소나노섬유의 합성

레졸형 페놀수지 용액 안에 폴리우레탄 폼을 넣고 calendering을 한 후, 전기로에 넣고 하루 동안 80℃에서 건조시킨다. 건조시킨 샘플은 수소/질소 혼합 가스를 사용하여 4시간 동안 600℃(10℃/min)까지 열을 올려 소성시킨다. 다음 고순도의 질소 가스를 사용하여 30분 동안 10℃/min의 비율에서 1000℃까지 열을 올려 열분해 시킨다. 마지막으로 화학 기상 증착법으로 21% 에틸렌 가스와 수소/질소 혼합 가스를 사용하여 700℃에서 2시간 동안 소성시켜 탄소나노섬유를 합성한다.

(2) 물리화학적 특성

그림 04-8은 촉매 없이 레졸형 페놀수지만으로 딥코팅의 시간에 따라 탄소나노섬유를 합성한 경우의 SEM 이미지이다. 딥코팅의 시간을 달리하여도 촉매를 사용하지 않으면 탄소나노섬유가 합성되지 않는다는 것을 보여준다.

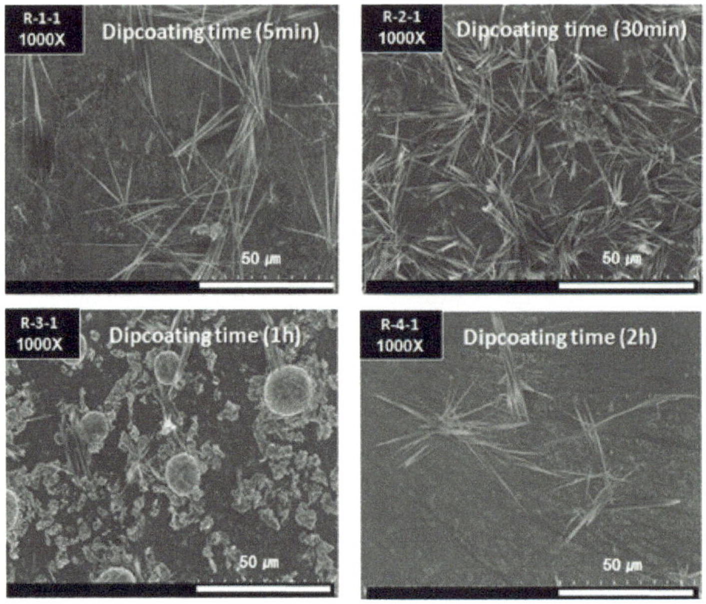

그림 04-8. 촉매 없이 합성한 탄소나노섬유의 SEM 이미지

그림 04-9와 10은 Fe(Ⅲ) 촉매와 페놀수지를 기반으로 각각 딥코팅 시간이 각각 5분일 때와 30분일 때 합성한 탄소나노섬유의 SEM 이미지이다. 모두 탄소나노섬유가 합성되었으며, 합성한 탄소나노섬유의 평균 직경은 80~100nm이다.

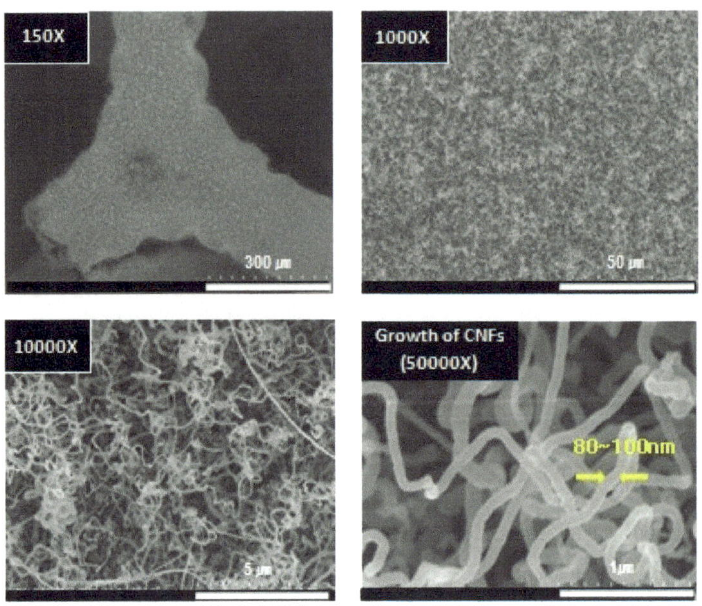

그림 04-9. 딥코팅 시간이 5분일 때 합성한 탄소나노섬유

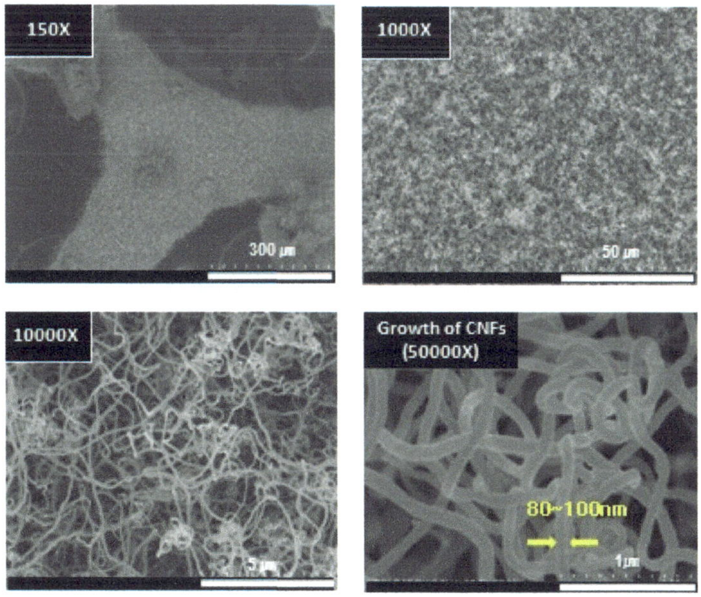

그림 04-10. 딥코팅 시간이 30분일 때 합성한 탄소나노섬유

그림 04-11은 딥코팅의 시간이 1시간일 때 관찰한 SEM 이미지이며, 그림에서 직경이 300nm인 탄소나노섬유가 조금 합성된다. 그림 04-12는 딥코팅의 시간이 2시간일 때 측정한 SEM 이미지이며, 80~100nm와 300nm의 다양한 직경을 가지는 탄소나노섬유가 합성된다.

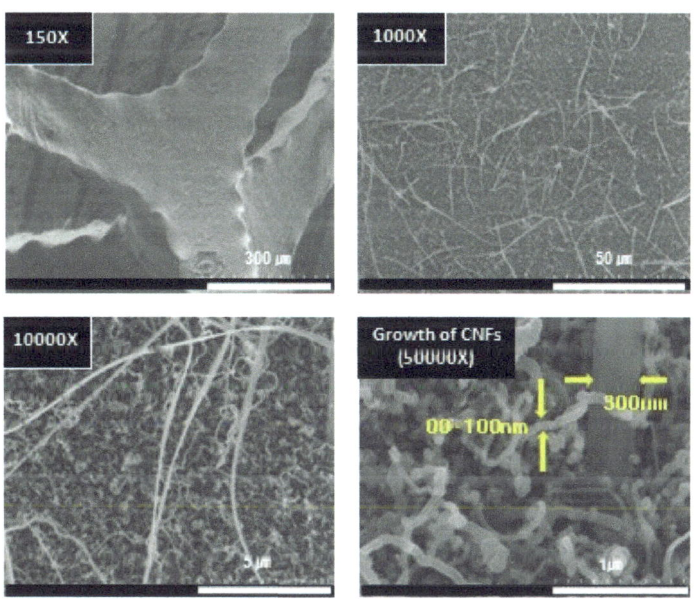

그림 04-11. 딥코팅 시간이 1시간일 때 합성한 탄소나노섬유

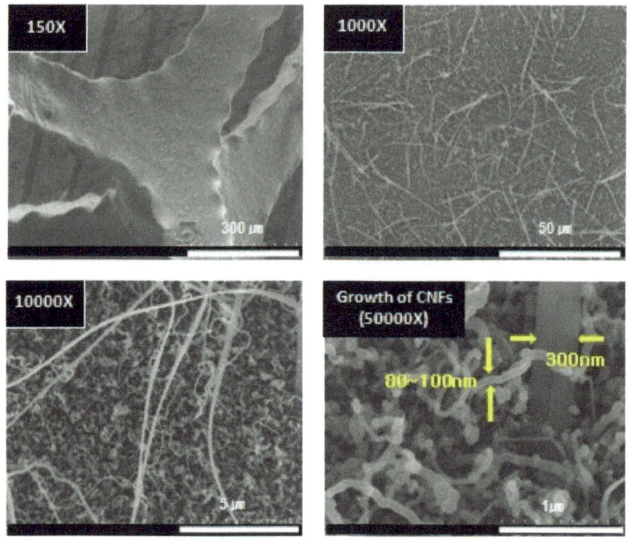

그림 04-12. 딥코팅 시간이 2시간일 때 합성한 탄소나노섬유

그림 04-13은 RVC 폼 위에 성장한 탄소나노섬유와 철(Ⅲ)의 결합을 확인하기 위해 수행한 XPS 분석 결과이다. 모든 탄소와 철(Ⅲ)의 결합에서 탄소 피크는 283eV 부근에서 나타나고, 탄소나노섬유의 탄소 피크는 285eV 부근에서 나타난다. 탄소와 철(Ⅲ)의 결합에서 철(Ⅲ) 피크는 711eV와 724eV의 부근에서 나타났으므로, 탄소와 철(Ⅲ)이 결합을 하고 있다는 것을 알 수 있다. 철과 결합한 탄소가 가장 낮은 결합 에너지를 가지는 것은 전기 음성도를 비교했을 때, 탄소가 철보다 전기 음성도가 커서 전자를 많이 끌어당기기 때문에 가장 낮은 결합 에너지를 가진다.

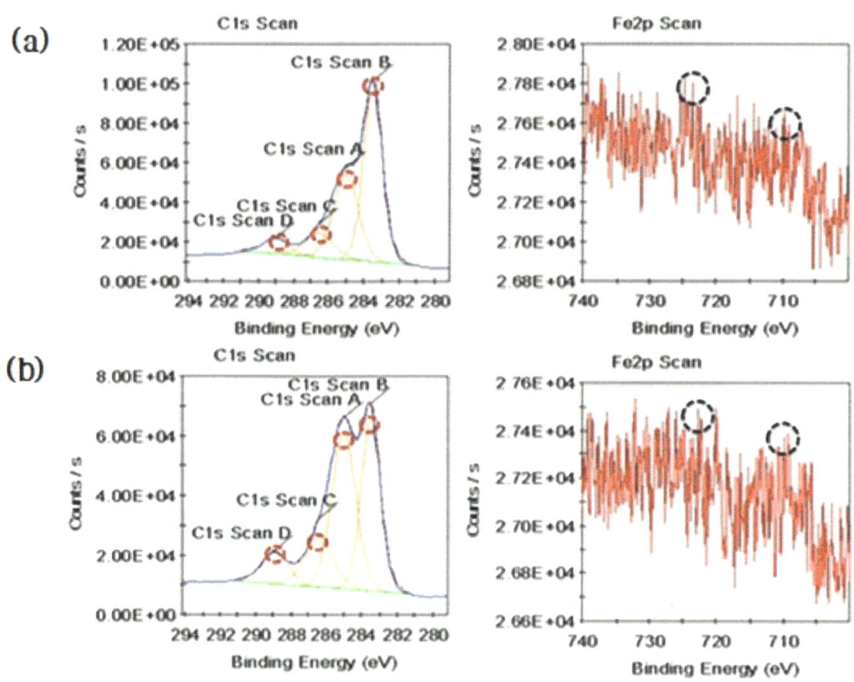

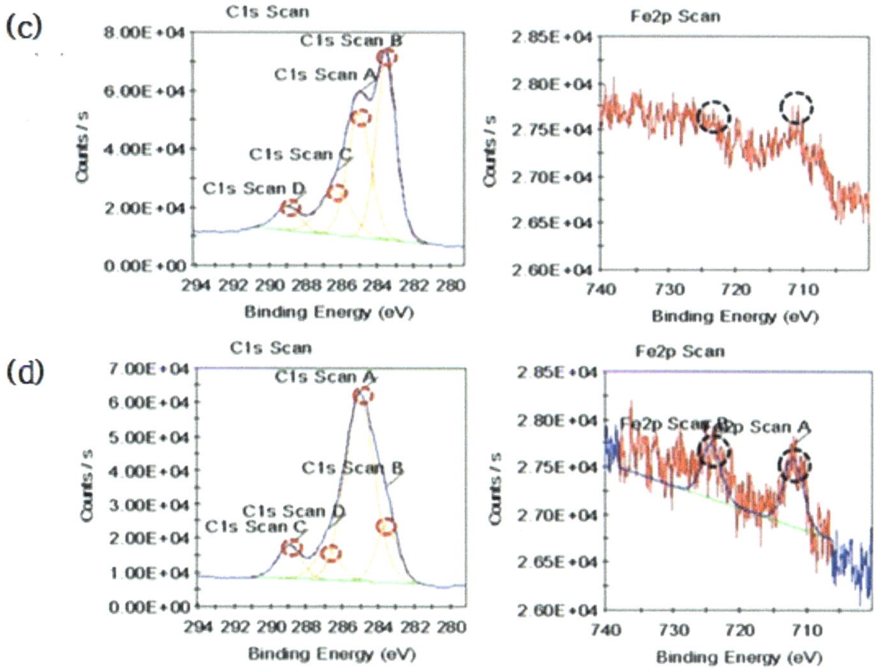

그림 04-13. 딥코팅 시간별로 합성된 탄소나노섬유의 XPS 분석

(a) 5분 (b) 30분 (c) 1시간 (d) 2시간

05 전기영동증착법을 이용한 실리콘/탄소나노섬유 복합 소재의 합성 및 특성

5.1 Fe 촉매를 기반으로 한 탄소나노섬유의 합성 및 특성 [60]

(1) 철 촉매의 증착과 탄소나노섬유의 합성 방법

독일의 SGL Carbon group에서 구입한 C-fiber textiles에 하이드록시기를 도입하기 위해서 C-fiber textiles을 60% 질산에 넣고 80℃로 가열하면서 30분간 환류시킨다. C-fiber textiles에 하이드록시기를 도입시킨 이유는, 철 나노 입자가 증착을 할 때 하이드록시기가 활성화 자리로 작용하여 C-fiber textiles의 표면에 더 많은 철 나노 입자를 증착시키기 위해서이다. 반응이 끝난 후 C-fiber textiles를 증류수로 세척하여 오븐에 건조시키지 않고 증류수 속에서 보관한다. 그 이유는 오븐에 건조를 하게 되면 표면의 하이드록시기가 공기와 반응하여 제거될 것이라 생각되어 더 많은 활성화 자리를 마련하기 위하여 증류수 속에서 보관한다.

무전해도금 방법으로 철 촉매 나노 입자를 증착시키기 위하여 $Fe(NO_3)_3 \cdot 9H_2O$를 증류수에 녹여서 사용한다. 실험 변수로 C-fiber textiles과 철 촉매의 비율을 다르게 하여 무전해도금을 진행한다. C-fiber textiles과 철 촉매의 비율을 각각 10배, 30배, 50배, 70배로 녹인 후 질산을 이용하여 pH를 1.00까지 낮춘 후, 90℃까지 가열한다. 그 후 1 *M* 농도의 요소 수용액을 천천히 떨어뜨려 가수분해를 한다. 이때 요소를 첨가해 주는 이유는 요소가 환원제 역할을 하여 C-fiber textiles 표면에 철 나노 입자를 석출시키기 위해서이다. 철 나노 입자의 증착이 끝난 후 증류수를 이용하여 샘플을 세척하고 80℃ 오븐에서 24시간 동안 건조한 후 질량을 측정한다. 전해도금 방법에서 사용할 전해액 제조를 위해서 철 촉매원으로 $FeSO_4 \cdot 7H_2O$를 증류수에 녹여서 사용하며, 안정제로 L-Ascorbicacid, 첨가제로 Citric acid를 넣어서 전해액을 제조한다. 양극으로는 Carbon 양극을 사용하며, 음극으로는 C-fiber textiles을 사용하여 철 나노 입자가 증착되게 한다. 그림 05-1에 전해도금 장치에 대한 모식도를 나타내었다. 전류에 따른 철 나노 입자의 증착을 알아보기 위해서 전류 및 전압조건을 각 0.1A(5V), 0.3A(11.5V), 0.5A(17.5V)로 다르게 하여 실험을 진행한다. 전류 중 가장 증착이 잘 된 전류를 선택하여 시간을 1분, 3분, 5분, 10분으로 변화를 주며, 이에 따른 철 나노 입자의 증착상태를 조사하였다. 실험이 끝난 후 증류수를 사용하여 C-fiber textiles를 세척하고, 80℃ 오븐에서 24시간 동안 건조한 후 질량을 측정한다.

철 나노 입자를 증착시킨 후, C-fiber textiles 표면에 존재하는 반응에 참여하지 않은 하이드록시기를 제거하고 산화철 상태로 존재하는 철 나노 입자의 산소를 제거하기 위해서 환원을 실시한다. 튜브 퍼니스를 이용하여 600℃에서 3시간 동안 수소 가스를 통과시켜 환원시킨다. 환원 과정이 끝난 후 CVD 장치에서 탄소나노섬유를 성장시킨다. 환원 과정과 마찬가지로 튜브 퍼니스에서 반응을 진행하고, 모든 가스의 유량은 MFC를 통해서 조절한다. 탄소 소스로 에틸렌 가스를 사용하고, 환원 과정 후에도 남아있을 하이드록시기의 제거 및 수율 향상을 위해서 수소 가스를 함께 흘려준다. 그리고 유량 조절을 위해서 질소 가스를 사용한다. 기본적으로 화학 기상 증착은 700℃(분당 10K씩 상승)에서 5시간 동안 진행하고, 제일 성장이 잘 된 샘플에 대해서 600℃, 700℃, 800℃, 900℃에서 5시간 동안 성장시켜 최적의 탄소나노섬유 성장 온도를 조사한다.

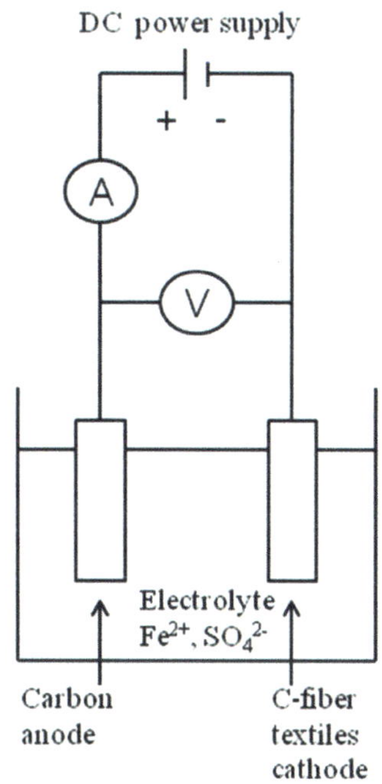

그림 05-1. 전해도금 장치에 대한 모식도

(2) 무전해도금법에 의한 철 촉매의 증착과 탄소나노섬유 성장의 물리화학적 특성

무전해도금 방법으로 철 나노 입자를 증착 시켰을 때, 철 촉매와 C-fiber textiles의 비율에 따른 질량 변화를 그림 05-2에 나타내었다. C-fiber textiles와 철 촉매의 비율이 30배일 때, 질량 변화의 폭이 가장 컸다. 하지만 다른 비율에서는 증착과 환원 과정에서 질량 변화의 폭이 비슷하였으나, 비율이 70배 일 때 탄소나노섬유를 성장시킨 경우가 질량 변화가 가장 적은 것을 알 수 있다.

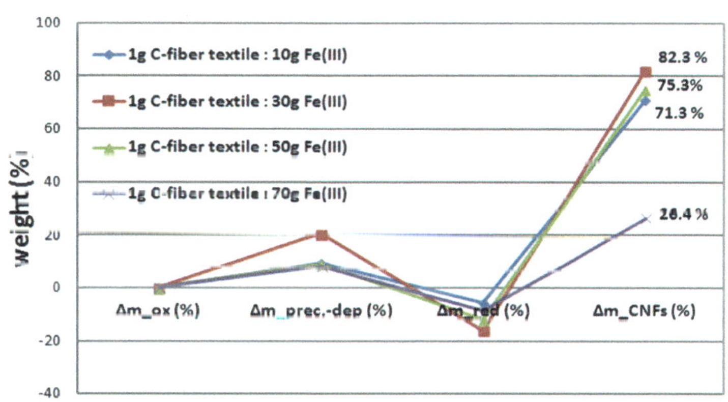

그림 05-2. 무전해도금법에서 철 촉매와 C-fiber textiles의 비율에 따른 질량 변화

무전해도금 방법을 이용하여 철 나노 입자를 증착시킨 후, 샘플 표면의 변화를 나타낸 SEM 이

미지를 그림 05-3에서 나타내었다. C-fiber textiles과 철 촉매의 비율이 증가할수록 표면에 증착된 철 촉매의 나노 입자가 증가한다. 또한 C-fiber textiles과 철 촉매의 비율이 50배 이상이 되면 나노 입자들이 서로 응집되어 침상형 구조를 나타낸다.

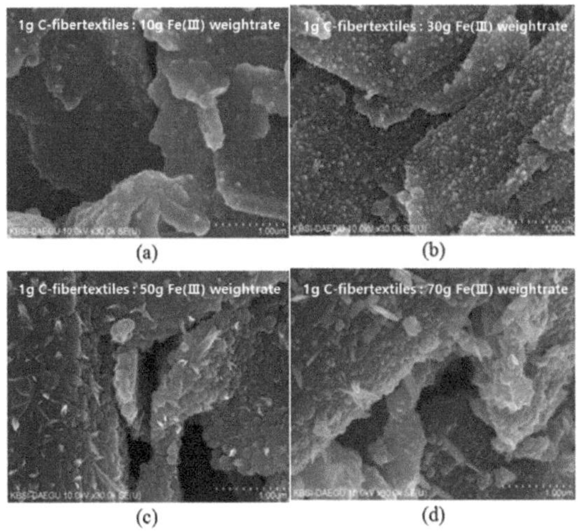

그림 05-3. 무전해도금법을 사용하여 Fe 입자를 증착한 후의 SEM 이미지

철 촉매 나노 입자를 증착 후 퍼니스에서 수소 가스를 흘려주면서 환원 과정을 진행한다. 이는 철 촉매의 증착 이후 반응에 참여하지 않은 산소를 제거해 주기 위해서이며, 반응하지 않은 산소의 존재는 탄소나노섬유를 성장시키는데 방해가 된다. 그림 05-4에서 환원 과정 후의 샘플에 대한 SEM 이미지를 나타내었다. 환원 과정 후 샘플의 철 촉매 입자들은 증착 과정에서의 철 촉매 입자와 다른 모양을 보이며, 이는 환원을 하면서 표면의 산소가 떨어져 나가 철 나노 입자 사이에 서로 응집 현상이 나타나기 때문이다.

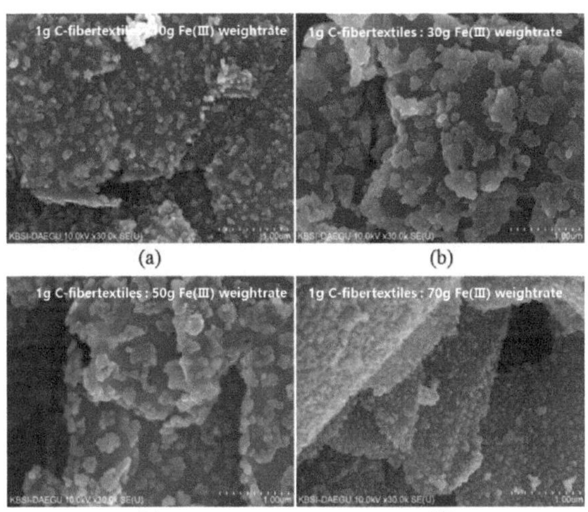

그림 05-4. 환원 과정 후 Fe 촉매 입자의 SEM 이미지

CVD 방법을 이용하여 성장시킨 탄소나노섬유의 SEM 이미지를 그림 05-5에서 나타내었다.

C-fiber textiles과 철 촉매의 비율을 다르게 하여 철 나노 입자를 증착시킨 후, 모든 샘플에 대해 일정량의 에틸렌 가스를 흘려주면서 700℃에서 탄소나노섬유를 성장시킨다. C-fiber textiles과 철 촉매의 비율에 따라 성장된 탄소나노섬유를 관찰한 결과, C-fiber textiles과 철 촉매의 비율이 30배와 70배일 때 직경이 가장 일정한 탄소나노섬유가 성장되었다.

하지만 비율이 10배와 50배일 경우, 직경이 일정한 탄소나노섬유와 함께 직경이 큰 탄소나노섬유도 함께 성장되는데, 이는 환원 과정 이후 철 촉매 나노 입자의 모양에 따라서 성장된 탄소나노섬유의 직경도 달라지기 때문이다.

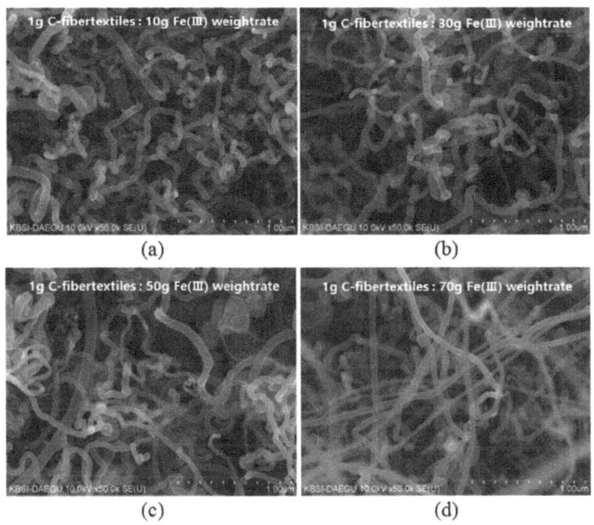

그림 05-5. CVD 방법으로 성장한 탄소나노섬유의 SEM 이미지

온도에 따른 탄소나노섬유의 성장 상태를 조사하기 위하여 에틸렌 가스의 양을 동일하게 유지하며 실험을 진행하였다. CVD 온도를 600℃, 700℃, 800℃, 900℃로 변화시켜 실험을 수행하였다. 이때 동일한 조건에서 가장 균일하게 탄소나노섬유가 성장되고 수율이 높은 비율인 C-fiber textiles과 철 촉매의 비율이 30배인 샘플을 사용하고, 이에 대한 SEM 이미지를 그림 05-6에 나타내었다. 600℃에서 탄소나노섬유를 성장하였을 경우, 700℃에서 성장한 탄소나노섬유에 비해 직경이 더 큰 것을 알 수 있다. 또한 성장 온도가 800℃가 넘게 되면 일정한 모양을 가지는 탄소나노섬유가 아닌 두꺼운 탄소층이 형성되는 것을 알 수 있다. 이로써 탄소나노섬유의 직경이 고르게 성장되는 온도는 700℃ 이며, 이때 직경이 40~60nm로 가장 균일한 탄소나노섬유가 성장된다는 것을 알 수 있다.

그림 05-6. 온도 변화에 따라 CVD 방법으로 성장한 탄소나노섬유의 SEM 이미지

(a) 600℃, (b) 700℃, (c) 800℃, (d) 900℃

CVD 방법으로 탄소나노섬유를 성장시킨 후 N_2-sorption을 이용하여 BET를 측정하였다. BET 측정 결과는 표 05-1과 2에 나타내었다. 표 05-1에는 C-fiber textiles과 철 촉매의 비율을 다르게 하여 증착시킨 후, 탄소나노섬유를 성장시킨 샘플의 비표면적을 나타내었다. 이 때 C-fiber textiles와 철의 비율이 30배와 70배 일 때, 각각 11 0m^2/g과 105 m^2/g으로 가장 높은 비표면적을 나타내었다. 탄소나노섬유의 성장 온도에 따른 비표면적은 표 05-2에 나타내었다. 성장 온도가 700℃일 때 비표면적이 110 m^2/g으로 가장 높게 나타났으며, 이는 탄소나노섬유를 성장시켰을 때, 섬유의 직경이 균일하게 자란 샘플이 상대적으로 비표면적이 높게 나타난다는 것을 가리킨다.

표 05-1. 무전해도금법으로 C-fiber textiles과 철 촉매의 비율에 따른 BET 분석

C-fiber textiles과 Fe 비율	성장 온도	비표면적(m^2/g)
1g C-fiber textiles : 10g Fe	700℃	93
1g C-fiber textiles : 30g Fe		110
1g C-fiber textiles : 50g Fe		89
1g C-fiber textiles : 70g Fe		105

표 05-2. CVD 방법에서 다양한 온도에 따른 BET 분석

C-fiber textiles과 Fe 비율	성장 온도	비표면적(m^2/g)
1g C-fiber textiles : 30g Fe	600℃	71
	700℃	110
	800℃	53
	900℃	27

그림 05-7에는 각 실험 과정에 따라서 C-fiber textiles 표면에 존재하는 물질들의 상태 분석을

위해서 측정한 XRD pattern을 나타내었다. 각 실험 과정에 따라서 C-fiber textiles 표면에 존재하는 입자의 결정성이 달라지는 것을 알 수 있다. 무전해도금 방법으로 철 촉매 나노 입자를 증착시킨 C-fiber textiles 표면에서 Fe_2O_3의 피크와 C의 피크를 확인할 수 있고, 수소 가스를 이용하여 환원을 시켜준 이후에는 순수한 Fe 입자의 피크를 확인할 수 있다. 탄소나노섬유를 성장한 이후에는 순수한 Fe 입자의 피크와 함께 Fe_3C의 피크도 함께 나타나는 것을 알 수 있다.

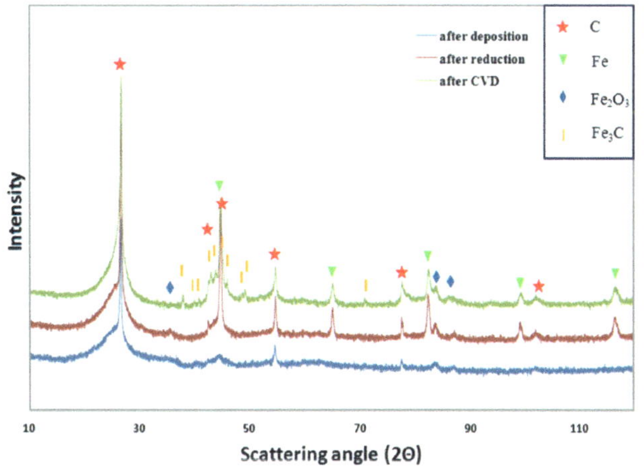

그림 05-7. C-fiber textiles 표면에 대한 XRD 분석

CVD 과정에서 온도를 변화시켜 가면서 탄소나노섬유를 성장하였을 경우의 XRD 분석 결과를 그림 05-8에 나타내었다. 온도의 변화에 따라 탄소나노섬유를 성장시켰을 때, 모든 샘플의 XRD 피크의 경향성은 비슷한 것을 알 수 있다. 하지만 성장 온도가 800℃, 900℃ 일 때는 탄소의 피크와 순수한 Fe의 피크 및 Fe_3C의 피크 이외에 Fe_2O_3의 피크도 함께 나타났다. 이는 고온에서 탄소나노섬유가 성장할 때, Fe 촉매 입자가 공기 중의 산소와 결합했기 때문이다.

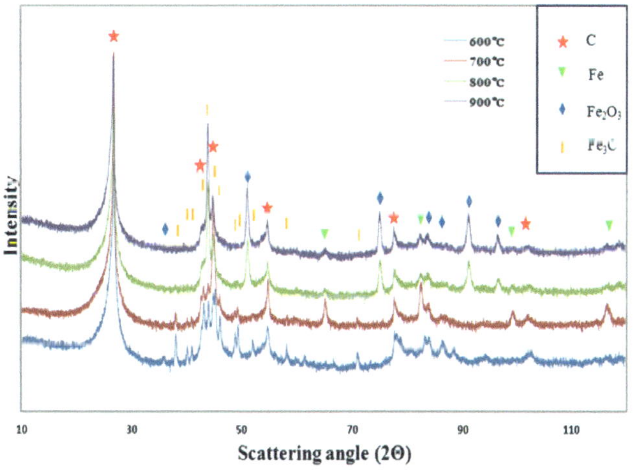

그림 05-8. 온도 변화에 따른 CVD 과정에서 C-fiber textiles 표면의 XRD 분석

그림 05-9에는 무전해도금을 통해 철 촉매 나노 입자를 증착시킨 후 탄소나노섬유를 성장시킨

샘플에 대한 XPS 스펙트럼을 나타냈으며, 표 05-3에 탄소와 산소 그리고 철의 결합 에너지 분석 결과를 나타내었다. 측정에 사용한 샘플은 탄소나노섬유가 가장 균일하게 성장되고 비표면적도 높게 나온 것으로써, C-fiber textiles과 철 촉매의 비율을 30배로 증착시킨 후 700℃에서 탄소나노섬유를 성장시킨 샘플을 사용하였다.

XPS 분석 결과, C1s scan에 대하여 284.34eV에서 탄소나노섬유의 탄소-탄소 결합 에너지가 확인되고, 283.94eV에서 탄소와 철 사이의 결합 에너지가 나타났다. 철과 결합한 탄소가 탄소나노섬유의 탄소-탄소 결합 에너지보다 낮은 결합 에너지를 가지는 것은 탄소가 철보다 전기 음성도가 커서 전자를 많이 당기기 때문에 상대적으로 낮은 결합 에너지로 나타난 것이다. 또한 Fe2p scan에 대해서 707.29eV에서 나타난 결합 에너지는 탄소와 결합된 철의 결합 에너지로 나타났으며, 탄소나노섬유의 탄소가 철과 결합을 하고 있다는 것을 알 수 있다.

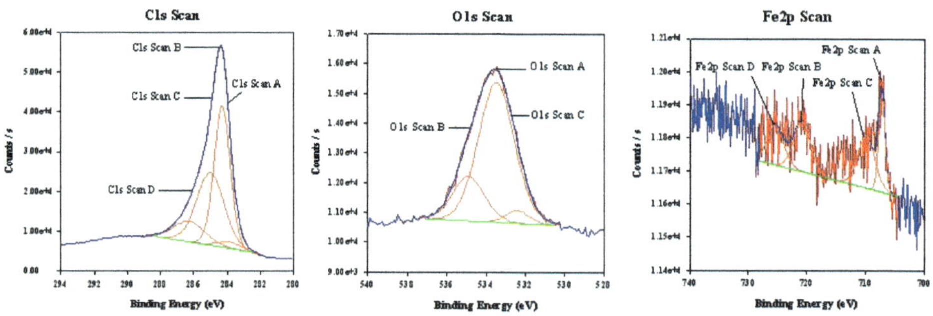

그림 05-9. C-fiber textiles에서 성장한 탄소나노섬유의 XPS 스펙트럼

표 05-3. 탄소나노섬유 성장 후 시료에 대한 XPS 분석 결과

	결합 에너지(eV)	분석
C1s Scan A	283.94	Fe_3C 결합
C1s Scan B	284.34	CNFs의 C-C
C1s Scan C	285.03	C-H 결합
C1s Scan D	286.27	C-O 결합
O1s Scan A	533.49	C=O 결합
O1s Scan B	534.91	C-O 결합
O1s Scan C	532.43	Fe_2O_3 결합
Fe2p Scan A	707.29	Fe_3C 결합
Fe2p Scan B	720.87	Fe(Ⅲ)의 부수물
Fe2p Scan C	709.92	Fe_3O_4 결합
Fe2p Scan D	725.4	Fe_2O_3 결합

(3) 전해도금법에 의한 철 촉매의 증착과 탄소나노섬유 성장의 물리화학적 특성

그림 05-10에 C-fiber textiles 표면에 전해도금 방법을 이용하여 철 촉매를 증착시킨 후 CVD 방법으로 탄소나노섬유를 성장시켰을 때의 질량 변화를 나타내었다. 전류를 0.1A(5V)로 일정하게 유지하고, 증착 시간에 변화를 주어 동일한 조건에서 탄소나노섬유를 성장시켰다. 증착 시간이 증가함에따라 철 촉매의 증착량이 증가하는 것을 확인하였고, 동일한 조건으로 환원 과정이 끝난 후 CVD 방법으로 탄소나노섬유를 성장시켰을 경우, 마찬가지로 질량의 변화가 가장 크게 변화하는 것을 알 수 있었다.

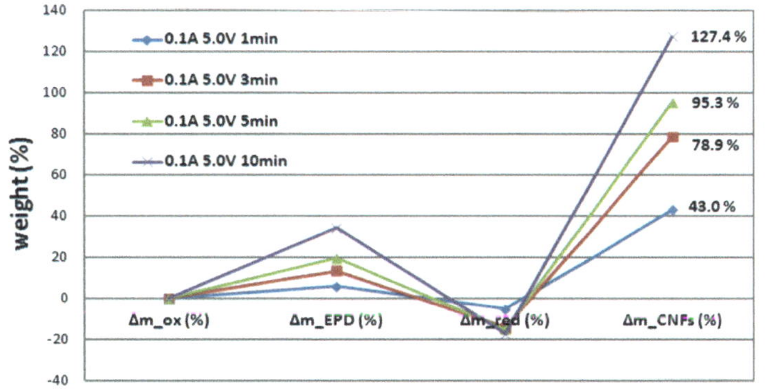

그림 05-10. 전해도금 방법에서 다양한 샘플의 질량 변화

전해도금 방법에서 전해액으로 사용된 $FeSO_4 \cdot 7H_2O$ 수용액은 이온화되어 Fe^{2+}와 SO_4^{2-}가 된다. 이를 전기 분해하면 양극에서 SO_4^{2-}는 산화되지 않으며, 이온화 경향이 더 큰 물이 산화되고, 음극에서는 Fe^{2+} 이온이 환원되어 석출이 일어나게 된다. 각 전극에서 일어나는 전기화학 반응의 메커니즘은 다음과 같다.

Anode : $H_2O \rightarrow \frac{1}{2}O_2 + 2H^+ + 2e^-$

Cathode : $Fe^{2+} + 2e^- \rightarrow Fe$

전해도금 방법으로 철 촉매를 증착시킬 때 전류의 변화에 따른 철 촉매의 증착량과 증착된 입자의 모양을 조사하였으며, 그림 05-11에 전류의 변화에 따른 철 촉매 입자의 SEM 이미지를 나타내었다. 전류를 0.1A(5V), 0.3A(11.5V), 5A(17.5V)로 변화시키면서 1분 동안 철 촉매 입자를 증착시킨다. 전류가 증가함에 따라 철 촉매 입자의 증착량이 증가하였으나, 과량의 철 촉매가 증착되면서 C-fibers textiles를 완전히 덮어 버리는 것을 알 수 있다. 과량의 철 촉매가 증착이 되면 환원 과정이 끝난 후 CVD 과정으로 탄소나노섬유를 성장시켰을 때, 탄소나노섬유의 성장을 방해할 것으로 생각되어 이 후 실험은 0.1A(5V)로 진행하였다.

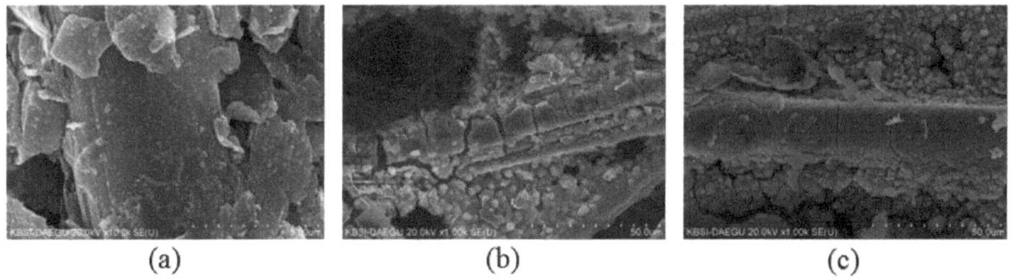

그림 05-11. 전류의 변화에 따라 C-fiber textiles에 증착된 철 촉매의 SEM 이미지

전류를 0.1A(5V)로 일정하게 유지시킨 다음, 전해도금 시간을 1분, 3분, 5분, 10분으로 변화를 주어 실험을 한 결과의 SEM 이미지를 그림 05-12에 나타내었다. 증착 시간이 증가함에 따라서 C-fiber textiles 표면의 철 촉매 입자가 더 크게 증착되는 것으로 나타났다.

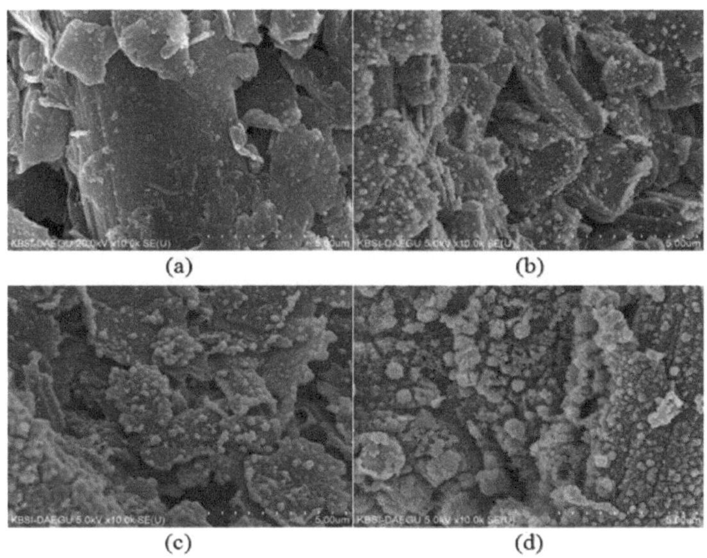

그림 05-12. 시간 변화에 따라서 0.1 A(5V)에서 C-fiber textiles에 코팅된 철 촉매 입자의 SEM 이미지

(a) 1분, (b) 3분, (c) 5분, (d) 10분

환원 과정에서는 튜브 퍼니스를 사용하여 수소 가스를 흘려주면서 실험을 진행한다. 수소 가스를 이용하여 환원하는 이유는 전해도금 과정 후 C-fiber textiles 표면에 존재하는 반응에 참여하지 않은 하이드록시기를 제거하고, 산화철 상태로 있는 철 촉매 입자의 산소를 제거하기 위함이다. 그 이유는 반응에 참여하지 않은 산소는 CVD 과정에서 탄소나노섬유를 성장시킬 때 방해 요인으로 작용하기 때문이다. 그림 05-13은 환원 과정 후 C-fiber textiles 표면에 대한 SEM 이미지이다. 그림 05-13에서 볼 수 있듯이 전해도금 후 수소 가스로 환원함으로써 철 촉매 입자들 사이에 응집 현상이 나타난다.

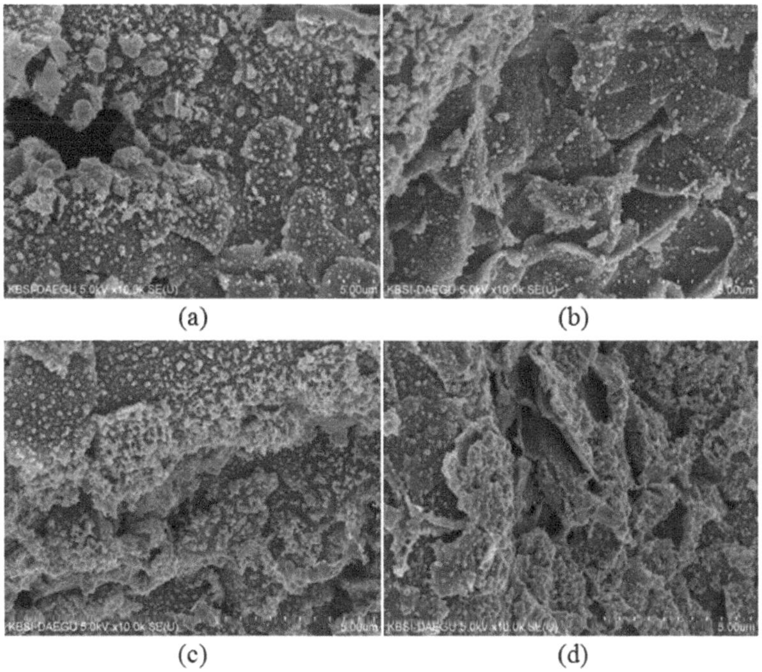

그림 05-13. H_2 가스 환원 후 C-fiber textiles 표면의 SEM 이미지
(a) 0.1A(5V)/1분, (b) 0.1A(5V)/3분, (c) 0.1A(5V)/5분, (d) 0.1A(5V)/10분

환원 과정이 끝난 후 에틸렌 가스를 탄소원으로 하여 탄소나노섬유를 성장시킨다. 그림 05-14에 탄소나노섬유를 성장시킨 후의 SEM 이미지를 나타내었다. 전해도금에서 철 촉매 나노 입자의 증착 시간을 변화하여 증착시킨 샘플에 대하여 탄소나노섬유의 성장을 확인하기 위해서 일정량의 에틸렌 가스를 흘려주면서 700℃에서 실험을 진행하였다. 증착된 철 촉매 입자의 모양과 양에 따라서 다른 직경을 가지는 탄소나노섬유가 성장되었으며, 철 촉매를 3분 동안 증착시킨 후 탄소나노섬유를 성장시켰을 때, 가장 일정한 직경을 가지는 탄소나노섬유가 성장되는 것을 알 수 있었다.

하지만, 1분 동안 철 촉매를 증착시킨 후 탄소나노섬유를 성장시켰을 때는 수율이 너무 낮게 나타났으며, 5분 동안 철 촉매를 증착시켰을 때는 탄소나노섬유의 직경이 균일하지 않게 성장하였다. 한편 증착 시간을 10분으로 하여 철 촉매를 증착한 후 탄소나노섬유를 성장시켰을 때는, 과량의 철 촉매 입자가 증착되어 탄소나노섬유가 제대로 성장되지 못하고 덩어리 형태를 이루면서 탄소층이 쌓이게 된다. 이로써 철 촉매 입자의 모양에 따라서 성장된 탄소나노섬유의 직경과 형태가 달라지며, 과량의 철 촉매는 탄소나노섬유의 성장에 방해가 된다는 것을 알 수 있다.

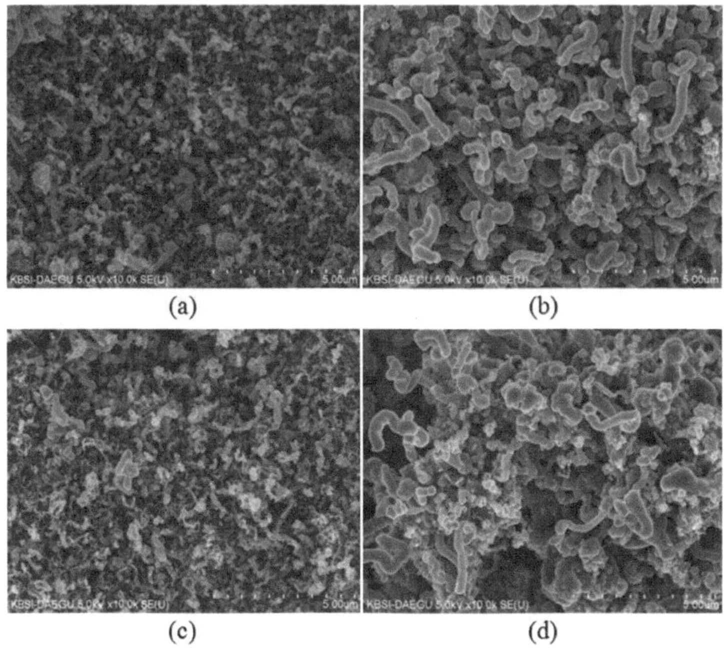

그림 05-14. CVD 법으로 C-fiber textiles에서 성장한 탄소나노섬유의 SEM 이미지

(a) 0.1A(5V)/1분 (b) 0.1A(5V)/3분 (c) 0.1A(5V)/5분 (d) 0.1A(5V)/10분

그림 05-15에 온도 변화에 따른 탄소나노섬유의 성장을 나타내었다. 이 때 에틸렌 가스의 양을 동일하게 유지하면서 실험을 진행하며, CVD 온도를 600℃, 700℃, 800℃, 900℃로 변화시켜 실험을 한다. 실험에 사용한 샘플은 동일한 조건에서 가장 균일하게 탄소나노섬유가 성장된 0.1A(5V) 조건에서 3분간 철 촉매를 증착시킨 샘플을 사용한다. CVD 과정에서 온도가 증가함에 따라 탄소나노섬유의 직경도 증가하는 것으로 나타났으며, 성장 온도가 800℃가 넘게 되면 균일한 형태를 가지는 탄소나노섬유가 아닌 두꺼운 탄소층이 형성되는 것을 알 수 있다. 탄소나노섬유의 성장이 가장 잘 된 온도는 600℃이며, 이 때 직경이 150~200nm로 가장 균일한 탄소나노섬유가 성장되었다.

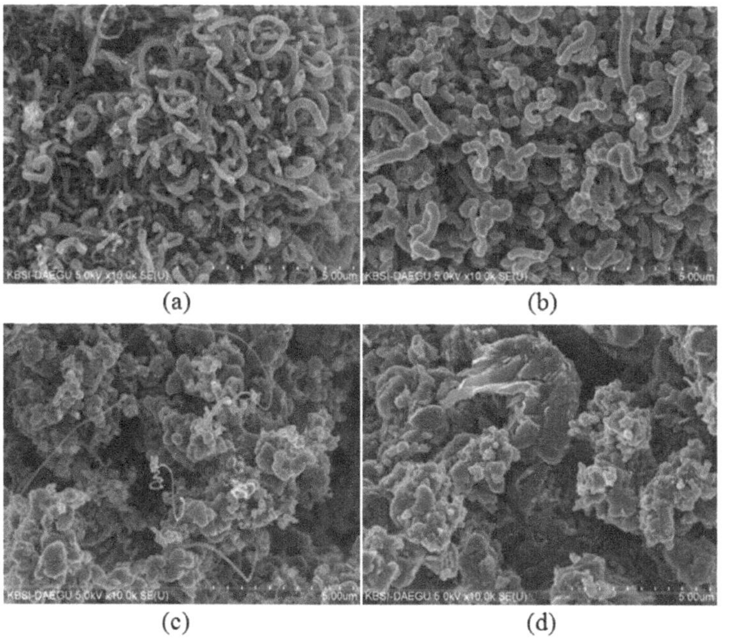

그림 05-15. 다양한 온도에서 CVD 법으로 C-fiber textiles에서 성장한 탄소나노섬유의 SEM 이미지
(a) 600℃ (b) 700℃ (c) 800℃ (d) 900℃

탄소나노섬유를 성장시킨 후 N_2-sorption을 이용하여 BET를 측정하였으며, 이를 표 05-4와 5에 나타내었다. 표 05-4에는 전해도금 시간을 달리하여 철 촉매를 증착한 후 성장시킨 탄소나노섬유의 비표면적을 나타내었다. 표 05-4에서 알 수 있듯이, 철 촉매 나노 입자를 3분 동안 증착하여 탄소나노섬유를 성장시켰을 때 가장 높은 116 m^2/g의 비표면적을 나타내었다. CVD 과정에서 온도를 변화시켜 탄소나노섬유를 성장시킨 결과, 600℃로 실험을 진행했을 경우에 비표면적이 196 m^2/g으로 가장 높은 수치를 나타내었으며, 이는 성장된 탄소나노섬유의 직경이 가장 일정하고 균일하기 때문이다.

표 05-4. 전해도금에서 다양한 시간에 따른 BET 분석

증착 조건	성장 온도	비표면적(m^2/g)
0.1A(5V)/1분	700℃	107
0.1A(5V)/3분		116
0.1A(5V)/5분		104
0.1A(5V)/10분		90

표 05-5. CVD 과정에서 다양한 시간에 따른 BET 분석

증착 조건	성장 온도	비표면적(m^2/g)
0.1A(5V)/1분	600℃	196
0.1A(5V)/3분	700℃	116
0.1A(5V)/5분	800℃	38
0.1A(5V)/10분	900℃	47

여러 실험 과정 및 CVD 과정에서 온도의 변화에 따른 C-fiber textiles 표면 물질의 구성 및 상태 분석을 위하여 XRD 분석을 수행하였으며, 그 결과를 그림 05-16에 나타내었다. 실험을 진행하면서 C-fiber textiles 표면에 존재하는 입자의 결정성도 달라지는 것을 알 수 있다. 전해도금 방법으로 철 촉매 입자를 증착시킨 후, C-fiber textiles 표면에는 Fe_2O_3의 입자와 C-fiber textiles을 구성하는 탄소만 있으나, 수소 가스를 이용하여 환원을 시켜준 후에는 순수한 Fe 입자만 남는다. 에틸렌 가스를 사용하여 탄소나노섬유를 성장시킨 다음에는 탄소 피크의 세기가 더욱 증가하였으며, Fe_3C의 입자의 피크와 작은 Fe_2O_3의 피크가 나타났다.

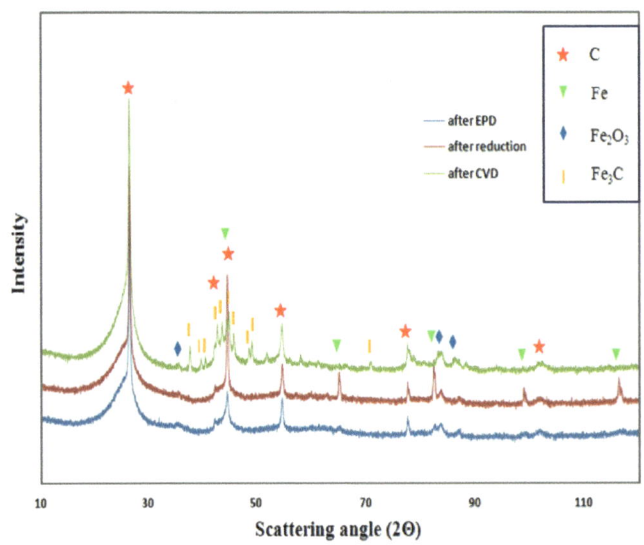

그림 05-16. 실험 과정에서 C-fiber textiles 표면의 XRD 분석

CVD 과정에서 온도의 변화에 따라 성장된 탄소나노섬유에 대하여 XRD 분석을 수행하였으며, 이를 그림 05-17에 나타내었다. CVD 과정에서 온도의 변화에 상관없이 C의 피크와 Fe_3C의 피크, 약한 세기의 Fe_2O_3의 피크는 모든 샘플에서 나타났지만, 900℃에서 탄소나노섬유를 성장시켰을 때는 다른 샘플에 비해 Fe_2O_3 피크의 세기가 더 증가하였고 또 순수한 Fe 입자의 피크가 같이 나타났다. 이는 SEM 분석을 했을 때와 마찬가지로 일정량의 Fe가 공기 중의 산소와 결합했기 때문이다.

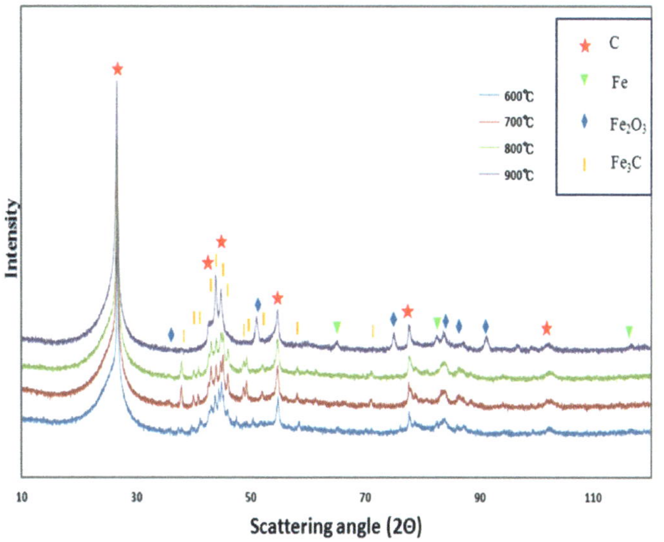

그림 05-17. CVD 공정에서 온도 변화에 따른 C-fiber textiles 표면에 대한 XRD 분석

C-fiber textiles/Fe 촉매 상에 성장시킨 탄소나노섬유에 대한 XPS 스펙트럼을 그림 05-18에 나타냈으며, 표 05-6에 탄소와 산소 그리고 철의 결합 에너지 분석을 정리하였다. 측정에 사용한 샘플은 탄소나노섬유가 가장 균일하게 성장되고 비표면적도 높게 나온 조건인 0.1A(5V), 3분에서 철 촉매를 증착시키고 600℃에서 탄소나노섬유를 성장시킨 샘플을 사용하였다.

XPS 분석 결과, C1s scan에 대하여 288.4eV에서 탄소나노섬유의 탄소-탄소의 결합 에너지가 나타났으며, 283.91eV에서 탄소와 철 사이의 결합 에너지가 나타났다. 철과 결합한 탄소가 탄소나노섬유의 탄소 결합 에너지보다 낮은 결합 에너지를 가지는 것은 탄소가 철보다 전기 음성도가 커서 전자를 많이 당기기 때문에 상대적으로 낮은 결합 에너지로 나타난 것이다. 또한 Fe2p scan에 대해서 708.13eV에서 나타난 결합 에너지는 탄소와 결합된 철의 결합 에너지로 나타났으며, 이로써 탄소와 철 사이에 결합이 형성되었다는 것을 알 수 있다.

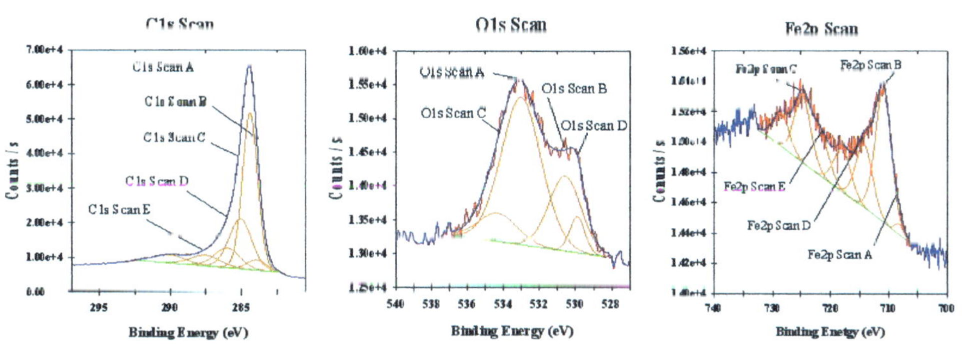

그림 05-18. 0.1A(5V), 3분, 600℃에서 CVD법으로 C-fiber textiles/Fe 촉매 표면에서 성장한 탄소나노섬유에 대한 XPS 스펙트럼

표 05-6. 탄소나노섬유 성장 후 시료에 대한 XPS 분석 결과

	결합 에너지(eV)	분석
C1s Scan A	284.40	CNFs의 C-C
C1s Scan B	283.9	Fe_3C 결합
C1s Scan C	285.0	C-H 결합
C1s Scan D	286.0	C-O 결합
C1s Scan E	287.5	C=O 결합
O1s Scan A	533.03	C=O 결합
O1s Scan B	530.59	Fe_2O_3 결합
O1s Scan C	534.33	C-O 결합
O1s Scan D	529.90	Fe_3O_4 결합
Fe2p Scan A	708.13	Fe_3C 결합
Fe2p Scan B	710.97	Fe_3O_4 결합
Fe2p Scan C	724.77	Fe_2O_3 결합
Fe2p Scan D	714.34	Fe(II) 부수물
Fe2p Scan E	763.66	Fe(III) 부수물

탄소나노섬유가 가장 잘 성장된 샘플에 대한 TG/DTA 분석 결과를 그림 05-19에 나타내었다. (a)는 무전해도금 방법을 이용하여 철 촉매를 증착시킨 것으로, C-fiber textiles과 철 촉매의 비율을 30배로 하여, 700℃에서 5시간 동안 탄소나노섬유를 성장한 샘플이며, (b)는 전해도금 방법을 이용하여 철 촉매를 증착시킨 것으로, 0.1A(5V)에서 3분간 증착을 시킨 후, 600℃에서 5시간 동안 탄소나노섬유를 성장한 샘플이다.

두 가지 다른 방법을 이용하여 철 촉매를 증착시킨 후 탄소나노섬유를 성장시킨 샘플들은 열분석 곡선에서 비슷한 경향이 나타났다. 그림 05-19에서 볼 수 있듯이, TGA thermogram은 490℃ 부근에서부터 750℃ 부근까지 급격한 감량곡선을 나타내었으며, DTA thermogram에서는 600℃, 690℃, 850℃ 부근에서 발열 피크가 나타났다. 600℃ 부근의 발열 피크는 성장된 탄소나노섬유를 구성하는 탄소의 산화에 의한 발열 피크를 나타내는 것이며, 이보다 더 고온 부분의 690℃, 850℃ 부근의 발열 피크는 기반 물질로 사용한 C-fiber textiles을 구성하는 carbon fibers와 graphite의 산화에 의한 발열 피크이다.

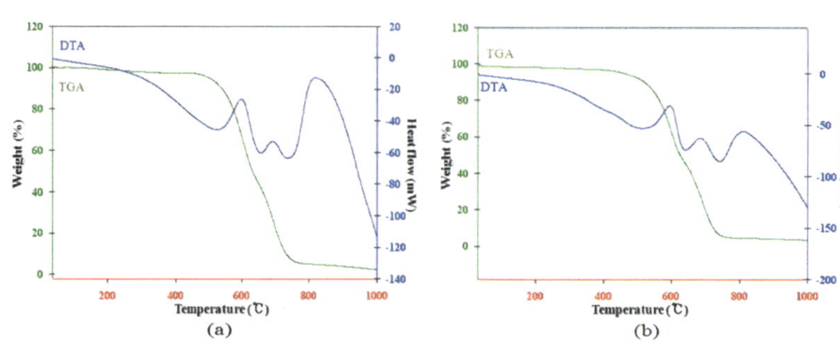

그림 05-19. 두 가지 다른 증착 방법으로 C-fiber textiles에서 성장한 CNF의 TG/DTA thermograms

(a) 증착침전법 (b) 전기영동증착법

CVD 방법으로 탄소나노섬유를 성장시킨 후 탄소-탄소 결합의 방향성을 알아보기 위해서 라만 분석을 하였으며, 이에 대한 결과를 그림 05-20에 나타내었다. 샘플은 TG/DTA 분석에서 사용된 샘플과 같이, 무전해도금 방법을 이용하여 철 촉매를 증착시킨 샘플은 C-fiber textiles과 철 촉매의 비율을 30배, 700℃에서 5시간 동안 탄소나노섬유를 성장시킨 샘플이며, 전해도금 방법을 이용하여 철 촉매를 증착시킨 샘플은 0.1A(5V)에서 3분간 증착을 시킨 후, 600℃에서 5시간 동안 탄소나노섬유를 성장시킨 샘플이다. 다이아몬드 상의 탄소 결합을 나타내는 D band는 1,332cm^{-1}, 흑연 상의 탄소 결합을 나타내는 G band는 1,582cm^{-1}, 탄소나노튜브 상의 탄소 결합을 나타내는 2D band는 2,700cm^{-1} 근처에서 나타났다. 스펙트럼의 D band, G band, 2D band의 intensity와 R=(ID/IG)값을 표 05-7에 나타내었다. 두 가지 다른 방법으로 철 촉매를 증착시킨 후 탄소나노섬유를 성장시켰을 때 각각의 R 값은 무전해도금 방법일 경우 0.64, 전해도금 방법일 경우 1.01로 전해도금 방법으로 철 촉매 나노 입자를 증착시킨 후 탄소나노섬유를 성장하였을 때가 더 높게 나타났다. 이는 무전해도금 방법으로 철 촉매 나노 입자를 증착시킨 후 탄소나노섬유를 성장시킬 때 탄소나노섬유가 더 잘 성장된다는 것을 의미한다. 그리고 무전해도금을 통해 철 나노 입자를 증착시킨 후 탄소나노섬유를 성장하였을 경우 2D band가 나타나는데, 이는 무전해도금으로 철 촉매를 증착한 후 탄소나노섬유를 성장시킬 때 순수한 탄소나노섬유만 성장이 되는 것이 아니라 다중벽 탄소나노튜브도 부산물로 함께 성장이 된다는 것을 보여준다.

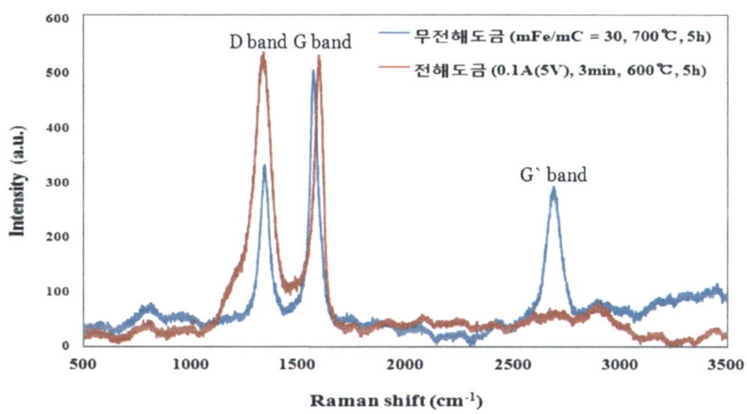

그림 05-20. 두 가지 다른 증착 방법에 의해 C-fiber textiles에서 성상한 CNF의 라반 스펙트럼

표 05-7. C-fiber textiles에서 성장한 CNF의 라만 스펙트럼에서 각 밴드의 강도 및 R 값

증착 방법	D band (Intensity a.u.)	G band (Intensity a.u.)	2D band (Intensity a.u.)	R (ID/IG)
무전해도금	323.7	507.5	293.5	0.64
전해도금	540.9	534.4	-	1.01

5.2 Co-Ni 촉매를 기반으로 한 실리콘/탄소나노섬유 복합소재의 합성 및 특성 [61, 62]

(1) Co-Ni 촉매 증착

전기영동법으로 양극으로는 카본 전극을, 음극으로는 탄소 시트를 사용하여 탄소 시트 상에 코발트-니켈 촉매를 증착시킨다. 전해액으로는 Cobalt nitrate와 Nickel nitrate 혼합 용액을 사용한다. 코발트와 니켈의 함량에 따른 탄소나노섬유의 성질을 알아보기 위해 Cobalt nitrate와 Nickel nitrate를 8:2, 6:4의 무게비로 전해액을 제조하고, 5분 동안 0.04-0.05A의 전류를 흘려주어 코발트-니켈 촉매를 탄소 시트의 표면에 증착시킨다.

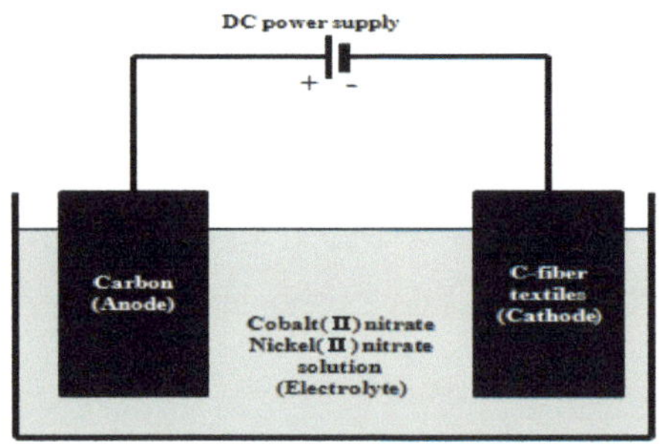

그림 05-21. C-fiber textiles에 촉매를 증착하는 장치

(2) Co-Ni 촉매의 환원 및 탄소나노섬유의 합성

전기영동법으로 탄소 시트의 표면에 증착된 코발트 산화물과 니켈 산화물을 코발트-니켈 촉매로 환원시켜 준다. 코발트-니켈 촉매가 증착된 탄소 시트가 들어있는 수평 석영관의 내부를 질소 분위기에서 12℃/min로 700℃까지 온도를 올려준 후, 1시간 동안 700℃에서 Mass flow controller(MFC)를 이용하여 일정 유량의 수소 가스를 흘려준다.

환원 반응이 끝난 후 열 화학 기상 증착법으로 탄소나노섬유를 합성한다. 환원 반응이 끝난 700℃의 수평 석영관 내부에 MFC를 이용하여 일정량의 에틸렌 가스를 1시간 동안 흘려준다. 반응이 종료된 후, 질소 분위기에서 상온으로 온도를 내려준다.

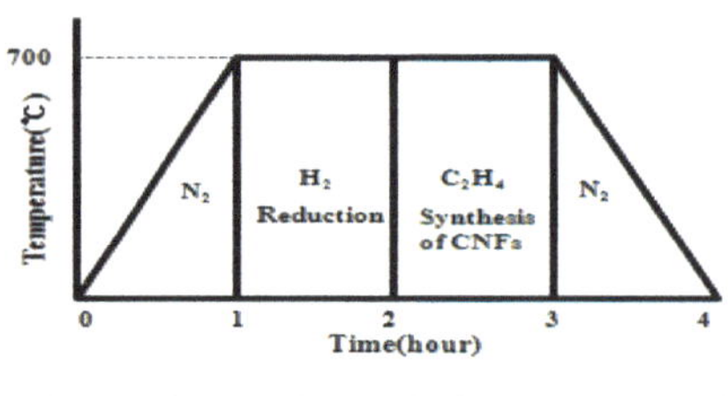

그림 05-22. 화학 기상 증착법에 의한 탄소나노섬유의 합성 과정

(3) 실리카-탄소나노섬유 복합소재의 합성

실리카를 코팅하기 위해 탄소나노섬유의 표면에 먼저 anchor group으로 하이드록시기를 도입하고자 80℃로 질산에서 30분간 산화시킨다. 산화 과정을 거친 탄소나노섬유의 표면에 가수분해시킨 TEOS를 졸-겔법을 이용하여 실리카를 코팅한다. 에탄올에 TEOS와 염산, 증류수를 용해시킨 후, 상온에서 6시간 동안 교반시켜 TEOS를 가수분해시킨다. 이 용액에 탄소나노섬유가 합성된 탄소 시트를 담그고 암모니아수를 첨가하여 용액을 겔화시킨 후, 12시간 동안 교반하여 탄소나노섬유 표면에 실리카를 코팅한다.

(4) 실리콘-탄소나노섬유 복합소재의 합성

탄소나노섬유 표면에 코팅된 실리카를 수소 가스를 흘려 환원시킨다. 표면에 실리카-탄소나노섬유 복합소재가 합성된 탄소 시트를 수평 석영관에 넣고 질소 분위기에서 12℃/min로 700℃까지 온도를 올려준 후, 1시간 동안 700℃에서 MFC로 일정 유량의 수소 가스를 흘려주어 실리콘-탄소나노섬유 복합소재를 합성한다.

(5) 전지의 제조

탄소 시트 상에 합성한 탄소나노섬유, 실리카-탄소나노섬유 복합소재 및 실리콘-탄소나노섬유 복합소재의 전기화학적 특성을 조사하기 위해 코인 셀을 제작한다. 코인 셀에 사용한 작업 전극으로는 합성물이 증착된 탄소 시트를 바인더 없이 그대로 사용하고, 상대 전극으로는 리튬 포일, 분리막은 폴리에틸렌을 사용한다. 전해질은 $LiPF_6$를 용해시킨 Ethylene carbonate(EC), Diethyl carbonate(DEC)(1:1vol.%) 혼합 용액을 사용한다. 코인 셀 제작은 아르곤 가스가 채워진 글러브 박스에서 제조한다.

(6) 물리화학적 특성

그림 05-23은 (a) 순수 탄소 시트의 표면과 (b, c) 코발트-니켈 촉매가 증착된 탄소 시트를 나타낸 SEM 이미지이다. SEM 이미지에서 코발트-니켈 촉매가 탄소 시트의 표면에 증착되었음을 알 수 있다. (b) 코발트-니켈 8:2와 (c) 코발트-니켈 6:4의 두 촉매 비율에서 탄소 시트의 표면에 나노 크기의 벽과 촉매 입자가 관찰되었으며, 니켈의 비율이 증가할수록 코발트와 니켈 입자가 서로 응집되어 코발트-니켈 촉매 비율이 6:4일 때 더 많은 양의 코발트-니켈 촉매 입자가 형성됨을 볼 수 있었다.

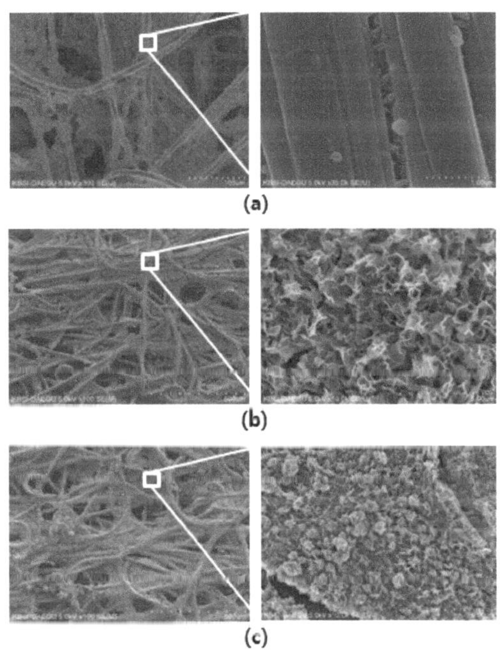

그림 05-23. SEM 이미지

(a) C-fiber textiles (b) Co-Ni(8:2)/C-fiber textiles
(c) Co-Ni(6:4)/C-fiber textiles

그림 05-24와 표 05-8에 코발트-니켈 촉매가 증착된 탄소 시트의 XPS 결과를 나타내었다. 코발트의 결합 에너지를 보면, 782-803eV 부근에서 코발트 산화물과 코발트 금속이 관찰되었고, 니켈의 결합 에너지에서는 857-882eV 부근에서 니켈 산화물과 니켈 금속이 관찰되어 탄소 시트 상에 촉매 산화물이 증착되었음을 알 수 있다. 코발트와 니켈이 산화물로 증착됨에 따라 탄소나노섬유를 합성하기 전 코발트와 니켈을 환원시키기 위해 수소 가스를 흘려준다.

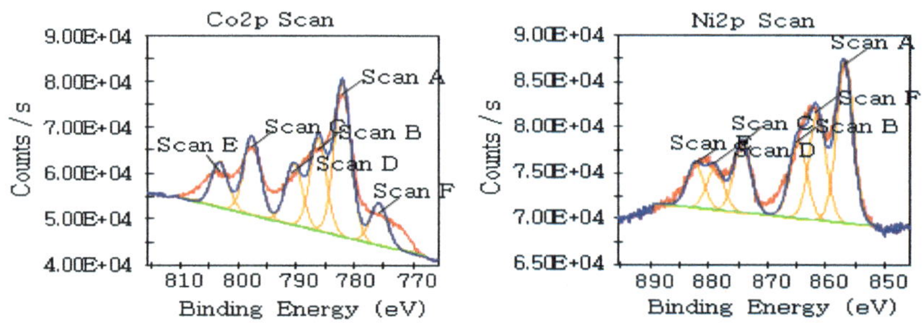

그림 05-24. C-fiber textiles에 증착된 Co-Ni 촉매의 XPS 스펙트럼

그림 05-8. C-fiber textiles에 증착된 Co-Ni 촉매의 XPS 결과

원소		결합 에너지(eV)	화학적 결합
Co2p	Scan A	782	CoxOy
	Scan B	786	
	Scan C	798	
	Scan D	790	
	Scan E	803	
	Scan F	776	Co
Ni2p	Scan A	857	NixOy
	Scan B	865	
	Scan C	874	Ni
	Scan D	879	NiO
	Scan E	882	
	Scan F	862	

그림 05-25는 코발트-니켈 촉매가 증착된 탄소 시트 상에 합성된 탄소나노섬유의 SEM 이미지이다. 두 시료 모두 일정한 직경을 가진 굽은 형태의 탄소나노섬유로 합성되었으며, (a) 코발트-니켈(8:2) 촉매에 합성된 탄소나노섬유는 직경이 35nm, (b) 코발트-니켈(6:4) 촉매에 합성된 탄소나

노섬유는 직경이 30nm 이다.

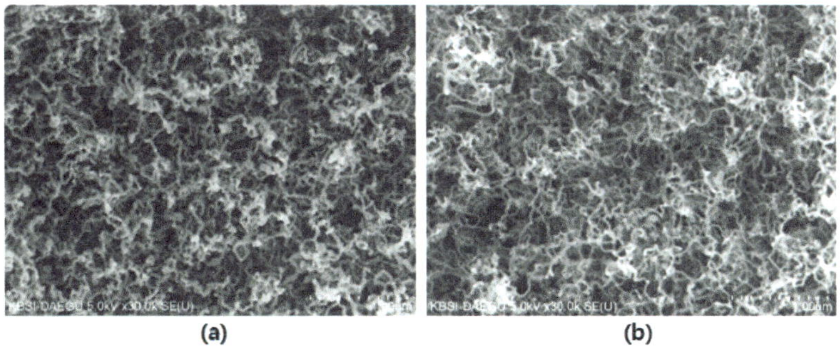

그림 05-25. C-fiber textiles에 촉매 비율로 합성한 탄소나노섬유의 SEM 이미지

(a) Co-Ni(8:2)　(b) Co-Ni(6:4)

그림 05-26은 코발트-니켈 촉매를 사용하여 합성한 탄소나노섬유의 XPS 결과이다. 코발트-니켈 비율이 (a) 8:2와 (b) 6:4인 시료에 대하여 결합 에너지가 285eV 부근에서 C=C(sp^2) 결합, 286eV 부근에서 C-C(sp^3) 결합, 288eV 부근에서 -C=O 결합, 292eV 부근에서 -COO 결합이 나타났다. 두 촉매 비율에서 동일한 탄소 결합 에너지가 나타나므로 탄소나노섬유를 합성할 때 촉매 비율은 탄소의 결합 에너지에 영향을 미치지 않는다는 것을 알 수 있다.

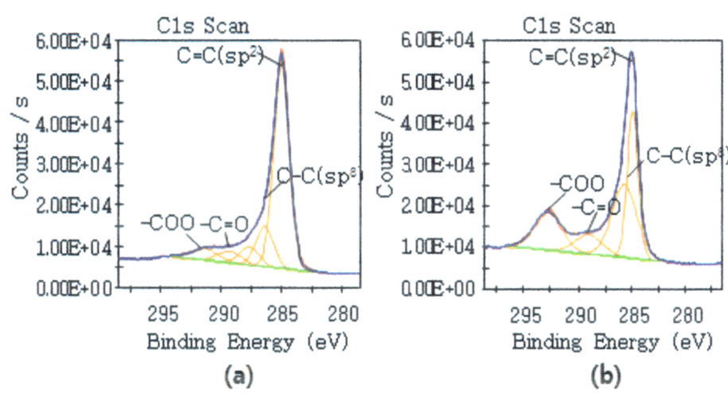

그림 05-26. C-fiber textiles에 촉매 비율로 합성된 탄소나노섬유의 XPS 스펙트럼

(a) Co-Ni(8:2)　(b) Co-Ni(6:4)

그림 05-27은 Co-Ni 비율에 따라 합성된 탄소나노섬유의 Raman 결과이다. 1,590cm^{-1} 부근에서 나타나는 G 피크는 흑연 결합을 나타내는 sp^2 결합으로 탄소의 이중결합, 1,350cm^{-1} 부근에서 나타나는 D 피크는 무질서 흑연 또는 다이아몬드 결합을 나타내는 sp^3 결합으로 탄소의 단일결합이다. 두 촉매 비율 모두 D 피크와 G 피크의 비가 1에 가까운 것으로 보아 sp^2 결합과 sp^3 결합이 1:1인 탄소나노섬유가 합성되었고, Co-Ni(8:2)에서 합성한 탄소나노섬유가 Co-Ni(6:4)에서 합성한 탄소나노섬유보다 피크가 큰 것으로 보아 결정성이 더 높은 탄소나노섬유가 합성되었음을 나타낸다.

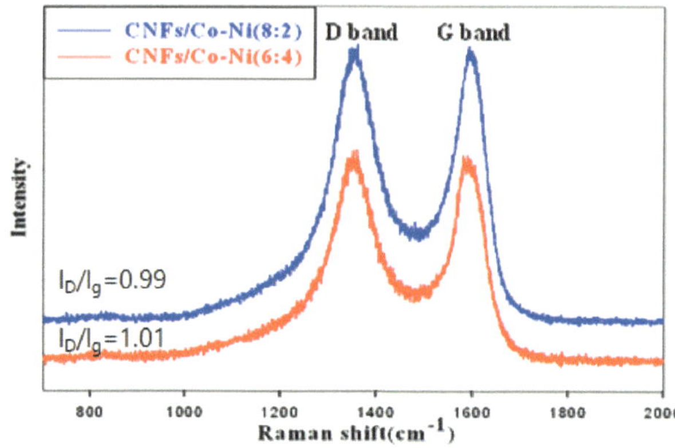

그림 05-27. Co-Ni/C-fiber textiles에 합성된 탄소나노섬유의 Raman 스펙트럼

그림 05-28은 탄소나노섬유 표면에 형성된 실리카의 코팅층을 보기 위하여 TEM 이미지를 분석한 것이다. 실리카를 코팅한 탄소나노섬유는 비교적 결정성이 높은 코발트-니켈 8:2의 비율로 합성한 탄소나노섬유를 사용한 것으로, 약 6nm의 중공이 있는 탄소나노섬유의 표면에 TEOS가 산 촉매에 의해 가수분해와 중축합 반응으로 형태가 일정하지 않은 둥근 형태의 실리카 입자 모양으로 코팅되었음을 알 수 있다.

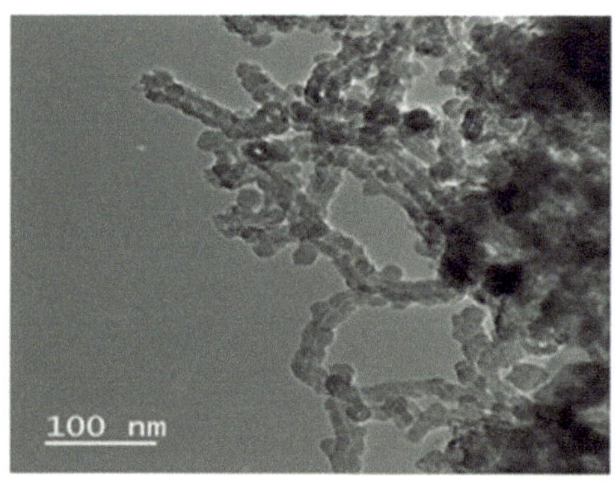

그림 05-28. SiO_2-CNFs 복합소재의 TEM 이미지

그림 05-29는 탄소나노섬유와 실리카-탄소나노섬유 복합소재의 XRD 결과이다. (a) 탄소나노섬유는 25° 부근에서 C(002) 피크가 뚜렷하게 나타나며, 43°, 54° 부근에서 탄소 피크가 작게 나타났다.[63] (b) 실리카-탄소나노섬유 복합소재에서는 탄소나노섬유에서 관찰된 탄소 피크가 나타나고, 23°부근에서 SiO_2(002) 피크도 나타나 탄소나노섬유의 표면에 비정질 실리카 입자가 코팅되었음을 보여준다.[64] 반면 51° 부근의 코발트 피크는 실리카-탄소나노섬유 복합소재에서는 나타나지 않는데, 이는 탄소나노섬유를 질산 처리하면서 촉매인 코발트가 정제되었기 때문이다.

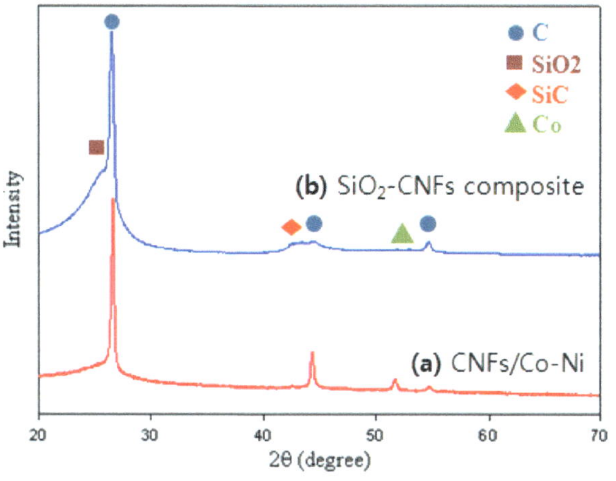

그림 05-29. C-fiber textiles에 합성된 CNFs/Co-Ni과 SiO_2-CNFs 복합소재의 XRD 분석

그림 05-30은 실리카-탄소나노섬유 및 실리콘-탄소나노섬유 복합소재에 대한 XPS 결과이다. (a)에서는 실리콘의 결합 에너지 103-105eV 부근에서 SiO_2와 SiO가 관찰되었으며, SiO_2의 피크가 더 크고 넓은 면적을 가지는 것으로 보아 탄소나노섬유에 SiO_2가 주로 코팅되었음을 알 수 있다. (b)에서는 실리콘의 결합 에너지가 더 높은 에너지로 나타나 일부 실리카 입자가 수소 가스에 의해 환원되면서 탄소나노섬유와 결합이 이루어진 실리콘-탄소나노섬유 복합소재가 합성된 것을 알 수 있다.

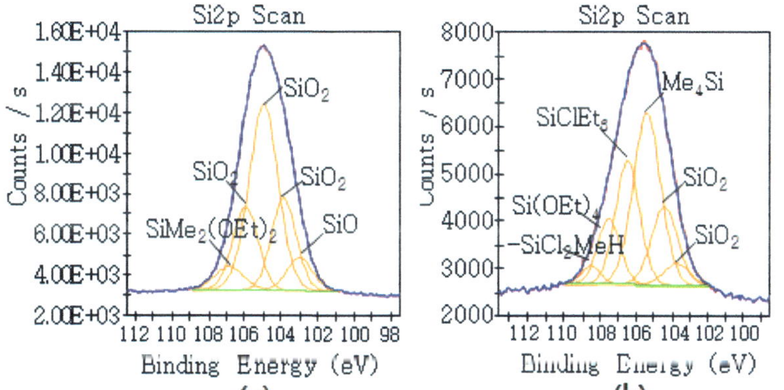

그림 05-30. XPS 스펙트럼 (a) SiO_2-CNFs 복합소재, (b) Si-CNFs 복합소재

(7) 전기화학적 특성

그림 05-31은 탄소나노섬유, 실리카-탄소나노섬유 복합소재 및 실리콘-탄소나노섬유 복합소재를 음극재로 사용한 리튬 이차전지의 정전류 충·방전 그래프이다. 첫 번째 사이클에서 (a-b) 코발트-니켈 비율을 8:2, 6:4로 합성한 탄소나노섬유에서는 각각 59, 57%의 사이클 충·방전 효율을 보이며, (c-d) 실리카-탄소나노섬유, 실리콘-탄소나노섬유 복합소재에서는 각각 36, 37%로 탄소나노섬

유에 비해 충·방전 효율이 감소한다. 이는 탄소나노섬유를 구성하고 있는 탄소 성분이 실리콘 성분보다 전기적 안정성이 뛰어나 실리콘을 함유하고 있지 않은 탄소나노섬유의 충·방전 효율이 높게 나타나기 때문이다. 그리고 두 번째 사이클에서는 4개의 시료 모두 충·방전 효율이 94, 94, 87, 89%로 첫 번째 사이클에 비해 증가하였는데, 이는 전지가 첫 번째 사이클의 충·방전이 진행되면서 solid electrolyte interphase(SEI) 층의 형성으로 비가역적 반응이 일어나 전지가 불안정하여 나타나는 현상이다.[65]

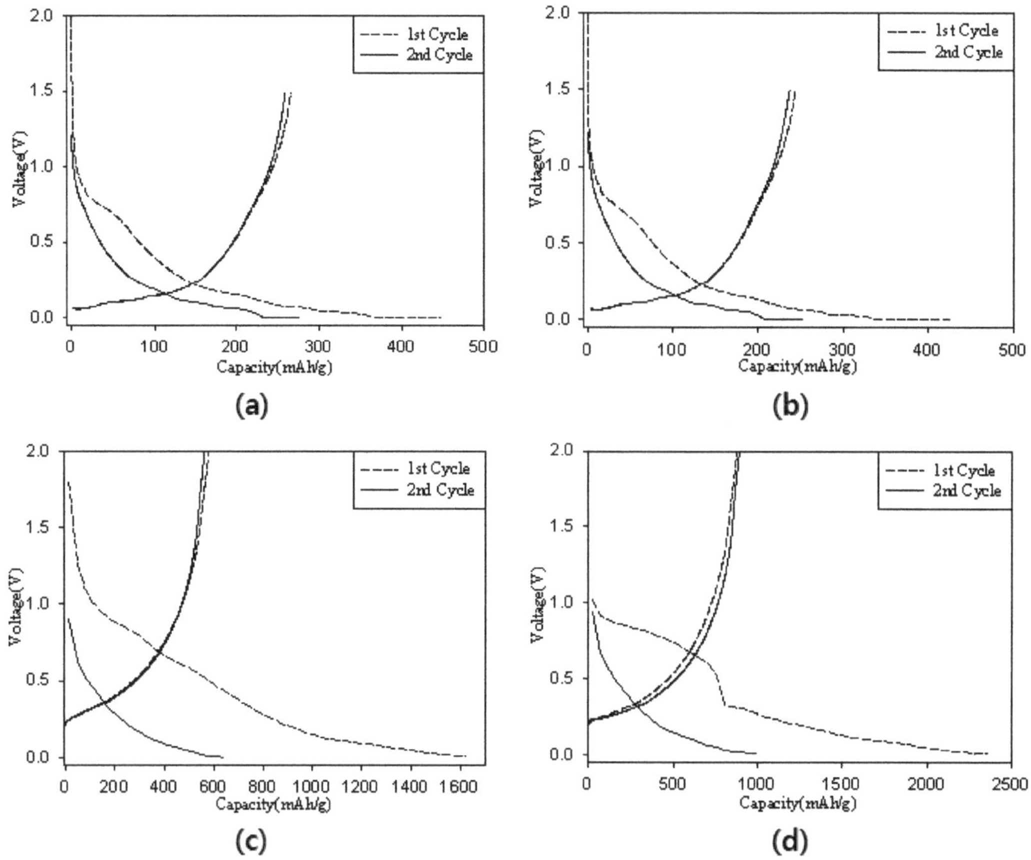

그림 05-31. 정전류 충·방전 그래프

(a) CNFs/Co-Ni(8:2) (b) CNFs/Co-Ni(6:4) (c) SiO_2-CNFs 복합소재 (d) Si-CNFs 복합소재

탄소나노섬유, 실리카-탄소나노섬유 복합소재 및 실리콘-탄소나노섬유 복합소재를 리튬 이차전지의 음극재로 사용하였을 때 방전 용량을 조사하여 그림 05-32와 표 05-9에 나타내었다. 코발트-니켈 비율이 8:2, 6:4로 합성한 탄소나노섬유는 258, 234mAh/g의 방전 용량을 보이며, 실리카-탄소나노섬유와 실리콘-탄소나노섬유 복합소재는 579, 876mAh/g의 방전 용량을 보여서, 순수 탄소 시트를 사용한 전지보다 높은 방전 용량을 보였다. 이 중 실리콘-탄소나노섬유가 가장 높은 초기 용량과 30 사이클 후 834mAh/g의 방전 용량으로 95%의 높은 사이클 유지 효율을 가진다.

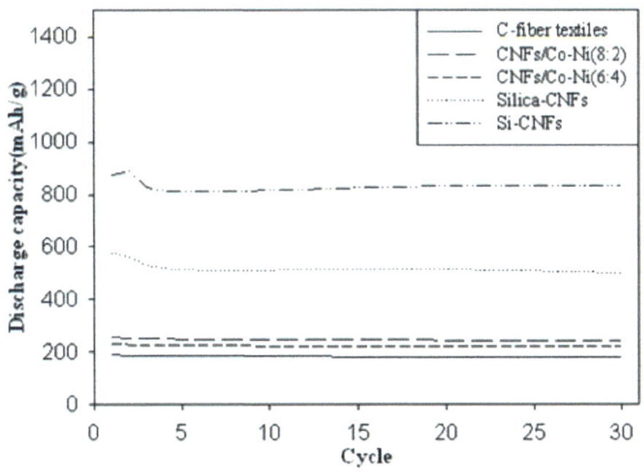

그림 05-32. C-fiber textiles, CNFs, SiO_2-CNFs 복합소재, Si-CNFs 복합소재의 사이클 성능

표 05-9. C-fiber textiles, CNFs, SiO_2-CNFs 복합소재, Si-CNFs 복합소재의 방전 용량 및 유지 효율

		C-fiber textiles	CNFs/ Co-NI(8:2)	CNFs/ Co-Ni(6:4)	SiO_2-CNFs	Si-CNFs
초기 사이클 방전 용량(mAh/g)		190	258	234	579	876
30 사이클	방전용(mAh/g)	183	244	220	499	834
	유지 효율(%)	96	95	94	86	95

5.3 Ni-Cu 촉매를 기반으로 한 실리카/탄소나노섬유 복합소재의 합성 및 특성 [66, 67]

(1) Ni-Cu 촉매 증착

전기영동증착법으로 Ni-Cu 촉매를 제조하며 극간 간격은 85 mm로 증착시킨다. 전기 증착에 쓰인 양극으로는 카본 전극을 사용하며, 음극에는 C-fiber textiles을 사용한다. 그림 05-33에 전기영동증착 장치에 대한 모식도를 나타내었다. C-fiber textiles에서의 촉매 증착은 크게 세 가지 조건으로 실험을 진행하였다.

첫 번째는 Ni 수용액에서 C-fiber textile 위에 Ni을 증착시키는 것으로, 0.025 M의 Nickel(Ⅱ) Acetate tetrahydrate 수용액에서 증착 시간을 5 분으로 하여 전압을 5, 8, 11V로 변화를 주며 C-fiber textiles에 증착시킨다.

두 번째로 Ni-Cu 혼합 수용액에서 C-fiber textiles에 Ni과 Cu를 증착시키는 것으로, 0.025 M의 Nickel(Ⅱ) Acetate tetrahydrate와 0.001 M의 Copper(Ⅱ) Acetate monohydrate 혼합수용액

에 C-fiber textiles을 담그어 증착 시간을 5분으로 하여 전압을 5, 8, 11V로 변화를 주며 증착시킨다.

세 번째로는 Cu를 C-fiber textile에 먼저 증착시킨 후에, Ni 수용액에서 Cu가 증착된 C-fiber textile 위에 Ni을 증착시키는 것으로, 0.001*M*의 Copper(Ⅱ) Acetate monohydrate 수용액에서 10분간 전압 8V에서 증착 시킨 후, 각각 Nickel(Ⅱ) Acetate tetrahydrate 수용액에서 전압 8V으로 각각 증착 시간을 10분과 20분으로 하여 증착시킨다.

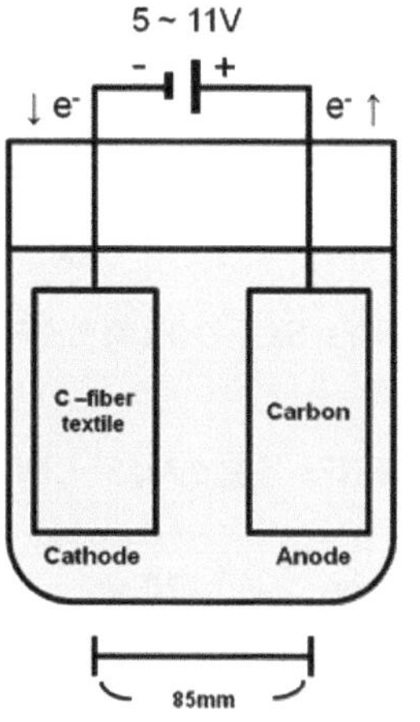

그림 05-33. 촉매 증착에 사용하는 전기영동증착 장치 모식도

(2) 환원 및 탄소나노섬유의 성장

전기영동증착 과정 후, C-fiber textiles 표면에 존재하는 반응에 참여하지 않은 하이드록실 그룹을 제거하기 위하여 환원을 실시한다. Tube furnace를 이용하여 700℃에서 3시간 동안 H_2/N_2가스를 흘려주어 환원을 시키며, 유량은 Mass Flow Controller(MFC)를 통해서 조절한다.

환원 과정이 끝난 후 탄소나노섬유를 성장시킨다. 환원 과정과 마찬가지로 tube furnace에서 반응을 진행하며, 모든 가스의 유량은 MFC를 통해서 조절한다. 탄소소스로 에틸렌 가스를 사용하며, 환원 과정 후에도 남아있을 하이드록실 그룹의 제거 및 수율 향상을 위해서 수소 가스를 함께 흘려준다. 질소 분위기에서 분당 12℃로 700℃까지 온도를 올려주며, 에틸렌(C_2H_4), 수소 및 질소 가스를 700℃에서 3시간 동안 흘려준다. 700℃에서 반응이 종료된 후, 질소 분위기에서 상온으로 온도를 내려준다.

(3) 산화 및 SiO_2/탄소나노섬유 복합소재의 합성

탄소나노섬유의 표면에 SiO_2를 코팅하기 위하여 가교 그룹으로써 먼저 하이드록실 그룹을 도입한다. 이를 위해 80℃로 유지한 질산에서 30분간 산화 과정을 거친 후 증류수로 세척한다. 탄소나노섬유에 SiO_2를 코팅하여 복합소재를 제조하기 위해 에탄올에 TEOS를 용해시킨 후, 이 용액에 C-fiber textile 상에서 성장한 탄소나노섬유를 담그고 암모니아수를 첨가하여 50℃ 에서 12시간 동안 반응시킨다.

(4) 3전극 셀 조립

3전극 셀 제조에서 C-fiber textile 상에 성장된 탄소나노섬유는 작업 전극으로, Li-금속은 상대 전극 및 기준 전극으로 사용한다. Propylene carbonate와 Ethylene carbonate를 1:1로 혼합한 용액에 $LiClO_4$를 용해시킨 전해질을 사용한 3전극 셀은 글러브 박스에서 조립한다.

(5) 물리화학적 특성

전기영동증착법으로 C-fiber textiles에 전압을 변화시키며 촉매를 증착시킨다. 그림 05-34는 Ni 수용액에서 증착 시간을 5분으로 하고, 전압은 (a) 5V (b) 8V (c) 11V를 각각 인가하여 증착된 촉매의 SEM 이미지이다. (a) 5V 조건에서 Ni 촉매의 증착은 C-fiber textile에 미량의 Ni 입자가 증착된 것을 볼 수 있고, 전압 상승에 따라 Ni 촉매 입자의 증착량이 증가하는 것으로 나타났으며, (c) 11V에 이르러서는 과량의 Ni이 C-fiber textiles에 증착된 것을 알 수 있다.

그림 05-35는 Ni-Cu 혼합 용액에서 증착 시간을 5분으로 하고, 전압 (a) 5V (b) 8V (c) 11V를 각각 인가하여 증착된 Ni-Cu 촉매의 SEM 이미지로 전압이 증가함에 따라 Ni-Cu 입자의 증착이 증가함을 알 수 있다. (c) 11V에서는 과량의 Ni 촉매가 C-fiber textile에 증착됨에 따라 부분적인 크랙이 관찰된다.

그림 05-36은 Cu가 선 증착된 C-fiber textiles에 전압을 8V로 하여 Ni을 증착 시간 (a) 10분 (b) 20분으로 변화하여 증착한 것으로, 1차로 증착된 Cu 촉매층 위에 입자 형태로 Ni 촉매가 증착이 된 것을 알 수 있고, 증착 시간이 길어짐에 따라 증착된 촉매 입자들이 증가함을 알 수 있다.

이와 같은 증착 방법을 도입한 이유는 Cu의 자기 확산 계수가 $3.05 \times 10^{-11} cm^{-2}/s$로 Ni의 자기 확산 계수 $2.88 \times 10^{-14} cm^{-2}/s$보다 높기 때문에 간단한 열처리로 Cu 원자가 외각의 Ni 촉매로 확산하여 이원계 촉매를 형성함으로써 Ni과 Ni-Cu 촉매의 경우와는 다른 탄소나노섬유가 성장할 것으로 기대했기 때문이다.

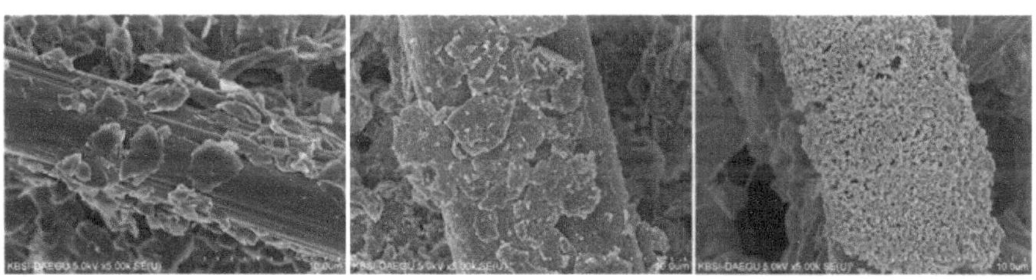

(a) (b) (c)

그림 05-34. Ni 수용액에 5분 동안 서로 다른 전압에서 C-fiber textiles에 증착된 Ni 촉매의 SEM 이미지
(a) 5V (b) 8V (c) 11V

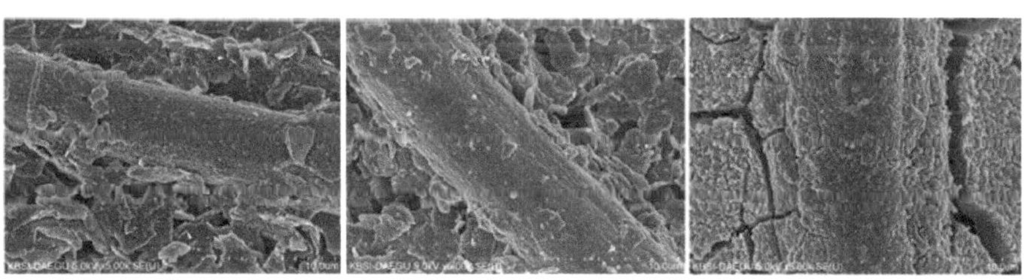

(a) (b) (c)

그림 05-35. Ni-Cu 혼합 수용액에서 5분 동안 서로 다른 전압에서 C-fiber textiles에 증착된 Ni-Cu 촉매의 SEM 이미지
(a) 5V (b) 8V (c) 11V

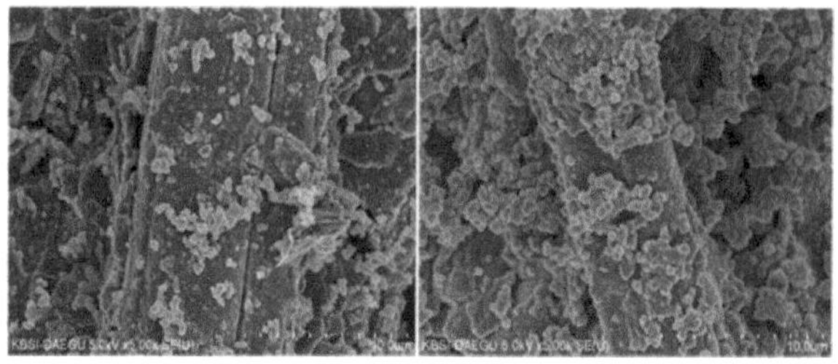

(a) (b)

그림 05-36. 다양한 시간 동안 8V에서 Cu가 선 증착된 C-fiber textiles에 Ni 촉매가 증착된 시료의 SEM 이미지

(a) 10분 (b) 20분

다른 증착 조건에 따라 촉매를 제조하여 탄소나노섬유를 성장시킨 후 성장상태를 조사하기 위하여 SEM 이미지를 분석하였다. 그림 05-37은 Ni 만을 촉매로 사용하여 성장시킨 탄소나노섬유의 SEM 이미지이다. 증착 전압과는 무관하게 Y자형 탄소나노섬유가 성장하였으며, (b) 8V, 5분 증착조건에서 평균직경이 40nm인 탄소나노섬유가 성장되어 (a)와 (c)의 경우보다 비교적 균일하고 곧은 모양의 탄소나노섬유가 성장되었다.

그림 05-38은 Ni-Cu 혼합 용액에서 제조된 촉매에서 성장한 탄소나노섬유의 SEM 이미지이다. 그림에서 나타난 바와 같이, (b)와 (c)에서는 탄소나노섬유의 표면이 고르지 못한 탄화수소 덩어리 형태의 탄소나노섬유가 성장되었다. (a) 5V에서는 그림 62와 비슷한 Y자형 탄소나노섬유가 평균직경이 300nm으로 직경이 훨씬 큰 탄소나노섬유로 성장하며, Ni 촉매에서의 Y자형과는 다른 성장 모델로 보인다. 그림 05-37의 탄소나노섬유의 성장은 탄소나노섬유가 자라나면서 촉매가 두 개의 구간으로 분리되어 성장해 나가는 일종의 나뭇가지와 같은 Y자형 탄소나노섬유라 한다면, 그림 05-38(a)에서 성장한 탄소나노섬유는 하나의 촉매에서 다방향으로 성장한 Y자형 탄소나노섬유가 성장하며, 이는 평균 직경의 차이에서도 볼 수 있듯이 형성된 촉매의 크기와도 관련이 있는 것으로 보인다. [68, 69]

그림 05-39는 Cu가 선 증착된 C-fiber textiles에 Ni을 증착시킨 촉매에서 성장한 탄소나노섬유의 SEM 이미지이다. 그림에서 알 수 있듯이, (b) 8V, 20분에서는 Y자형 탄소나노섬유는 관찰되지 않고 상대적으로 적은 평균 직경 33nm의 균일한 직경을 가진 꼬인 형태의 탄소나노섬유의 성장이 관찰된다. 이는 촉매 입자의 증착 양상과 Cu의 도입이 탄소나노섬유의 성장 메커니즘에 영향을 주기 때문인 것으로 사료된다.

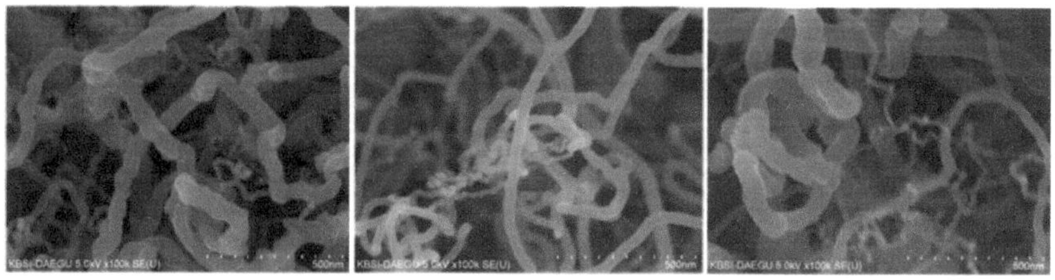

(a) (b) (c)

그림 05-37. 5분 동안 다양한 전압에서 Ni 수용액에 증착된 촉매/C-fiber textiles에 성장한 탄소나노섬유의 SEM 이미지

(a) 5V (b) 8V (c) 11V

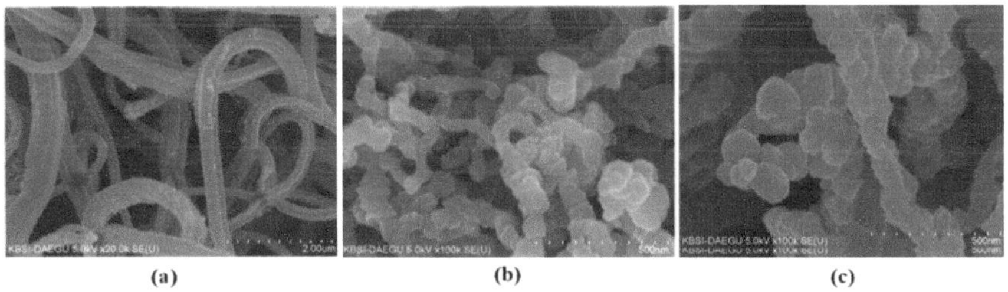

그림 05-38. 5분 동안 다양한 전압에서 Ni-Cu 혼합 수용액에 증착된 촉매/C-fiber textiles에 성장한 탄소나노섬유의 SEM 이미지

(a) 5V (b) 8V (c) 11V

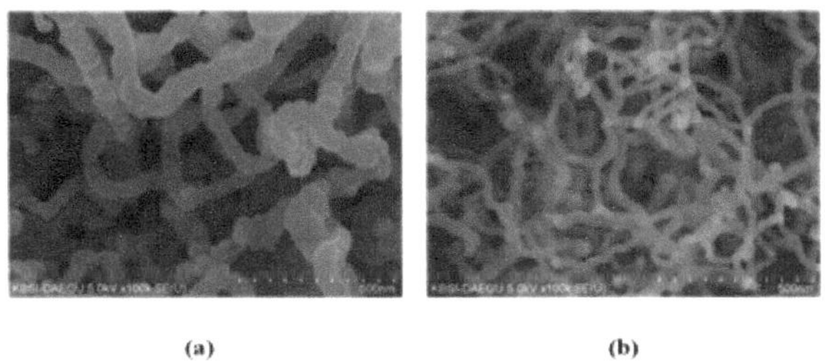

그림 05-39. 다양한 시간 동안 8V에서 Ni/Cu가 선 증착된 C-fiber textiles에 성상한 탄소나노섬유의 SEM 이미지

(a) 10분 (b) 20분

합성한 탄소나노섬유의 비표면적을 조사하기 위해 N_2 sorption을 측정하고 그 결과를 표 05-10에 나타내었다. 그 결과, Cu가 선 증착된 C-fiber textiles 위에 Ni을 증착시켜 성장시킨 탄소나노섬유의 비표면적이 가장 크게 나타났다. 이는 SEM 결과와 비교하면 성장된 탄소나노섬유의 직경이 가장 균일하고 일정하기 때문이다.

표 05-10. 3가지 증착 조건에서 성장한 탄소나노섬유의 BET 결과

촉매	전압(V)	시간(분)	비표면적(m^2/g)
Ni	8	5	20
Ni-Cu	5	5	44
Ni/Cu	8	20	57

그림 05-40은 3가지 촉매 증착 조건에서 CVD로 성장시킨 탄소나노섬유의 Raman 분석 결과이다. 1,350cm^{-1} 부근에서 나타나는 D-band는 sp^3로 탄소나노섬유 외의 불순물이나 graphite의 구조적 결함을 의미하며, 1,590cm^{-1} 부근에서 나타나는 G-band는 sp^2로 흑연화된 탄소나노섬유를 의미한다. D-band/G-band의 intensity 비(D/G 비)의 증가는 D-band의 증가로 탄소나노섬유에 불순물이나 구조적 결함이 높다는 것을 나타내는 동시에, 탄소나노섬유의 결정화도가 낮다는 것을 의미한다. 그림 05-40에서 (b)와 (c)의 D/G 비는 (a)보다 낮으므로 결정화도가 높은 것을 나타내

며, (a)보다 흑연화도가 높은 탄소나노섬유가 성장했다는 것을 의미한다. 이로써 Cu가 결정화도가 높은 탄소나노섬유의 성장에 기여한 것으로 볼 수 있다.

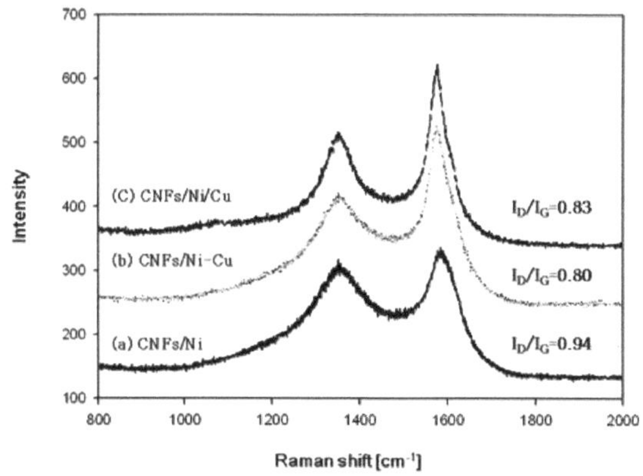

그림 05-40. 3가지 증착 조건에서 성장한 탄소나노섬유의 라만 스펙트럼

그림 05-41은 C-fiber textiles 상에 성장한 탄소나노섬유의 XRD 분석 결과이다. XRD 패턴에서는 C-fiber textiles 상에 증착된 Ni과 탄소나노섬유의 탄소 특성 피크만을 확인할 수 있다. (b) Ni-Cu 혼합 용액에서 증착시킨 Ni 촉매의 intensity가 (a) Ni 용액에서 증착시킨 촉매의 intensity 보다 더 높았으며, (c)에서의 Ni의 intensity가 가장 높게 나타났다. 이는 Cu에 의해 더욱 결정성이 높은 Ni 촉매가 증착되었으며, 이에 의해 보다 결정성이 높은 탄소나노섬유가 성장된 것으로 사료된다. 이 결과는 Raman 분석에서 D-band/G-band 비의 결과와 일치한다. 또한 (c) 증착된 Cu 층 위에 증착된 Ni은 앞선 (a), (b)보다 향상된 촉매의 결정성을 보이는데, 이는 증착 과정에서의 차이와 Cu가 Ni 촉매층으로 확산되는 메커니즘의 차이에 따른 결정성의 차이로 보인다. 한편 (b)와 (c)의 촉매에서 결정성의 차이는 보이지만, 성장한 탄소나노섬유의 결정성에는 큰 차이가 없음을 알 수 있다.

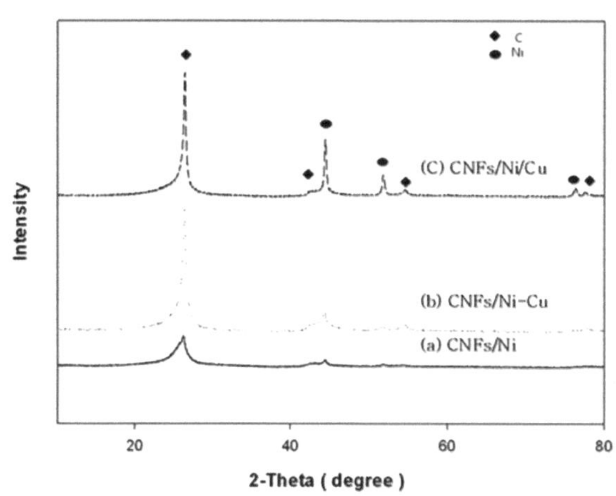

그림 05-41. 3가지 증착 조건에서 성장한 탄소나노섬유의 XRD 패턴

C-fiber textiles 상에 성장된 탄소나노섬유의 구조와 합성한 SiO_2/탄소나노섬유 복합소재에서 SiO_2 코팅층의 구조를 확인하기 위하여 TEM 이미지를 관찰하였다. SiO_2/탄소나노섬유 복합소재의 제조에 사용한 탄소나노섬유는 Raman 결과에서 결정화도가 상대적으로 높고 균일한 직경을 가진 촉매 조건 Ni/Cu에서 성장한 탄소나노섬유를 사용하였다. 그림 05-42(a)에서 볼 수 있듯이, 탄소나소섬유의 TEM 이미지는 흑연층이 겹겹이 둘러싸인 와이어 형태로 되어 있으며, 중심에 미세한 공동이 있는 탄소나노섬유가 나타난다. 또한(b, c, d) SiO_2/탄소나노섬유에서의 TEM 이미지는 TEOS의 가수분해 반응에 의해 형성된 SiO_2가 탄소나노섬유의 표면 위에 균일하게 코팅되어 층을 이루고 있음을 보여주고 있다.

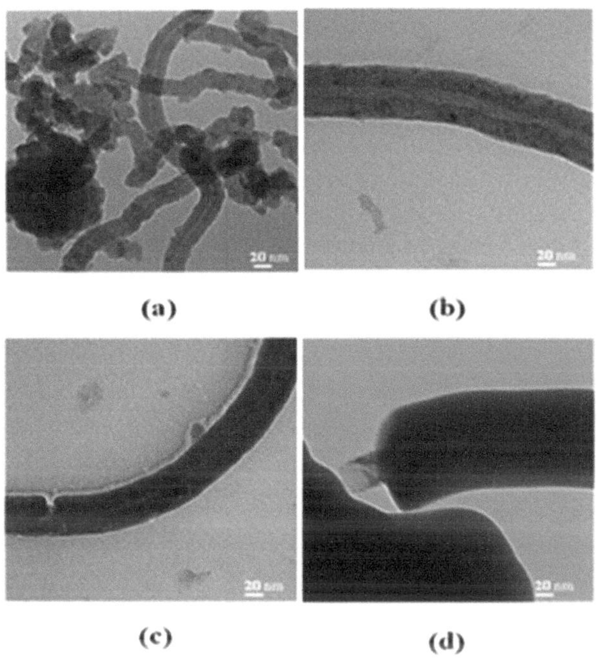

그림 05-42. TEM 이미지. (a) CNFs (b), (c), (d) SiO_2/CNFs 복합소재

그림 05-43은 (a) 탄소나노섬유와 (b) SiO_2/탄소나노섬유 복합소재의 XRD 분석 결과이다. 그림 05-43(a)에서 볼 수 있듯이, (a)의 XRD 패턴에서는 C-fiber textiles에 증착된 Ni 과 탄소나노섬유의 탄소 특성 피크만이 나타났으나, (b)의 XRD 패턴에서는 Ni을 제외한 탄소나노섬유의 탄소 피크와 넓은 SiO_2 피크가 나타난다. 이는 탄소나노섬유의 산 처리를 통한 산화 과정에서 Ni이 정제되고, 비정질인 SiO_2가 탄소나노섬유의 표면에 코팅되었음을 의미한다.

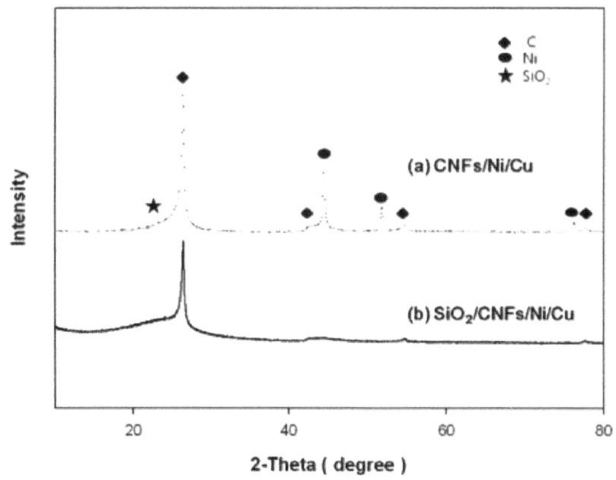

그림 05-43. XRD 패턴 (a) CNFs (b) SiO_2/CNFs 복합소재

탄소나노섬유 및 SiO_2를 코팅한 탄소나노섬유의 코팅 여부를 확인하기 위하여 XPS survey spectrum을 측정하였으며, 이를 그림 05-44에서 나타내었다. (a)에서 탄소나노섬유의 sp^2와 sp^3의 결합을 나타내는 C1s가 나타났으며, (b)에서는 Si2p 및 O1s가 나타났고, 이는 탄소나노섬유 위에 SiO_2가 코팅되었음을 의미한다. 그림 05-45에는 코팅층을 형성하는 Si-O의 결합 양상을 조사하기 위하여 측정한 Si의 hyperfine spectrum을 나타내었다. 그림 05-45에서 알 수 있듯이, SiO_2/탄소나노섬유의 Si2p Scan에서는 SiO, SiO_2 및 SiO_X에 해당하는 Si2p A~D(표 05-11)가 나타났으며, 이는 코팅층이 Siloxane 네트워크를 이루고 있음을 의미한다.[70]

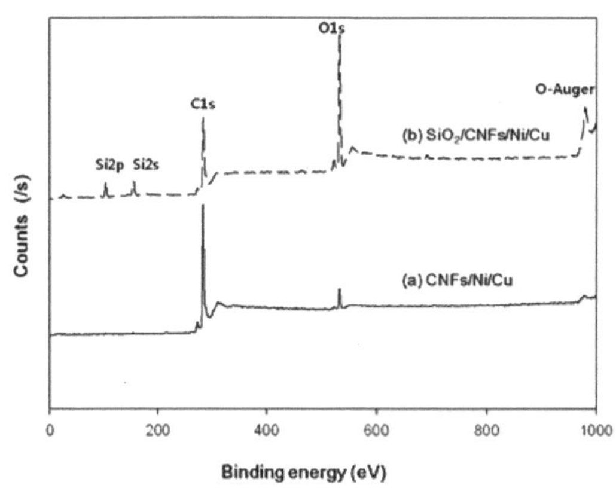

그림 05-44. XPS survey 스펙트럼 (a) CNFs (b) SiO_2/CNFs 복합소재

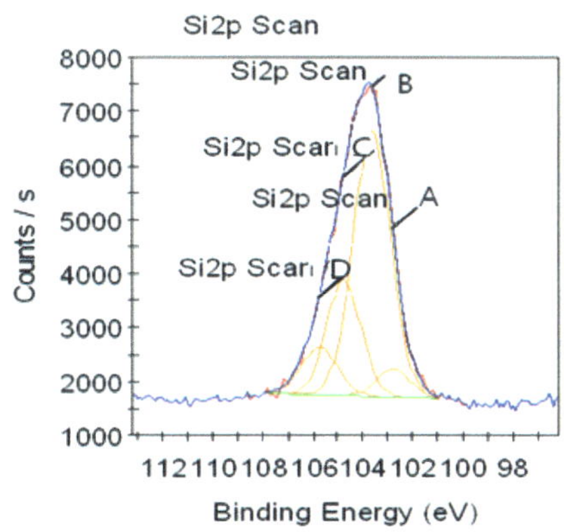

그림 05-45. SiO_2/CNFs 복합소재의 X-ray 광전자 스펙트럼

표 05-11. SiO_2/CNFs 복합소재의 XPS 결과

원소	구성요소		결합 에너지	화학결합
Si	SiO_2/CNFs	Si2p Scan A	102.81	SiOx
		Si2p Scan B	103.66	
		Si2p Scan C	104.79	
		Si2p Scan D	105.74	

(6) 전기화학적 특성

그림 05-46은 0.1-2.6V의 potential window와 1mV/s에서 SiO_2/탄소나노섬유를 리튬 이차전지의 음극재로 사용하였을 경우의 순환전압전류곡선이다. SiO_2의 Si는 리튬과 합금화 반응($Si + xLi^+ + xe^- \rightarrow Li_xSi$)을 통해 가역적 용량을 발생시킨다. 그림 05-46에서 첫 번째 충전 시 0.5V와 0.3V에서 환원 피크가 나타났으며, 두 번째 충전에서는 0.5V에서만 환원 피크가 나타났고, 0.3V의 환원 피크는 사라진다. 이는 SiOx에 리튬이 삽입되어 LixSi가 형성됨으로써 나타나는 가역적 용량을 의미하기도 하지만, 사라진 0.3V와 0.5V의 환원 피크의 감소는 SiO_2와 리튬의 비가역적 반응에 의한 것으로 전해질 분해 및 solid electrolyte interface(SEI) 생성과 관련이 있는 것으로 사료된다. 0.4V에서의 산화 피크는 LixSi로부터 리튬이 탈착되면서 Si가 생성되는 역반응을 나타내며, 이로써 SiO_2가 재생됨을 알 수 있다.[71, 72]

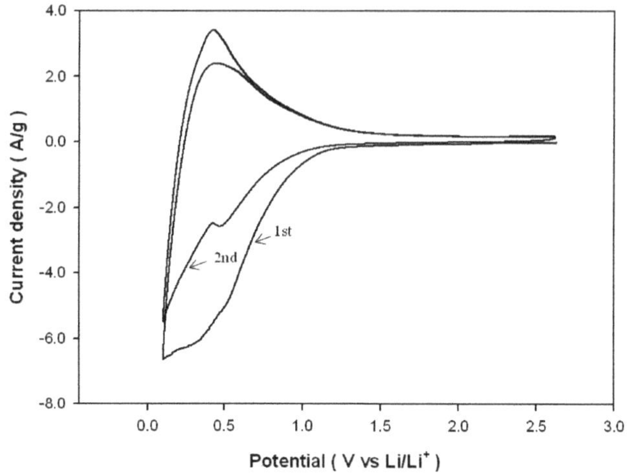

그림 05-46. SiO_2/CNFs 복합소재의 순환전압전류곡선

그림 05-47은 탄소나노섬유와 SiO_2/탄소나노섬유 복합소재의 사이클 안정성을 조사하기 위한 방전 용량의 그래프이다. 탄소나노섬유의 초기 방전 용량은 약 300mAh/g을 나타내며, 30 사이클에서도 거의 일정한 방전 용량을 보여 높은 사이클 안정성을 보여준다. SiO_2/탄소나노섬유 복합소재의 2,3 사이클에서 방전 용량은 2,053mAh/g와 1,866mAh/g로 비교적 높은 방전 용량을 보이지만, 29 사이클에서의 방전 용량은 1,295mAh/g으로 2 사이클 대비 63%의 용량 유지율을 보인다.

이로써 탄소나노섬유는 낮은 용량 대비 높은 방전 용량을 보이며, SiO_2/탄소나노섬유 복합소재는 탄소나노섬유보다 낮은 방전 용량을 보이지만, 비교적 안정적인 사이클 특성과 29 사이클에서도 1,295mAh/g의 높은 방전 용량을 보임을 알 수 있다.

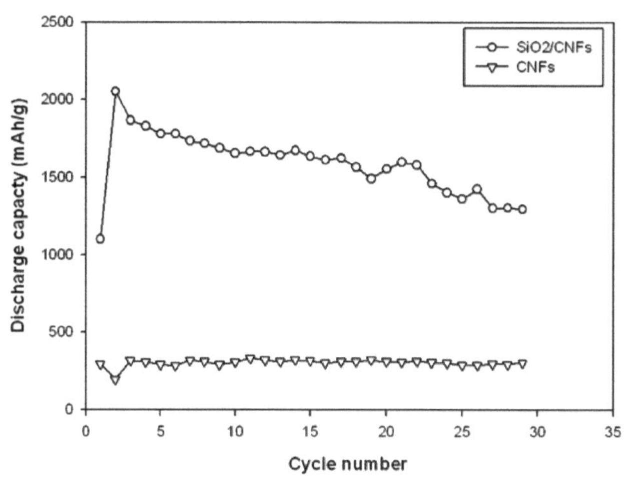

그림 05-47. 탄소나노섬유 및 SiO_2/CNF 복합물의 방전 용량

그림 05-48은 SiO_2/탄소나노섬유의 충전 대비 방전 용량의 쿨롱 효율 결과이다. 그림 79에서 볼 수 있듯이, 2,3 사이클에서는 방전과 충전 용량이 2053, 1687mAh/g 및 1866, 1682mAh/g으로써 82%와 90%의 쿨롱 효율을 보인다. 사이클 수가 증가함에 따라 쿨롱 효율도 점차 증가하여 29 사이클에서 96%의 쿨롱 효율를 보였다. 이같이 초기 사이클에서 비가역적 용량이 큰 이유는 정전류 충·방전 그래프의 결과에서도 알 수 있듯이 SiO_2와 Li의 비가역적 반응과 SEI의 생성에 의한 것이다.

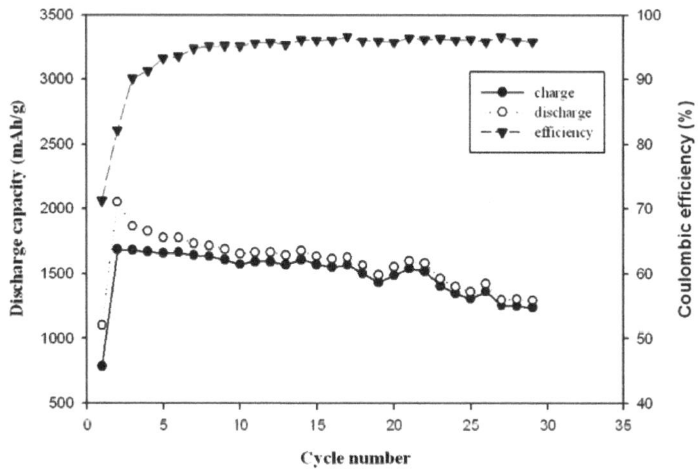

그림 05-48. SiO_2/CNF 복합소재의 방전, 충전 용량 및 쿨롱 효율

06 촉매의 종류에 따른 실리콘/탄소나노섬유 복합소재의 합성

6.1. Fe-Cu 촉매를 기반으로 한 실리콘/탄소나노섬유 복합소재의 합성 및 특성 [73,74]

(1) 촉매 및 실리콘이 증착된 니켈 폼 제조

철(Fe)-구리(Cu)계 금속 촉매를 공침법으로 제조하여 탄소나노섬유 합성에 사용한다. Fe-Cu 금속원으로 질산철구수화물과 질산구리삼수화물를 사용하여 무게비가 0.7:0.3(Fe:Cu)인 촉매를 제조한다. 촉매 물질인 전이금속을 지지하는 역할로 알루미나(Al_2O_3)를 생성하는 질산알루미늄과 함께 증류수에 용해시켜 시료 A용액을 제조한다. 상기 지지체는 나노 크기의 금속 촉매를 붙잡아 두는 역할을 하는데, 만약 지지체를 사용하지 않고 나노 입자의 금속 촉매만을 사용하여 탄소나노섬유의 합성 온도까지 온도를 올리게 되면 나노 금속 입자는 불안정해지므로 여러 개의 금속 촉매가 서로 달라붙어 덩어리를 형성하는 응집 현상이 일어난다. 이처럼 촉매 입자가 덩어리를 형성하면 탄소나노섬유가 잘 성장되지 않으므로 지지체를 사용해야 하고, 이는 높은 온도에서도 금속 촉매가 서로 달라붙지 않도록 고정시켜 주는 일종의 매트릭스 역할을 한다. 또한 반응 가스에 대하여 촉매 활성을 보이는 철(Fe), 코발트(Co), 니켈(Ni) 등의 전이금속 입자들을 고온에서 반응 시간 동안 입자 간의 응집을 최대한 억제하기 위해서는 망간(Mn), 크롬(Cr), 몰리브덴(Mo), 텅스텐(W), 지르코늄(Zr), 티타늄(Ti) 등의 비활성 금속 입자를 혼합해주는 것이 좋으므로 암모늄 몰리브데이트를 증류수에 용해시켜 B용액을 제조한 후 A와 B용액을 혼합한다.

위의 A용액에 포함된 전이금속과 알루미늄을 침전시켜 주는 역할을 하는 침전제인 암모늄 카보네이트를 용해시켜 C용액을 제조한다. A와 B를 혼합한 용액과 C용액을 조금씩 혼합시켜 침전물을 얻는다. 침전물을 안정화시키기 위해서 충분히 교반시킨 후 필터링하고 하루 이상 건조한다. 건조된 분말 형태의 촉매 물질을 에탄올 용매에 넣은 후 볼밀에서 12시간 이상 잘 혼합시켜 제조한다. 실리콘 분말 용액은 Alfa Aesar에서 구입한 1~5 마이크론 사이즈인 실리콘 분말을 에탄올 용매에 용해시킨 용액을 볼밀에서 12시간 이상 잘 혼합시켜 제조한다. 전극 활물질의 전기화학 반응에 의해 생성된 전자를 모으거나 전기화학 반응에 필요한 전자를 공급하는 역할을 하는 집전체로 니켈 폼을 사용하여 위에서 제조한 촉매 용액 또는 촉매와 실리콘이 혼합된 용액 안에 니켈 폼을 담그어 촉매와 실리콘을 도포한 후, 120℃에서 24시간 진공 건조한다(그림 06-1).

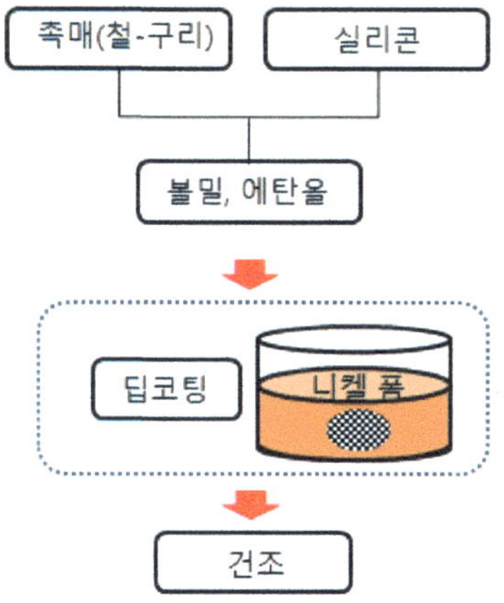

그림 06-1. 촉매와 실리콘이 증착된 니켈 폼 제조

(2) 실리콘/탄소나노섬유 복합소재의 합성

탄소나노섬유와 실리콘/탄소나노섬유 복합소재의 합성은 석영관 반응 장치에서 화학 기상 증착법으로 수행하며, 실험 장치는 그림 06-2와 같다. 탄소나노섬유와 실리콘-탄소나노섬유 복합소재를 합성하기 위한 탄소 소스로는 에틸렌(C_2H_4) 가스를 사용하고, 기상 반응 촉진 가스로 수소(H_2) 가스를, 캐리어 가스로는 질소(N_2) 가스를 사용한다. 반응로에 각각 철-구리 촉매 또는 철-구리/실리콘이 도포된 니켈 폼을 투입한 후, 질소 분위기를 유지하며 10℃/min로 온도를 올려준다. 600℃에 도달하면 30분간 그 온도를 유지하며 N_2 가스와 H_2(20%)/N_2(80%) 가스를 같이 흘려준 뒤, 10분 동안 H_2(20%)/N_2(80%) 가스와 C_2H_4(20%)/N_2(80%) 가스를 흘려준다. 반응이 끝난 후 C_2H_4과 H_2가스를 차단하고 질소를 통과시켜 반응로 분위기를 불활성으로 유지하며 상온까지 냉각시키고 탄소나노섬유와 실리콘/탄소나노섬유 복합소재를 합성한다.

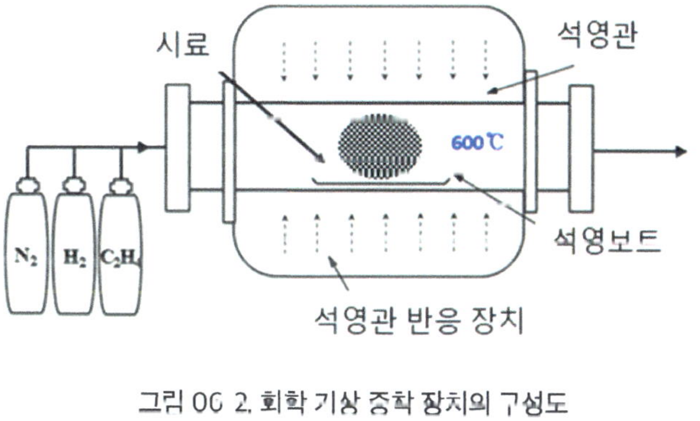

그림 06-2. 화학 기상 증착 장치의 구성도

(3) 리튬 이차전지 음극재의 제조

탄소나노섬유 및 실리콘/탄소나노섬유 복합소재를 리튬 이차전지의 음극 활물질로 적용하여 아르곤이 채워진 글러브 박스 안에서 3전극 전지를 조립한다. 셀 조립 과정에서 음극 활물질과 집전체의 결합력을 높이기 위해 바인더를 사용하지 않고 화학 기상 증착법을 사용하여 집전체인 니켈 폼에 직접 탄소나노섬유 및 실리콘/탄소나노섬유 복합소재를 합성하여 사용한다. 전지 제조에서 작업 전극은 제조된 활물질, 상대 및 기준 전극은 리튬 금속, 분리막은 유리 섬유를 사용한다. 이 때 전해질은 EC:PC:DEC가 각각 1:1:3 비율로 혼합된 용액에 1M $LiPF_6$을 용해한 것과 EC:PC가 각각 1:1 비율로 혼합된 용액에 1M $LiClO_4$을 용해한 것을 사용한다.

(4) 물리화학적 특성

탄소나노섬유는 열분해된 탄화수소가 고온에서 전이금속 촉매 입자와 접촉하여 합성된다. 금속 촉매 입자와 접촉한 탄화수소가 금속 촉매에 용해되고, 평형 용해도 이상이 되면 그로부터 성장을 위한 핵이 형성되며, 금속 입자 내부의 용해 탄소 또는 금속 입자에서의 표면 확산을 통해 지속적으로 탄소원이 공급되어 섬유상 탄소가 성장하게 된다. 이렇게 성장된 탄소나노섬유의 전체적인 형태와 성장 유무를 확인하기 위해 측정한 SEM 이미지를 그림 06-3에 나타내었다. 철-구리 촉매가 도포된 니켈 폼 상에 탄소나노섬유가 성장되었으며, 평균 직경은 약 130nm이다. 또한 철-구리/실리콘이 도포된 니켈 폼 상에도 탄소나노섬유가 성장되었으며 평균 직경은 10nm이다. 철-구리/실리콘이 도포된 니켈 폼에 성장된 탄소나노섬유가 철-구리 촉매만을 사용하여 성장된 탄소나노섬유보다 직경이 1/10로 작게 나타났다.

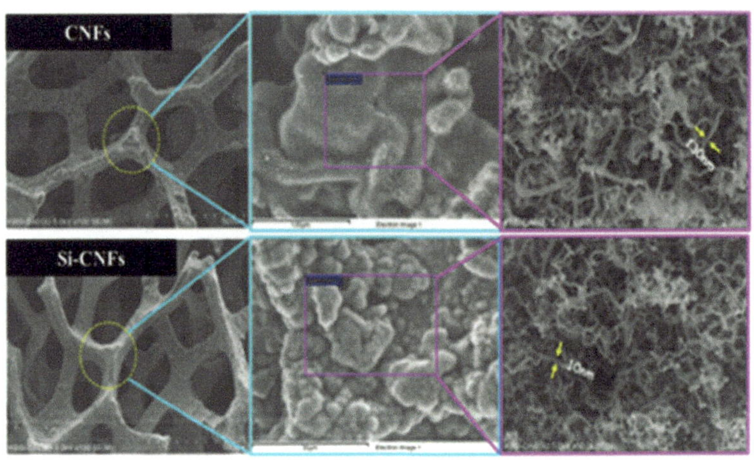

그림 06-3. 합성된 탄소나노섬유 및 실리콘/탄소나노섬유 복합소재의 SEM 이미지

합성된 탄소나노섬유 및 실리콘/탄소나노섬유 복합소재의 결정 구조를 분석하기 위해 XRD를 수행하였다. 그림 06-4에서 볼 수 있듯이, 합성된 탄소나노섬유와 실리콘/탄소나노섬유 복합소재에 대한 XRD 패턴에서 26°(=2θ) 부근에서 나타나는 전형적인 탄소나노섬유의 C(002)면의 특성 피크는 탄소 파편들이나 탄소나노섬유가 비정질 탄소 형태로 형성되는 경우에는 폭이 넓은 피크

로 나타나고, 결정성이 우수하고 순수한 탄소나노섬유의 비율이 높을수록 뚜렷하고 세기가 큰 피크가 나타난다. 그림 06-4에서 C(002)면의 결정성 피크를 보면, 탄소나노섬유가 실리콘-탄소나노섬유 복합소재보다 뚜렷하고 세기가 큰 피크가 나타내므로 탄소나노섬유를 구성하는 탄소의 결정성이 상대적으로 더 우수한 것을 나타낸다. 또, 실리콘 입자와 철-구리 촉매의 물리적 혼합 방법을 통해 실리콘/탄소나노섬유 복합소재를 합성하였기 때문에 무질서한 탄소(*sp*^{3})가 증가함으로써 탄소 피크의 강도가 낮아지게 된다.

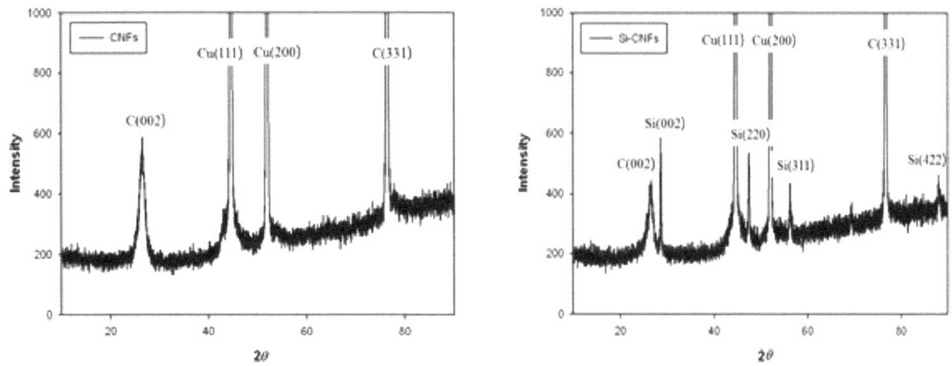

그림 06-4. 합성된 탄소나노섬유와 실리콘/탄소나노섬유 복합소재의 XRD 분석

탄소나노물질은 대부분 탄소 동소체라고 불리는 순수한 탄소에서 만들어 지는 것이다. 탄소 동소체로는 다이아몬드, 흑연에서부터 풀러렌, 그래핀, 탄소나노튜브 및 탄소나노섬유 등이 있으며, 이들은 탄소-탄소 결합으로 구성되어 있고 방향성만 다르다. 이러한 탄소-탄소 결합의 방향성은 라만 분광법으로 알 수 있다. 탄소나노섬유와 실리콘/탄소나노섬유 복합소재의 결정성을 비교하기 위하여 라만 분석을 수행한다(그림 06-5). 두 가지 물질을 라만 분광법으로 측정하면, 1,340cm^{-1}에서 나타나는 G-피크와 1,580cm^{-1}에서 나타나는 D-피크가 나타난다. G-피크는 흑연화된 탄소나노섬유를 나타내고, D-피크는 탄소나노섬유 이외의 탄소질의 불순물이나 흑연의 구조적 결함에 의한 피크를 나타낸다. D-피크와 G-피크의 경우 *sp*^{3} 및 *sp*^{2} 구조의 탄소와 일치하며, G-피크와 D-피크의 세기 비율(D/G)로써 그 물질의 상대적인 결정성을 알 수 있다. 탄소나노튜브보다 상대적으로 결함이 많은 탄소나노섬유는 D/G 피크 세기 비율이 클수록 무정형도가 높으며, 탄소의 결정화도의 감소를 의미한다. 탄소나노섬유의 경우, 불균일성 탄소(*sp*^{3})가 늘어나면서 무정형도가 높아지며, 실리콘/탄소나노섬유 복합소재는 탄소나노섬유보다 낮은 D/G값을 가지는 것으로 보아 결정화도가 상대적으로 높다는 것을 알 수 있다.

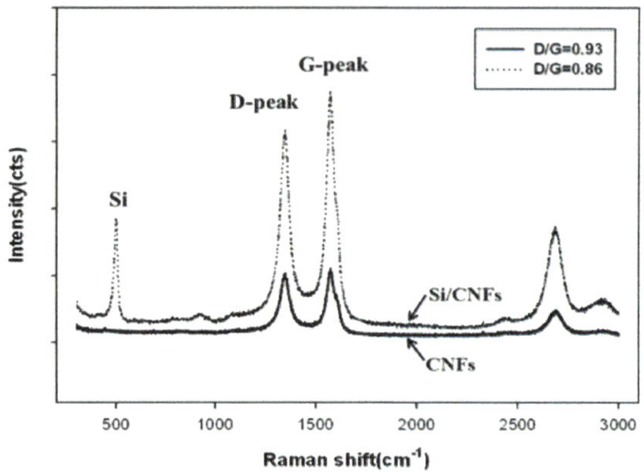

그림 06-5. 합성된 탄소나노섬유와 실리콘/탄소나노섬유 복합소재의 Raman 분석

합성된 탄소나노섬유와 실리콘/탄소나노섬유 복합소재에서 탄소와 실리콘의 결합 에너지를 조사하기 위해 XPS 분석을 수행한다. 탄소 결합 에너지의 피크는 284~285eV, 286eV, 287eV, 288eV 그리고 290eV 근처에서 나타났으며, 이들은 각각 C-C(sp^2), C-C(sp^3), COOH, C=O 및 CO_2 결합을 나타낸다. 또한 실리콘 결합 에너지의 피크는 100eV와 104eV 근처에서 SiC 및 SiO_2 결합을 나타낸다(그림 06-6).

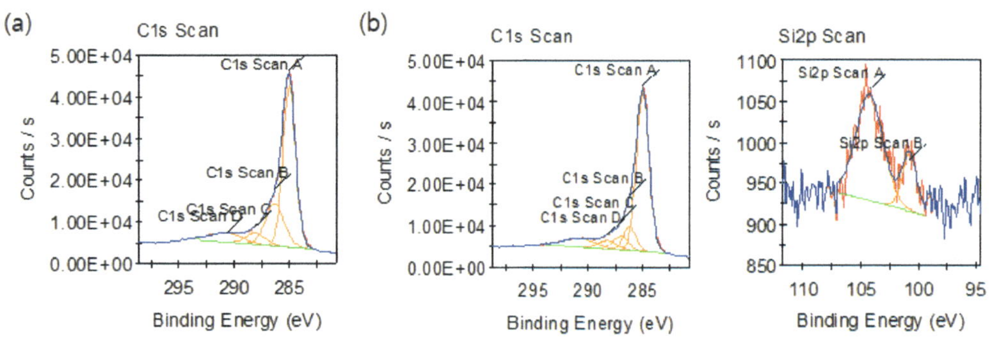

그림 06-6. 합성된 탄소나노섬유(a)와 실리콘/탄소나노섬유 복합소재(b)의 XPS 분석

(5) 전기화학적 특성

합성한 탄소나노섬유와 실리콘/탄소나노섬유 복합소재로 3전극 셀을 조립한 후, 100mA/g의 전류를 인가하여 전해질의 종류에 따라 순환전압전류곡선(CyclicVoltammetry, CV)과 정전류 충방전법(Galvanostatic charge-discharge)를 수행한다(그림 06-7).

전기화학적 특성을 조사하기 위하여 0.1~2.0V(vs. Li/Li+)의 전위 구간에서 100mA/g의 전류를 인가하여 전해질 종류에 따라 CV를 수행한다. 먼저, $LiPF_6$을 전해질로 사용하였을 경우, 탄소나노섬유는 충전 과정에서 환원 피크가 1.4V에서 나타나며, 방전 과정에서 산화 피크가 0.6V에서 나타난다. 실리콘/탄소나노섬유 복합소재는 충전 과정에서 환원 피크가 1.1V에서 나타나며, 방전 과정에서 산화 피크가 0.8V에서 나타난다. 또 다른 전해질 $LiClO_4$에서 탄소나노섬유는 충전 과정에서 환원 피크가 0.4V에서 나타나며, 방전 과정에서 산화 피크가 0.3V에서 나타난다. 실리콘/탄소나노섬유 복합소재는 충전 과정에서 환원 피크가 0.8V에서 나타나며, 방전 과정에서 산화 피크가 0.7V에서 나타난다. 전극 반응에서 완전한 가역 반응일 경우, 전위 변화 속도에 관계없이 CV의 형태가 대칭적으로 일정하게 나타나며, 리튬 삽입·탈리 반응에서 탄소나노섬유와 실리콘/탄소나노섬유 복합소재의 에너지에 따라 산화, 환원 전위를 가지는 특정 자리가 달라진다. 전해질 $LiPF_6$보다 $LiClO_4$을 사용했을 때 산화, 환원 피크의 차이가 작아 대칭에 가까우므로 좀 더 가역적인 반응을 나타낸다.

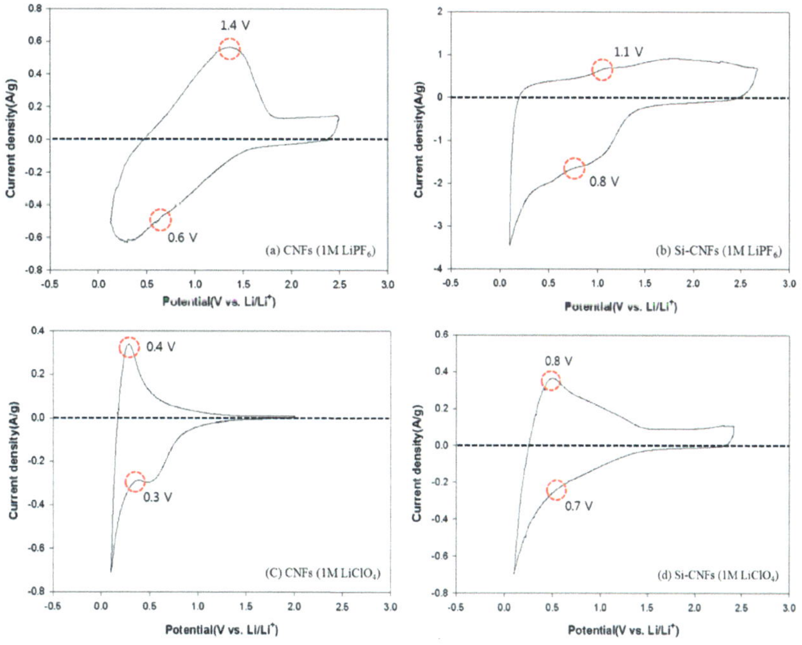

그림 06-7. 합성된 탄소나노섬유와 실리콘/탄소나노섬유 복합소재의 순환전압전류곡선

합성된 탄소나노섬유 및 실리콘/탄소나노섬유 복합소재가 함유된 음극재로 제조된 3전극 셀의 용량 및 사이클 성능과 같은 전기화학적 특성을 살펴보기 위해 100mA/g의 전류를 인가하여 전해질에 따라 정전류 충방전법을 수행한다(그림 06-8).

먼저, 전해질 $LiPF_6$를 사용하여 탄소나노섬유 및 실리콘/탄소나노섬유 복합소재로 제조된 음극재로 제작된 전극들의 20 사이클 동안 충·방전 용량과 효율이다.

Fe-Cu 촉매로 성장시킨 탄소나노섬유를 리튬 이차전지의 음극재로 사용하였을 경우, 초기 용량 356mAh/g에서 20 사이클 후 104mAh/g으로 감소하여 29%의 유지 효율이 나타난다. 반면에 실리콘/탄소나노섬유 복합소재를 리튬 이차전지의 음극재로 사용하였을 경우는 초기 용량 802mAh/g에서 20 사이클 후 510mAh/g으로 64%의 유지 효율이 나타난다. 이는 실리콘 입자의 높은 이론 용량으로 인해 실리콘/탄소나노섬유 복합소재의 전체적인 방전 용량이 높게 나타났기 때문에 높은 유지 효율을 보이는 것이다.

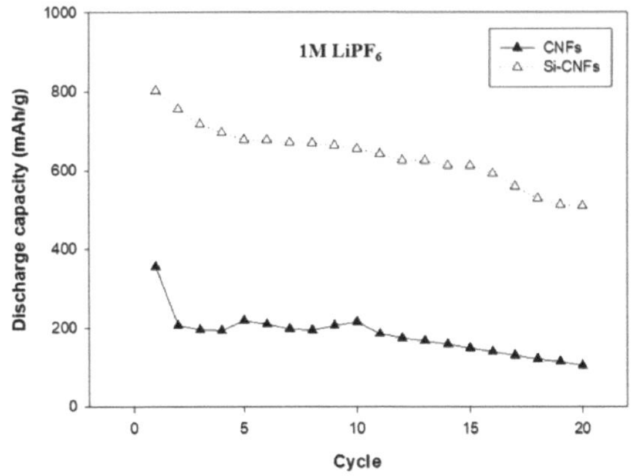

샘플	최대 방전 용량 (mAh/g)	20 사이클 후	
		방전 용량	유지 효율(%)
탄소나노섬유	356	104	29
실리콘/탄소나노섬유 복합소재	802	510	64
유지 효율 (%) = 20 사이클에서 방전 용량/최대 방전 용량 X 100			

그림 06-8. 전해질 1M $LiPF_6$를 사용하였을 때 충·방전 용량 및 유지 효율

다음은 전해질 $LiClO_4$를 사용하여 탄소나노섬유 및 실리콘/탄소나노섬유 복합소재로 제조된 음극재로 제작된 전극들의 20 사이클 동안 충·방전 용량과 효율이다(그림 06-9).

Fe-Cu 촉매로 성장시킨 탄소나노섬유를 리튬 이차전지의 음극재로 사용하였을 경우, 초기 용량 578mAh/g에서 20 사이클 후 303mAh/g으로 52%의 유지 효율이 나타난다. 반면에 실리콘/탄소나노섬유 복합소재를 리튬 이차전지의 음극재로 사용하였을 경우는 초기 용량 706mAh/g에서 20 사이클 후 613mAh/g으로 87%의 유지 효율이 나타난다.

이로써 전해질 $LiPF_6$를 사용하여 제조된 음극 활물질들보다 전해질 $LiClO_4$를 사용하여 제조된 음극재들의 전체적인 방전 용량이 더 높게 나타나며, 더 높은 유지 효율을 보여준다는 것을 알 수 있다. 또한 전해질 $LiPF_6$를 사용하였을 경우에도 실리콘 입자의 높은 이론 용량으로 인해 실리콘/탄소나노섬유 복합소재의 전체적인 방전 용량이 높게 나타났으며 또한 높은 방전 효율을 보여주는데, 이것은 탄소나노섬유가 실리콘의 부피 팽창의 완충제 역할을 하여 리튬 삽입 및 탈리 과정 동안 부피 팽창/수축을 견딜 수 있도록 도와준다는 것을 의미한다.

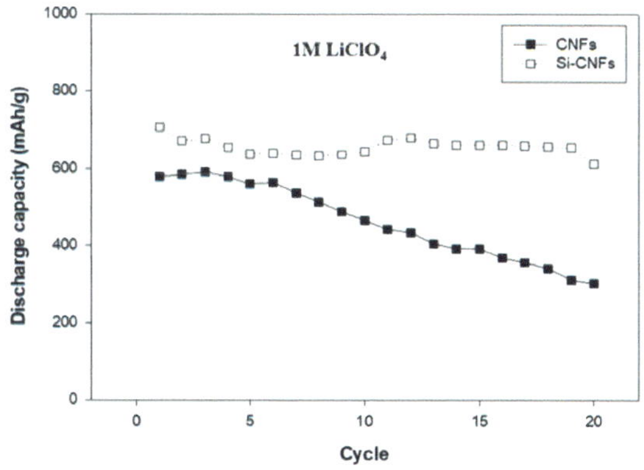

샘플	최대 방전 용량 (mAh/g)	20 사이클 후	
		방전 용량	유지 효율(%)
탄소나노섬유	578	303	52
실리콘/탄소나노섬유 복합소재	706	613	87
유지 효율 (%) = 20 사이클에서 방전 용량/최대 방전 용량 X 100			

그림 06-9. 전해질 1M $LiClO_4$를 사용하였을 때 충·방전 용량 및 유지 효율

6.2. Co-Cu 촉매를 기반으로 실리콘/탄소나노섬유 복합소재의 합성 및 특성 [75-77]

(1) 촉매 및 실리콘 제조

탄소나노섬유 합성에 필요한 촉매는 공침법을 이용하여 Co-Cu계 금속 촉매를 제조한다. 실리콘 입자와 탄소나노섬유의 결합력을 증진시키기 위하여 실리콘 입자에 Co-Cu 촉매를 혼합하는 과정은 다음과 같이 두 과정으로 제조한다.

첫 번째 방법은 실리콘 입자와 Co-Cu 촉매를 1:1 비율로 에탄올 용매에 넣고, 잘 혼합될 수 있도록 볼밀을 사용하여 교반한다. 이후 에탄올은 회전증발기를 사용하여 제거하며, 실리콘 입자와 Co-Cu 촉매가 혼합된 것을 건조한다.

두 번째 방법은 실리콘 입자 표면에 에틸렌 가스로 열분해 코팅(Pyrolytic carbon, PC)을 한다. 이때 탄소원으로는 에틸렌 가스, 기상 반응 촉진 가스로 수소 가스, 반응의 안정화를 위해 질소 가스를 사용한다. 900℃까지 질소 분위기로 10℃/min로 승온시킨 후, 온도가 900℃에 도달할 때 에틸렌 가스와 수소 가스가 혼합된 기체로 30분 동안 실리콘 입자 표면에 열분해 코팅 처리를 한다. 다음 질소 가스를 흘려주어 반응로 분위기를 불활성으로 유지하며 10℃/min로 상온까지 냉각한다. 이렇게 완성된 Si(PC) 입자는 Co-Cu 촉매와 1:1 비율로 에탄올 안에 넣고, Si(PC) 입자 표면에 Co-Cu 촉매가 스며들 수 있도록 3시간 이상 볼밀을 사용하여 교반한다. 교반 후, 에탄올은 회전증발기를 사용하여 제거하고, Si(PC) 입자에 Co-Cu 촉매가 스며든 상태에서 110℃의 건조기에 12시간 이상 건조한다.

(2) 화학 기상 증착법으로 탄소나노섬유의 합성

탄소나노섬유의 합성은 화학 기상 증착법으로 수행하며, 탄소원으로는 에틸렌 가스(C_2H_4), 기상 반응 촉진 가스로 수소 가스, 반응의 안정화를 위해 질소 가스를 사용한다. 석영관 보트에 합성한 금속 촉매를 고르게 펼쳐 반응로에 투입한 후 질소 분위기를 유지하며 10℃/min로 승온시킨다. 합성 온도 700℃에 도달하면 30분간 수소 분위기를 유지한 후 에틸렌 가스와 수소 가스를 1시간 동안 흘려주고, 반응이 끝난 후 즉시 에틸렌과 수소 가스를 차단한다. 그 다음 질소 가스를 흘려주어 반응로 분위기를 불활성으로 유지하며 10℃/min로 상온까지 냉각한다.

(3) 리튬 이차전지 음극재의 제조

제조된 탄소나노섬유/실리콘을 리튬 이차전지의 음극재로 사용하여 3전극 전지를 제조한다. 각각의 활물질 샘플과 바인더 PTFE를 4:1wt%의 비율로 혼합하고 IPA로 점성을 조절하면서 원심 혼합기로 교반한다. 활물질이 코팅된 니켈 폼은 80℃에서 대기 건조 후, 120℃에서 진공 건조하여 사용한다. 3전극 전지의 조립에서 작업 전극으로는 제조된 활물질, 상대 및 기준 전극으로는 리튬 금속, 분리막으로는 전해질로 적신 유리 섬유를 사용한다. 이 때 전해질은 EC:PC:DEC가 각각 1:1:3 비율로 혼합된 용액에 1 *M* $LiPF_6$를 용해하여 사용한다.

(4) 물리화학적 특성

합성된 탄소나노섬유의 미세 구조를 SEM으로 관찰하여 그림 06-10에 나타내었다. (a)의 경우는 Co 촉매만을 사용하여 성장시킨 탄소나노섬유로 직경이 20nm~35nm 인 다양한 굵기의 형태로 곧게 자라난 반면, Co와 Cu의 농도 비율을 8:2로 한 (b)의 경우는 섬유의 직경이 30nm로 일정하며, 탄소 나노 코일 형태가 많이 보인다. Co와 Cu의 비율을 6:4로 한 (c)의 경우는 구불구불한 형태로 27nm의 균일한 직경을 가지며, Co와 Cu의 비율을 4:6으로 한 (d)의 경우는, 섬유의 직경이 일정하지 않고 불균일한 섬유가 성장된다. Co와 Cu의 비율을 2:8로 한 (e)의 경우도 불균일한 형태로 섬유가 잘 성장되지 않았으며, Cu만 사용했을 경우는 탄소나노섬유가 성장되지 않았다. 이러한 촉매의 불활성화는 화학 반응의 활성이 전혀 없는 구리가 주촉매인 Co의 활성을 도울 뿐 탄소나노섬유의 성장에는 관여하지 않는다는 것을 의미한다.

그림 06-10. Co와 Cu 촉매 농도 비율에 따라 합성된 탄소나노섬유의 SEM 이미지

그림 06-11은 Co와 Cu의 농도 비율에 따라 합성된 탄소나노섬유의 XRD 분석 결과이다. 앞서 SEM와 XRD 분석 결과를 비교하였을 때, Co와 Cu의 비율이 2:8로 잘 성장되지 않은 탄소나노섬유(e)를 제외하고는 촉매의 농도 비율에 따라 다소간 차이는 있지만, 모두 2θ=26° 및 46°부근에서 특성 피크가 나타나는 흑연의 결정 구조를 가지고 있음을 알 수 있다. 또한 Co의 농도가 높아질수록 전반적으로 탄소나노섬유의 결정성이 향상되며, 특히 Co와 Cu의 비율이 6:4인(c) 경우의 탄소나노섬유가 다른 탄소나노섬유보다 피크의 폭이 좁고 세기가 큰 것으로 보아 가장 결정성이 우수하고 순수한 탄소나노섬유가 합성되었음을 알 수 있다.

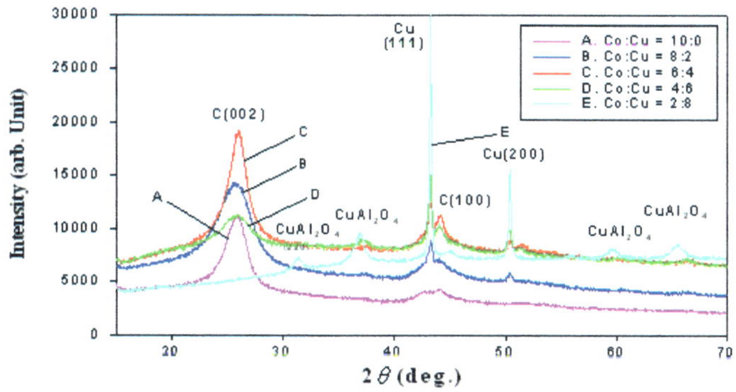

그림 06-11. Co와 Cu 촉매 농도 비율에 따라 합성된 탄소나노섬유의 XRD 분석

합성한 탄소나노섬유의 결합 에너지를 알아보기 위하여, 가장 결정성이 우수하고 균일한 섬유인 Co와 Cu의 농도 비율 6:4를 선택하여 XPS 분석을 수행하였다(그림 06-12). 먼저 C1s scan에서 볼 수 있듯이, 285.64eV에서 탄소나노섬유의 탄소 결합, 284.24eV에서 C-Co 결합, 289.65eV에서 C=O의 이중결합, 287.82eV에서 C-O의 단일결합이 나타난다. 이 때 코발트와 결합한 탄소가 탄소나노섬유의 탄소 결합 에너지보다 낮은 결합 에너지를 가지는 것은 탄소가 코발트보다 전기 음성도가 커서 전자를 많이 당기기 때문에 상대적으로 낮은 결합 에너지로 나타나게 된다. O1s scan에서는 533.33eV에서 C=O의 이중결합, 534.61eV에서 C-O의 단일결합, 532.24eV에서 Al_2-O_3 결합, 그리고 535.6eV에서 N_2O-Al 결합이 나타난다.

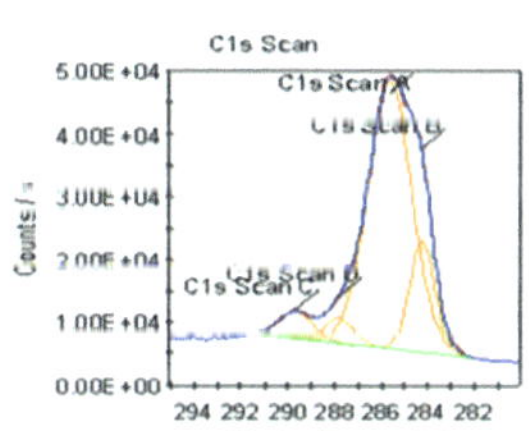

샘플	결합 에너지(eV)	결합
C1s scan A	285.64	CNF의 C-C 결합
C1s scan B	284.24	C-Co 결합
C1s scan C	289.65	C=O 결합
C1s scan D	287.82	C-O 결합

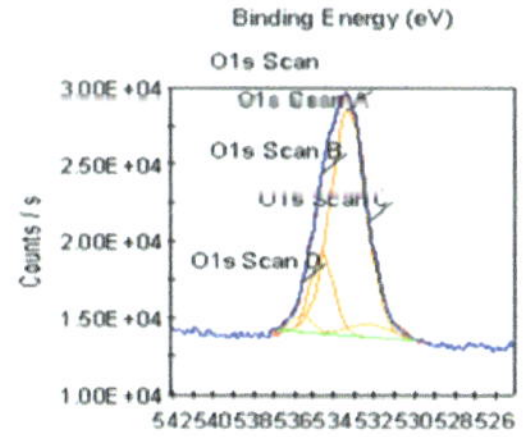

샘플	결합 에너지(eV)	결합
O1s Scan A	533.33	C=O 결합
O1s Scan B	534.61	C-O 결합
O1s Scan C	532.24	Al_2-O_3 결합
O1s Scan D	535.6	N_2O-Al 결합

그림 06-12. 700℃에서 합성한 탄소나노섬유(Co:Cu=6:4)의 XPS 분석

Si 입자와 Co-Cu 촉매를 물리적으로 혼합시킨 방법과 Si 입자상에서 탄화수소 가스를 열분해시켜서 제조한 Si(PC) 입자를 Co-Cu 촉매와 혼합시킨 방법을 통하여, 두 종류의 탄소나노섬유/실리콘 복합소재를 제조하였다. 이때 Si과 CNFs의 결합 형태를 확인하기 위해 순수한 Si, PC 코팅된 Si, CNFs-Si, CNFs-Si(PC)의 미세 구조를 관찰한 SEM 이미지와 이의 모식도를 그림 06-13에 나타내었다. (a)는 순수한 Si 입자로 표면이 매끈한 반면, PC코팅을 한 Si 입자(b)는 표면이 얇은 탄소층으로 인해 울퉁불퉁한 표면을 가지는 것을 볼 수 있다. (c)는 Si 입자에 Co-Cu 촉매를 물리적으로 혼합한 후 CNFs를 성장시킨 것으로 Si 입자와 CNFs가 잘 뭉쳐지지 않았으나, (d)의 경우는 Si 입자 표면의 얇은 탄소층에 Co-Cu 촉매가 스며들게 한 후 CNFs를 성장시킨 것으로, Si 입자에 CNFs가 잘 감싸진 형태로 성장한다. 이는 열분해 코팅된 탄소층이 Si 입자와 CNFs 사이의 접착성을 향상시켰기 때문이다. Si 입자의 표면을 감싼 CNFs는 리튬 이차전지용 음극 소재로 응용하였을 때, 충전 중 Si의 큰 부피 팽창에서 표면장력을 완화하기 위해 가능한 공간을 제공할 것으로 보이며, 또한 이러한 CNFs 복합소재의 특성은 전기 전도도의 향상에도 도움을 줄 것으로 기대된다.

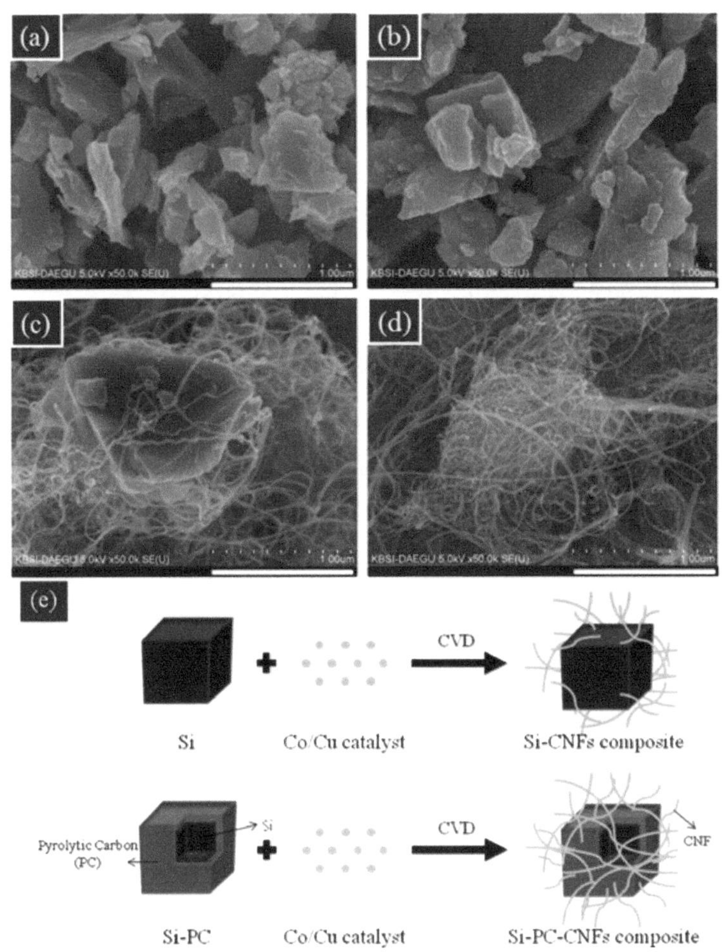

그림 06-13. SEM 이미지

(a) Si 입자, (b) 열분해탄소(PC)가 코팅된 Si 입자, (c) CNFs-Si 복합소재, (d) CNFs-Si(PC) 복합소재, (e) 모식도

합성된 탄소나노섬유-실리콘과 탄소나노섬유-실리콘(PC)에서 탄소나노섬유의 결정성을 확인하기 위하여 Raman과 XRD 분석을 수행하였다. 그림 06-14(a)에서 볼 수 있듯이, Raman 스펙트럼에서는 1,340cm^{-1}에서 발견되는 D-피크와 1,580cm^{-1}에서 발견되는 G-피크가 나타난다. D-피크는 탄소질의 불순물이나 흑연의 구조적 결함에 의한 불균일한 흑연 구조의 피크이고, G-피크는 흑연 결정체로 C-C 구조를 가진 흑연 구조의 피크이다. D-피크와 G-피크의 경우, sp^3(disordered graphite)와 sp^2(ordered graphite) 구조의 탄소와 일치하며, D-피크의 높이/G-피크의 높이의 비(D/G)로 계산하면 탄소 재료의 무정형도를 계산할 수 있는데, 일반적으로 D/G 비의 증가는 탄소의 결정화도의 감소를 의미한다. 탄소나노섬유-실리콘, 탄소나노섬유-실리콘(PC)의 D/G 계산 결과는 각각 1.02, 0.94로 탄소나노섬유-실리콘에 비해 탄소나노섬유-실리콘(PC)의 결정화도가 증가하는 경향을 나타낸다. 이는 탄소나노섬유-실리콘의 경우 실리콘 입자와 Co-Cu 촉매의 물리적 혼합 방법을 통해 탄소나노섬유를 합성하였기 때문에, 불균일성 탄소(sp^3)가 늘어나면서 무정형도가 높아진다고 볼 수 있다.

그림 06-14(b)에서는 CNFs-Si와 CNFs-Si(PC)의 Si 특성이(111), (220), (311), (400), (331)면에서 나타났다. (002), (004), (100)에서 나타나는 CNFs의 탄소 피크는 CNFs-Si, CNFs-Si(PC) 모두에서 나타났지만, CNFs-Si(PC)에서 나타난 탄소 피크의 경우, 폭이 좁고 세기가 큰 것으로 보아 CNFs-Si(PC)가 CNFs-Si에 비해 결정성이 우수하고 순수한 탄소나노섬유가 합성된다는 것을 알 수 있다. CNFs-Si의 경우 실리콘과 촉매의 물리적 혼합 방법을 통해 탄소나노섬유를 합성하였기 때문에, 불균일성 탄소(sp^3)가 늘어나면서 탄소의 불안정한 구조로 인해 탄소 피크의 세기가 낮게 나타난 것으로 이는 Raman 분석 결과와도 일치한다.

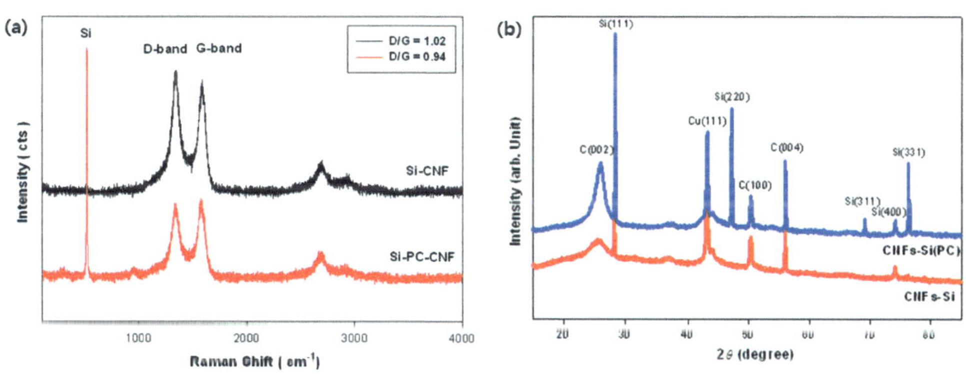

그림 06-14. CNFs-Si 과 CNFs-Si(PC) 복합소재의 (a) Raman 분석 (b) XRD 분석

(5) 전기화학적 특성

CNFs-Si 및 CNFs-Si(PC)를 리튬 이차전지 음극 소재로 적용하여, 전기화학적 특성을 조사하기 위하여 0.1~2.0V(vs. Li/Li+)의 전위 구간에서 100mA/g의 전류를 인가하여 순환전압전류곡선을 나타내었다. 그림 06-15는 CNFs-Si 및 CNFs-Si(PC)의 CV를 각각 나타낸 것으로, CNFs-Si의 경우 충전 과정에서 환원 피크가 1.1V 부근에서 나타나고, 방전 과정에서 산화 피크가 0.8V 부근에서 나타난다. CNFs-Si(PC)의 경우, 충전 과정에서 환원 피크가 1.1V 부근에서 나타나고, 방전 과정에서

산화 피크가 0.9V 부근에서 나타난다. 전극 반응에서 완전한 가역 반응일 경우, CV는 전위 변화 속도에 관계없이 대칭적으로 일정하게 나타나며, 삽입·탈리 반응에서 음극 소재인 CNFs-Si, CNFs-Si(PC)의 에너지에 따라 산화, 환원 전위를 가지는 특정 자리가 달라진다.

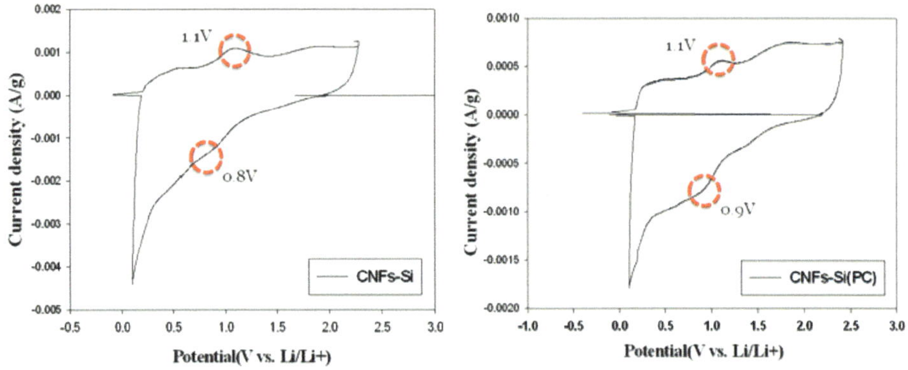

그림 06-15. 합성된 CNFs-Si와 CNFs-Si(PC) 복합소재의 순환전압전류곡선

전기화학적 특성을 알아보기 위해 100mA/g의 전류를 3전극 셀에 인가하여 충·방전 특성을 조사하였다. CNFs-Si 및 CNFs-Si(PC)을 리튬 이차전지의 음극 소재로 사용하였을 때 25 사이클 동안의 충·방전 용량과 효율을 나타낸 것으로(그림 06-16), Si 입자에 물리적으로 촉매를 혼합하여 성장시킨 CNFs-Si 복합소재의 경우, 초기 용량 389mAh/g에서 25 사이클 후 68mAh/g으로 17.5%의 방전 용량 효율이 나타났다. Si 입자의 높은 이론 용량으로 인해 초기 용량이 높게 나타났으나 Si의 부피 팽창으로 급격하게 방전 용량이 감소한다. 이에 반해 Si 입자에 열분해 탄소로 코팅 후 성장시킨 CNFs-Si(PC)의 경우, 초기 용량 620mAh/g에서 25 사이클 후 387mAh/g으로 방전 용량 유지율이 62.4%를 보여주어 CNFs-Si에 비해 상대적으로 충·방전 용량이 우수하게 나타났다.

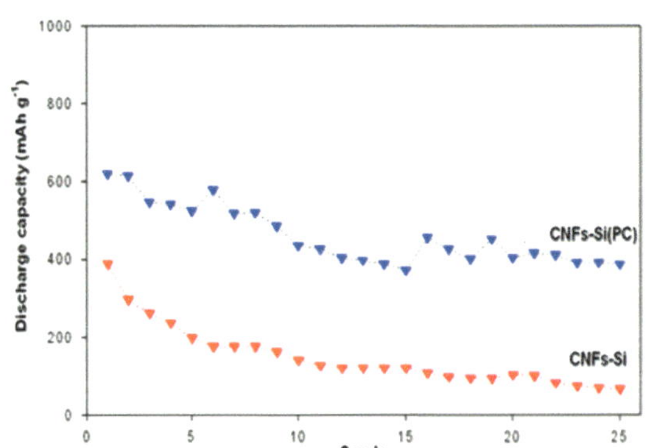

샘플	최대 방전 용량 (mAh/g)	25 사이클 후	
		방전 용량	유지 효율(%)
CNFs-Si	389	68	17.5
CNFs-Si(PC)	620	387	62.4
유지 효율 (%) = 25 사이클에서 방전 용량/최대 방전 용량 X 100			

그림 06-16. 합성된 CNFs-Si와 CNFs-Si(PC) 복합소재의 충·방전 용량 및 유지 효율

6.3. Ni-Cu 촉매를 기반으로 실리콘/탄소나노섬유 복합소재 합성 및 특성 [78]

(1) Ni-Cu 촉매 제조

Ni-Cu계 이원 촉매를 공침법으로 제조하여 탄소나노섬유 합성에 사용한다. 공침법이란 여러 가지 서로 다른 이온들을 수용액 혹은 비수용액에서 동시에 침전시키는 방법을 말한다. 먼저 탄소나노섬유 성장에 적합한 촉매의 활성을 알아보기 위해 nickel nitrate와 copper nitrate를 molar ratio 기준으로 8:2, 6:4, 4:6, 2:8 로 조절하여 제조한다. 이들을 촉매의 지지체로 사용되는 aluminum nitrate와, 금속 촉매 간의 응집을 막아주는 ammonium molybdate와 함께 증류수에 용해한 뒤에, 금속 입자들의 침전이 생기도록 침전세인 ammonium carbonate 수용액을 천천히 첨가하고 1시간 동안 교반하여 안정화시킨다. 만들어진 촉매 물질을 여과시킨 후 얻어진 침전물은 110℃에서 하루 이상 건조시켜 금속 촉매 분말을 제조한다. 제조된 금속 촉매 분말을 탄소나노섬유 합성의 반응 촉매로 사용한다(그림 06-17).

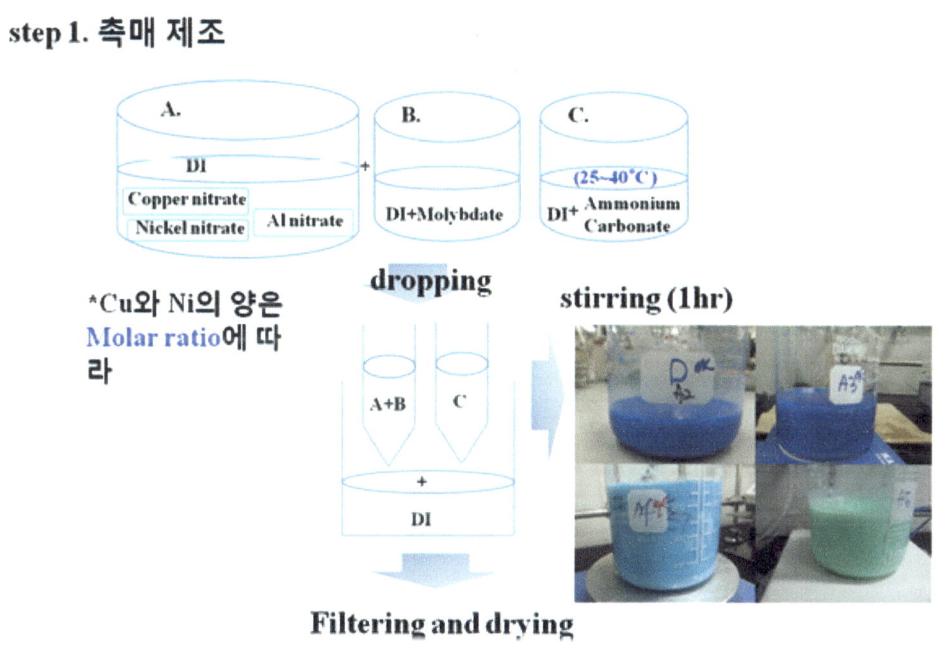

그림 06-17. 탄소나노섬유 합성을 위한 촉매 제조 방법

(2) Ni-Cu 촉매와 실리콘 복합화

탄소나노섬유 합성의 촉매로 사용될 이원계 금속 촉매와 실리콘을 복합화 하는 과정은 다음과 같은 두 가지 방법이 있다.

첫 번째 방법은 에탄올에 Si 입자와 Ni-Cu 촉매를 1:1 몰 비율로 넣고, 잘 혼합시키기 위해 볼밀을 사용하여 6시간 이상 교반시킨다. 에탄올은 오븐을 사용하여 제거하고, Si 입자와 Ni-Cu 촉매를

110℃에서 12시간 이상 건조한다.

두 번째 방법은 먼저 Si 입자 표면에 에틸렌 가스로 탄소를 열분해 코팅(Pyrolytic carbon, PC) 시키기 위해 Si 5g을 석영관 보트에 넣고 화학 기상 증착법을 수행한다. 이때 탄소 소스로는 에틸렌 가스를 사용하고, 기상 반응 촉진 가스로 수소를, 캐리어 가스로는 질소를 사용한다. 900℃까지 질소 분위기로 10℃/min로 승온시킨 후 온도가 900℃에 도달했을 때 에틸렌 가스와 수소 가스의 혼합 기체로 변경하여 30분 동안 Si 입자 표면에 열분해 코팅 처리를 한다. 다시 질소 가스로 변경하여 반응로 분위기를 불활성으로 유지하며 10℃/min로 상온까지 냉각시킨다. 이렇게 완성된 Si(PC) 입자는 Co-Cu 촉매와 1:1 비율로 에탄올 100mL 안에 넣고, Si(PC) 입자 표면에 Ni-Cu 촉매가 스며들 수 있도록 6시간 이상 볼밀을 사용하여 교반한다. 교반 후 에탄올은 오븐을 사용하여 제거하고, Si(PC) 입자에 Ni-Cu 촉매가 스며든 상태에서 110℃로 12시간 이상 건조시킨다.

(3) 탄소나노섬유의 합성

탄소나노섬유의 합성은 화학증기증착법을 이용하여 수평 석영관 반응 장치에서 수행한다. 탄소나노섬유를 성장시키기 위한 탄소 소스로는 에틸렌 가스, 기상 반응 촉진 가스로 수소 가스, 반응의 안정화를 위해 질소 가스를 사용한다. 합성 반응 조건은 석영관 보트에 합성한 금속 촉매를 고르게 펼쳐 반응로에 넣은 후 질소 분위기에서 10℃/min로 승온시킨다. 목표 합성 온도인 700℃에 도달하면 30분간 수소 가스를 흘려준다. 그 후, 에틸렌 가스와 수소 가스를 1시간 동안 흘려주어 탄소나노섬유 합성 반응을 진행한다. 반응이 끝난 후 질소 가스만 흘려주어 반응로 분위기를 불활성으로 유지하며 10℃/min로 상온까지 냉각시킨다.

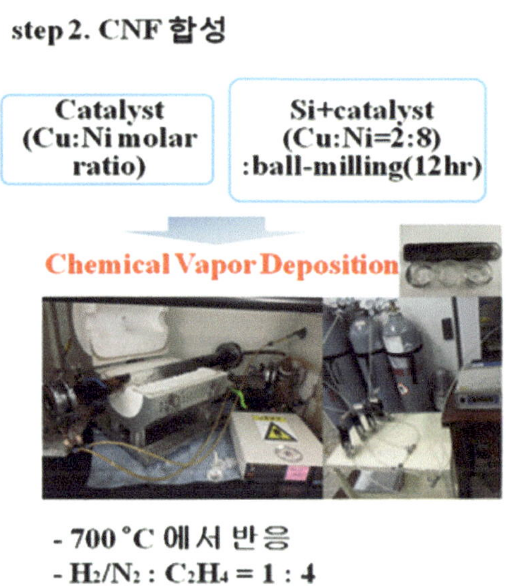

그림 06-18. 탄소나노섬유를 합성하기 위한 CVD 장치 개략도

(4) 전극 및 전지의 제조

탄소나노섬유 및 탄소나노섬유-실리콘 복합소재의 전기화학적 특성을 평가하기 위해서 3전극 전지를 제조한다. 활물질 시료와 바인더 PTFE(Polytetrafluoroethylene)를 4:1wt%의 비율로 혼합하고, IPA(Isopropyl Alcohol)로 점성을 조절하여 2000rpm에서 20분 동안 원심 혼합기로 교반시킨다. 잘 혼합된 용액은 집전체인 Ni foam에 dipping법으로 3번 정도 코팅하고, 코팅된 Ni foam을 대기에서 건조 후, 120℃에서 24시간 진공 건조하여 사용한다.

3전극 전지의 셀 조립은 Ar이 채워진 glove box 안에서 수행한다. 전지는 반쪽 전지로 만들고 작업 전극으로는 제조된 활물질, 상대극 및 기준 전극으로는 리튬 금속, 분리막으로는 전해질로 적신 유리 섬유 분리막을 사용한다. 이 때 전해질은 EC(ethylene carbonate):PC(propylene carbonate):DEC(diethyl carbonate가 각각 1:1:3 비율로 섞인 용액에 1M $LiPF_6$를 용해하여 사용한다.

(5) 물리화학적 특성

그림 06-19는 Cu, Ni의 몰 비에 따라 만들어진 탄소나노섬유의 SEM 이미지이다. Cu:Ni 비가 8:2로 만들어진 촉매로 화학증기증착법으로 성장시킨 탄소나노섬유의 경우, 약 100~200nm의 다양한 직경 분포를 가지는 탄소나노섬유가 성장되고, Ni:Cu의 비율을 4:6으로 변화시킨 탄소나노섬유는 약 200nm의 균일한 직경을 가지는 탄소나노섬유가 성장된다. 또한 Ni:Cu의 비율을 6:4로 하여 합성한 탄소나노섬유는 약 150nm의 균일한 직경을 가지는 탄소나노섬유가 합성되고, Ni의 비율을 8/10까지 증가시켜 성장된 탄소나노섬유는 약 100nm의 고른 직경을 가진다.

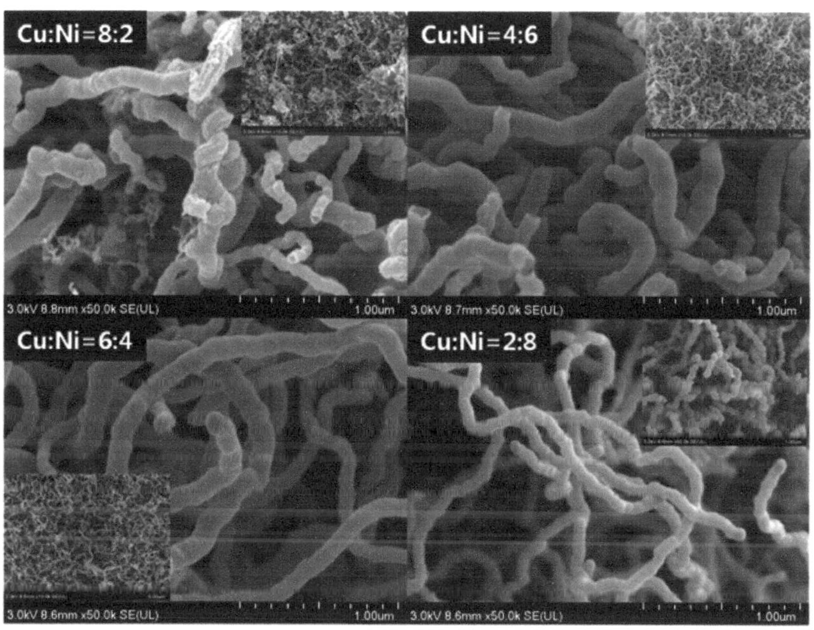

그림 06-19. Ni 및 Cu 촉매의 다른 농도에서 합성된 CNF의 SEM 이미지

그림 06-20은 Ni과 Cu의 몰 비에 따라 합성된 탄소나노섬유의 XRD 분석 결과이다. Ni:Cu 촉매 비율에 무관하게, 합성된 모든 탄소나노섬유에서 2θ=26° 부근에서 흑연의 결정 구조를 나타내

는 특성 피크가 나타난다. 이러한 SEM 및 XRD 결과를 바탕으로 주촉매인 Ni의 비율이 1/5 이상만 되면 탄소나노섬유가 성장된다는 것을 알 수 있다. Cu와 Ni의 비율이 8:2일 때, 탄소 피크 이외에도, 43, 50, 74° 부근의 Cu의 특성 피크가 나타나며, Cu와 Ni의 비율을 6:4로 했을 때, Ni의 특성 피크가 나타난다. Ni의 비율이 높아짐에 따라 탄소 특성 피크의 세기가 증가한다.

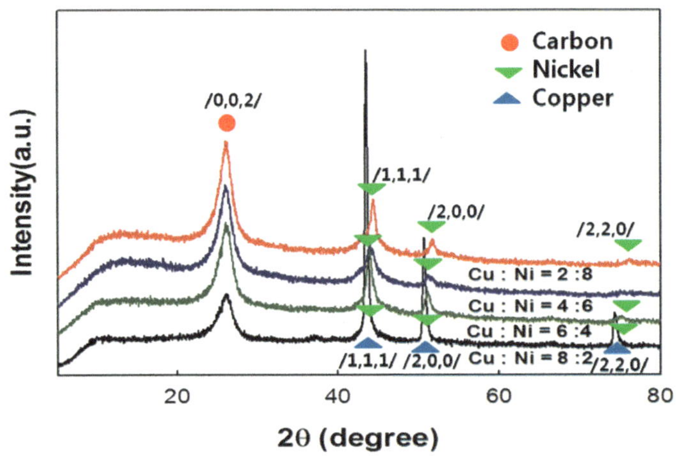

그림 06-20. Ni 및 Cu 촉매의 다른 농도에서 합성된 CNF의 XRD 분석

표 06-1은 Ni과 Cu의 농도 비율을 변화시키면서 합성한 탄소나노섬유의 비표면적 크기이다. Ni와 Cu의 농도 비율이 2:8일 때보다 Ni와 Cu의 농도 비율이 4:6인 경우 비표면적이 더 증가하고, 그 이후 Cu의 농도가 감소하면서 비표면적도 함께 증가한다. 결과적으로 Ni과 Cu의 농도 비율을 8:2로 하여 합성한 탄소나노섬유가 168m^2g^{-1}로 가장 높은 BET 값을 나타낸다. 이를 SEM 이미지와 비교하면, 탄소나노섬유 합성 과정에서 Ni의 비율이 높아짐에 따라 상대적으로 직경이 감소하며 균일한 분포의 탄소나노섬유를 가지기 때문이다.

표 06-1. Ni 및 Cu 촉매의 다른 농도에서 합성된 CNF의 BET 분석

샘플	비표면적(m^2/g)
Cu:Ni= 8 : 2	124.2117
Cu:Ni= 6 : 4	141.6825
Cu:Ni= 4 : 6	154.3755
Cu:Ni= 2 : 8	168.7283

다음은 제조 방법을 달리하여 합성된 CNFs-Si와 CNFs-Si(PC)의 SEM 이미지이다. Si 입자와 Ni-Cu 촉매를 물리적으로 혼합시킨 방법과, Si 입자 상에서 탄화수소 가스를 열분해시켜서 제조한 Si(PC) 입자를 Ni-Cu 촉매와 혼합시킨 방법으로 두 종류의 탄소나노섬유-실리콘 복합소재를 제조하였다. 그림 06-21(b)는 Si 입자에 Ni-Cu 촉매를 물리적으로 혼합한 후 탄소나노섬유를 성장시킨

것이고, (c)는 Si 입자 표면의 얇은 탄소층을 만들고, 이러한 PC(Si)에 Ni-Cu 촉매가 스며들게 한 후 탄소나노섬유를 성장시킨 것이다. (b)에서 볼 수 있듯이, 실리콘을 물리적으로 혼합한 후 탄소나노섬유를 합성했을 때가 실리콘을 복합하기 전 순수한 촉매 물질에서 성장한 탄소나노섬유보다 다양한 직경의 탄소나노섬유들이 성장되었다. 또한 (c)에서 탄소나노섬유의 길이가 매우 짧아졌다.

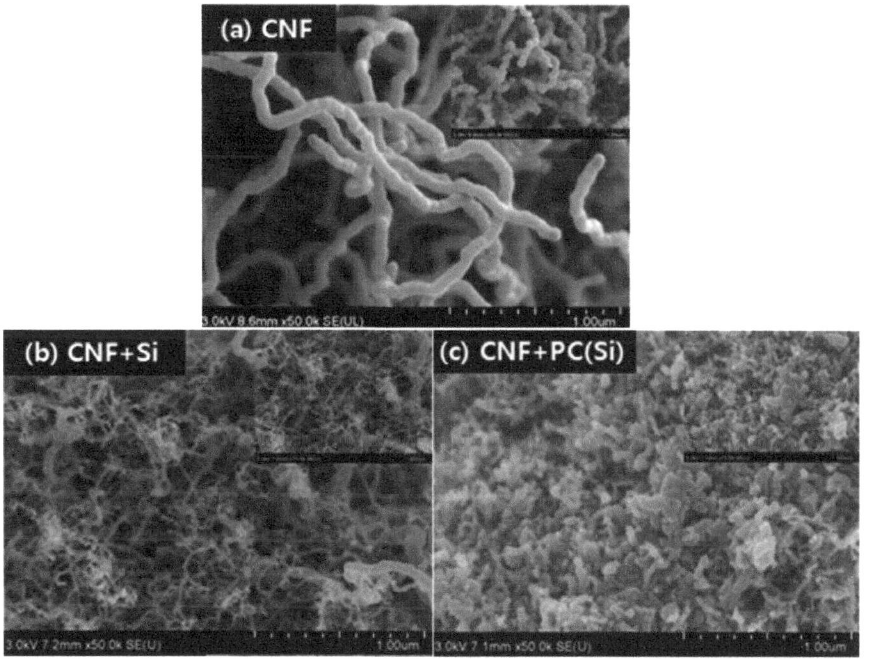

그림 06-21. SEM 이미지. (a) CNFs, (b) CNFs-Si 복합소재, (c) CNFs-Si(PC) 복합소재

합성된 CNFs-Si 및 CNFs-Si(PC) 복합소재에서 탄소나노섬유의 결합 특성을 조사하기 위하여 Raman 분석을 수행하였다. 그림 06-22의 Raman 스펙트럼을 보면, 1,340cm^{-1}에서 발견되는 D-밴드와 1,580cm^{-1}에서 발견되는 G-밴드가 나타난다. D-밴드는 탄소질의 불순물이나 흑연의 구조적 결함에 의한 불균일 흑연 구조를 나타내고, G-밴드는 흑연화된 C-C 결합을 가진 흑연 구조를 나타내는 밴드이다. D-밴드와 G 밴드의 경우 sp^3와 sp^2 구조의 탄소와 일치하며, 여기서 D-밴드/G-밴드 높이의 비를 계산하면 탄소 소재의 무정형도를 알 수 있다. 일반적으로 D/G 비의 증가는 탄소의 결정화도의 감소를 의미한다. CNFs, CNFs-Si, CNFs-Si(PC)의 D/G 계산 결과는 각각 1.389, 1.134, 1.274 로 CNFs-Si에 비해 CNFs-Si(PC)의 무결정도가 증가하는 경향이 나타났다. 이는 CNFs-PC(Si)의 경우, PC(Si) 입자와 Ni-Cu 촉매의 물리적 혼합을 통해 탄소나노섬유를 합성하였기 때문에 탄소와 PC(Si) 간에 더 안정적인 결합이 일어나, C-C 결합의 결정화도는 낮아져 무정형도가 높아진 것이다. 또한 CNF-Si와 CNF-PC(Si) 모두 Si의 특성 피크가 나타나는 것으로 보아, 실리콘이 탄소나노섬유에 잘 복합화 되었음을 알 수 있다.

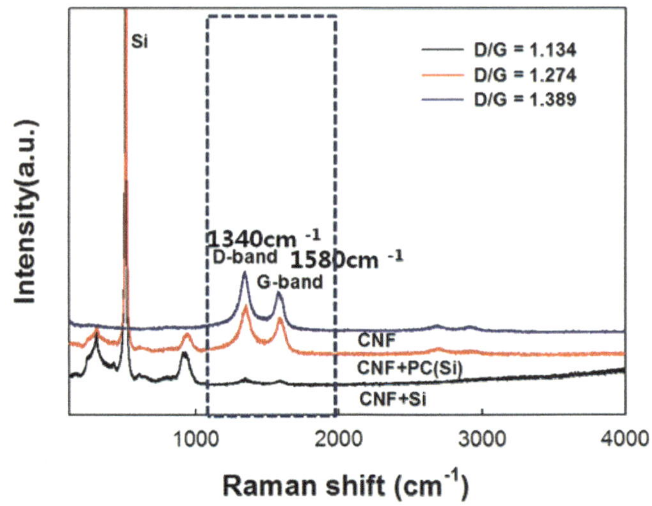

그림 06-22. 합성된 CNFs-Si과 CNFs-Si(PC) 복합소재의 Raman 스펙트럼

그림 06-23은 CNFs, CNFs-Si 및 CNFs-Si(PC)의 결정성을 알아보기 위한 XRD 분석 결과이다. 실리콘을 넣지 않은 CNFs의 경우, 금속 촉매인 Ni의 결정성을 나타내는 특성 피크가 나타났으나, 탄소나노섬유-실리콘 복합소재는 금속 촉매의 결정성이 나타나지 않았다. 이는 실리콘과 복합화하는 과정에서 촉매가 잘 활성화되었음을 보여준다. 또한 CNFs-Si와 CNFs-Si(PC)에서의 Si의 특성은(111), (220), (311), (400), (331)면에서 나타났으며, (004), (101)에서 나타나는 CNFs의 C 피크는 CNFs-Si, CNFs-Si(PC) 모두에서 나타났다.

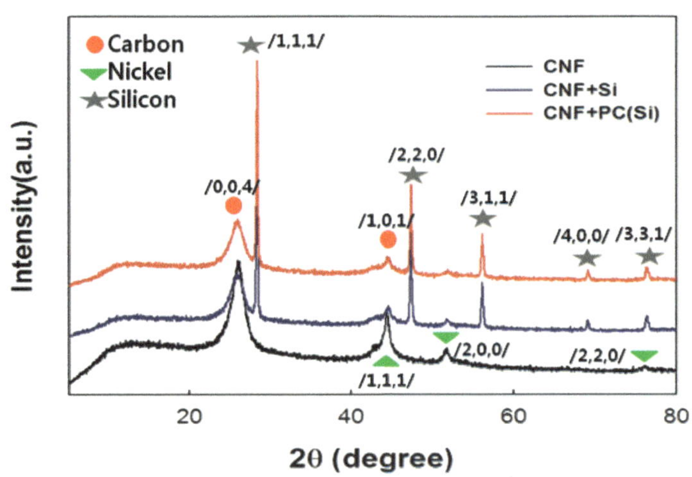

그림 06-23. 합성된 CNFs-Si과 CNFs-Si(PC) 복합소재의 XRD 분석

표 06-2는 물리적 방법에 의해서 Si 과 CNFs를 복합한 시료의 BET 결과이다. 비표면적은 전극 활물질의 에너지 용량을 결정하는데 중요한 요인 중의 하나이다. CNF-Si 복합소재의 비표면적은 실리콘을 복합하지 않은 탄소나노섬유보다 조금 크다.

표 06-2. CNFs와 CNFs-Si 복합소재의 BET 결과

	비표면적(m^2/g)
CNF	168.7283
CNF+Si	173.3747

그림 06-24는 탄소나노섬유 중 각 원소들의 결합 에너지를 알아보기 위한 XPS 분석 결과이다. 그림 06-24에서 볼 수 있듯이, CNFs의 경우 284.7, 286.41, 288.13, 290.29eV에서 나타나는 피크들은 각각 C와 C의 sp^2 결합, C-C sp^3 결합, C와 O의 이중결합, COO 결합에 해당한다. 또한, 실리콘-탄소나노섬유 복합소재에서도 284.82, 286.43, 288.17, 290.36eV에서 C결합이 나타나며, 이는 각각 C와 C의 sp^2 결합, C-C sp^3 결합, C와 O의 이중결합, COO 결합에 해당한다. 또한 Si 2P scan을 보면 104.25, 100.35eV에서 Si 피크가 나타나는데, 이는 SiO_2, SiC 결합에 해당한다. CNFs와 CNFs-Si 에서의 C가 가지는 결합의 결합 에너지 위치는 거의 비슷하게 나타나며, 이는 CNFs-Si 복합소재에서 혼합된 Si이 CNFs의 탄소 결합에 거의 영향을 주지 않는다는 것을 의미한다. 그러나 CNF-Si의 경우 Si의 특성 피크가 잘 나타나는 것으로 보아, 실리콘-탄소나노섬유 복합소재는 탄소와 실리콘이 잘 복합화 되었다고 할 수 있다.

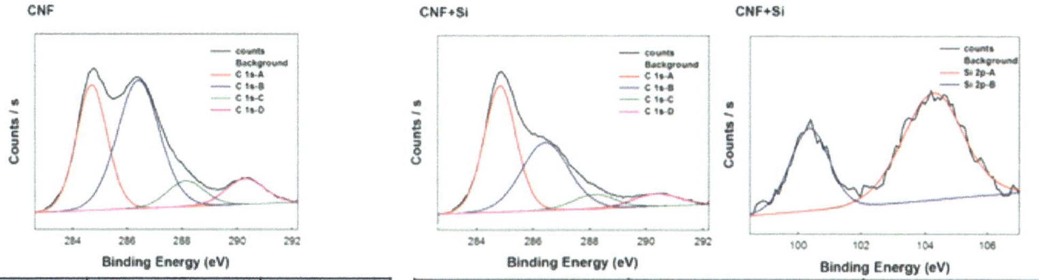

Name	Peak BE(eV)	Analysis
C1s scan A	284.7	C-C (sp^2)
C1s scan B	286.41	C-C (sp^3)
C1s scan C	288.13	C=O
C1s scan D	290.29	COO

Name	Peak BE(eV)	Analysis
C1s scan A	284.82	C-C (sp^2)
C1s scan B	286.43	C-C (sp^3)
C1s scan C	288.17	C=O
C1s scan D	290.36	COO
Si 2p scan A	104.25	SiO_2
Si 2p scan B	100.35	SiC

그림 06-24. CNFs(Ni:Cu = 8:2)와 CNFs-Si 복합소재의 XPS 분석

(6) 전기화학석 특성

그림 06-25는 CNFs, CNFs-Si 및 CNFs-Si(PC)의 CV 결과를 나타낸다. 이때 0.1~2.0V(vs.Li/Li+)의 전위 구간에서 100mA/g의 전류를 인가하여 수행한다. 전극 반응에서 완전한 가역 반응일 때, 전위 변화 속도에 관계없이 CV가 대칭적으로 일정하게 나타난다.

CNFs의 경우, 첫 번째 사이클에서 충전 과정의 산화 피크가 1.1V, 1.8V 부근에서 나타나고, 방전

과정에서 환원 피크가 0.5V, 1.07V 부근에서 나타난다. 두 번째 사이클에서는 산화 피크는 비슷하게 나타나고, 환원 피크는 0.8, 1.0V 부근에서 나타난다. 이는 산화, 환원 전위 차이가 0.25V 이상으로 비가역적이다.

CNFs-Si의 경우, 첫 번째 충전 과정에서 산화 피크가 1.1, 1.9V 부근에서 나타나고, 방전 과정에서 환원 피크가 0.45, 1.0V 부근에서 나타났다. 두 번째 충전 과정에서 산화 피크가 1.1, 1.8V 부근에서 나타나고, 방전 과정에서 환원 피크가 0.41, 0.9V 부근에서 나타나는 것으로 보아, CNFs-Si 또한 비가역적이다.

CNFs-Si(PC) 경우, 첫 번째 충전 과정에서 산화 피크가 1.1, 1.76V 부근에서 나타나고, 방전 과정에서 환원 피크가 0.4, 1.0V 부근에서 나타났다. 두 번째 충전 과정에서 산화 피크가 1.1, 1.9V 부근에서 나타나고 방전 과정에서 환원 피크가 0.4, 0.9V 부근에서 나타나는 것으로 보아, CNF-PC(Si) 또한 비가역적이다.

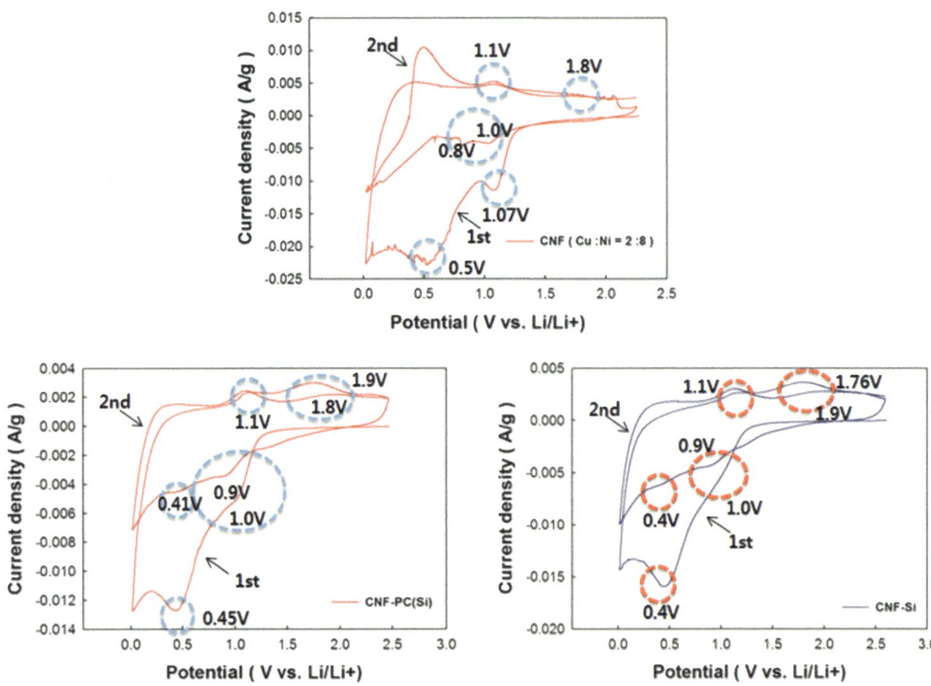

그림 06-25. CNFs, CNFs-Si, CNFs-Si(PC) 복합소재의 순환전압전류곡선

CNFs 및 CNFs-Si 음극 소재의 충전 용량 및 회전 능력과 같은 전기화학적 특성을 알아보기 위해 100mA/g의 전류를 3전극 셀에 인가하여 충·방전 특성을 조사하였다. 그림 06-26, 표 06-3에는 CNFs 및 CNFs-Si를 리튬 이차전지의 음극 소재로 사용하였을 경우, 20 사이클까지 충·방전 용량과 유지 효율을 나타내었다. Si 입자에 물리적으로 CNFs의 촉매를 혼합하여 성장시킨 CNFs-Si 복합소재의 경우에는, 초기 용량 1,236mAh/g에서 20 사이클 후 21mAh/g으로 2%의 방전 용량 효율을 보여준다. Si 입자의 높은 이론 용량으로 인해 CNFs-Si 복합소재의 초기 용량이 높게 나타났으나 Si의 부피 팽창으로 인하여 급격히 방전 용량이 감소함을 알 수 있다.

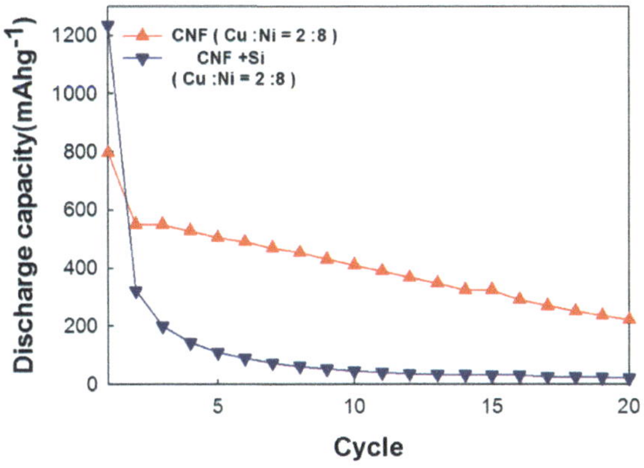

그림 06-26. 합성된 CNFs, CNFs-Si, CNFs-Si(PC) 복합소재의 20 사이클 동안 충 · 방전 용량

표 06-3. 합성된 CNFs, CNFs-Si, CNFs-Si(PC) 복합소재의 20 사이클 동안 충·방전 용량과 유지 효율

샘플	초기 용량(mAh/g)	20 사이클 후	
		방전 용량	유지 효율(%)
CNF	797	222.8	27.95
CNFs-Si	1236	21.3	2

유지 효율(%) = 20 사이클 후 방전 용량/초기 용량 x 100

6.4. Ni-Mo 촉매를 기반으로 한 실리콘/탄소나노섬유 복합소재의 합성 및 특성[79, 80]

(1) 촉매 제조 및 탄소나노섬유의 합성

탄소나노섬유 성장에 적합한 촉매의 조건을 알아보기 위해 공침법으로 Ni-Mo 이원 금속 촉매를 몰 비율로 제조한다. 합성한 금속 촉매를 석영관 보트에 고르게 펼쳐 반응로에 넣는다. 반응의 안정화를 위해 질소를 흘려주며 10℃/min로 합성 온도까지 온도를 올려준다. 목표 합성 온도에 도달하면 기상 반응 촉진 가스인 질소를 잠시 흘려준 후, 탄소원인 에틸렌을 수소와 함께 흘려주어 탄소나노섬유를 성장시킨다.

(2) 실리콘/탄소나노섬유 복합소재 합성

탄소나노섬유는 리튬 이온의 삽입·탈리 과정에서 결정 구조의 변화가 작아 리튬 이차전지가 우수한 수명을 나타낼 수 있는 기반을 제공하지만 작은 이론 용량이라는 단점을 가지고 있다. 이를 해결하기 위해 실리콘/탄소나노섬유 복합소재를 합성한다. 가장 우수한 전기적 특성을 나타내는 복합소재를 합성하기 위해서 실리콘과 촉매를 무게비율로 제조한 것을 에탄올에 넣고, 잘 혼합하기 위해 볼밀을 이용하여 12시간 이상 교반한다. 이 후 분산 용액을 100℃ 건조기에서 12시간 이상 건조하여 얻은 분말을 화학 기상 증착법을 이용하여 실리콘/탄소나노섬유 복합소재를 합성한다.

(3) 전기화학적 특성 조사를 위한 전지의 제조

합성한 탄소나노섬유 및 실리콘/탄소나노섬유 복합소재를 리튬 이차전지의 음극재로 사용하여 3전극 전지를 제조한다. 활물질로 사용할 시료와 바인더 PTFE(Polytetra fluoroethylene)를 8:2wt% 비율로 혼합하고, IPA(Isopropyl Alcohol)로 점성을 조절하여 원심혼합기로 교반한다. 교반시킨 용액에 집전체인 니켈 폼을 담그어 코팅한다. 활물질이 코팅된 니켈 폼을 건조시켜 3전극 전지의 음극재로 사용한다. 3전극 전지는 아르곤이 채워진 글러브 박스에서 반쪽 전지로 제작하고, 작업 전극은 제조한 활물질, 상대 및 기준 전극은 리튬 금속, 분리막은 전해질을 적신 유리 섬유를 사용한다. 전해질은 EC(ethylene carbonate): PC(propylene carbonate): EMC(ethyl methyl carbonate)가 1:1:3의 무게비율로 혼합된 용액에 1 M $LiPF_6$가 용해된 전해질과 EC(ethylene carbonate): PC(propylene carbonate)가 1:1 무게비율로 혼합된 용액에 1 M $LiClO_4$가 용해된 전해질을 사용한다.

(4) 물리화학적 특징

Ni과 Mo의 농도비를 달리하여 합성한 촉매로 성장시킨 탄소나노섬유의 SEM 이미지를 그림 06-27에 나타내었다. 촉매로 Ni만 사용한 (a)는 직경이 30nm인 구부러진 형태의 탄소나노섬유가 성장되며, Ni과 Mo의 농도 비율이 8:2인 (b)에서는 35nm~75nm로 다양한 직경을 가지는 곧은 형태의 탄소나노섬유가 성장된다. 또한 Ni과 Mo의 농도 비율이 6:4, 5:5, 4:6인(c), (d), (e)의 경우, 직경이 50nm인 곧은 형태의 섬유가 균일하게 잘 성장된다. 이와는 반대로 Ni과 Mo의 농도 비율이 2:8인 (f)는 탄소나노섬유가 잘 성장하지 않으며, 촉매로 Mo만 사용한 (g)의 경우는 탄소나노섬유가 성장하지 않은 것을 볼 수 있다. 따라서 순수한 Mo을 촉매로 사용한 경우, 촉매의 활성이 나타나지 않으므로 Mo은 주촉매인 Ni의 활성을 돕는 부촉매의 역할을 한다는 것을 알 수 있다.

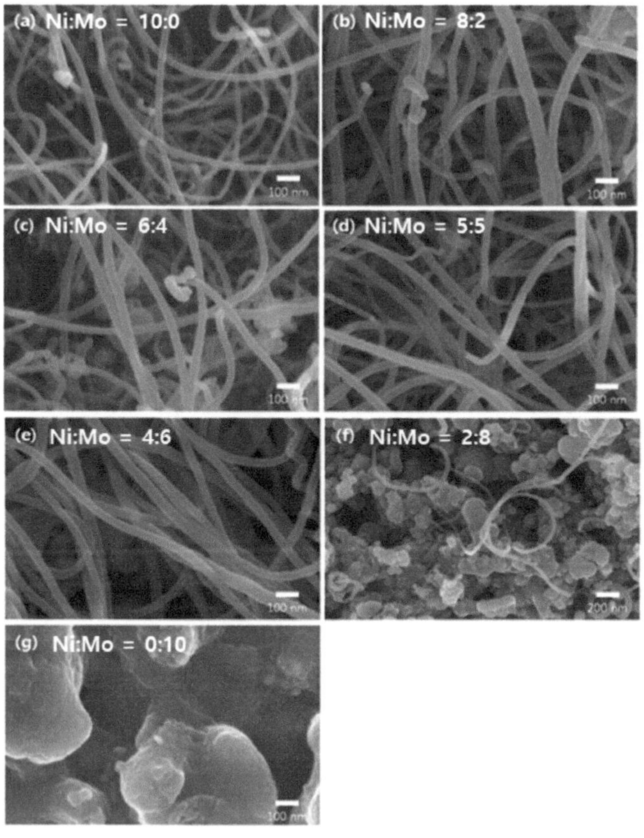

그림 06-27. Ni과 Mo의 농도비에 따라 합성한 탄소나노섬유의 SEM 이미지

다음은 Ni과 Mo의 농도 비율에 따라 합성한 탄소나노섬유의 결정성을 조사하기 위해 Raman과 XRD로 분석한 결과이다. 그림 06-28(a)에서 1,340cm^{-1}의 D-밴드와 1,580cm^{-1}의 G-밴드가 나타난다. 촉매의 농도비에 따라 합성한 탄소나노섬유의 Raman 스펙트라에서 D/G 비율를 계산하여 무정형도를 비교하면, Ni만 사용한 경우는 D/G 비가 1.04로 가장 높으며, Ni과 Mo의 농도 비율을 6:4로 하였을 때 D/G 비가 0.67로 가장 낮게 나타난다.

그림 06-28(b)의 XRD 분석에서는 촉매의 농도 비율에 따라 피크 세기의 차이가 있지만 모두 2θ=26° 부근에서 그래파이트의 결정 구조를 나타내는 피크가 나타난다. Ni과 Mo의 농도 비율이 5:5인 경우를 제외하고, Ni의 비율이 증가함에 따라 피크의 세기가 증가하며, 특히 Ni과 Mo의 농도 비율이 10:0, 8:2, 6:4인 경우 피크의 세기가 상대적으로 높게 나타난다. XRD 결과와 Raman 결과를 비교하였을 때, Ni과 Mo의 농도 비율이 6:4인 경우가 D/G 값이 가장 낮게 나타나며, 그래파이트의 결정 구조를 나타내는 피크의 세기도 높아 결정성이 가장 우수한 탄소나노섬유가 합성된다.

(a)

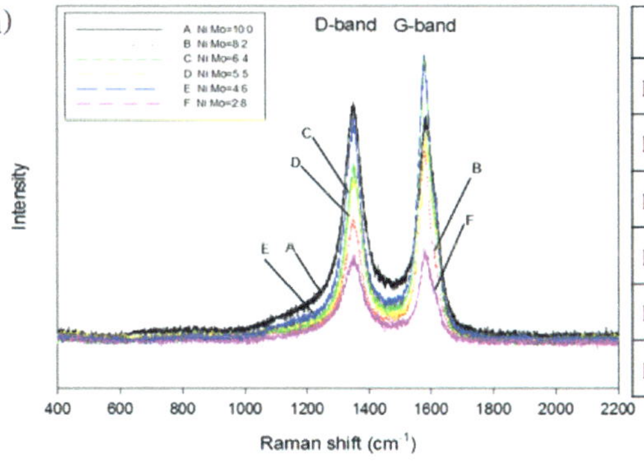

Sample	D/G
Ni:Mo = 10:0	1.04
Ni:Mo = 8:2	0.70
Ni:Mo = 6:4	0.67
Ni:Mo = 5:5	0.84
Ni:Mo = 4:6	0.81
Ni:Mo = 2:8	0.95

(b)

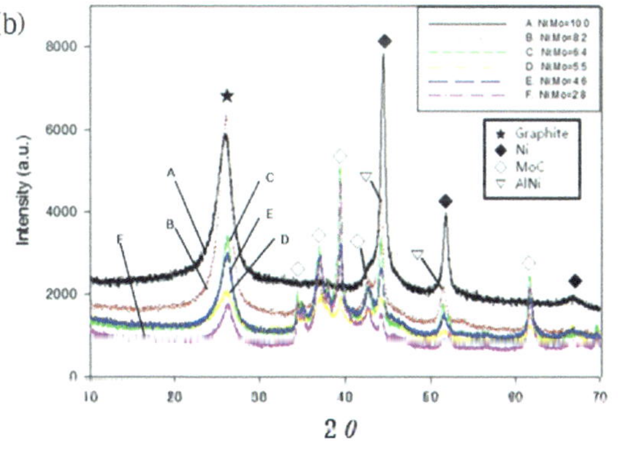

그림 06-28. Ni과 Mo의 다른 농도비로 합성한 탄소나노섬유 (a) Raman (b) XRD 분석

그림 06-29는 Raman과 XRD의 결과를 바탕으로 결정성이 가장 우수한 탄소나노섬유가 합성된 조건인 Ni과 Mo의 농도 비율이 6:4인 촉매로 합성한 탄소나노섬유의 XPS 분석 결과이다. 그림 06-29에서 볼 수 있듯이, C1s에서 가장 낮은 결합 에너지인 284.22eV에서 CNFs의 C-C(sp^2)결합, 285.57eV에서 CNFs의 C-C(sp^3)결합, 87.09eV에서 C-O 결합 및 289.53eV에서는 COO 결합이 나타난다. O1s에서 532.89eV는 C=O 결합, 534.27eV에서 C-O 결합, 531.02eV에서 Al_2O_3 결합,

535.08eV에서 N_2O-Al결합 및 529.9eV 에서는 촉매와 관련된 MoO_2 결합이 나타난다.

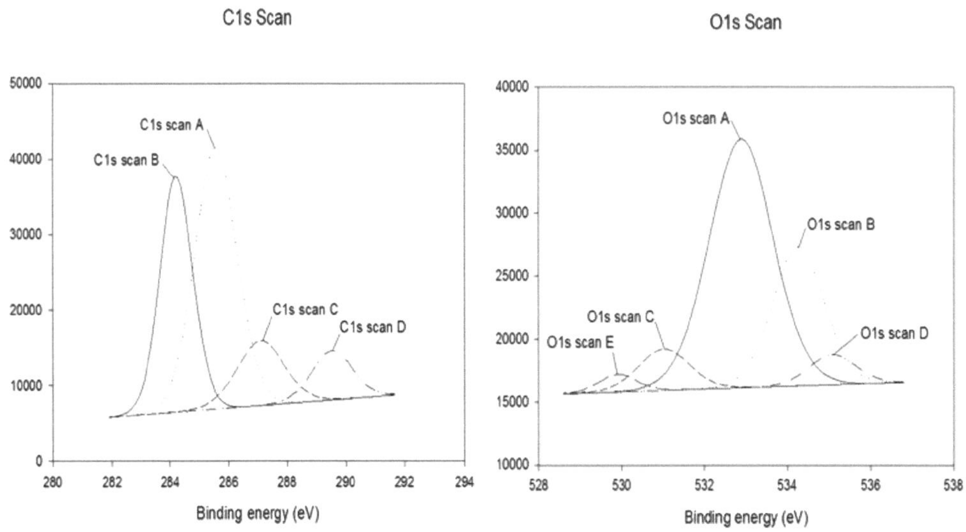

샘플	결합 에너지(eV)	결합
C1s Scan A	285.57	CNF (sp^3)의 C-C 결합
C1s Scan B	284.22	CNF (sp^2)의 C-C 결합
C1s Scan C	287.09	C-O 결합
C1s Scan D	289.53	COO 결합
O1s Scan A	532.89	C=O 결합
O1s Scan B	534.27	C-O 결합
O1s Scan C	531.02	Al_2O_3 결합
O1s Scan D	535.08	N_2O-Al 결합
O1s Scan E	529.9	MoO_2 결합

그림 06-29. Ni:Mo=6:4의 농도비로 합성된 탄소나노섬유의 XPS 분석

그림 06-30은 실리콘과 촉매의 비율에 따라 합성한 실리콘/탄소나노섬유 복합소재의 SEM 이미지이다. 그림 06-30에서 볼 수 있듯이, 실리콘과 탄소나노섬유의 무게비율이 8:2인 (a)는 직경이 25nm인 곧은 형태의 탄소나노섬유가 성장되며, 실리콘과 탄소나노섬유의 무게비율이 6:4, 5:5, 4:6, 2:8인(b), (c), (d), (e)의 경우, 직경이 50nm인 곧은 형태의 탄소나노섬유가 성장한다. 실리콘/탄소나노섬유 복합소재의 모든 비율에서 탄소나노섬유가 잘 성장된다.

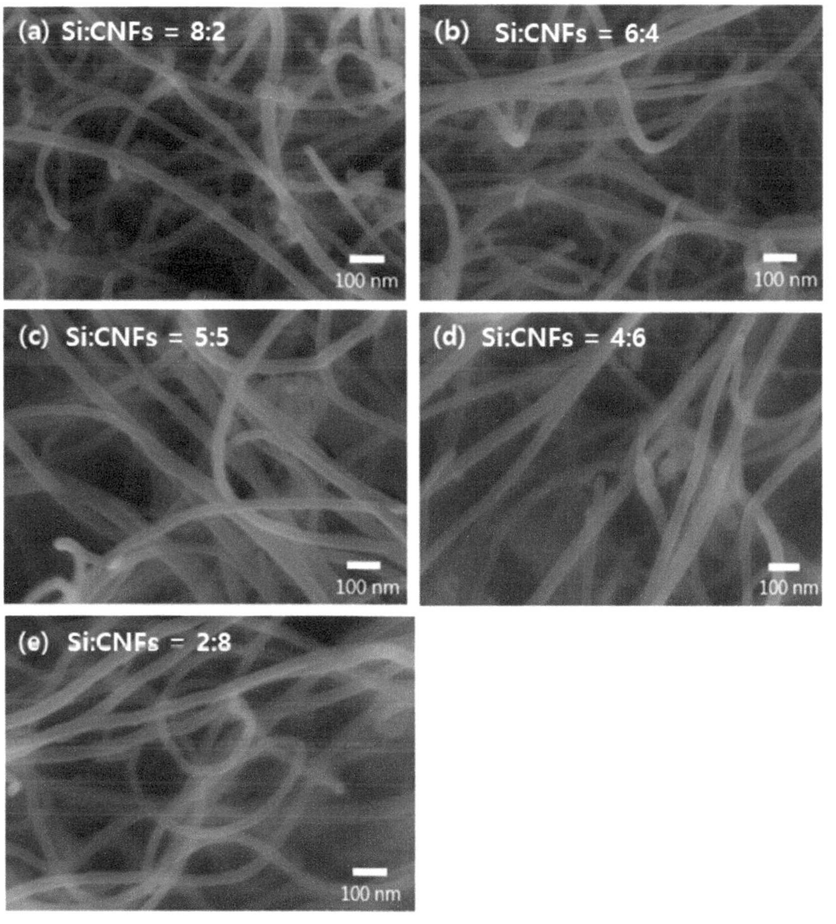

그림 06-30. 실리콘과 촉매 비율에 따라 합성한 실리콘/탄소나노섬유 복합소재의 SEM 이미지

실리콘과 탄소나노섬유의 비율에 따라 합성된 실리콘/탄소나노섬유 복합소재의 결정성을 조사하기 위하여 Raman과 XRD로 분석한 결과를 그림 06-31에 나타내었다.

그림 06-31(a)에서 볼 수 있듯이, 521cm^{-1} 부근에서 결정질 실리콘을 나타내는 밴드가 나타났고, 1,340cm^{-1} 부근에서는 탄소나노섬유 이외의 탄소질의 불순물에 의해 나타나는 D-밴드와 1,580cm^{-1}에서 흑연화된 탄소나노섬유를 나타내는 G-밴드가 나타난다. 이때 D/G 비를 무정형도라고 하며, 이로써 성장된 탄소나노섬유의 상대적 결정성을 비교할 수 있다. 모든 비율의 시료에서 D/G 비가 비슷하게 나타난다. 특히 실리콘과 탄소나노섬유의 비율이 4:6인 경우, D/G 비가 0.9594로 가장 낮게 나타나 성장된 탄소나노섬유의 결정성이 가장 우수하다.

그림 06-31(b)에서는 모든 비율에서 2θ=26° 부근에서 흑연의 결정 구조의 피크가 나타났고, 그 중 실리콘과 탄소나노섬유의 비율이 5:5, 4:6, 2:8인 경우 특성 피크의 세기가 크게 나타났다. XRD 결과를 Raman 결과와 비교하였을 때, 실리콘과 탄소나노섬유의 비율이 4:6인 경우가 D/G 비 값이 가장 낮아 흑연의 결정 구조를 나타내는 피크의 세기가 높게 나타나므로 탄소나노섬유의 결정성이 가장 우수하다.

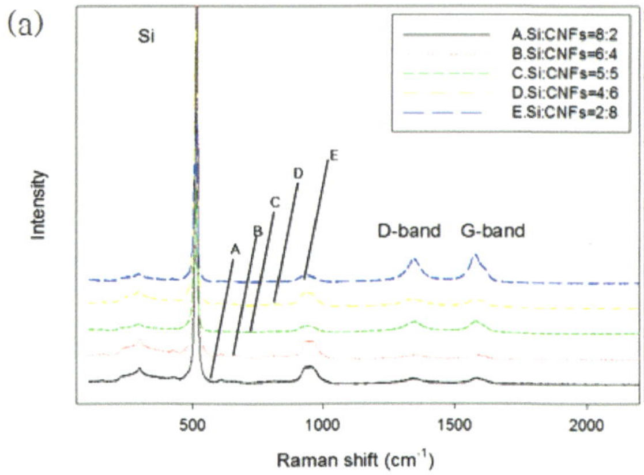

sample	D/G
Si:CNFs = 8:2	1.0336
Si:CNFs = 6:4	0.9667
Si:CNFs = 5:5	1.0218
Si:CNFs = 4:6	0.9594
Si:CNFs = 2:8	1.1591

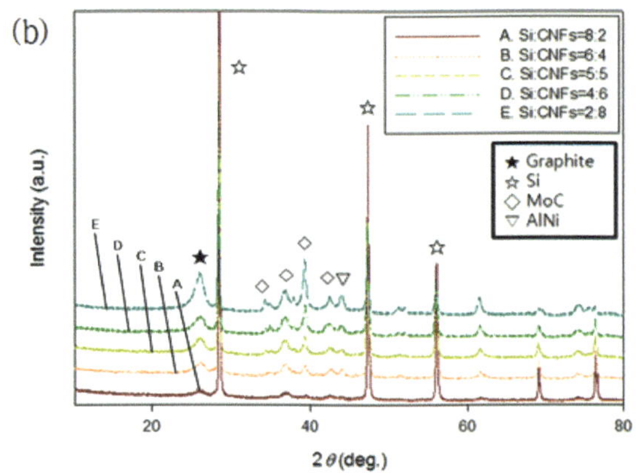

그림 06-31. 실리콘과 촉매의 비율에 따라 합성한 실리콘/탄소나노섬유 복합소재

(a) Raman (b) XRD 분석

(5) 전기화학적 특성

결정성이 우수한 탄소나노섬유와 실리콘/탄소나노섬유 복합소재에 대한 전기화학적 특성 분석을 수행하였다. 먼저 0.01~2V(vs. Li/Li+)의 전위 구간에서 100mV/s의 주사 속도로 측정한 순환전압 전류곡선(CV)을 그림 06-32에 나타내었다.

탄소나노섬유(Ni:Mo=6:4)의 경우, 전해질 $LiPF_6$를 사용했을 때 모두 첫 번째 충전 사이클에서는 1.1V와 0.5V에서 환원 피크가 나타났으나, 두 번째 충전 사이클에서는 1.1V와 0.5V에서 환원 피크가 나타나지 않았다. 또한, 전해질 $LiClO_4$를 사용했을 때도 첫 번째 충전 사이클에서는 0.5V에서 환원 피크가 나타났으나, 두 번째 충전 사이클에서는 0.5V에서 환원 피크가 나타나지 않았다.

실리콘/탄소나노섬유 복합소재(실리콘:탄소나노섬유=4:6)의 경우, 전해질 $LiPF_6$와 $LiClO_4$를 사용했을 때 모두, 첫 번째 충전 사이클에서는 0.5V에서 환원 피크가 나타났지만, 두 번째 충전 사이클에서는 0.5V에서 환원 피크가 나타나지 않았다. 이 때 탄소나노섬유와 실리콘/탄소나노섬유 복합소재의 충·방전 과정에서 첫 번째 충전 사이클에서 나타난 환원 피크가 두 번째 충전 사이클에서 없어진 것은 solid electrolyte interface(SEI) 층의 형성에 인한 비가역적 반응 때문이다.

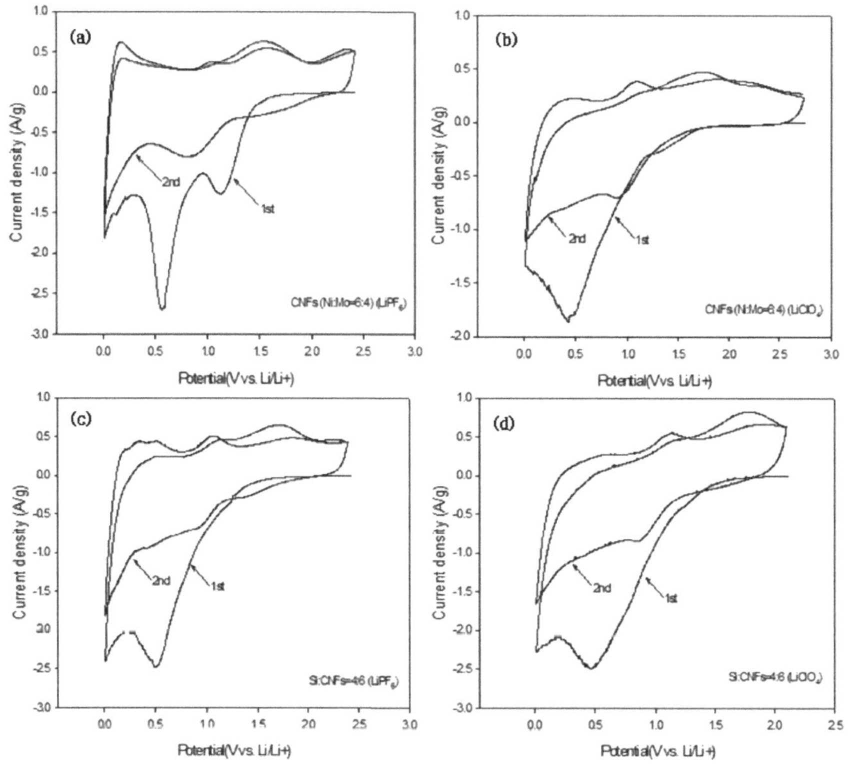

그림 06-32. 결정성이 우수한 탄소나노섬유 및 실리콘/탄소나노섬유 복합소재의 순환전압전류곡선

(a) CNFs(Ni:Mo=6:4)($LiPF_6$), (b) CNFs(Ni:Mo=6:4)($LiClO_4$), (c) Si:CNFs =4:6($LiPF_6$), (d) Si:CNFs=4:6($LiClO_4$)

Ni과 Mo의 농도 비율이 6:4인 촉매로 합성한 탄소나노섬유 및 실리콘과 탄소나노섬유의 비율이 4:6일 때 합성한 실리콘/탄소나노섬유 복합소재를 리튬 이차전지의 음극재로 사용하여 20 사이클 동안의 용량을 그림 06-33에 나타내었다. Ni과 Mo의 농도 비율이 6:4일 때 전해질 $LiPF_6$를 사용한 경우에는, 초기 용량 570mAh/g에서 20 사이클 후 85mAh/g으로 15.05%의 유지 효율을 나타내고, 전해액을 $LiClO_4$를 사용한 경우에는, 초기 용량 263mAh/g에서 20 사이클 후 177mAh/g으로 유지 효율이 67.23%로 나타났다.

실리콘과 탄소나노섬유의 비율이 4:6일 때 전해질 $LiPF_6$를 사용한 경우에는, 초기 용량 1,311mAh/g에서 20 사이클 후 161mAh/g으로 12.59%의 유지 효율을 나타내고, 전해액을 $LiClO_4$를 사용한 경우는, 초기 용량 1,068mAh/g에서 20 사이클 후 242mAh/g으로 유지 효율이 22.71%로 나타난다. 탄소나노섬유와 실리콘/탄소나노섬유 복합소재의 사이클 특성에서 전해질 $LiPF_6$를 사용한 경우 높은 초기 용량을 나타내지만, 사이클이 진행됨에 따라 용량이 급격히 감소하는 경향을 보이는데, 이는 CV에서 보듯이 SEI 층의 형성으로 인한 비가역적 반응에 의한 것이다. 반면, 전해질 $LiClO_4$를 사용한 경우에 초기 용량은 $LiPF_6$를 사용한 경우보다 낮지만 유지 효율이 더욱 우수하게 나타난다.

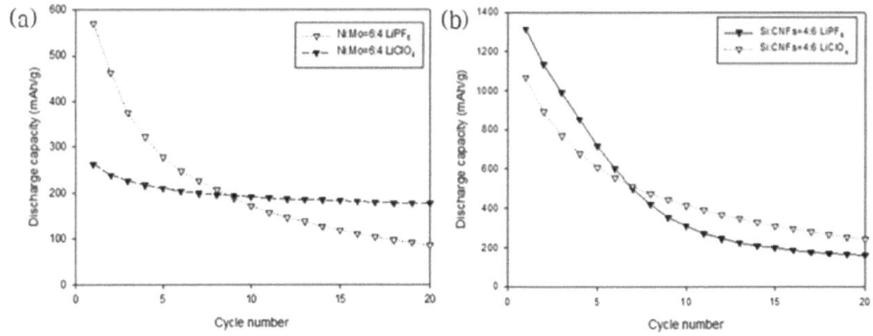

샘플	최대 방전 용량 (mAh/g)	20 사이클 후	
		방전 용량	유지효율(%)
Ni:Mo=6:4 ($LiPF_6$)	570	85	15.05
Ni:Mo=6:4 ($LiClO_4$)	263	177	67.23
Si:CNFs=4:6 ($LiPF_6$)	1,311	161	12.59
Si:CNFs=4:6 ($LiClO_4$)	1,068	242	22.71
유지 효율 (%) = 20 사이클에서 방전 용량/최대 방전 용량 X 100			

그림 06-33. 충·방전 용량 및 유지 효율

(a) 탄소나노섬유(Ni:Mo=6:4)(b) 실리콘/탄소나노섬유 복합소재(Si:CNFs=4:6)

07 탄소나노소재의 종류에 따른 실리콘 복합소재 합성 [81]

(1) 탄소나노소재/실리콘 복합소재의 합성

실리콘에 열분해 탄소를 코팅하는 방법으로 화학 기상 증착법을 이용한다. 그림 113은 실리콘에 열분해 탄소를 코팅하기 위한 CVD 장치의 개략도이다. 먼저 1~5μm 크기의 직경을 가지는 실리콘 분말을 에탄올과 함께 12시간 이상 볼밀한 후, 80℃에서 12시간 이상 건조한다. 이렇게 만들어진 나노 크기의 실리콘을 석영관 보트에 고르게 깔아 CVD 장치 안에 넣은 후, 먼저 안정화를 위해 질소 가스를 흘려주며, 분당 10℃로 900℃까지 약 90분간 승온시킨다. 그 후 900℃를 30분간 유지하며 탄소원인 C_2H_4 가스를 흘려 실리콘에 열분해 탄소를 코팅한다. 이 때 H_2 가스를 기상 반응 촉진 가스로 같이 흘려준다. 그 후 다시 질소 가스만을 흘려주며 상온까지 냉각시킨다. 합성에 사용된 가스의 유량은 Mass Flow Controller(MFC)를 이용하여 조절한다. 이렇게 제조한 열분해 탄소가 코팅된 실리콘과 네 가지의 탄소나노소재를 무게비 1:1로 각각 혼합하고 에탄올을 더해주어 12시간 이상 볼밀하고, 그 후 80℃에서 12시간 이상 건조하여 탄소나노소재/실리콘 복합소재를 제조한다.

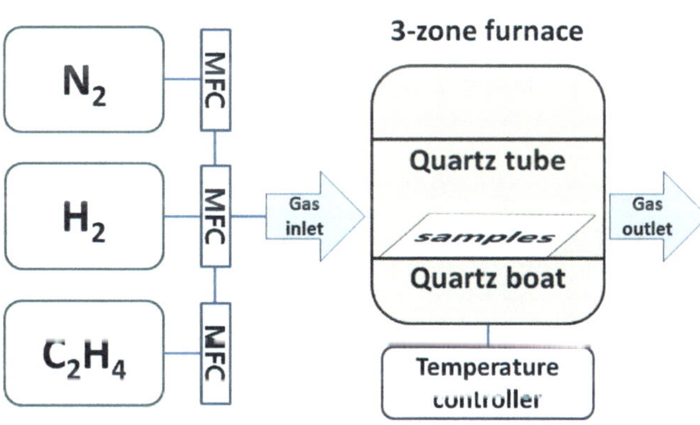

그림 07-1. 실리콘에 열분해 탄소를 코팅하기 위한 CVD 장치의 개략도

(2) 전극의 제조 과정

탄소나노소재와 제조한 탄소-실리콘 복합소재를 리튬 이차전지 음극재용으로서 전기화학적 특성을 조사하기 위해 3전극 전지를 제조한다. 먼저 시료와 바인더 PTFE(Polytetrafluoroethylene)를 각각 무게비 4:1로 혼합하여 IPA(Isopropyl Alcohol)로 점성을 조절하고, 원심 혼합기를 이용하여 혼합한 후 집전체인 니켈 폼에 딥코팅한다. 코팅된 니켈 폼은 상온에서 5분간 대기 건조한 후, 80℃

에서 하루 이상 건조하여 사용한다. 전지는 반쪽 전지로서 아르곤 가스로 채워진 글러브 박스 안에서 조립한다. 작업 전극은 탄소나노소재와 탄소-실리콘 복합소재를 코팅한 니켈 폼을, 상대 및 기준 전극은 리튬 금속을, 분리막은 Glass fiber separator에 전해질을 적시어 사용한다. 전해질로는 1 *M*의 $LiPF_6$와 1 *M*의 $LiClO_4$를 사용하고, $LiPF_6$는 EC:PC:EMC가 1:1:3의 무게비로 혼합된 용액에서, $LiClO_4$는 EC:PC가 1:1의 무게비로 혼합된 용액을 사용한다.

(3) 탄소나노소재의 물리화학적 특성

그림 07-2는 탄소나노소재인 GNF, CNF_P, CNF_H, CNT의 SEM 결과이다. (a)에서는 GNF가 약 260nm의 직경을 가진 곧은 형태를 가진다. (b)에서는 약 40~80nm의 다양한 직경을 가진 CNF를 볼 수 있고, (c)에서는 같은 CNF이지만 (b)에 비해 직경이 약 80nm로 나타나 균일하고 큰 직경을 가진 다른 형태임을 볼 수 있다. (d)에서는 CNT가 약 40nm의 직경으로 나타나 가장 얇은 형태이며 조밀한 형태임을 볼 수 있다.

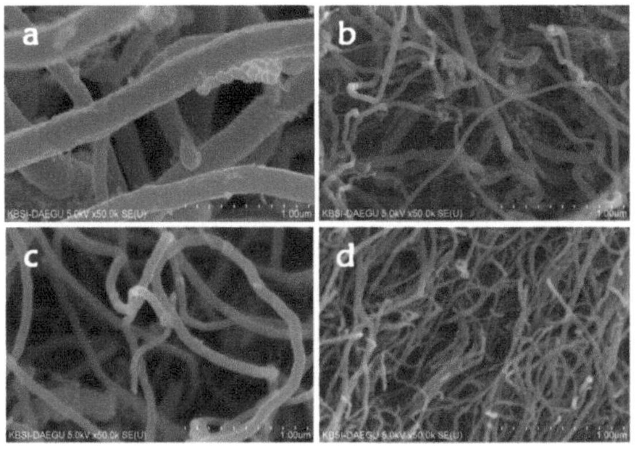

그림 07-2. SEM 이미지. (a) GNF, (b) CNF_P, (c) CNF_H, (d) CNT

그림 07-3과 표 07-1은 탄소나노소재의 결정성을 비교하기 위해 측정한 Raman 스펙트럼의 결과이다. 그림 07-3에서 볼 수 있듯이, 1,340cm^{-1} 부근의 D-밴드는 탄소질의 불순물이나 흑연의 구조적 결함을 나타내는 피크이고, 1,580cm^{-1} 부근의 G-밴드는 흑연화된 탄소의 결정을 나타내는 피크이다. D-밴드와 G-밴드의 높이 비를 계산하여 상대적인 결정성을 평가할 수 있다. D-밴드의 세기/G-밴드의 세기비(D/G 비)를 무정형도라고 하며, 그 값이 증가하면 불순물이나 구조적 결함이 증가하는 것을 의미하고, 이로써 결정화도가 낮음을 알 수 있으며, 그 값이 감소하면 결정성이 높은 것을 의미한다. 표 07-1에서 D/G 비의 값을 비교해보면, (a)가 1.0673, (b)가 1.1715, (c)가 1.2011, (d)가 0.8842의 값으로 나타나 탄소나노소재 중 (d)가 가장 낮은 D/G 비의 값을 보여 가장 결정성이 우수함을 알 수 있다.

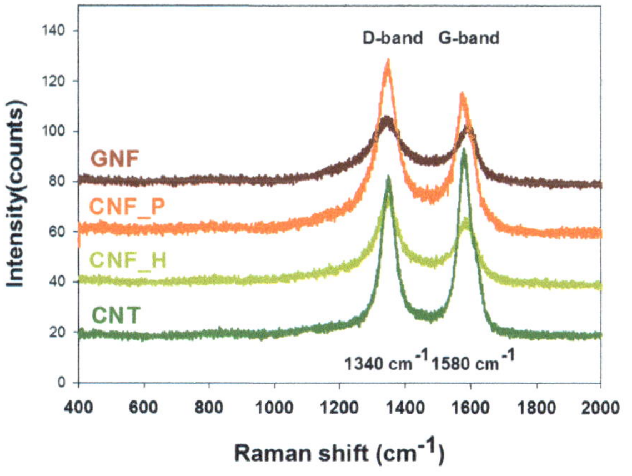

그림 07-3. Raman 분석 GNF, CNF_P, CNF_H, CNT.

표 07-1. Raman spectra의 D/G 비 결과

샘플	D/G 비
(a) GNF	1.0673
(b) CNF_P	1.1715
(c) CNF_H	1.2011
(d) CNT	0.8842

그림 07-4는 탄소나노소재의 결정성을 조사하기 위하여 분석한 XRD 결과로 26° 부근에서 나타나는 흑연의 특성을 보여주는 피크가 모두 잘 나타난다.

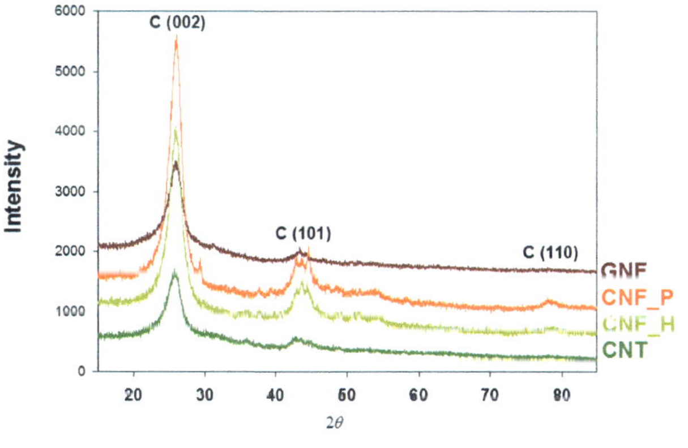

그림 07-4. XRD의 결과 GNF, CNF_P, CNF_H, CNT

그림 07-5는 탄소나노소재의 원소들 사이에서 일어나는 결합 에너지를 조사하기 위하여 측정한 XPS의 결과이며, 이를 토대로 결합 에너지를 분석한 결과를 표 07-2에 나타내었다. 284.20~284.78eV에서 C-C 결합, 285.94~286.61eV에서는 C-O 결합, 287.61~289.67eV에서 C=O 결합, 그리고 287.52~290.62eV에서 COO 결합이 나타났다.

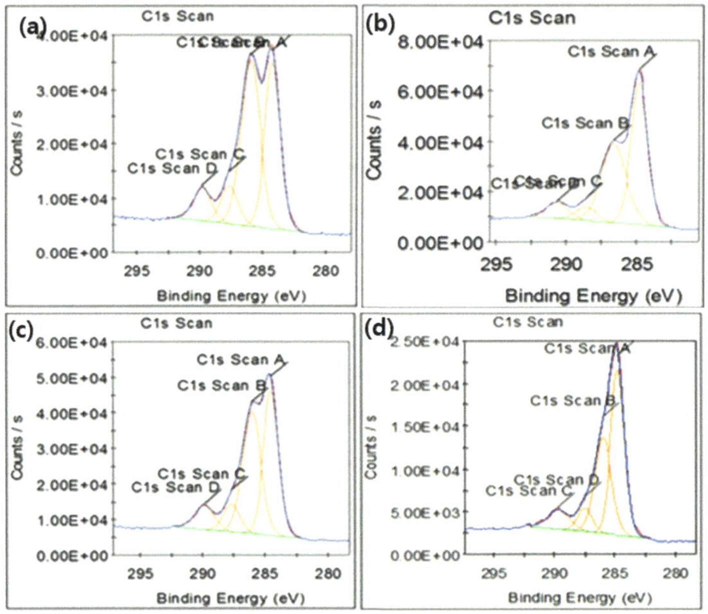

그림 07-5. XPS 결과 (a) GNF, (b) CNF_P, (c) CNF_H, (d) CNT

표 07-2. GNF, CNF_P, CNF_H, CNT의 XPS 결합 에너지

샘플	결합 에너지(eV)	결합
C1s Scan A	284.20 ~ 284.78	C-C 결합
C1s Scan B	285.94 ~ 286.61	C-O 결합
C1s Scan C	287.61 ~ 289.67	C=O 결합
C1s Scan D	287.52 ~ 290.62	COO 결합

표 07-3은 탄소나노소재인 Graphite nanofiber_Antler(GNF), Carbon nanofiber_Platelet(CNF_P), Carbon nanofiber_Herringbone(CNF_H), Carbon nanotube_Multi-wall(CNT)의 비표면적과 기공의 부피 및 크기를 조사하여 정리한 결과이다. 표 07-3에서 볼 수 있듯이, 네 가지 탄소나노소재의 비표면적이 120~225 m^2/g으로 나타났다.

표 07-3. GNF, CNF_P, CNF_H, CNT의 BET 결과

샘플	비표면적(m^2/g)
GNF	225
CNF_P	130
CNF_H	120
CNT	198

(4) 탄소나노소재의 전기화학적 특성

다음은 전기화학적 특성 중 전지의 가역성을 알아보기 위한 실험으로 0.01~2V(vs. Li/Li+)의 전압 범위 사이에서 100mA/g의 전류를 인가하여 측정하였다.

그림 07-6은 전해질로 $LiClO_4$를 사용하여 측정한 결과이고, 그림 07-7은 전해질로 $LiPF_6$를 사용하여 측정한 결과이다. 상대적으로 더 가역성을 보이는 것은 전해질을 $LiClO_4$로 사용한 그림 118의(a)와 (d)이다. 그림 07-6의 (a)에서 첫 번째 충전 과정 중 나타난 환원 피크의 위치는 1V이고, 방전 과정 중 나타난 산화 피크의 위치는 1.1V이다. 그림 07-6의 (a)에서 두 번째 충전 과정 중 나타난 환원 피크의 위치는 0.6V이고, 방전 과정 중 나타나는 산화 피크의 위치는 0.5V이다. 또한 그림 118의 (d)에서 첫 번째 충전 과정 중 나타난 환원 피크의 위치는 1.1V와 0.5V이고, 방전 과정 중 나타난 산화 피크의 위치는 0.2V와 1.1V이다. 그림 07-6의 (d)에서 두 번째 충전 과정 중 나타난 환원 피크의 위치는 0.8V이고, 방전 과정 중 나타난 산화 피크의 위치는 0.2V와 1.1V이다. 탄소나노소재의 전기화학적 특성 중 가역성을 알아보기 위하여 측정한 순환전압전류곡선의 결과, $LiClO_4$의 전해질을 사용한 결과인 그림 07-6의 (a)와 (d)가 상대적으로 더 가역적임을 알 수 있어, 탄소나노소재는 전해질로 $LiClO_4$를 사용하는 것이 $LiPF_6$를 사용하는 것보다 더 좋은 가역성을 가지는 것으로 볼 수 있다.

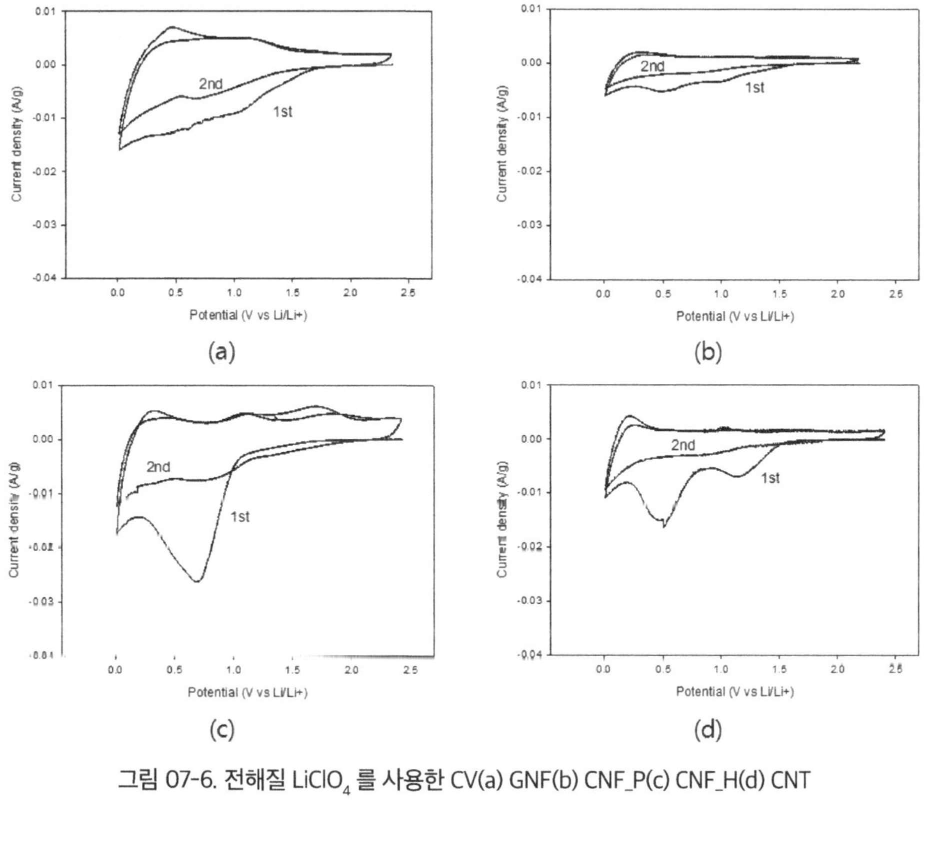

그림 07-6. 전해질 $LiClO_4$ 를 사용한 CV(a) GNF(b) CNF_P(c) CNF_H(d) CNT

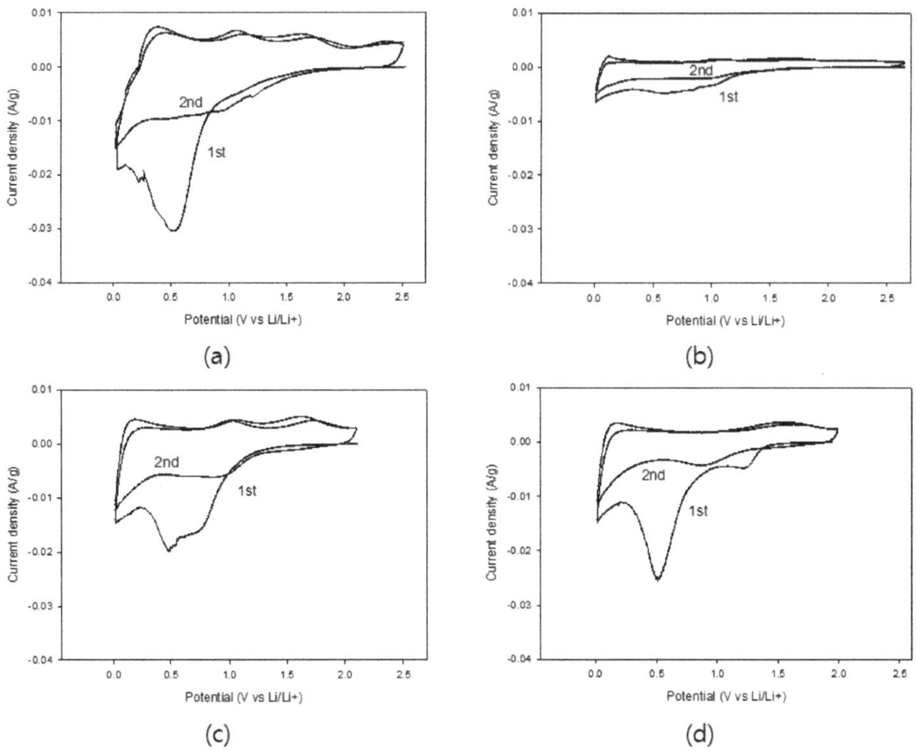

그림 07-7. 전해질 $LiPF_6$를 사용한 CV(a) GNF(b) CNF_P(c) CNF_H(d) CNT

그림 07-8 및 그림 07-9는 탄소나노소재의 전기화학적 특성을 알아보기 위해 충·방전 용량을 조사한 그래프이다. 0.01~2V(vs. Li/Li+)의 전압 범위 사이에서 100mA/g의 전류를 인가하였으며, 충·방전 용량은 30 사이클로 측정하였다. 그림 120은 전해질로 $LiClO_4$를 사용하고, 그림 07-9는 전해질 $LiPF_6$를 사용하여 나타낸 결과를 정리하여 각각 표 07-4와 표 07-5에 나타내었다. 방전 용량 유지율의 계산 방법은 30 사이클 후의 방전 용량/초기 방전 용량×100으로 계산한다.

전해질로 $LiClO_4$를 사용한 표 07-4에서는 (d)가 초기 방전 용량이 1,935mAh/g으로 나타나 가장 높은 값을 보이며, 30 사이클 후에는 290mAh/g의 방전 용량으로 나타나 방전 용량 유지율이 15.0%로 나타났다. 전해질로 $LiClO_4$를 사용한 표 07-4에서 방전 용량 유지율이 가장 높게 나타난 것은 (b)로 868mAh/g의 초기 방전 용량과 30 사이클 후에는 224mAh/g의 방전 용량을 나타내어 25.8%의 값을 보인다. 전해질로 $LiPF_6$를 사용한 표 20에서는 (d)가 초기 방전 용량이 1,643mAh/g으로 나타나 가장 높은 값을 보이며, 30 사이클 후에는 74mAh/g으로 나타나 방전 용량 유지율이 4.50%로 나타난다. 전해질로 $LiPF_6$를 사용한 표 20에서 방전 용량 유지율이 가장 높게 나타난 것은 (b)로 1,065mAh/g의 초기 방전 용량과 30 사이클 후에는 66mAh/g을 나타내어 6.20%의 값을 보인다.

표 07-4와 표 07-5에서 볼 수 있듯이, 탄소나노소재에서는 전해질인 $LiClO_4$와 $LiPF_6$를 사용할 때, 모두 (d)가 가장 높은 초기 방전 용량을 보이며, 두 전해질 사용 시 방전 용량 유지율은 모두 (b)가 가장 높은 값을 보였다. 모든 탄소나노소재는 전해질로 $LiClO_4$를 사용하였을 때 더 높은 방전

용량 유지율을 나타내었다.

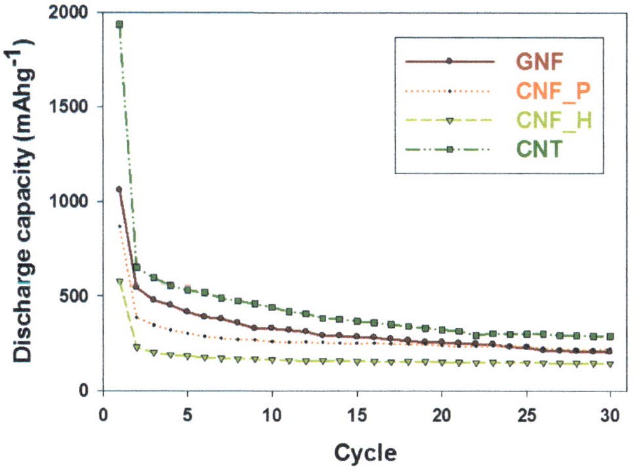

그림 07-8. GNF, CNF_P, CNF_H, CNT의 30 사이클 동안 충·방전 용량($LiClO_4$)

표 07-4. 충·방전 용량 및 유지 효율

샘플 (전해질: $LiClO_4$)	방전 용량(mAh/g)		유지 효율(%)
	초기 용량	30 사이클 후	
(a) GNF	1,059	207	19.5
(b) CNF_P	868	224	25.8
(c) CNF_H	578	146	25.2
(d) CNT	1,935	290	15.0

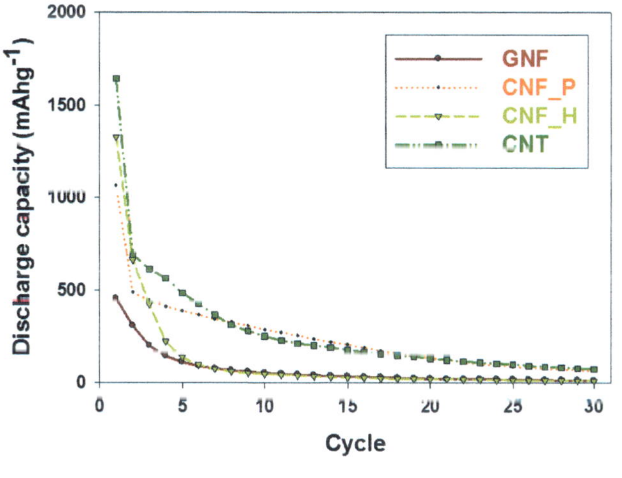

그림 07-9. GNF, CNF_P, CNF_H, CNT의 30 사이클 동안 충·방전 용량($LiPF_6$)

표 07-5. 충·방전 용량 및 유지 효율

샘플 (전해질: $LiPF_6$)	방전 용량(mAh/g)		유지 효율(%)
	초기 용량	30 사이클 후	
(a) GNF	455	16	2.86
(b) CNF_P	1,065	66	6.20
(c) CNF_H	1,327	12	0.90
(d) CNT	1,643	74	4.50

(5) 탄소-실리콘 복합소재의 물리화학적 특성

그림 07-10은 제조한 탄소-실리콘 복합소재인 Si-GNF, Si-CNF_P, Si-CNF_H, Si-CNT의 SEM 이미지이다. 탄소나노소재의 SEM 이미지와 비교하면, 네 가지 탄소-실리콘 복합소재의 SEM 결과에서 실리콘의 형태를 모두 잘 관찰할 수 있으며, 1~5μm 크기의 직경인 실리콘 분말을 볼밀하면 1μm 이하의 직경으로 줄어드는 것을 볼 수 있다. 그림 122에서 탄소나노소재의 직경은 (a)에서 약 200nm의 직경을 가진 형태임을 볼 수 있고 (b), (c), (d)에서는 탄소나노소재의 SEM 결과와 비슷한 결과인 약 40~80nm의 범위의 직경을 가지는 것으로 나타난다.

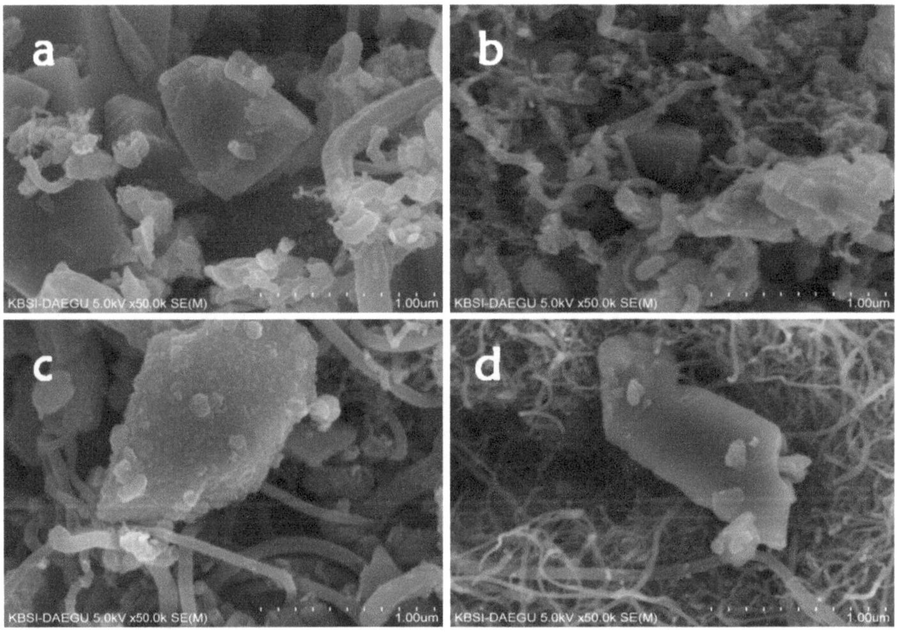

그림 07-10. SEM 이미지. (a) Si-GNF, (b) Si-CNF_P, (c) Si-CNF_H, (d) Si-CNT

그림 07-11은 제조한 탄소-실리콘 복합소재의 탄소와 실리콘의 결정성을 조사하기 위해 측정한 Raman 분광법 결과이다. 그림 07-11에서는 탄소나노소재의 Raman 분광법 결과에서 나타나지 않

았던 실리콘 특성이 나타나는 피크가 510cm-1 부근과 930cm-1 부근에서 나타난다. 이 실리콘 특성을 보이는 피크는 탄소 피크보다 더 좁고 높은 세기를 나타내어 실리콘이 탄소보다 더 좋은 결정성을 가지고 있음을 알 수 있다.

표 07-6은 탄소-실리콘 복합소재의 Raman 분광법 결과를 토대로 D/G 비의 계산 값을 정리한 것이다. 표 07-6에서 D/G 비의 값을 비교해보면, (a)가 1.0238, (b)가 1.3413, (c)가 1.1911, (d)가 1.0670의 값으로 나타나 탄소-실리콘 복합소재 중 (a)가 가장 낮은 D/G 비의 값을 나타내어 가장 결정성이 우수함을 알 수 있다. 탄소나노소재의 Raman 분광법 결과와 비교하면 탄소나노소재 중 CNT가 결정성이 가장 우수한 것으로 나타난다.

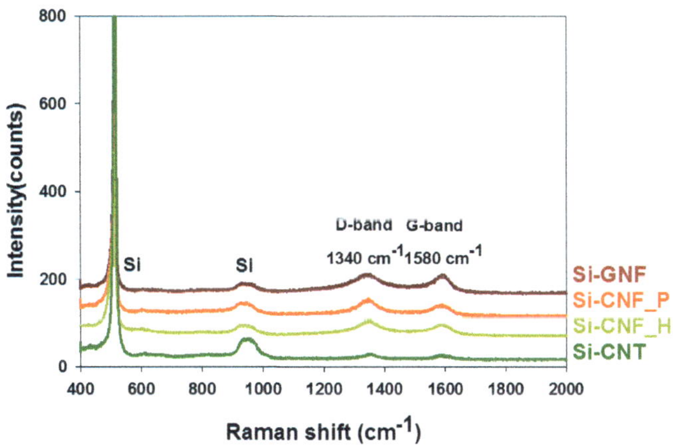

그림 07-11. Si-GNF, Si-CNF_P, Si-CNF_H, Si-CNT의 라만 스펙트럼

표 07-6. Raman 분석 결과

샘플	D/G 비
(a) Si-GNF	1.0238
(b) Si-CNF_P	1.3413
(c) Si-CNF_H	1.1911
(d) Si-CNT	1.0670

그림 07-12는 제조한 탄소-실리콘 복합소재의 결정성을 조사하기 위하여 분석한 XRD 결과이다. 그림 07-12에서 볼 수 있듯이, 26° 부근의 흑연 특성 피크가 네 시료 모두에서 잘 나타났고, 실리콘 특성을 나타내는 피크도 좁고 높은 세기로 모두 잘 나타났다. 여기에서 탄소 특성 피크보다 실리콘 특성 피크가 더 좁고 높은 세기를 나타내어 더 좋은 결정성을 가지고 있음을 알 수 있다. 이는 결정성을 조사하기 위해 측정한 Raman 분광법의 결과와도 일치한다.

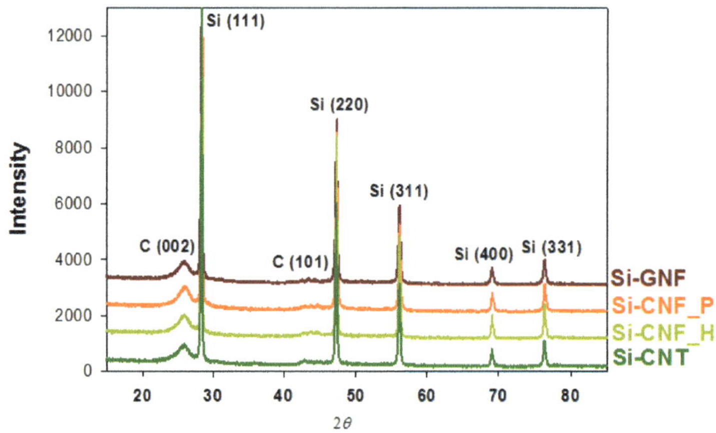

그림 07-12. Si-GNF, Si-CNF_P, Si-CNF_H, Si-CNT의 XRD 분석

그림 07-13과 그림 07-14는 제조한 탄소-실리콘 복합소재 내의 원소들 간의 결합 에너지를 조사하기 위해 측정한 XPS 결과이다. 그림 07-13과 그림 07-14의 결과를 토대로 결합 에너지의 범위와 결합을 각각 표 07-7과 표 07-8에 나타내었다. 먼저 표 07-7에서 탄소의 결합 에너지를 보면 284.66~284.94eV에서 C-C 결합이, 285.37~286.29eV에서 C-O 결합이, 286.83~288.09eV에서 C=O 결합이, 290.26~290.61eV에서 COO 결합이 나타난다. 표 07-8에서 실리콘의 결합 에너지는 100.26~100.61eV에서 Si-C 결합이, 104.07~104.75eV에서 SiO_2 결합이 나타난다. 여기에서 Si-C 결합이 나타난 것은 실리콘에 열분해 탄소를 코팅하는 과정에서 생긴 결합이다.

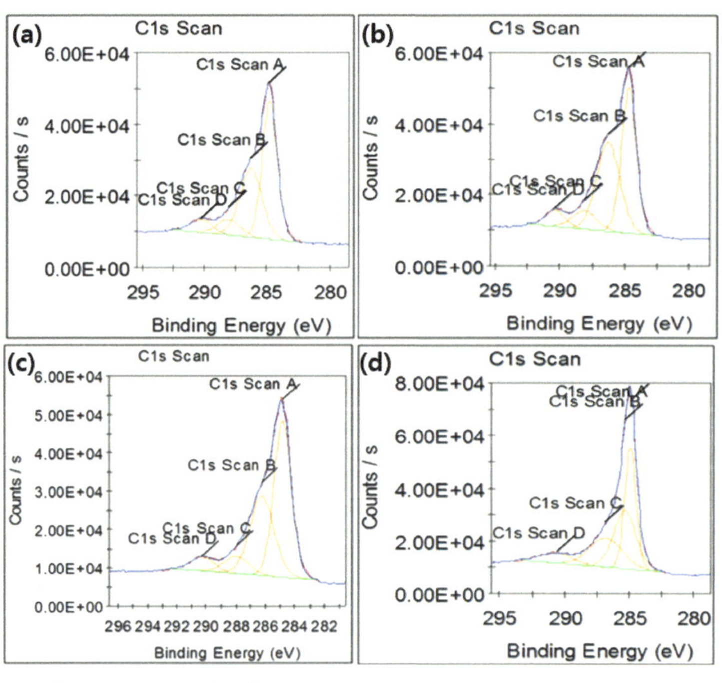

그림 07-13. XPS 스펙트럼(a) Si-GNF, (b) Si-CNF_P, (c) Si-CNF_H, (d) Si-CNT

표 07-7. Si-GNF, Si-CNF_P, Si-CNF_H, Si-CNT의 XPS 분석 결과.

	결합 에너지(eV) 범위	분석
C1s Scan A	284.66 ~ 284.94	C-C 결합
C1s Scan B	285.37 ~ 286.29	C-O 결합
C1s Scan C	286.83 ~ 288.09	C=O 결합
C1s Scan D	290.26 ~ 290.61	COO 결합

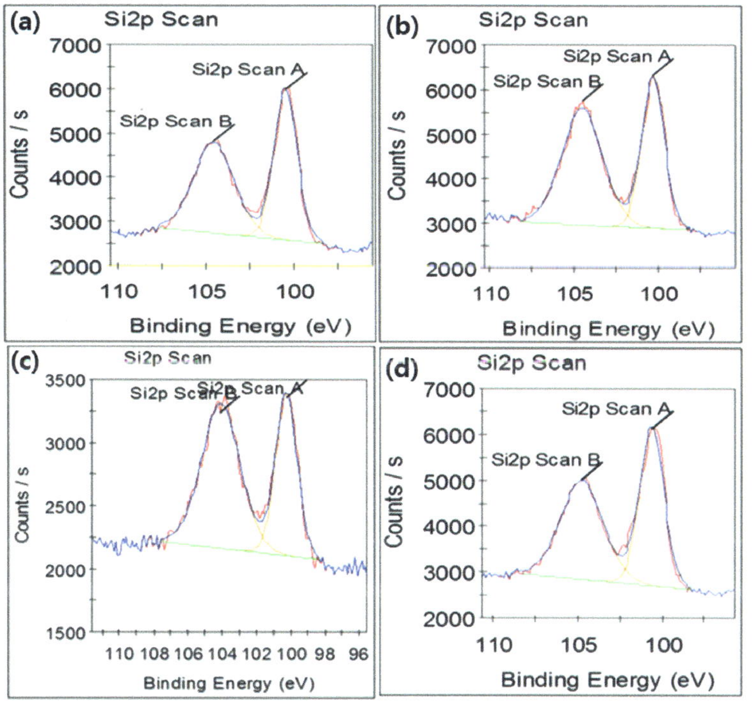

그림 07-14. XPS 스펙트럼(a) Si-GNF, (b) Si-CNF_P, (c) Si-CNF_H, (d) Si-CNT

표 07-8. Si-GNF, Si-CNF_P, Si-CNF_H, Si-CNT의 XPS 분석 결과

	결합 에너지(cV)	분석
Si2P Scan A	100.26 ~ 100.61	Si-C 결합
Si2P Scan B	104.07 ~ 104.75	SiO_2 결합

표 07-9는 제조한 탄소-실리콘 복합소재의 비표면적을 나타내며, 네 가지 탄소-실리콘 복합소재의 비표면적이 59~93 m^2/g 범위로 나타났다. 여기서 탄소-실리콘 복합소재의 비표면적 값은 탄소나노소재의 비표면적 값보다 낮게 나타난다.

표 07-9. BET 결과

샘플	비표면적(m^2/g)
(a) Si-GNF	71
(b) Si-CNF_P	70
(c) Si-CNF_H	59
(d) Si-CNT	93

(6) 탄소-실리콘 복합소재의 전기화학적 특성

그림 07-15와 그림 07-16은 제조한 탄소-실리콘 복합소재의 전기화학적 특성 중 전지의 가역성을 조사한 결과이다. 탄소나노소재와 동일하게 0.01~2V(vs. Li/Li+)의 전압 범위 사이에서 100mA/g의 전류를 인가하여 측정하였다.

그림 07-15는 전해질로 $LiClO_4$를 사용한 결과이고, 그림 07-16은 전해질로 $LiPF_6$를 사용한 결과이다. 상대적으로 더 가역성을 보이는 것은 전해질 $LiClO_4$를 사용한 그림 07-15의 (b)와 (c)이다. (b)에서 첫 번째 충전 과정 중 나타난 환원 피크의 위치는 1.1V와 0.5V이며, 방전 과정 중 나타난 산화 피크의 위치는 0.5V와 1V이다. (b)의 두 번째 충전 과정 중 나타난 환원 피크의 위치는 0.8V이며, 방전 과정 중 나타나는 산화 피크의 위치는 0.5V와 1V이다. (c)에서 첫 번째 충전 과정 중 나타난 환원 피크의 위치는 1.3V와 0.5V이며, 방전 과정 중 나타난 산화 피크의 위치는 0.5V와 1.1V이다. (c)의 두 번째 충전 과정 중 나타난 환원 피크의 위치는 0.8V이며, 방전 과정 중 나타난 산화 피크의 위치는 0.5V와 1.1V이다. 탄소-실리콘 복합소재에 대한 순환전압전류곡선의 결과, 탄소나노소재와 마찬가지로 탄소-실리콘 복합소재 역시 전해질로 $LiClO_4$를 사용하는 것이 더 좋은 가역성을 가지는 것으로 나타났다.

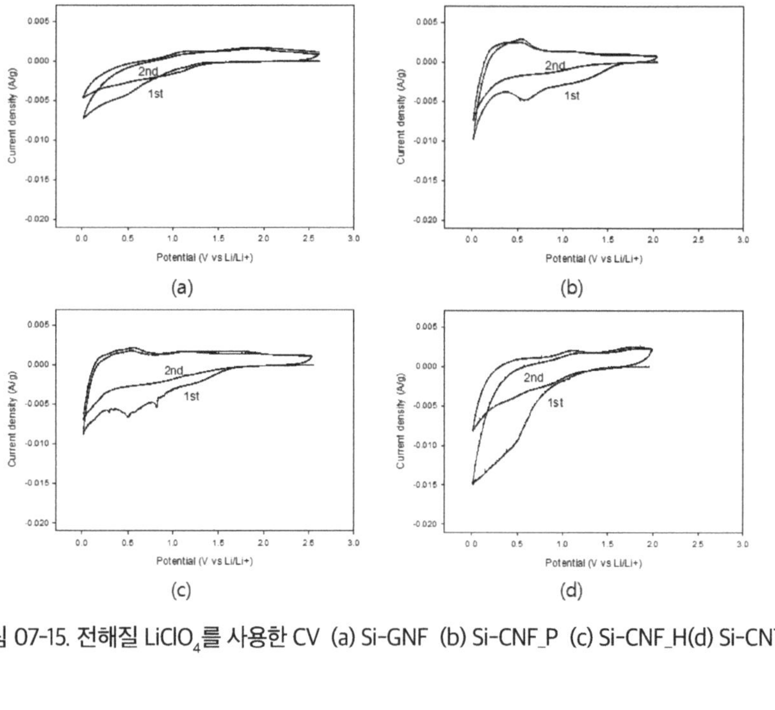

그림 07-15. 전해질 $LiClO_4$를 사용한 CV (a) Si-GNF (b) Si-CNF_P (c) Si-CNF_H(d) Si-CNT

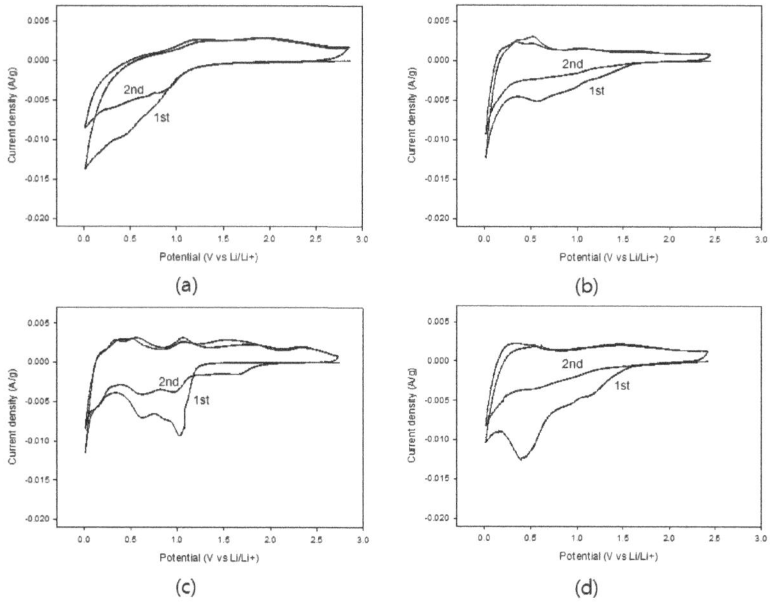

그림 07-16. 전해질 $LiPF_6$를 사용한 CV (a) Si-GNF (b) Si-CNF_P (c) Si-CNF_H (d) Si-CNT

제조한 탄소-실리콘 복합소재의 전기화학적 특성을 알아보기 위해 사이클 실험을 통하여 충·방전 용량을 조사하였다. 실험은 탄소나노소재와 동일하게 0.01~2V(vs. Li/Li+)의 전압 범위 사이에서 100mA/g의 전류를 인가하여 30 사이클 동안 충·방전 실험을 하였다. 그림 07-17은 전해질 $LiClO_4$를 사용한 결과이며, 그림 07-18은 전해질 $LiPF_6$를 사용한 결과이고, 그 결과를 각각 표 07-10과 표 07-11에 나타내었다. 방전 용량 유지율의 계산 방법은 30 사이클 후의 방전 용량/초기 방전 용량×100으로 계산한다.

전해질로 $LiClO_4$를 사용한 결과를 정리한 표 07-10에서, (b)가 초기 방전 용량이 1,788mAh/g으로 나타나 가장 높은 값을 보였고, 30 사이클 후에는 38mAh/g의 방전 용량으로 나타나 방전 용량 유지율이 2.13%로 나타났다. 전해질로 $LiClO_4$를 사용한 표 07-10에서 방전 용량 유지율이 가장 높게 나타난 것은 (a)로 1,388mAh/g의 초기 방전 용량과 30 사이클 후에는 73mAh/g의 방전 용량을 나타내어 5.26%의 값을 보였다. 같은 전해질인 $LiClO_4$를 사용한 탄소나노소재와 비교하면, 탄소-실리콘 복합소재가 대부분 높은 초기 방전 용량을 가지는 것으로 나타났으나, 방전 용량 유지율을 비교하면 탄소나노소재에 비해 전체적으로 매우 낮은 값의 방전 용량 유지율을 가지는 것으로 나타났다.

전해질 $LiPF_6$를 사용한 결과에서 표 07-11 (c)가 초기 방전 용량이 2,540mAh/g으로 나타나 가장 높고, 30 사이클 후에는 42mAh/g의 방전 용량으로 나타나 방전 용량 유지율이 1.65%로 나타난다. 방전 용량 유지율이 가장 높게 나타난 것은 (a)로 981mAh/g의 초기 방전 용량과 30 사이클 후에는 69mAh/g의 방전 용량을 나타내어 7.03%의 값을 보인다. 같은 전해질인 $LiPF_6$를 사용한 탄소나노소재와 비교하면, 탄소-실리콘 복합소재가 대부분 높은 초기 방전 용량을 가지며, 탄소나노소재의 방전 용량 유지율을 보여준 값들과 비교하면 전체적으로 방전 용량 유지율도 증가한 것으로 나타났다. 표 07-10과 표 07-11의 탄소-실리콘 복합소재에서는 $LiPF_6$를 사용한 Si-CNF_H가 초기 방전 용량이 가장 높게 나타났으며, 방전 용량 유지율은 $LiPF_6$를 사용한 Si-GNF가 가장 높은 것으로 나타났다. 탄소나노소재와 탄소-실리콘 복합소재의 사이클 결과를 비교하면, 탄소-실리콘 복합소재가 전해질인 $LiClO_4$와 $LiPF_6$를 사용하였을 때, 모두 탄소나노소재의 결과에 비해 초기 방전 용량이 대부분 증가한다.

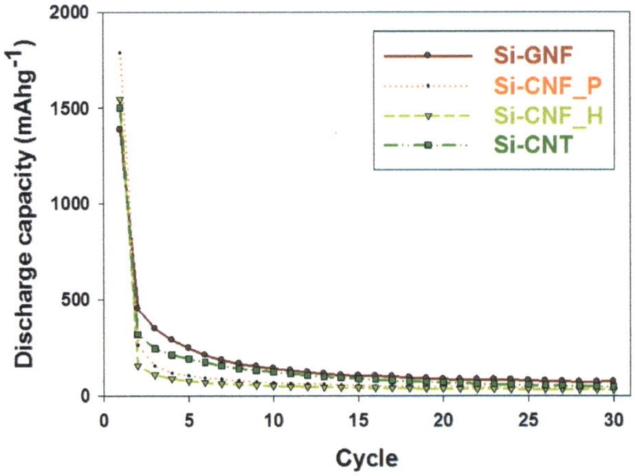

그림 07-17. Si-GNF, Si-CNF_P, Si-CNF_H, Si-CNT의 30 사이클 동안 충·방전 용량($LiClO_4$)

표 07-10. 충·방전 용량 및 유지 효율

샘플 (전해질: $LiClO_4$)	방전 용량(mAh/g)		유지 효율(%)
	초기 용량	30 사이클 후	
(a) Si-GNF	1,388	73	5.26
(b) Si-CNF_P	1,788	38	2.13
(c) Si-CNF_H	1,547	31	2.00
(d) Si-CNT	1,501	46	3.06

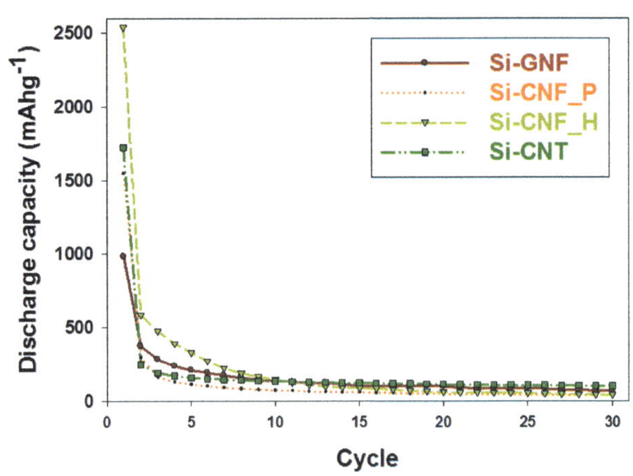

그림 07-18. Si-GNF, Si-CNF_P, Si-CNF_H, Si-CNT의 30 사이클 동안 충·방전 용량(전해질: $LiPF_6$)

표 07-11. 충·방전 용량 및 유지 효율

샘플 (전해질: $LiPF_6$)	방전 용량(mAh/g)		유지 효율(%)
	초기 용량	30 사이클 후	
(a) Si-GNF	981	69	7.03
(b) Si-CNF_P	1,549	38	2.45
(c) Si-CNF_H	2,540	42	1.65
(d) Si-CNT	1,722	102	5.92

08 메조포러스 실리카/탄소나노섬유 복합소재의 합성 및 특성 [82]

(1) 니켈 폼 상에 촉매 및 메조포러스 실리카의 증착

탄소나노섬유 합성에 사용되는 Fe-Cu 금속원으로 $Fe(NO_3)_3 \cdot 9H_2O$와 $Cu(NO_3)_2 \cdot 3H_2O$를 공침법을 사용하여 촉매를 합성한다. 탄소나노섬유와 복합하고자 하는 실리콘계 물질로 메조포러스 실리카는 sol-gel 방법으로 합성한다. 증류수와 에탄올이 일정 비율로 혼합된 용액에 계면활성제인 cetyltrimethylammonium chloride(CTACl)와 메조포러스 실리카 물질의 전구체인 tetraethylorthosilicate(TEOS)를 첨가하여 메조포러스 실리카를 합성한다. 그림 131과 같이 집전체인 니켈 폼을 Fe-Cu 촉매 용액 또는 Fe-Cu 촉매와 메조포러스 실리카가 혼합된 용액에 담그어 도포한 후, 80℃에서 12시간 동안 건조시켜 바인더 없이 증착시킨다.

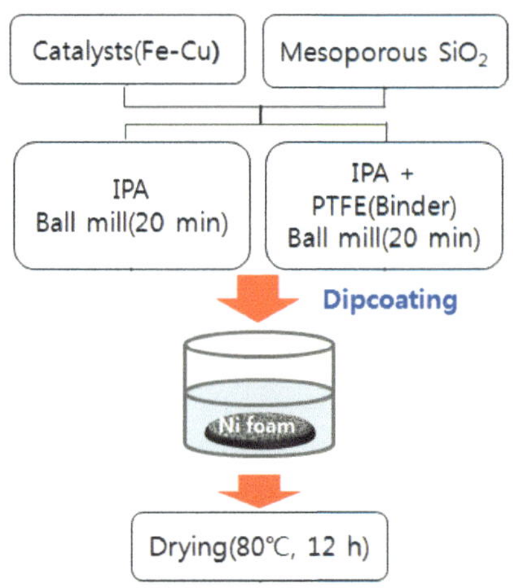

그림 08-1. 니켈 폼에 촉매와 메조포러스 실리카의 증착 과정

(2) 메조포러스 실리카/탄소나노섬유 복합소재 합성

탄소나노섬유와 메조포러스 실리카/탄소나노섬유 복합소재의 합성은 화학 기상 증착법으로 수행한다. 탄소나노섬유의 합성에 필요한 탄소 소스는 C_2H_4/N_2 (20/80 vol%) 가스, 기상 반응 촉진 가스는 H_2/N_2(20/80 vol%), 그리고 캐리어 가스는 N_2(99%)를 사용한다. 반응로에 각각 Fe-Cu 촉매 또는 Fe-Cu/mesoporous SiO_2가 도포된 니켈 폼을 넣은 후, 질소 분위기를 유지하며 10℃/min로

온도를 올려준다. 600℃에 도달하면 30분간 그 온도를 유지하며 질소와 수소 가스를 같이 흘려준 뒤, 10분 동안 수소 가스와 에틸렌 가스를 흘려준다. 반응이 끝난 후 질소 가스를 흘려주어 상온까지 냉각시켜 탄소나노섬유와 메조포러스 실리카/탄소나노섬유 복합소재를 합성한다.

(3) 리튬 이차전지 음극재의 제조

탄소나노섬유 및 메조포러스 실리카/탄소나노섬유 복합소재를 리튬 이차전지의 음극 활물질로 적용하여 3전극 전지를 조립한다. 전기화학적 특성을 수행하기 위한 전지는 반쪽 전지로 만들고 작업 전극으로는 제조된 활물질, 상대 및 기준 전극으로는 리튬 금속, 분리막으로는 전해질로 적신 유리 섬유를 사용한다. 이 때 전해질은 EC:PC가 각각 1:1 비율로 혼합된 용액에 1M $LiPF_6$를 용해하여 사용한다.

(4) 물리화학적 특징

물리화학적 및 전기화학적 특성을 알아보기 위해 바인더 사용 유무에 따라 실험하였다. 바인더를 사용한 것은 B(Binder)로 나타내고, 바인더를 사용하지 않은 것은 BF(Binder Free)로 지칭한다. 먼저 바인더를 사용하여 니켈 폼에 결합된 탄소나노섬유의 전체적인 형태와 메조포러스 실리카 결합 상태를 알아보기 위해 SEM 분석을 한 결과, 니켈 폼 위에 탄소나노섬유와 메조포러스 실리카가 잘 코팅되어 있음을 알 수 있다(그림 08-2).

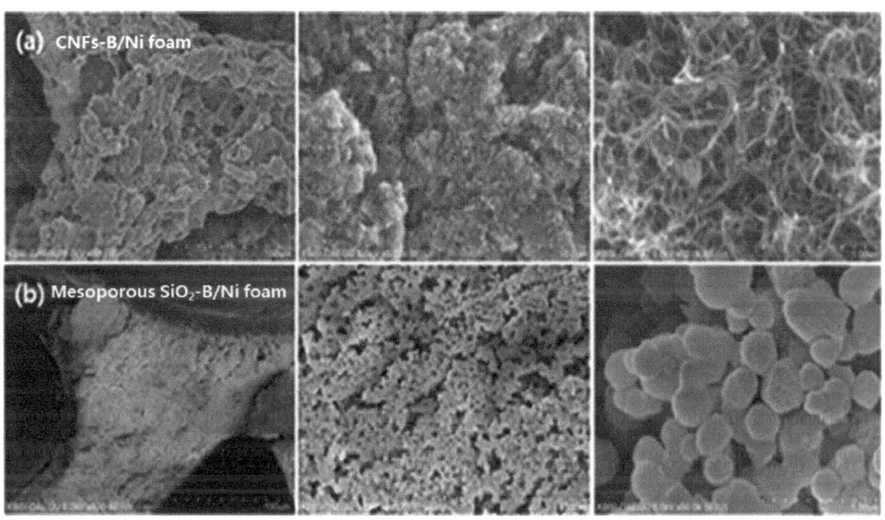

그림 08-2. 탄소나노섬유 및 메조포러스 실리카의 SEM 이미지

다음 그림 08-3은 Fe-Cu, Fe-Cu/mesoporous SiO_2 및 mesoporous SiO_2가 도포된 니켈 폼에 화학 기상 증착법을 사용하여 합성한 탄소나노섬유와 메조포러스 실리카/탄소나노섬유 복합소재를 측정한 SEM 이미지이다. SEM 이미지에서, Fe-Cu, Fe-Cu/ mesoporous SiO_2 및 Mesoporous SiO_2가 도포된 니켈 폼 상에 탄소나노섬유와 메조포러스 실리카/탄소나노섬유 복합소재가 성장되었음을 알 수 있으며, 성장된 탄소나노섬유의 평균 직경은 25~100nm로 나타났다.

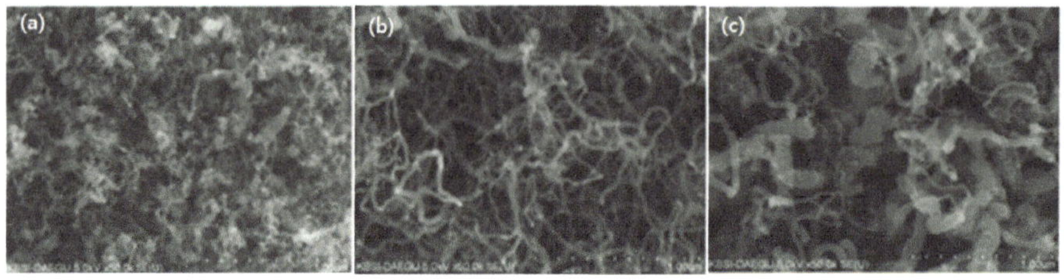

그림 08-3. 니켈 폼 상에 합성된 탄소나노섬유와 메조포러스 실리카/탄소나노섬유 복합소재의 SEM 이미지

(a) CNFs-BF/Fe-Cu/Ni foam (b) CNFs-BF/Fe-Cu/mesoporous SiO_2/Ni foam (c) CNFs-BF/mesoporous SiO_2/Ni foam

그림 08-4에는 합성한 메조포러스 실리카 물질의 기공 발달과 합성된 탄소나노섬유 및 메조포러스 실리카/탄소나노섬유 복합소재의 구조를 알아보기 위해 TEM 분석 결과를 나타내었다. 그림 08-4(a)에서 보이는 것과 같이, 모두 균일한 기공을 갖는 메조포러스 실리카가 합성된다. (b)는 탄소나노섬유에서 다양한 직경의 홀을 가진 튜브형 구조를 보여주고 있으며, (c)는 메조포러스 실리카/탄소나노섬유 복합소재로 탄소나노섬유가 메조포러스 실리카에 감싸져 있는 모양을 볼 수 있다. (d)는 실리콘과 산소를 분석하여 elemental mapping을 나타낸 것으로, 전체에서 메조포러스 실리카의 분포를 볼 수 있다.

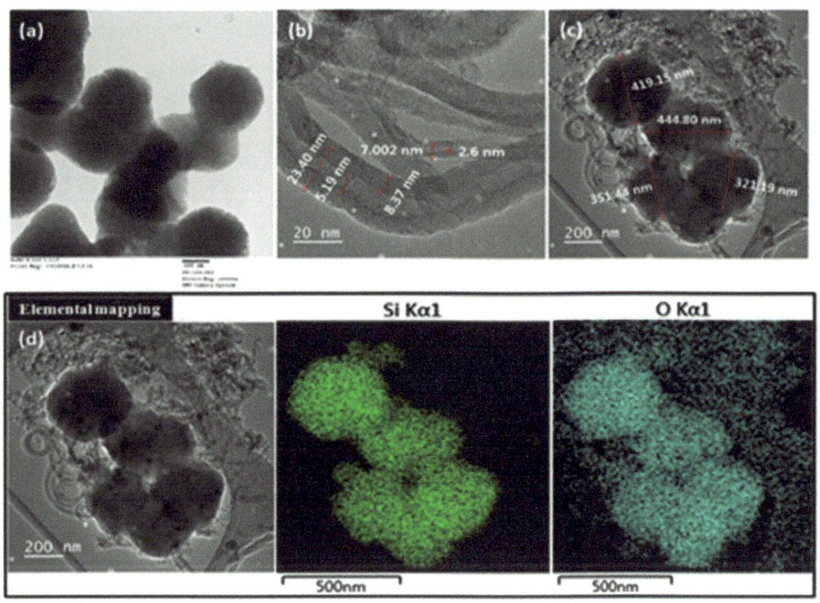

그림 08-4. 탄소나노섬유 및 메조포러스 실리카/탄소나노섬유 복합소재의 TEM 이미지

(a) mesoporous SiO_2, (b) CNFs-BF/Fe-Cu/Ni foam, (C) CNFs-BF/mesoporous SiO_2/Ni foam, (d) CNFs-BF/mesoporous SiO_2/ Ni foam의 elemental mapping

그림 08-5는 합성한 메조포러스 실리카, 탄소나노섬유 및 메조포러스 실리카/탄소나노섬유 복합소재의 결정 구조를 분석한 XRD 결과이다. 그림 08-5(a)는 합성된 메조포러스 실리카의 XRD 패턴으로, 이 XRD 패턴에서 Si(211), Si(220)면의 결정성 피크를 확인함으로써 합성된 물질이 육방

구조를 갖고 있는 메조포러스 실리카임을 알 수 있다. (b)~(d)는 합성된 탄소나노섬유 및 메조포러스 실리카/탄소나노섬유 복합소재의 XRD 패턴으로 모두 C(002), C(331)면의 결정성 피크로 탄소 피크와 Cu(111), Cu(200)면의 결정성 피크인 구리 피크가 나타난다. 특히, 메조포러스 실리카/탄소나노섬유 복합소재에는 Si(200)면의 결정성 피크인 실리콘의 특성 피크도 나타난다.

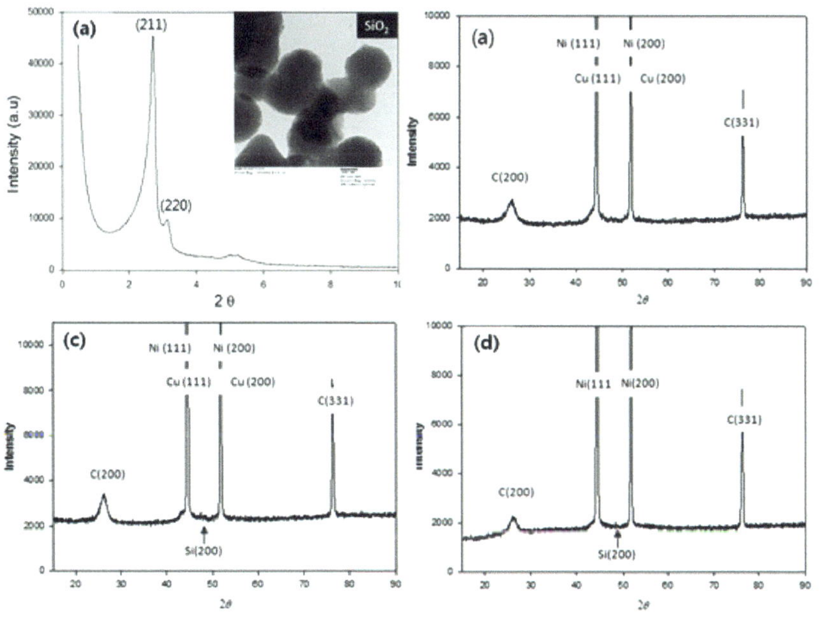

그림 08-5. 탄소나노섬유 및 메조포러스 실리카/탄소나노섬유 복합소재의 XRD 분석

(a) Mesoporous SiO_2 (b) CNFs-BF/Fe-Cu/Ni foam (c) CNFs-BF/mesoporous SiO_2/Fe-Cu/Nifoam, (d) CNFs-BF/mesoporous SiO_2/Ni foam

그림 08-6은 합성한 탄소나노섬유 및 메조포러스 실리카/탄소나노섬유 복합소재에서 탄소와 실리콘의 결합 에너지를 조사한 XPS 스펙트럼을 나타내었다. (a)~(c)에서 C1s(284~285eV)는 탄소나노섬유의 sp^2와 sp^3 결합을 나타내고, (c)에서는 Si2p(105eV) 및 O1s(534eV)가 SiO_2 결합을 나타내서 탄소나노섬유와 메조포러스 실리카의 복합소재임을 알 수 있다.

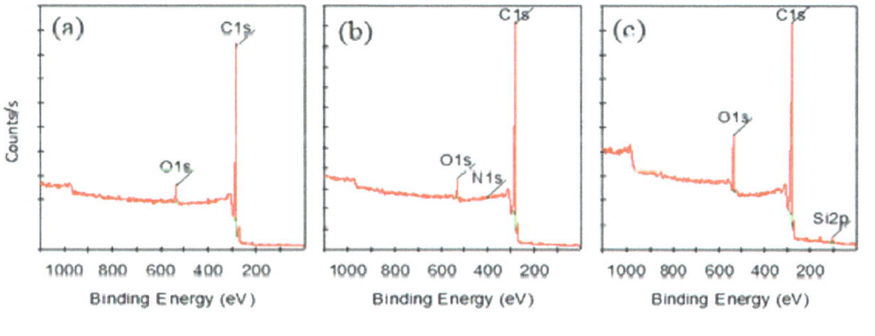

그림 08-6. 탄소나노섬유와 메조포러스 실리카/탄소나노섬유 복합소재의 XPS 분석

(a) CNFs-BF/Fe-Cu/Ni foam (b) CNFs-BF/mesoporous SiO_2/Fe-Cu/Ni foam (c) CNFs-BF/mesoporous SiO_2/Ni foam

그림 08-7은 합성된 탄소나노섬유 및 메조포러스 실리카/탄소나노섬유 복합소재의 결정성을 비교하기 위해 Raman 분석을 한 결과이다. 그림 08-7에서 합성된 물질은 모두 1,340cm^{-1} 근처에서 G-band와 1,580cm^{-1} 근처에서 D-band를 나타내고 있다. D-band와 G-band의 경우, sp^3 및 sp^2 결합을 나타내며, G-band와 D-band의 intensity ratio(D/G)로써 그 물질의 상대적인 결정성을 알 수 있다. (a)~(c)의 각각 ID/IG 값은 1.423, 1.685 및 1.012를 가지며, 이 중 (c)의 ID/IG 값이 1에 가장 가까운 것으로 보아 sp^3 및 sp^2 결합 비율이 비슷하며, (a)와 (b)에 비해 강도가 높은 것으로 보아 결정성이 상대적으로 높다는 것을 알 수 있다.

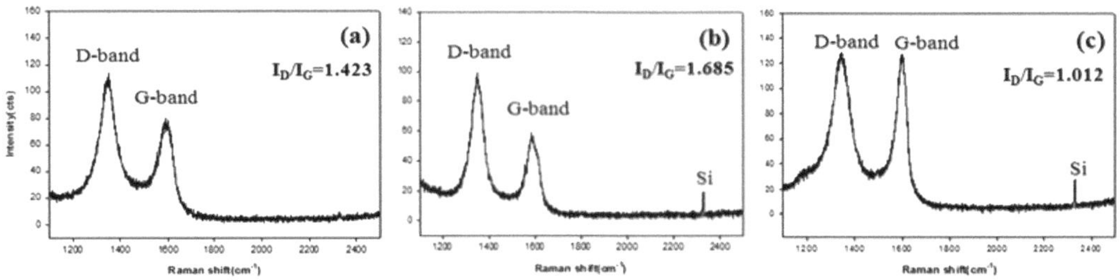

그림 08-7. 탄소나노섬유와 메조포러스 실리카/탄소나노섬유 복합소재의 Raman 분석

(a) CNFs-BF/Fe-Cu/Ni foam (b) CNFs-BF/mesoporous SiO_2/Fe-Cu/Ni foam (c) CNFs-BF/mesoporous SiO_2/Ni foam

(5) 전기화학적 특징

합성된 탄소나노섬유 및 메조포러스 실리카/탄소나노섬유 복합소재를 리튬 이차전지의 음극재로 사용한 경우의 순환전압전류곡선이다. 이 실험은 0.1~2.0V(vs. Li/Li+)의 전위 구간에서 100mA/g의 전류를 인가하여 수행하였다.

그림 08-8의 (a)는 Ni foam에 Fe-Cu 촉매를 증착시킨 후, 합성한 탄소나노섬유를 음극 활물질로 사용하였을 경우이다. 첫 번째 충전 시 0.4V에서 환원 피크와 방전시 0.4V 산화 피크가 나타났으며, 두 번째 충전 시에는 환원 피크가 사라졌으며, 방전 시에는 첫 번째와 같은 산화 피크가 나타났다. (b)는 Ni foam에 Fe-Cu 촉매와 메조포러스 실리카를 증착시킨 후 합성한 메조포러스 실리카/탄소나노섬유 복합소재를 음극 활물질로 사용하였을 경우이다. 첫 번째 충전 시 0.4V에서 환원 피크와 방전 시 0.4V 산화 피크가 나타났으며, 두 번째 충전 시에는 환원 피크가 사라졌으며, 방전 시에는 첫 번째와 같은 산화 피크가 나타났다. (c)는 Ni foam에 메조포러스 실리카를 증착시킨 후 합성한 메조포러스 실리카/탄소나노섬유 복합소재를 음극 활물질로 사용하였을 경우이다. 첫 번째와 두 번째 충전 시 0.8V에서 환원 피크가 나타났으며, 방전 시에는 0.6V, 1.2V, 1.8V 산화 피크가 나타났다.

SiO_2의 Si는 리튬과 합금화 반응을 통해 가역적 용량을 발생시킨다. 이는 SiOx에 리튬이 삽입되어 LixSi가 형성됨으로써 나타나는 가역적 용량을 의미한다. 충전 시 사라진 환원 피크의 감소는 SiO_2와 리튬의 비가역적 반응에 의한 것으로 전해질 분해 및 SEI 생성과 관련이 있는 것으로 보이며, 방전 시 나타나는 산화 피크는 LixSi로부터 리튬이 탈착되면서 Si가 생성되는 역반응을 나타내어, SiO_2로 재생됨을 알 수 있다.

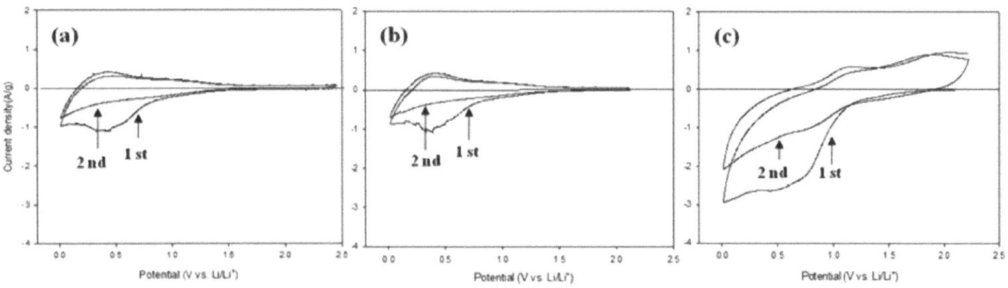

그림 08-8. 탄소나노섬유 및 메조포러스 실리카/탄소나노섬유 복합소재의 CV

(a) CNFs-BF/Fe-Cu/Ni foam (b) CNFs-BF/mesoporous SiO_2/Fe-Cu/Ni foam (c) CNFs-BF/mesoporous SiO_2/Ni foam

합성된 탄소나노섬유 및 메조포러스 실리카/탄소나노섬유 복합소재를 음극 활물질로 사용하여 제조된 3전극 셀의 용량 및 회전 능력과 같은 전기화학적 특성을 알아보기 위해 100mA/g의 전류를 인가하여 충·방전 특성을 조사하였다.

그림 08-9는 바인더를 사용하여 탄소나노섬유 및 메조포러스 실리카/탄소나노섬유 복합소재를 음극 활물질로 제작한 3전극 셀의 30 사이클 동안 방전 용량과 효율을 각각 나타낸 것이며, 바인더의 유무에 따른 전기화학적 특성을 분석하였다.

그림 08-9(a)에서 mesoporous SiO_2를 음극 활물질로 사용하였을 경우는 초기 용량 1,711mAh/g에서 30 사이클 후 104mAh/g으로 감소하여 12.4%의 유지 효율을 보여준다. 그림 139(b)에서 Fe-Cu 촉매로 성장시킨 탄소나노섬유를 음극 활물질로 사용하였을 경우는 초기 용량 176mAh/g에서 30 사이클 후 35mAh/g으로 감소하여 19.9%의 유지 효율을 보여준다. 이것으로 보아, 실리콘 입자의 높은 이론 용량으로 인해 탄소나노섬유보다 메조포러스 실리카의 초기 용량이 높게 나타났지만, 큰 부피 팽창으로 인해 유지 효율은 다소 낮게 나타난다는 것을 알 수 있다.

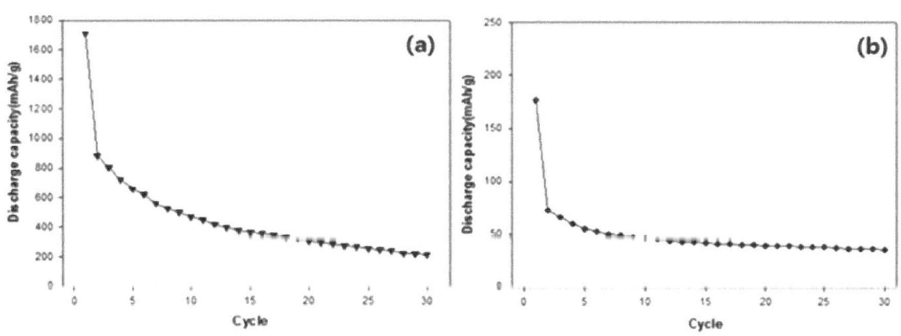

샘플	최대 방전 용량 (mAh/g)	30 사이클 후	
		방전효율	유지 효율(%)
(a) Mesoporous SiO_2-B/Ni foam	1711	213	12.4
(b) CNFs-B/Ni foam	176	35	19.9
유지효율 (%) = 30 사이클 후 방전 용량/최대 방전 용량 x 100			

그림 08-9. 바인더를 사용한 탄소나노섬유 및 메조포러스 실리카 전극의 30 사이클 동안 방전 용량과 효율

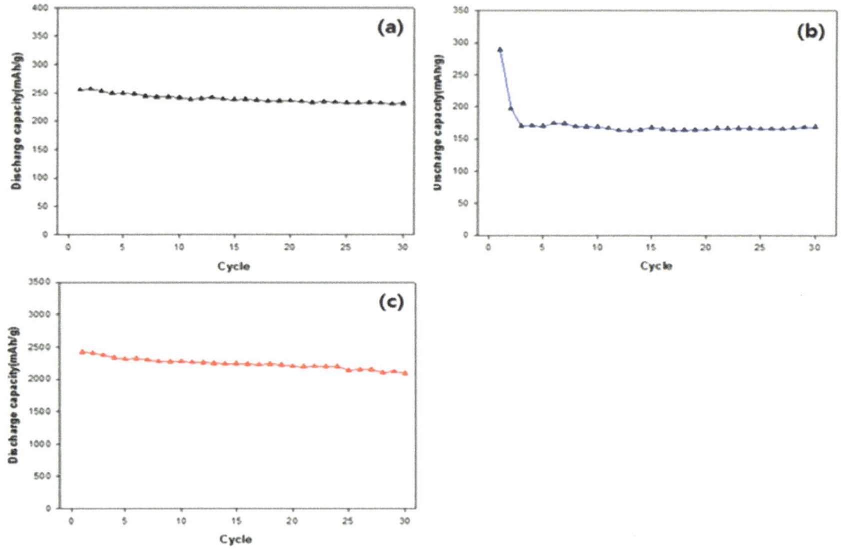

샘플	최대 방전 용량 (mAh/g)	30 사이클 후	
		방전효율	유지 효율(%)
(a) CNFs-BF/Fe-Cu/Ni foam	256	231	90.2
(b) CNFs-BF/Fe-Cu/mesoporous SiO_2/Ni foam	289	169	58.5
(c) CNFs-BF/mesoporous SiO_2 /Ni foam	2,420	2,092	86.4
유지효율 (%) = 30 사이클 후 방전 용량/최대 방전 용량 x 100			

그림 08-10. 바인더를 사용하지 않고 Ni foam에 직접적으로 합성한 탄소나노섬유 및 메조포러스 실리카/탄소나노섬유 복합소재의 30 사이클 동안 방전 용량과 유지 효율

그림 08-10은 바인더를 사용하지 않고 Ni foam에 직접적으로 합성한 탄소나노섬유 및 메조포러스 실리카/탄소나노섬유 복합소재를 음극 활물질로 제작한 3전극 셀의 30 사이클 동안 방전 용량과 유지 효율을 나타낸 것이다.

(a)는 Ni foam에 Fe-Cu 촉매를 증착시킨 후 합성한 탄소나노섬유를 음극 활물질로 사용한 경우이며, 초기 용량이 256mAh/g에서 30 사이클 후 231mAh/g으로 감소하여 90.2%의 유지 효율을 보여준다. (b)는 Ni foam에 Fe-Cu 촉매와 메조포러스 실리카를 증착시킨 후 합성한 메조포러스 실리카/탄소나노섬유 복합소재를 음극 활물질로 사용한 경우이며, 초기 용량이 289mAh/g에서 30 사이클 후 169mAh/g으로 감소하여 58.5%의 유지 효율을 보여준다. (c)는 Ni foam에 메조포러스 실리카를 증착시킨 후 합성한 메조포러스 실리카/탄소나노섬유 복합소재를 음극 활물질로 사용한 경우이며, 초기 용량이 2,420mAh/g에서 30 사이클 후 2,092mAh/g으로 감소하여 86.4%

의 유지 효율을 보여준다.

위의 두 가지 결과를 비교해 보면, 바인더를 사용한 음극 활물질보다 바인더를 사용하지 않은 음극 활물질들의 유지 효율이 높은 것을 볼 수 있다. 이것은 탄소나노섬유가 실리콘의 부피 팽창의 완충제 역할을 함에 있어서, Ni foam에 직접적으로 합성한 음극 활물질들이 리튬 삽입 및 탈리 과정 동안 부피 팽창/수축을 견딜 수 있는 결합력을 가진다는 것을 의미한다.

한편, 탄소나노섬유보다 메조포러스 실리카/탄소나노섬유 복합소재가 실리콘 입자의 높은 이론 용량으로 인해 방전 용량이 높게 나타났으나, (b)~(c)의 메조포러스 실리카/탄소나노섬유 복합소재의 종류에 따라서 용량의 차이가 많이 나타났다. (b)의 메조포러스 실리카/탄소나노섬유 복합소재의 경우, Ni foam에 Fe-Cu 촉매와 메조포러스 실리카를 증착시킨 후 합성한 것으로, Fe-Cu 촉매로 인해 탄소나노섬유가 많이 성장되어 메조포러스 실리카가 제 역할을 하지 못하여 용량이 낮게 나타났다.

반면에, (c)의 메조포러스 실리카/탄소나노섬유 복합소재의 경우는, Ni foam에 촉매 없이 메조포러스 실리카를 증착시킨 후 합성한 것으로, 이 경우는 Ni foam 자체가 촉매 역할을 하여 탄소나노섬유가 성장되게 된다. 따라서, 탄소나노섬유가 많이 성장된 (b)의 경우보다, (c)의 경우가 메조포러스 실리카로 인해 높은 용량을 가질 뿐만 아니라, 탄소나노섬유도 적당히 성장되어 유지 효율 또한 높게 나타났다.

09 전이금속이 코팅된 실리콘/탄소나노섬유 복합소재의 합성

9.1 Ru이 코팅된 실리콘/탄소나노섬유 복합소재의 합성 및 특성[83]

(1) 합성한 탄소나노섬유 상에 산화루테늄 코팅

이 과정은 화학 기상 증착법으로 합성한 탄소나노섬유에 산화루테늄을 코팅하기 위해 $RuCl_3$ 용액을 사용한다. 그림 09-1에는 화학 기상 증착법으로 합성한 탄소나노섬유를 0.01 M $RuCl_3$ 용액에서 딥코팅 방법으로 코팅하는 과정을 나타내었다. Ni foam을 산화루테늄 용액에서 딥코팅하고 5분 동안 대기 건조시킨 후, 80℃에서 12시간 이상 건조시킨다.

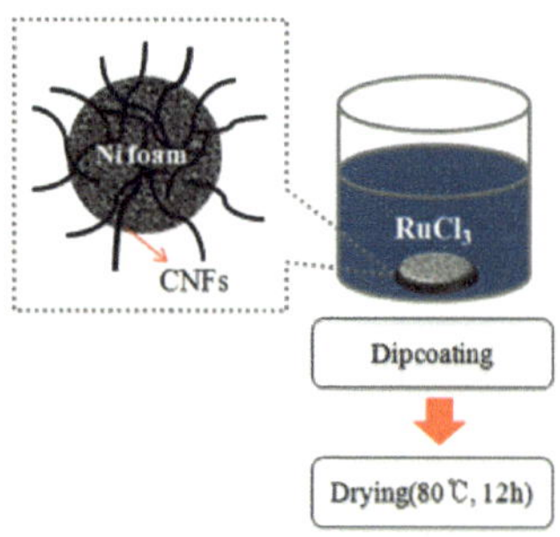

그림 09-1. 탄소나노섬유 상에 산화루테늄 코팅

(2) 리튬 이차전지 음극재의 제조

합성된 탄소나노섬유에 산화루테늄이 코팅된 Ni foam을 리튬 이차전지의 음극 활물질로 적용하여 3전극 전지를 조립한다. 전기화학적 특성을 분석하기 위하여 제작한 3전극 전지의 조립은 아르곤이 채워진 글러브 박스 안에서 제조한다. 전지는 반쪽 전지로 만들고 작업 전극으로는 제조된 활물질, 상대 및 기준 전극으로는 리튬 금속, 분리막으로는 전해질로 적신 유리 섬유를 사용한다. 이때 전해질은 EC:PC가 각각 1:1 비율로 혼합된 용액에 1*M* $LiClO_4$를 용해하여 사용한다.

(3) 전극소재의 물리화학적 특징

그림 09-2는 집전체 Ni foam에 산화루테늄을 코팅시킨 것과 합성된 탄소나노섬유에 산화루테늄을 코팅시킨 Ni foam의 형태를 조사하기 위해 SEM 이미지를 나타내었다. 그림 09-2의 (a)는 Ni foam 상에 크랙이 생긴 상태로 산화루테늄이 코팅되었다. (b)에서는 Ni foam 상에 탄소나노섬유가 성장한 것을 보여준다. 탄소나노섬유는 열분해된 탄화수소가 고온에서 전이 금속 촉매 입자와 접촉하여 합성되는데, 여기에서는 집전체인 Ni foam 자체가 촉매 역할을 하여 탄소나노섬유가 성장하게 되며, 이 탄소나노섬유 상에 산화루테늄도 코팅되었음을 보여준다.

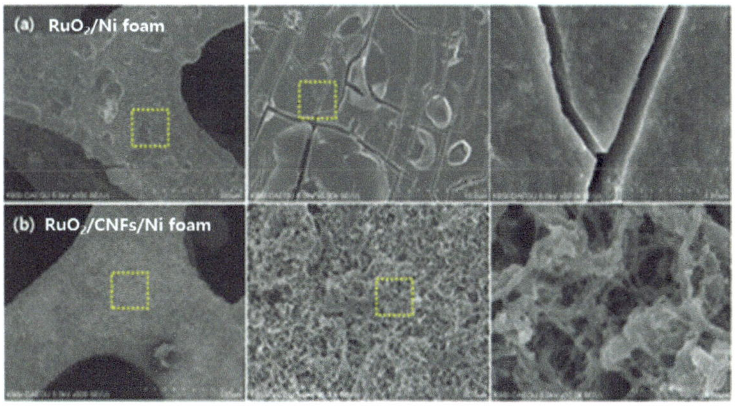

그림 09-2. 전이금속이 코팅된 실리콘/탄소나노섬유 복합소재의 SEM 이미지

산화루테늄이 코팅된 Ni foam과 합성된 탄소나노섬유에 산화루테늄이 코팅된 Ni foam의 결정구조를 분석하기 위해 XRD 분석을 수행하였다. 그림 09-3의 (a), (b) 모두 산화루테늄이 코팅된 것으로 XRD 패턴에서 RuO_2(101), RuO_2(002)면의 결정성 피크가 나타나 RuO_2의 특성 피크를 보여주고 있으며, (b)의 경우에는 탄소나노섬유가 합성된 것으로 C(200)면의 결정성 피크로 탄소의 특성 피크를 나타내고 있다.

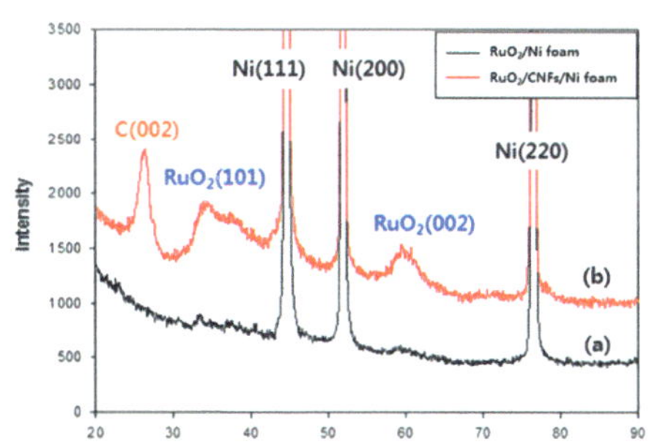

그림 09-3. 루테늄이 코팅된 실리콘/탄소나노섬유 복합소재의 XRD 분석

산화루테늄이 코팅된 Ni foam과 합성된 탄소나노섬유에 산화루테늄이 코팅된 Ni foam의 결정성을 분석하기 위해 Raman spectrum을 측정하였다. 그림 09-4에서 볼 수 있듯이, 탄소나노섬유가 합성된 (b)의 경우에 1,340cm^{-1} 근처에서 G-band 와 1,580cm^{-1} 근처에서 D-band가 관찰된다. D-band와 G-band의 경우, sp^3 및 sp^2 결합을 나타내며, G-band와 D-band의 강도 비(D/G)로써 그 물질의 상대적인 결정성을 알 수 있는데, (b)에서의 ID/IG 값은 1.57을 보여준다.

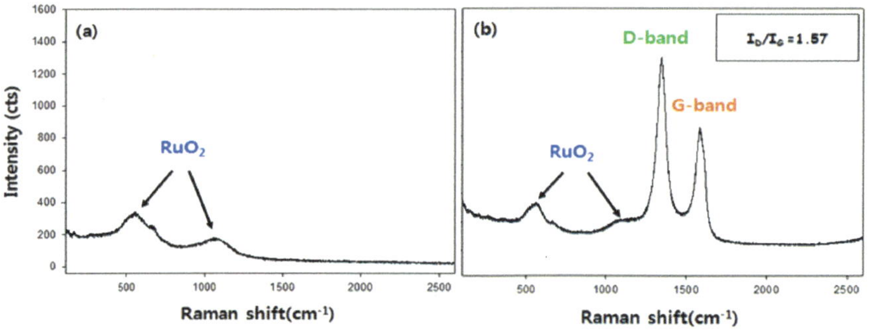

그림 09-4. Raman 분석 (a) RuO_2/Ni foam, (b) RuO_2/CNFs/Ni foam

루테늄 산화물이 코팅된 니켈 폼과 합성된 탄소나노섬유에 루테늄 산화물이 코팅된 니켈 폼에서 XPS로 루테늄과 탄소의 결합 에너지를 분석하여 그림 09-5에 나타내었으며, 그림 09-5의 결합 에너지 범위와 결합을 표 09-1에 나타내었다. (a)와 (b)에서는 280eV에서 Ru3d 피크가 나타나 RuO_2 결합을 나타내고 있다. 이 중에서 (b)는 탄소나노섬유 상에 RuO_2를 합성한 것에 대한 XPS 스펙트럼으로, C1s의 285eV에서 C-C(sp^2), 286eV에서 C-C(sp^3), 288eV에서 C=O 결합을 나타내고 있다.

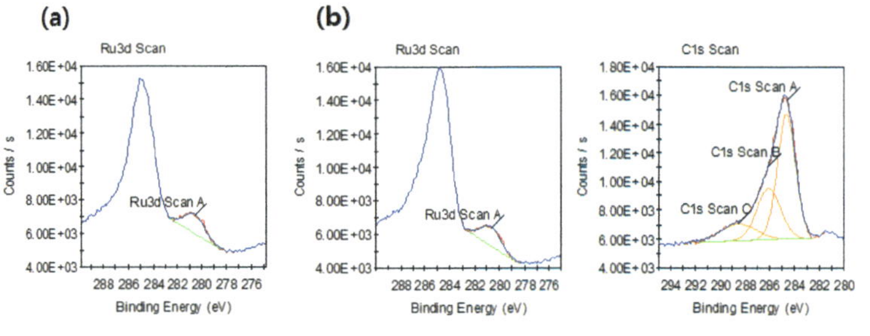

그림 09-5. XPS 스펙트럼 (a) RuO_2/Ni foam (b) RuO_2/CNFs/Ni foam

표 09-1. XPS 분석 결과 (a) RuO_2/Ni foam (b) RuO_2/CNFs/Ni foam

		결합 에너지(eV)	결합
(a)	Ru3d Scan A	280	RuO_2
(b)	Ru3d Scan A	280	RuO_2
	C1s Scan A	285	C=C(sp^2)
	C1s Scan B	286	C-C(sp^3)
	C1s Scan C	288	C=O

(4) 전극소재의 전기화학적 특성

산화루테늄이 코팅된 Ni foam과 합성된 탄소나노섬유에 산화루테늄이 코팅된 Ni foam 이외에 대조군으로 Ni foam에 성장시킨 탄소나노섬유와 구입한 Graphite(Customcells, 집전체: Cu foil, Binder: PVDF)를 리튬 이차전지의 음극재로 사용하여 0.01~2.0V(vs. Li/Li+)의 전위 구간에서 100mA/g의 전류를 인가하여 순환전압전류곡선을 측정하였다.

그림 09-6(a)는 산화루테늄이 코팅된 Ni foam을 리튬 이차전지의 음극재로 사용하였을 경우로서, 첫 번째 충전 시 0.9V, 1.4V에서 환원 피크가, 방전 시 0.6V, 1.2V, 1.8V에서 산화 피크가 나타나고, 두 번째 충전 시에는 0.4V, 1.7V에서 환원 피크가 나타나며, 방전 시에는 첫 번째와 비슷한 산화 피크가 나타났다.

그림 09-6(b)는 합성된 탄소나노섬유에 산화루테늄이 코팅된 Ni foam에 대한 결과로서, 첫 번째 충전 시 0.5V, 1.2V, 1.5V에서 환원 피크가, 방전 시 0.9V, 1.1V, 1.8V에서 산화 피크가 나타나고, 두 번째 충전 시에는 0.4V, 1.8V에서 환원 피크가 나타나며, 방전 시에는 첫 번째와 같은 산화 피크를 나타났다.

그림 09-6(c)는 Ni foam에 직접 성장시킨 탄소나노섬유에 대한 결과로서, 첫 번째 충전 시에는 0.4V, 1.2V에서 환원 피크가, 두 번째 충전 시에는 0.4V에서 환원 피크가 나타나고, 방전 시에는 첫 번째, 두 번째 모두 같은 0.4V에서 산화 피크가 나타났다.

그림 09-6(d)는 구입한 Graphite에 대한 결과로서, 첫 번째 충전 시에는 0.4V에서 환원 피크가 보이며, 두 번째 충전 시에는 환원 피크가 나타나지 않았다. 방전 시에는 첫 번째, 두 번째 모두 산화 피크가 나타나지 않았다.

충전 시 사라진 환원 피크는 전해질 분해 및 SEI 생성과 관련이 있다. 순환전압전류곡선의 면적은 용량과 관련이 있으며, 합성된 탄소나노섬유에 산화루테늄이 코팅된 Ni foam이 가장 큰 CV 면적을 나타내었고, 사이클 대비 용량과 비교했을 경우에도 가장 큰 효율을 보여주었다.

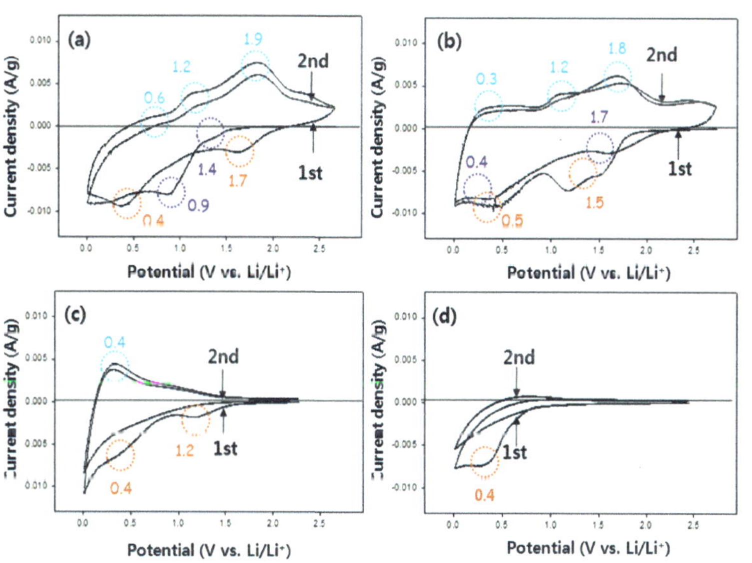

그림 09-6. 순환전압전류곡선

(a) RuO_2/Ni foam (b) RuO_2/CNFs/Ni foam (c) CNFs/Ni foam (d) Graphite

산화루테늄이 코팅된 Ni foam과 합성된 탄소나노섬유에 산화루테늄이 코팅된 Ni foam, 이외에 대조군으로는 Ni foam에 직접 성장시킨 탄소나노섬유와 구입한 Graphite를 음극 활물질로 사용하여 3전극 셀을 제조하였다.

제조된 3전극 셀의 용량 및 회전 능력과 같은 전기화학적 특성을 알아보기 위해 100mA/g의 전류를 인가하고 충·방전 특성을 조사하여 30 사이클 동안 측정한 방전 용량과 효율을 그림 09-7과 표 09-2에 각각 나타내었다.

그림 09-7에서 볼 수 있듯이, (a) RuO_2/Ni foam은 초기 용량이 1,977mAh/g에서 30 사이클 후 372mAh/g으로 감소하여 18.8%의 유지 효율을 보여준다. (b) RuO_2/CNFs/Ni foam은 초기 용량 494mAh/g에서 30 사이클 후 234mAh/g으로 감소하여 47.4%의 유지 효율을 보여준다.

대조군인 (c) CNFs/Ni foam을 음극 활물질로 사용하였을 경우, 초기 용량 276mAh/g에서 30 사이클 후 129mAh/g으로 감소하여 46.7%의 유지 효율을 보여주었으며, (d)는 구입한 Graphite를 음극 활물질로 사용하였을 경우로서, 초기 용량 203mAh/g에서 30 사이클 후 21mAh/g으로 감소하여 10.3%의 유지 효율을 보여주었다.

이것으로 보아 높은 용량을 가지는 전이금속산화물인 산화루테늄(RuO_2)을 코팅하였을 때, 탄소나노섬유가 가지고 있는 낮은 용량을 향상시킬 수 있으며, 전해질의 부반응을 억제하여 유지 효율 또한 향상됨을 알 수 있다.

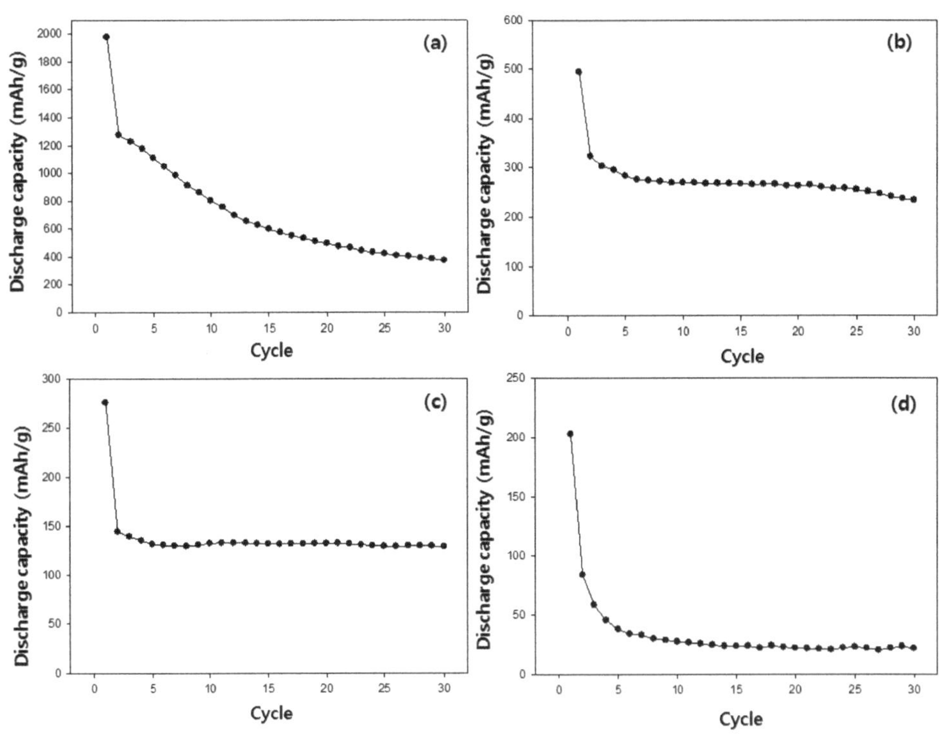

그림 09-7. 30 사이클 동안 방전 용량

(a) RuO_2/Ni foam (b) RuO_2/CNFs/Ni foam (c) CNFs/Ni foam (d) Graphite

표 09-2. 전해질 1 M $LiClO_4$(EC:PC = 1:1)에서 30 사이클 동안 방전 용량과 유지 효율

샘플	최대 방전 용량 (mAh/g)	30 사이클 후	
		방전 용량	유지 효율(%)
(a) RuO_2/Ni foam	1977	372	18.8
(b) RuO_2/CNFs/Ni foam	494	234	47.4
(c) CNFs/Ni foam	276	129	46.7
(d) Graphite	203	21	10.3
유지 효율(%) = 30 사이클 후 방전 용량/최대 방전 용량 x 100			

9.2 Co, Ni, Cu 및 Fe이 코팅된 실리콘/탄소나노섬유 복합소재의 합성 및 특성 [84]

(1) 니켈 폼에 탄소나노섬유 성장

탄소나노섬유는 화학 기상 증착법으로 합성하며, 촉매로 사용하는 니켈 폼을 석영관에 넣어준 뒤, 질소 분위기에서 10℃/min로 온도를 올려준다. 600℃로 30분간 온도를 유지하며 수소와 질소 가스를 흘려준 후, 에틸렌과 수소 가스를 10분간 흘려준다. 그 후, 질소 분위기로 분활성을 유지하며 상온까지 냉각하여 탄소나노섬유를 합성한다(그림 09-8).

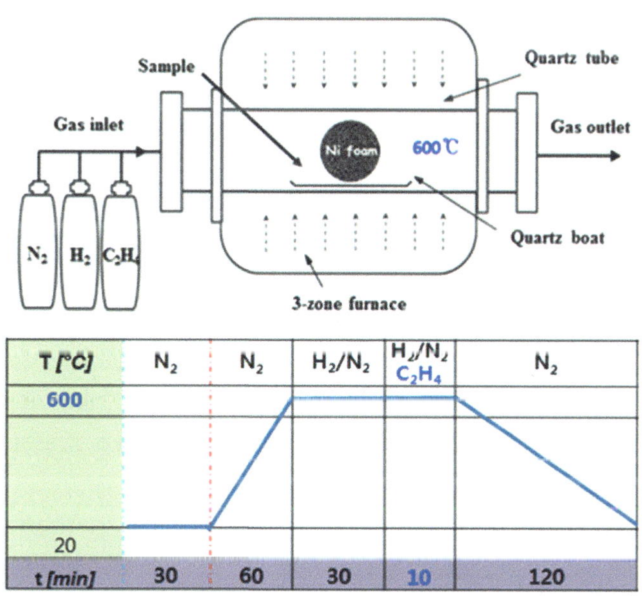

그림 09-8. 탄소나노섬유의 합성 방법

(2) 탄소나노섬유에 전이금속 코팅

탄소나노섬유에 전이금속을 코팅하는 방법을 그림 09-9에 나타내었다. 탄소나노섬유에 전이금속을 코팅하기 위하여 각각의 전이금속 수용액을 사용한다. 화학 기상 증착법을 사용하여 니켈 폼 상에 합성한 탄소나노섬유를 0.1 *M*의 전이금속 수용액에 각각 딥코팅한다. 그 후 50℃에서 12시간 이상 건조한다.

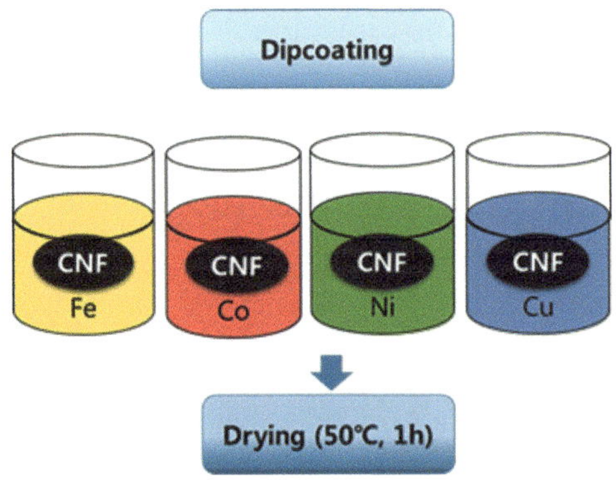

그림 09-9. 탄소나노섬유에 전이금속을 코팅하는 방법

(3) 3전극 전지의 제조

탄소나노섬유-전이금속 복합소재를 리튬 이차전지의 음극 활물질로 사용하여 3전극 전지를 제조한다. 아르곤 가스로 채운 글러브 박스 안에서 3전극 전지를 조립한다. 작업 전극으로는 니켈 폼에 합성한 탄소나노섬유와 탄소나노섬유-전이금속 복합소재를 사용하고, 상대 전극 및 기준 전극은 리튬 금속을 사용하며, 분리막은 Glass fiber separator에 전해질을 적시어 사용한다. 전해질로는 1 *M*의 $LiClO_4$를 사용하며, $LiClO_4$는 EC:PC 가 1:1 비율로 혼합된 용액에 첨가하여 사용한다.

(4) 전극소재의 물리화학적 특징

그림 09-10은 니켈 폼 위에 합성한 탄소나노섬유의 SEM 이미지이다. 니켈 폼 위에 탄소나노섬유를 합성하게 되면, 그림에서 볼 수 있듯이 곧은 형태가 아닌 구불구불한 섬유 형태로 나타난다.

이 탄소나노섬유에 네 가지의 전이금속인 Fe, Co, Ni 및 Cu를 코팅한 후, 그 SEM 이미지 결과를 그림 09-11에 나타내었다. 이는 합성된 탄소나노섬유를 모두 같은 농도인 0.1 *M*의 전이금속 용액에 딥코팅한 후 측정한 SEM 이미지이다. (a)는 탄소나노섬유에 철(Fe)이 코팅된 것으로 다른 전이금속이 코팅되어있는 탄소나노섬유들보다 코팅이 비교적 균일하고 덩어리진 전이금속이 나타나지 않았다. (b)와 (d)는 코발트(Co)와 구리(Cu)가 코팅된 탄소나노섬유로 코발트와 구리는 철과는 다른 모습을 보이는데, 탄소나노섬유가 중앙에 나타나고 있으며, 전이금속이 뭉쳐져 탄소나노섬유의 형태가 보이지 않는 부분이 있는 것으로 나타났다. (c)는 니켈(Ni)이 코팅된 탄소나노섬유로 코발트와 구리가 코팅된 탄소나노섬유에서 보이는 뭉쳐진 전이금속이 나타나지 않으나 철이 코팅된 탄소나노섬유보다 균일함이 떨어지는 것으로 보인다.

탄소나노섬유를 코팅하기 위해 사용된 전이금속 중 Fe과 Ni은 비교적 균일하고 큰 뭉침 없이 코팅이 되어 리튬의 삽입·탈리 과정에서 탄소나노섬유의 분해를 완화시킨다.

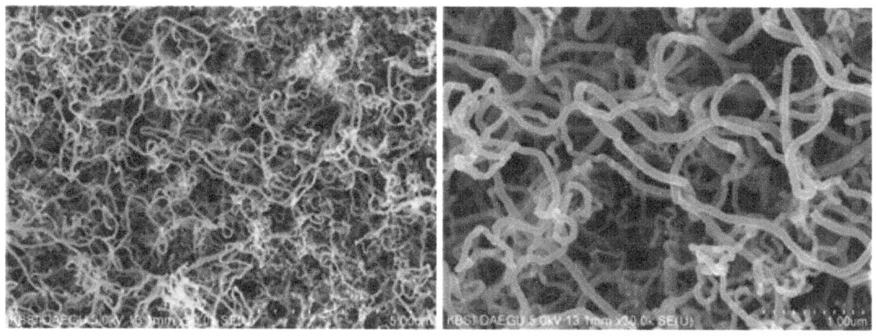

그림 09-10. 탄소나노섬유의 SEM 이미지

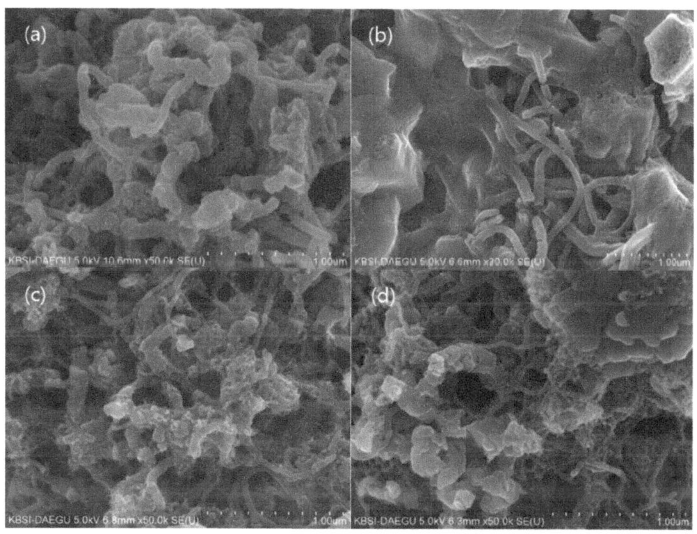

그림 09-11. 전이금속이 코팅된 탄소나노섬유의 SEM 이미지

(a) CNFs-Fe (b) CNFs-Co (c) CNFs-Ni (d) CNFs-Cu

그림 09-12는 전이금속들이 코팅된 탄소나노섬유의 결정성을 비교하기 위해 측정한 라만 스펙트럼이다. 그림 09-12에서 볼 수 있듯이, 전형적인 탄소나노섬유의 피크인 D-band와 G-band가 나타난다. 1,340cm^{-1} 부근의 D-band(Defect-like band)는 탄소의 불순물이나 구조적 결함을 나타내는 sp^3 결합 피크이며, 1,580cm^{-1} 부근의 G-band(Graphite-like band)는 흑연화된 탄소의 결정을 나타내는 sp^2 결합 피크이다. 탄소나노섬유에 코팅된 전이금속은 (a)는 680cm^{-1} 부근에서 산화철, (b)는 670cm^{-1} 부근에서 산화코발트, (c)는 550cm^{-1} 부근에서 산화니켈, (d)는 260cm^{-1} 부근에서 산화구리가 나타남을 알 수 있다.

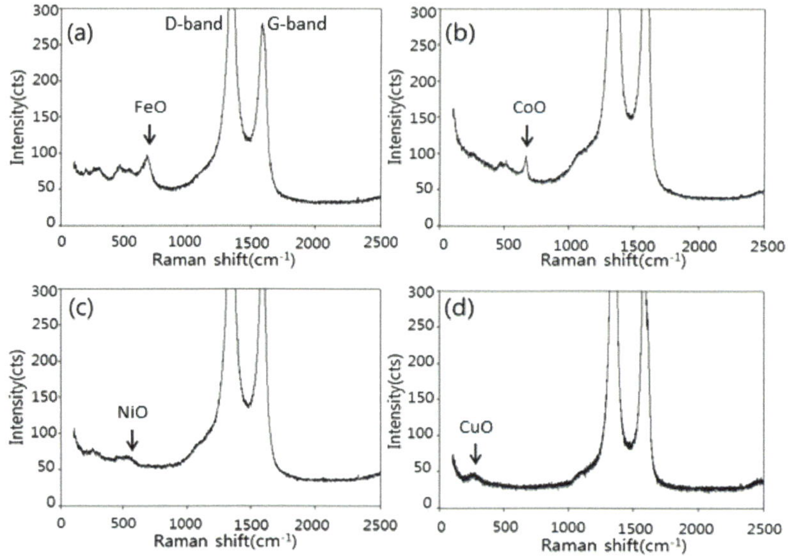

그림 09-12. 전이금속이 코팅된 탄소나노섬유의 라만 스펙트럼

(a) CNFs-Fe (b) CNFs-Co (c) CNFs-Ni (d) CNFs-Cu.

그림 09-13은 탄소나노섬유 위에 코팅된 전이금속의 결합 에너지를 분석하기 위하여 측정한 XPS의 결과이며, 결합 에너지를 분석한 결과를 표 09-3에 나타내었다. 표 09-3에서 볼 수 있듯이 각 전이금속의 $2p_{1/2}$, $2p_{3/2}$ 피크가 모두 나타났다. 이를 분석한 결과, (a)는 FeO, Fe_2O_3의 결합이 나타났으며, (b)는 Co_3O_4, CoO의 결합이 나타났고, (c)는 $Ni(OH)_2$, NiO의 결합이 나타났으며, (d)는 Cu_2O, CuO의 결합이 나타났다.

전이금속의 전기 음성도가 높아질수록 결합 에너지가 낮아지는데, 이는 Fe가 전기 음성도가 가장 높기 때문에 결합 에너지가 전이금속 중 가장 낮게 나타남을 알 수 있다.

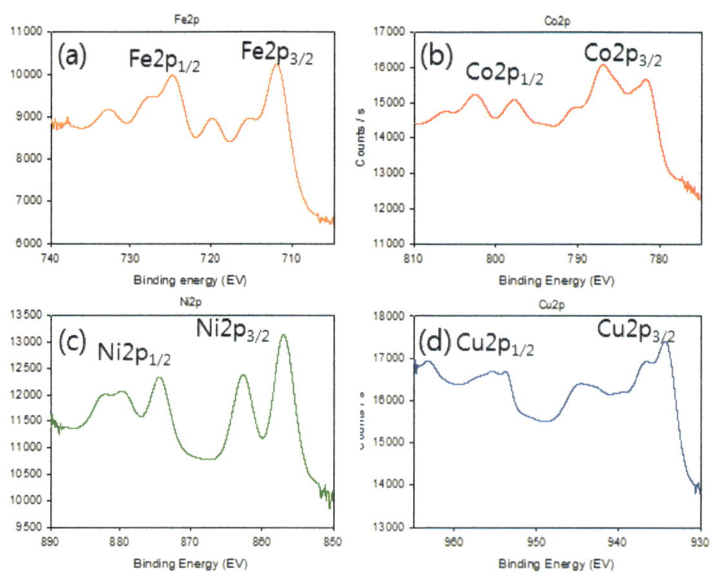

그림 09-13. 전이금속이 코팅된 탄소나노섬유의 XPS 스펙트럼

(a) CNFs-Fe (b) CNFs-Co (c) CNFs-Ni (d) CNFs-Cu

표 09-3. 전이금속이 코팅된 탄소나노섬유의 XPS 분석 결과

(a) CNFs-Fe		(b) CNFs-Fe	
결합	결합 에너지	결합	결합 에너지
FeO	712	Co_3O_4	781
Fe_2O_3	719	CoO	787
FeO	724	Co_3O_4	797
Fe_2O_3	732	CoO	802
(c) CNFs-Ni		**(d) CNFs-Cu**	
결합	결합 에너지	결합	결합 에너지
$Ni(OH)_2$	857	Cu_2O	934
NiO	862	CuO	945
$Ni(OH)_2$	874	Cu_2O	954
NiO	879	CuO	963

(5) 전극소재의 전기화학적 특성

그림 09-14는 전이금속이 코팅된 탄소나노섬유를 전극소재로 조립한 전지의 가역성을 조사한 결과이다. 실험은 인가 전류 100mA/g, 전압 범위 0.01∼2V(vs. Li/Li+) 사이에서 측정하였다. 순환전압전류곡선(CV)에서는 전극의 리튬 삽입·탈리 반응에서 에너지에 따라 산화, 환원 전위를 가지는 특정 자리가 달라지며, 완전한 가역 반응일 경우 전위 변화 속도에 관계없이 산화, 환원 피크의 차이가 작아 순환전압전류곡선의 형태가 대칭적으로 나타난다.

(a)는 합성한 탄소나노섬유를 리튬 이차전지의 음극재로 사용한 결과로서, 첫 번째 충전 시 0.6V, 1.3V에서 환원 피크가, 방전 시 0.4V에서 산화 피크가 나타나며, 두 번째 충전 시에는 0.7V에서 환원 피크가, 방전 시 0.4V에서 산화 피크가 나타났다.

(b)는 철이 코팅된 탄소나노섬유에 대한 결과로서, 첫 번째 충전 시 0.5V, 1.7V에서 환원 피크가, 방전 시 1.2V, 1.9V에서 산화 피크가 나타나며, 두 번째 충전 시에는 0.6V, 1.3V에서 환원 피크가, 방전 시 0.4V, 1.7V에서 산화 피크가 나타났다.

(c)는 코발트가 코팅된 탄소나노섬유에 대한 결과로서, 첫 번째 충전 시 1.3V에서 환원 피크만 나타나며, 이후의 충·방전에서 산화, 환원 피크가 나타나지 않았다.

(d)는 니켈이 코팅된 탄소나노섬유에 대한 결과로서, 첫 번째 충전 시 0.6V, 1V, 2.2V에서 환원 피크가, 방전 시 1.1V, 1.8V, 2.2V에서 산화 피크가 나타나며, 두 번째 충전 시 0.8V, 2.2V에서 환원 피크가, 방전 시 1.1V, 1.7V, 2.2V에서 산화 피크가 나타났다.

(e)는 구리가 코팅된 탄소나노섬유에 대한 결과로서, 첫 번째 충전 시 1.4V에서 환원 피크가, 방전 시 2.1V에서 산화 피크가 나타나며, 두 번째 충전 시 0.8V에서 환원 피크가, 방전 시 1.1V, 1.8V에서 산화 피크가 나타났다.

이 결과로 볼 때, (a)의 그래프가 충·방전 과정에서 산화, 환원 피크가 가장 대칭적인 그래프로 나타나며, 이는 Fe가 코팅된 탄소나노섬유가 음극소재로서 가장 가역적인 반응임을 보여준다.

충·방전 시 사라진 산화, 환원 피크는 전해질 분해 및 SEI의 생성과 관련이 있는 것으로 사료된

다. 또한, 순환전압전류곡선의 면적은 전지 내부의 용량과 관련이 있으며, 그래프의 내부 면적을 비교하였을 때, 철이 코팅된 탄소나노섬유와 니켈이 코팅된 탄소나노섬유가 가장 큰 순환전압전류곡선 면적을 나타내며, 사이클 대비 용량과 비교했을 경우에도 가장 큰 효율을 보여준다.

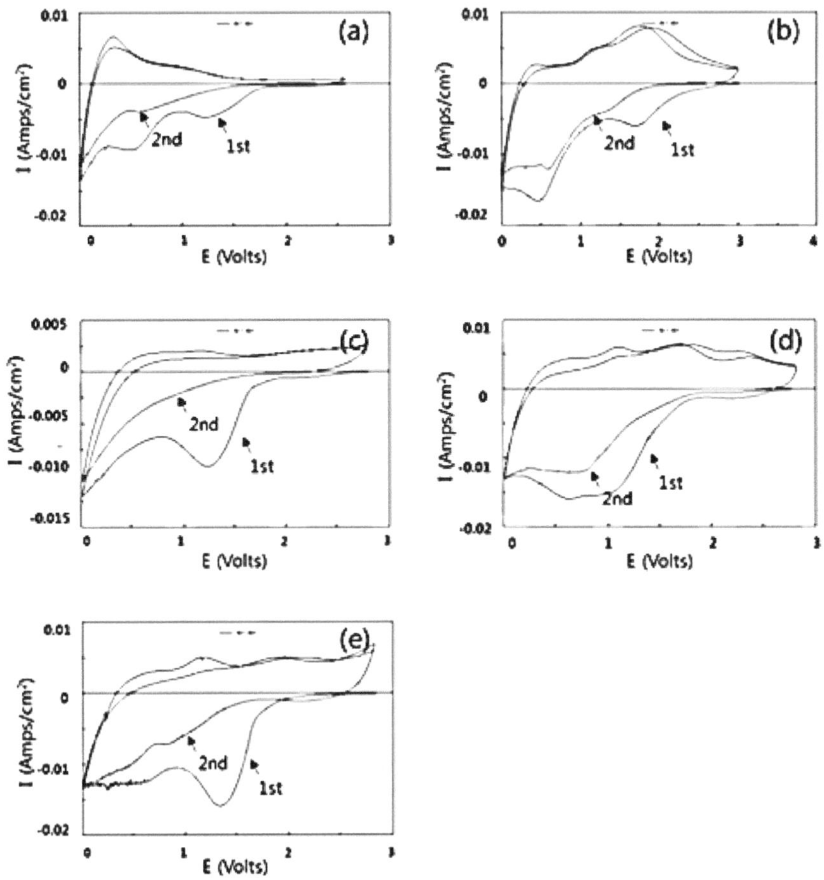

그림 09-14. 전이금속이 코팅된 탄소나노섬유 복합소재의 순환전압전류곡선

(a) CNFs (b) CNFs-Fe (c) CNFs-Co (d) CNFs-Ni (e) CNFs-Cu

제조된 3전극 셀의 전기화학적 특성을 알아보기 위해 100mA/g의 전류를 인가하여 충·방전 특성을 조사하였으며, 30 사이클 동안 방전 용량과 효율을 측정하여, 이를 그림 09-15와 표 09-4에 각각 나타내었다.

니켈 폼에 성장시킨 탄소나노섬유를 음극 활물질로 제조한 셀의 측정 결과에서는, 충전 용량이 초기 용량 310mAh/g에서 30 사이클 후 154mAh/g으로 감소하였다.

(b)~(e)는 전이금속으로 코팅된 탄소나노섬유를 음극 활물질로 제조한 전지의 측정 결과이다. 전이금속으로 코팅된 대부분의 탄소나노섬유는 안정기를 거친 5 사이클 이후 360mAh/g 부근으로 감소하고, 그 중 (c)의 그래프에서 코발트가 코팅된 탄소나노섬유는 234mAh/g로 감소한다. (e)는 구리가 코팅된 탄소나노섬유로 다른 전이금속이 코팅된 탄소나노섬유와는 다르게 5 사이클 이후에도 안정화가 되지 않고 불안정한 그래프가 나타난다. 또한 30 사이클에서의 용량이 136mAh/g으로 코

팅되지 않은 탄소나노섬유와 비슷한 용량을 보여 코팅된 구리가 전극소재로서의 역할을 하지 못하고 있는 것으로 나타났다.

초기 용량은 구리가 코팅된 탄소나노섬유가 1,028mAh/g으로 가장 높았지만, 30 사이클 후 136mAh/g으로 감소하여 13.2%의 가장 낮은 유지 효율로 나타났고, 5 사이클의 안정기를 거치고 난 후 역시 35.1%의 낮은 유지 효율이 나타났다.

반면에, 670mAh/g의 초기 용량을 가진 철이 코팅된 탄소나노섬유는 670mAh/g에서 30 사이클 후 275mAh/g으로 감소하여 41%, 5 사이클의 안정기를 거치고 난 후 75.9%의 가장 높은 유지 효율이 나타났다,

정전류 충·방전법을 통해 탄소나노섬유에 비해 전이금속을 코팅한 탄소나노섬유의 초기 용량이 뛰어남을 확인할 수 있다. 하지만 30 사이클 이후 용량은 코발트가 코팅된 탄소나노섬유와 구리가 코팅된 탄소나노섬유의 경우, 전이금속이 균일하게 코팅되지 않아 전이금속의 효과를 기대하기 어려웠으며, 탄소나노섬유와 비교하였을 때 용량 차이가 별로 나타나지 않았다. 전이금속이 비교적 균일하게 코팅된, 철이 코팅된 탄소나노섬유와 니켈이 코팅된 탄소나노섬유의 경우는 순수 탄소나노섬유보다 초기 용량과 30 사이클 이후 용량이 모두 향상된 것을 볼 수 있다. 특히 철이 코팅된 탄소나노섬유의 경우는 30 사이클 후의 용량을 비교했을 때, 탄소나노섬유보다 78%의 용량 향상을 보였다. 이것으로 보아 전이금속을 코팅하였을 때, 탄소나노섬유의 낮은 용량을 향상시킬 수 있으며, 전해질의 부반응을 억제하여 유지 효율 또한 향상됨을 알 수 있다.

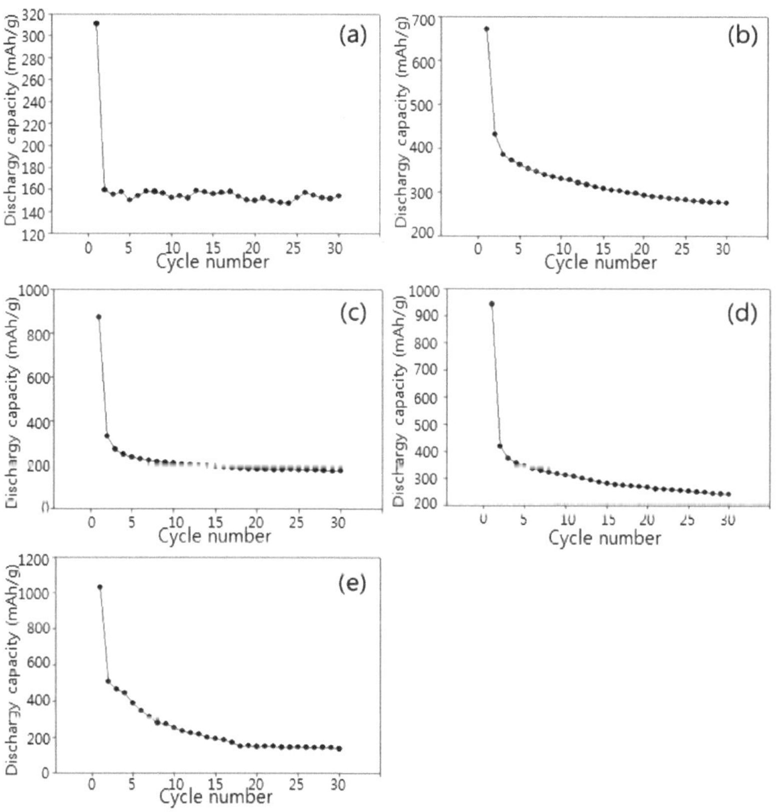

그림 09-15. 전이금속이 코팅된 탄소나노섬유 복합소재들의 사이클 성능

(a) CNFs (b) CNFs-Fe (c) CNFs-Co (d) CNFs-Ni (e) CNFs-Cu

표 09-4. 전이금속이 코팅된 탄소나노섬유 복합소재의 30 사이클 동안 방전 용량과 유지 효율

샘플	최대 방전 용량 (mAh/g)	방전 용량(mAh/g)		유지 효율(%)	
		5 사이클 후	30 사이클 후	1-30 사이클	5-30 사이클
(a) CNFs	310	135	135		
(b) CNFs-Fe	670	362	275	41	75.9
(c) CNFs-Co	872	234	172	19.7	73.5
(d) CNFs-Ni	942	344	241	25.6	70
(e) CNFs-Cu	1028	387	136	13.2	35.1

9.3 Ru이 코팅된 PC/CNF 복합소재의 합성 및 특성 [85]

(1) 촉매 증착 및 탄소나노섬유의 합성

이 실험에서는 전기영동증착법을 이용하여 촉매를 제조한다. 전기영동 증착에 쓰인 양극으로는 카본 전극, 음극으로는 C-fiber textiles을 사용하고, 극간 간격은 85 mm로 증착을 수행한다. 촉매 증착은 C-fiber textiles에 Cu를 선 증착 시킨 후에 Ni을 후 증착 시킨다. 0.001 *M*의 Copper(Ⅱ) Acetate monohydrate 수용액에서 5V의 전압으로 10분간 Cu를 선 증착 시킨 후, 0.025 *M*의 Nickel(Ⅱ) Acetate tetrahydrate 수용액에서 5V의 전압으로 10분간 Ni을 후 증착시켜 이원계 촉매를 제조한다. 촉매 증착 과정 이후 화학 기상 증착법으로 탄소나노섬유를 성장시킨다. 탄소나노섬유를 성장시키기 위한 탄소 소스 가스로는 에틸렌 가스를, 기상 반응 촉진 가스로 수소를, 반응의 안정화를 위해 아르곤을 사용한다. 가스의 유량은 Mass Flow Controller(MFC)를 통해서 조절한다. C-fiber textiles를 튜브 퍼니스에 넣고 아르곤 분위기를 유지하며 상온에서 700℃까지 올려준다. 합성 온도에 도달하면 수소 가스로 전환시켜 30분간 표면에 남아있는 hydroxyl 그룹을 환원시키고, 에틸렌, 수소 및 아르곤 가스를 1시간 동안 흘려 탄소나노섬유를 합성한다.

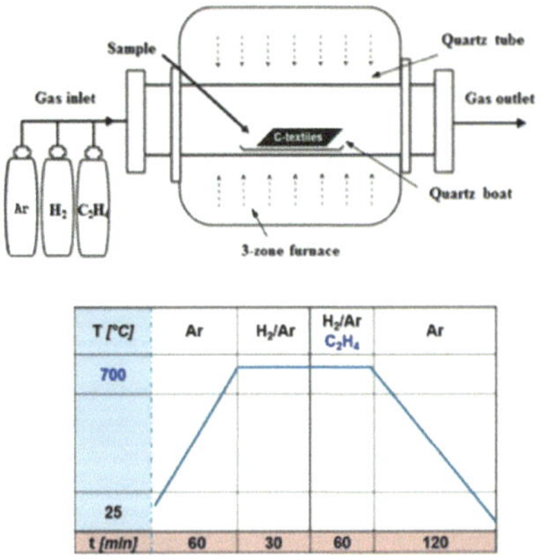

그림 09-16. 탄소나노섬유의 합성 조건 및 CVD 장치의 모식도

(2) SiO_2/탄소나노섬유 복합소재의 합성

탄소나노섬유의 표면에 SiO_2를 코팅하기 위한 가교 그룹으로 하이드록실 그룹을 도입하고, 이를 위해 80℃의 질산에서 30분 동안 산화 과정을 거친 후 증류수로 여러 번 세척한다. 탄소나노섬유에 SiO_2를 코팅하여 복합소재를 합성하기 위해 에탄올과 증류수 혼합 용액에 tetraethyl orthosilicate(TEOS)를 용해시킨다. 이 용액에 C-fiber textile 상에서 성장시킨 탄소나노섬유를 담그고 암모니아수를 첨가하여 60℃에서 6시간 동안 반응시키고 80℃의 오븐에서 12시간 동안 건조시킨다.

(3)(PC)SiO_2/탄소나노섬유 복합소재의 합성

SiO_2가 코팅된 탄소나노섬유의 표면에 에틸렌 가스로 열분해 코팅(Pyrolytic carbon, PC)을 하기 위해 Tube furnace에 넣고 화학 기상 증착법을 수행한다. 이 때 탄소 소스 가스로 에틸렌 가스를 사용하고, 기상 반응 촉진 가스로는 수소를, 반응의 안정화를 위해 아르곤 가스를 사용한다. 900℃까지 아르곤 분위기에서 10℃/min로 승온시킨 후 온도가 900℃에 도달하였을 때 에틸렌 가스를 수소 가스와 함께 30분 동안 흘려 SiO_2/탄소나노섬유 복합소재 표면에 탄소막을 열분해 코팅한다. 다시 아르곤 가스로 변경하여 반응로 분위기를 불활성으로 유지하며 10℃/min로 상온까지 냉각한다.

(4) Ru/(PC)SiO_2/탄소나노섬유 복합소재의 합성

합성된 (PC)SiO_2/탄소나노섬유 복합소재를 0.1 *M*의 $RuCl_3$ 수용액에 담그어 dip-coating 하여 Ru을 코팅하고, 그 후 80℃의 온도에서 12시간 건조한다.

(5) 3전극 셀 조립

합성된 탄소나노 복합소재의 전기화학적 특성은 3전극 셀을 제조하여 분석한다. 3전극 셀에서 사용된 음극은 C-fiber textile 상에 합성된 탄소나노 복합소재를 사용한다. 이 음극을 작업 전극으로, Li-금속을 상대 전극 및 기준 전극으로 사용하고, 분리막은 Glass fiber separator에 전해질을 적셔서 사용한다. PC(Propylene carbonate)와 EC(Ethylene carbonate)를 1:1로 혼합한 용액에 $LiClO_4$를 용해시킨 전해질을 사용한 3전극 셀을 Glove box에서 조립한다.

(6) 전극소재의 물리화학적 특징

전기영동증착법을 이용하여 C-fiber textiles 표면에 촉매를 증착시킨다. 증착은 Cu를 선 증착시킨 후 Ni을 후 증착시킨다. 이와 같은 증착법을 사용한 이유는 Cu의 자기 확산 계수가 $3.05 \times 10^{-11} cm^{-2}/s$이고, Ni의 자기 확산 계수는 $2.88 \times 10^{-14} cm^{-2}/s$이기 때문에, Ni보다 Cu의 자기 확산 계수가 높아 간단한 열처리로 Cu 원자가 외각의 Ni 촉매로 확산하여 이원계 촉매를 형성함으로써 단순히 Ni이나 Ni-Cu 혼합 촉매의 경우와는 다른 탄소나노섬유가 성장할 것으로 기대하였기 때문이다.

그림 09-17은 촉매를 증착하고 난 이후의 SEM 이미지이다. (a)는 어떠한 처리도 하지 않은 순수한 C-fiber textiles이고, (b)는 C-fiber textiles의 표면에 Cu와 Ni을 5V의 인가 전압에서 10분간 증착하고 난 이후에 측정한 SEM 이미지이다. (a)에 비하여 (b)의 C-fiber textile의 표면에 촉매가 증착된 모습과 함께 fiber 가닥에 crack이 관찰되었는데, 이는 Cu와 Ni 촉매 증착 전 C-fiber textile을 전 처리할 때, 90℃의 질산에서 1시간 30분 세척을 하는 과정에서 생긴 crack으로 사료된다. 질산으로 세척을 하는 이유는 표면에 존재하는 불순물을 제거함과 동시에 C-fiber를 산화시켜 촉매가 더 잘 증착되도록 하기 위함이다. Cu와 Ni 또한 C-fiber textiles에 균등하게 증착된다.

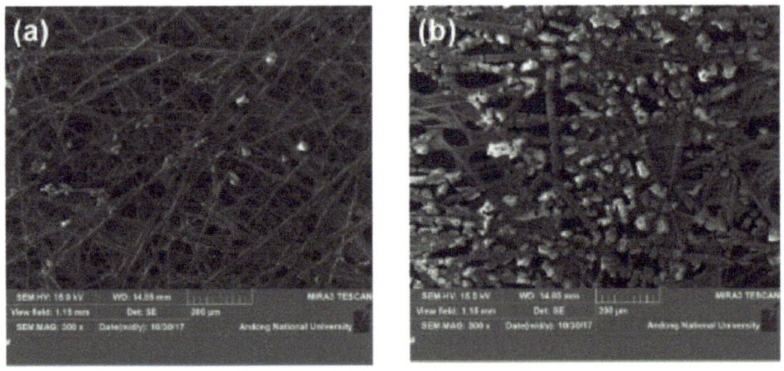

그림 09-17. SEM 이미지. (a) C-fiber textiles (b) C-fiber textiles에 증착된 Ni-Cu 촉매

그림 09-18은 C-fiber textiles 상에 촉매 증착 후, 화학 기상 증착법으로 성장시킨 탄소나노섬유를 서로 다른 배율로 관찰한 SEM 이미지이다. 성장된 탄소나노섬유는 곧은 형태가 아닌 구부러진 형태로 성장하며, 직경은 340nm 이다. 또한 섬유의 말단에는 성장 핵으로 사용된 Ni 촉매 입자가 남아있음을 볼 수 있다.

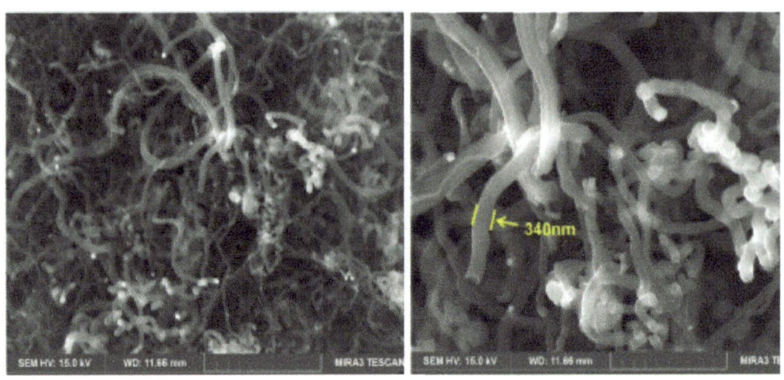

그림 09-18. C-fiber textiles에 성장된 탄소나노섬유의 SEM 이미지

C-fiber textiles 상에 성장된 탄소나노섬유의 구조와 합성한 탄소나노 복합소재에서 SiO_2 코팅층과 PC 코팅층의 구조를 확인하기 위하여 TEM 이미지를 분석하였다. 그림 09-19(a)와 (d)에서 보듯이, 중심에 미세한 hollow가 있는 탄소나노섬유로 나타난다. 또한 (b)와 (d)는 TEOS의 가수분해 반응에 의해 형성된 SiO_2가 탄소나노섬유의 표면에 직경 22nm의 미세한 구의 형태로 코팅이 된 것으로 나타난다. 그리고 (c)와 (f)의 (PC)SiO_2/탄소나노섬유 복합소재를 보면, SiO_2/탄소나노섬유 복합소재의 울퉁불퉁한 표면과는 달리 매끄러운 표면으로 나타났는데, 이는 울퉁불퉁했던 표면을 PC 코팅층이 형성되면서 SiO_2 입자들 사이의 공간을 채웠기 때문이다.

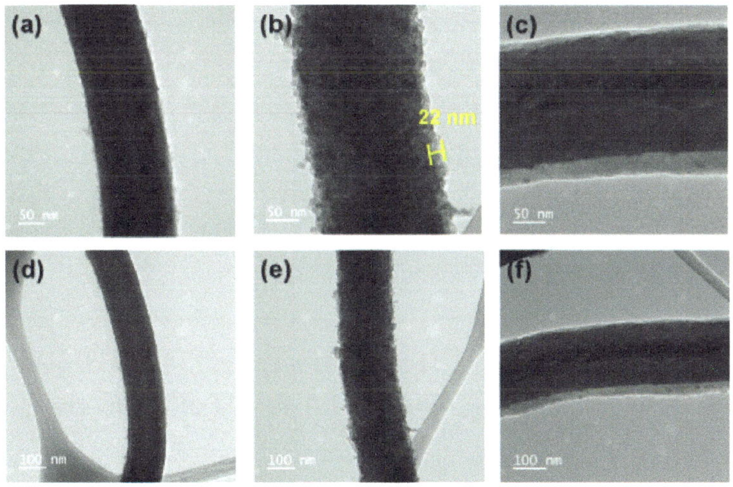

그림 09-19. TEM 이미지

(a), (d) CNFs (b), (e) SiO_2/CNFs (c), (f)(PC)SiO_2/CNFs 복합소재

그림 09-20과 표 09-5는 SiO_2/탄소나노섬유의 TEM/EDS mapping 이미지와 정성분석 결과이다. EDS mapping 이미지를 보면 탄소나노섬유 표면에 Si 및 O가 전체적으로 골고루 분포되어 있음을 확인할 수 있으며, 이로써 SiO_2가 탄소나노섬유 표면에 균일하게 코팅되어 있음을 알 수 있다. 또한 SiO_2/탄소나노섬유의 표면에 Si와 O의 atomic%는 각각 2.49% 및 7.18%로 나타났으며, 탄소의 atomic%는 90.33%로 나타났다.

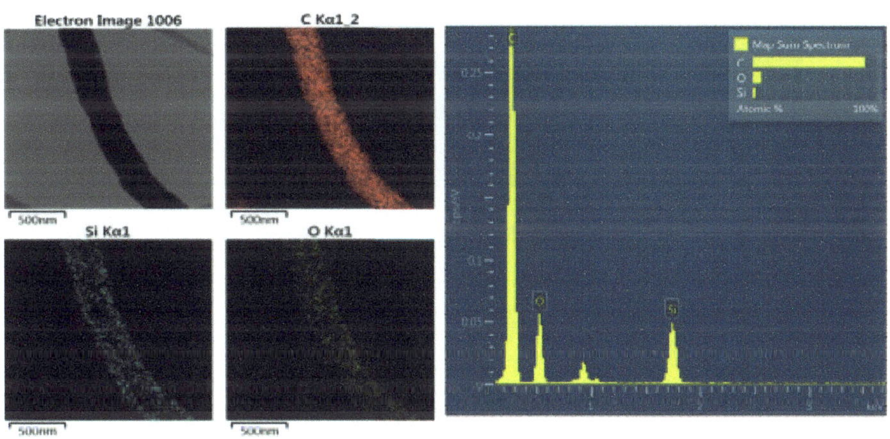

그림 09-20. SiO_2/CNFs 복합소재의 TEM/EDS mapping 이미지

표 09-5. SiO_2/CNFs 복합소재의 EDS 측정 결과

원소	wt%	Atomic%
C	85.46	90.33
O	9.05	7.18
Si	5.49	2.49
Total	100.00	100.00

다음으로 (PC)SiO_2/탄소나노섬유의 TEM/EDS mapping 이미지와 정량분석 결과를 그림 09-21과 표 09-6에 나타내었다. Mapping 이미지를 보면 SiO_2/탄소나노섬유와는 달리 표면 전체에 Si와 O가 감소하였음을 확인할 수 있다. 여기서 Pyrolytic carbon 코팅층이 SiO_2 층을 덮음으로써 Si와 O가 감소함을 볼 수 있다. SiO_2/탄소나노섬유의 Si와 O의 atomic%가 각각 2.49% 및 7.1%로, (PC)SiO_2/탄소나노섬유의 Si와 O의 atomic%는 각각 0.61% 및 1.42%로 나타나며, Si는 1.88%, O는 5.76% 만큼 표면 조성이 감소함으로써 SiO_2/탄소나노섬유의 표면에 Pyrolytic carbon 코팅층이 형성되었음을 알 수 있다.

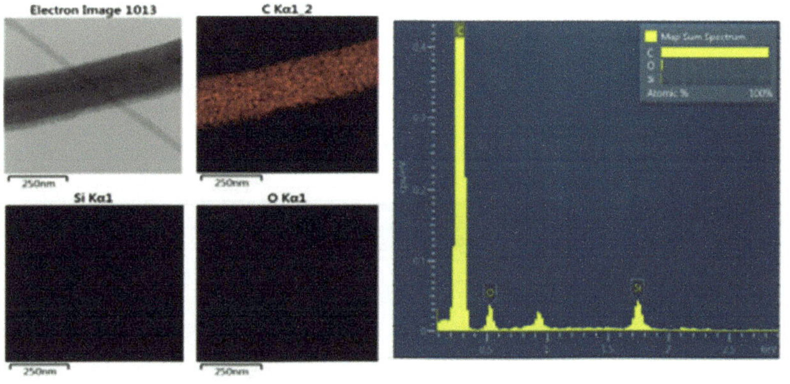

그림 09-21. (PC)SiO_2/CNFs 복합소재의 TEM/EDS mapping 이미지

표 09-6. (PC)SiO_2/CNFs 복합소재의 EDS 결과

원소	wt%	Atomic%
C	96.70	97.96
O	1.87	1.42
Si	1.42	0.61
Total	100.00	100.00

탄소나노섬유와 Ru/(PC)SiO_2/탄소나노섬유 복합소재의 SEM 이미지를 그림 09-22에 나타내었다. (a)는 탄소나노섬유이며, (b)는 (PC)SiO_2/탄소나노섬유를 Ru 수용액에 딥코팅한 것으로, 탄소나노섬유 가닥들이 뭉쳐있는 (a)에 비하여 (b)는 탄소나노섬유 표면에 Ru이 아일랜드 형상으로

넓게 분포되어, Ru 코팅층 아래로 미세하게 탄소나노섬유가 관찰되므로 Ru 코팅층이 탄소나노섬유 상에 얇게 형성됨을 알 수 있다.

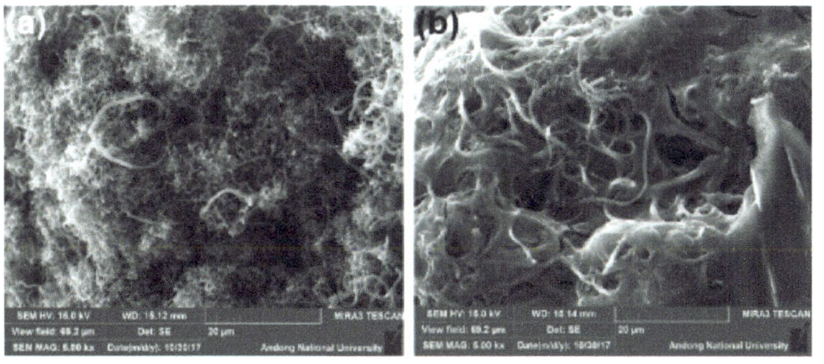

그림 09-22. SEM 이미지 (a) CNFs (b) Ru/(PC)SiO_2/CNFs 복합소재

탄소나노섬유 및 탄소나노섬유 복합체들의 결합 에너지를 확인하기 위하여 XPS를 측정하였으며, 이들의 survey spectra를 그림 09-23에 나타내었다. C1s의 피크는 탄소의 sp^2와 sp^3의 결합을 나타낸다. SiO_2/CNFs에서 Si2p 및 O1s 피크는 탄소나노섬유 위에 SiO_2가 코팅되었음을 의미한다. (PC)SiO_2/CNFs 복합체의 Si2p 및 O1s 피크와 SiO_2/CNFs 복합체에서의 Si2p 및 O1s 피크를 비교하면, (PC)SiO_2/CNFs의 Si2p 및 O1s 피크 강도가 낮아지고, 더불어 SiO_2/CNFs의 C1s 피크에 비해(PC)SiO_2/CNFs의 C1s 피크의 강도가 더 증가한 것으로 보아, SiO_2/CNFs의 표면에 PC층이 형성되었음을 알 수 있다.

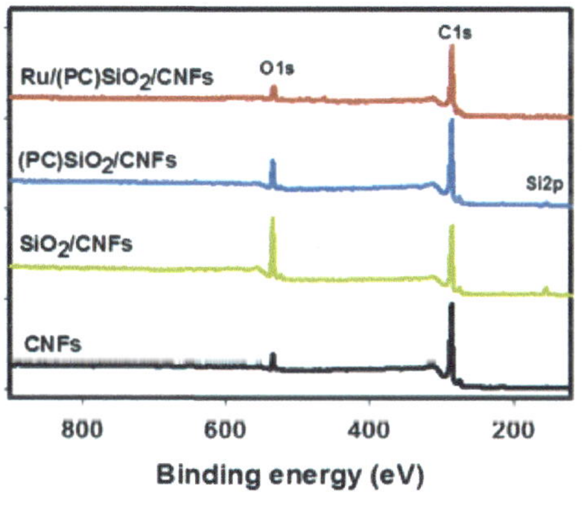

그림 09-23. CNFs, SiO_2/CNFs, (PC)SiO_2/CNFs 및 Ru/(PC)SiO_2/CNFs 복합소재의 XPS survey 스펙트럼

그림 09-24에는 SiO_2/CNFs 복합체에서 SiO_2 코팅층을 형성하는 Si-O의 결합을 조사하기 위하여 측정한 XPS 스펙트럼을 나타내었다. XPS 스펙트럼은 SiO_2/CNFs의 O1s Scan에서 C-OH(533.22eV) 결합과 SiO_2(531.99eV)의 결합이 관찰되고, Si2p Scan에서는 SiO, SiO_2 및 SiO_2의 Silicate 형태가 나타나 코팅층이 Siloxane 네트워크를 이루고 있음을 의미한다.

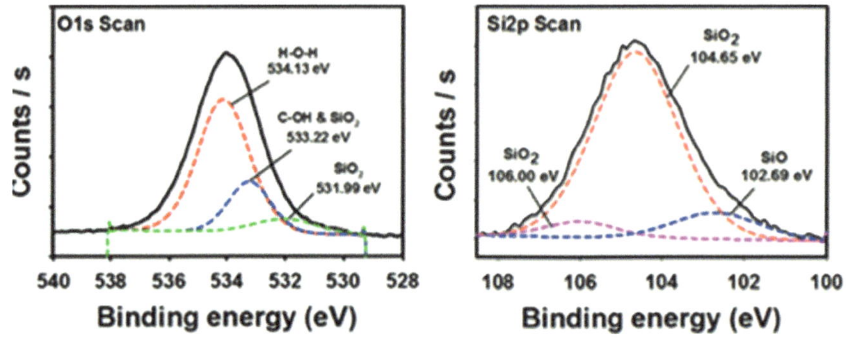

그림 09-24. SiO_2/CNFs 복합체의 XPS 스펙트럼

(PC)SiO_2/탄소나노섬유의 표면에 형성한 Pyrolytic carbon 코팅층의 결합 양상을 보기 위하여 XPS 스펙트럼을 측정하였으며, 이를 그림 09-25에 나타내었다. C1s Scan을 통해 탄소들이 C-C 단일 결합, C-O 단일 결합, C=O 이중결합 및 COO 결합을 하고 있음을 알 수 있으며, Si2p Scan을 통해 104.36eV에서 SiO_2가 관찰되어 Pyrolytic carbon 코팅층과 SiO_2 코팅층이 형성되어 있음을 알 수 있다. Ru3d Scan에서는 survey spectra에서 관찰되지 않았던 Ru이 딥 코팅 후 고온으로 건조하면서 산화되어, Ru3d Scan 결과 281.08eV에서 RuO_2의 형태로 관찰되어 PC층 위에 Ru 코팅층이 형성되었음을 알 수 있다.

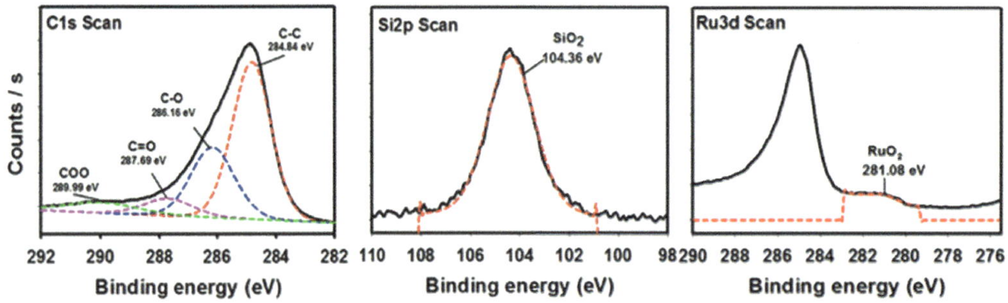

그림 09-25. (PC)SiO_2/CNFs 복합체의 XPS 스펙트럼

탄소나노 물질은 탄소 동소체에 따라 Diamond, Graphite, CNT(Carbon nanotube), CNF (Carbon nanofiber) 등 다양한 탄소 나노 구조를 가지며, 이 때 탄소 나노 구조들은 방향성만 다른 C-C 결합으로 구성되어있고, 이는 Raman 분석을 통해 C-C 결합의 방향성을 조사할 수 있다. 따라서 합성된 탄소나노섬유와 탄소나노 복합소재의 결정성을 확인하기 위하여 Raman 분석을 실시하였으며, 그 측정 결과를 그림 09-26에 나타낸다. 1,350cm^{-1} 부근에서 나타나는 D-band는 disordered graphite를 나타내며, 1,590cm^{-1} 부근에서 나타나는 G-band는 ordered graphite를 나타낸다. D-band는 C sp^3로 탄소나노섬유 외의 불순물이나 graphite의 구조적 결함을 의미하며, G-band는 C sp^2인 흑연 구조로서, 흑연화된 탄소나노섬유를 의미한다. D-band/G-band의 세기비(D/G 비)로 탄소의 무정형도를 계산할 수 있으며, 일반적으로 D/G 비의 증가는 D-band의 증가로 탄소에 불순물이나 구조적 결함이 높다는 것을 나타내는 동시에, 탄소의 결정화도의 감소를

의미한다. 탄소나노섬유, SiO_2/탄소나노섬유, (PC)SiO_2/탄소나노섬유, Ru(PC)SiO_2/탄소나노섬유의 D/G 비는 각각 1.37, 1.14, 0.91 및 1.10으로(PC)SiO_2/탄소나노섬유의 결정화도가 가장 높은 것으로 나타났다.

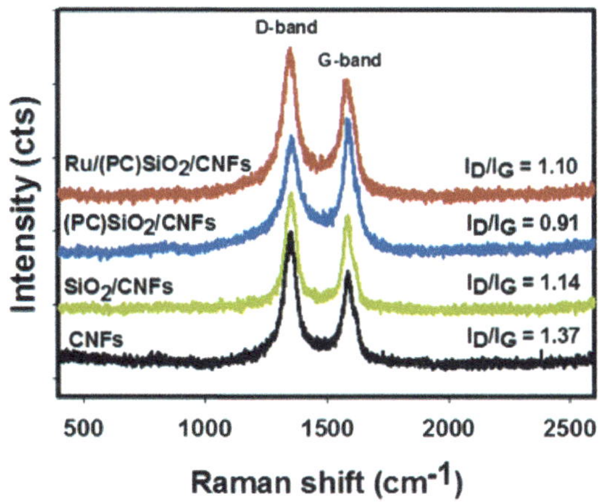

그림 09-26. 다양한 탄소나노섬유 복합체의 Raman 스펙트럼

(7) 전극소재의 전기화학적 특성

그림 09-27은 0.1-2.7V의 potential window와 1 mV/s에서 탄소나노 복합소재를 리튬 이차전지의 음극재로 사용하였을 때 측정한 순환전압전류곡선이다. 그림 09-27에서 볼 수 있듯이, 탄소나노섬유의 첫 번째 충·방전에서는 0.5V에서 산화 피크가 나타나며, 0.5V와 1.2V에서 두 개의 환원 피크가 나타난다. SiO_2/탄소나노섬유 복합소재의 첫 번째 충·방전에서는 0.9V에서 산화 피크가 나타나고, 0.7V와 1.2V에서 환원 피크가 나타난다. (PC)SiO_2/탄소나노섬유 복합소재에서는 전체 충전 과정에서 0.6V와 1.1V 두 개의 산화 피크가 나타나고, 첫 번째 방전에서는 0.5V와 1.1V에서 환원 피크가 나타난다. Ru/(PC)SiO_2/탄소나노섬유 복합소재의 경우는, 첫 번째 충·방전에서 0.5V에서 산화 피크가 나타나고, 0.3V와 0.5V에서 환원 피크가 나타난다. 특히 (PC)SiO_2/탄소나노섬유의 경우, 사이클이 진행되면서 0.6V에서 1.1V로 산화 피크가 이동하게 되는데, 이는 초기에 일분해 탄소층으로부터 빠져나온 리튬 이온이 많은 반면, 사이클이 진행될수록 SiO_2 코팅층에서 나온 리튬 이온의 양이 더 많아 산화 피크들이 이동한 것으로 보인다. 환원 피크의 감소 및 사라진 환원 피크는 탄소나노섬유 복합소재와 리튬의 비가역적 반응에 의한 것으로 전해질 분해 및 SEI 생성과 관련이 있다.

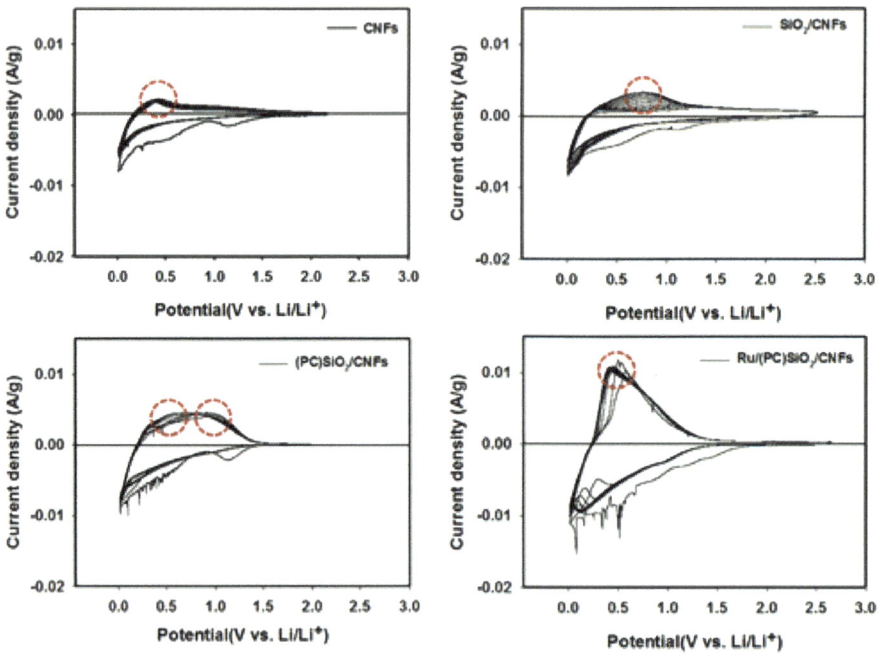

그림 09-27. CNFs, SiO_2/CNFs, (PC)SiO_2/CNFs 및 Ru/(PC)SiO_2/CNFs 복합소재의 CV

CNFs와 여러 가지 CNFs 복합체를 리튬 이차전지의 음극재로 사용하였을 때의 전기화학적 특성과 사이클 안정성을 조사하기 위하여 Galvanostatic 충·방전 테스트를 수행하였으며, 100mA/g의 전류를 인가하여 35 사이클을 수행하여 이를 그림 09-28에 나타내었다. 그림 09-28에서 볼 수 있듯이, CNFs의 최초 방전 용량은 약 809mAh/g을 나타내며, 2 사이클 이후 거의 일정한 방전 용량을 보여 높은 사이클 안정성을 나타낸다.

SiO_2/CNFs의 경우, 최초의 방전 용량은 1,289mAh/g으로 나타났으며, 2 사이클 이후 감소하기 시작하여 5 사이클 이후에는 방전 용량의 변동 범위가 감소한 것으로 보아 5 사이클 이후 사이클 안정성이 나타난다.

(PC)SiO_2/CNFs의 경우, 최초 방전 용량은 1,580mAh/g 이지만, 최대 방전 용량은 2,469mAh/g으로 CNFs 복합소재들 중 가장 높았으며, 15번째 사이클까지 불안정한 상태를 보이다가 16번째 사이클부터 안정화되었다.

Ru/(PC)SiO_2/CNFs의 최초 방전 용량은 2,451mAh/g이며, 15번째 사이클까지 불안정한 상태를 보이다가 16번째 사이클부터 안정화되었다. CNFs, SiO_2/CNFs, (PC)SiO_2/CNFs 및 Ru/(PC)SiO_2/CNFs의 최종 방전 용량은 각각 153mAh/g, 520mAh/g, 470mAh/g 및 512mAh/g로 나타났다.

CNFs 복합소재들의 방전 용량과 용량 유지율을 표 09-7에 나타내었다. 각 CNFs 복합소재들이 안정화되기까지 15 사이클이 소요된다고 판단하여, 용량 유지율을 불안정한 상태인 1 사이클에서 15 사이클까지 조사하고, 안정화되고 난 이후 16 사이클에서 35 사이클까지의 용량 유지율을 나타내었다. CNFs, SiO_2/CNFs, (PC)SiO_2/CNFs 및 Ru/(PC)SiO_2/CNFs의 15번째 사이클까지의 용량 유지율은 각각 19.28%, 49.18%, 37.34%, 33.04%로 CNFs의 용량 유지율이 제일 낮게 측정되었지만, 이후 35번째 사이클까지 용량 유지율은 98.07%, 79.51%, 55.29%, 67.10%로 CNFs의 용량 유지율이 가장 높게 나타났다. 그러나 다른 CNFs 복합소재들의 방전 용량이 각각 520mAh/g, 470mAh/g, 512mAh/g으로 153mAh/g인 CNFs의 최종 방전 용량보다 3배 증가하여 용량적인 면에서 CNFs 복합소재들이 더 우수한 것으로 나타났다. 또한 초기 1번째 사이클부터 15번째 사이클까지 CNFs에 비하여 CNFs 복합소재의 용량 유지율이 다소 낮지만, 사이클이 안정화 되고 난 이후의 용량 유지율에서는 79.51%, 55.29%, 67.10%로 원만한 용량 유지율을 보이고 있다. 최종 방전 용량과 용량 유지율을 고려했을 때 CNFs에 비하여 CNFs 복합소재들이 리튬 이차전지 음극재로서 성능이 더 우수함을 알 수 있었다.

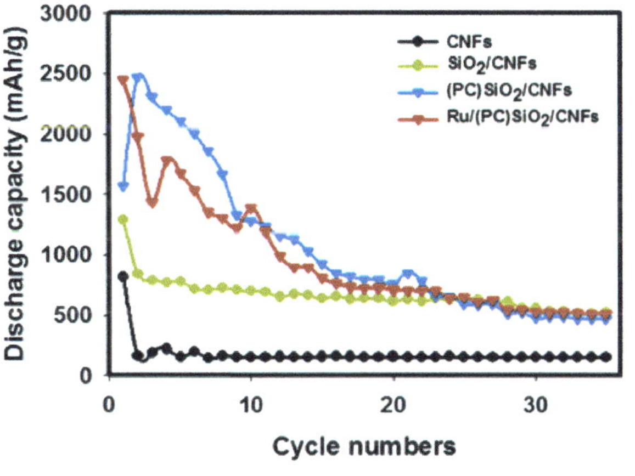

그림 09-28. CNFs, SiO_2/CNFs, (PC)SiO_2/CNFs 및 Ru/(PC)SiO_2/CNFs 복합소재의 방전 용량

표 09-7. CNFs, SiO_2/CNFs, (PC)SiO_2/CNFs 및 Ru/(PC)SiO_2/CNFs 복합소재의 방전 용량 및 유지 효율

샘플	최대 방전 용량 (mAh/g)	15번째 사이클		35번째 사이클	
		방전 용량 (mAh/g)	유지 효율 (%)	방전 용량 (mAh/g)	유지 효율 (%)
CNFs	809	156	19.28	153	98.07
SiO_2/CNFs	1,289	634	49.18	520	79.51
(PC)SiO_2/CNFs	2,469	922	37.34	470	55.29
Ru/(PC)SiO_2/CNFs	2,451	810	33.04	512	67.10

10 그래핀 나노복합소재의 합성

10.1 샌드위치 구조의 그래핀/실리콘 복합소재의 합성 및 특성 [86]

(1) 샌드위치 구조의 그래핀/실리콘 복합소재의 제조

샌드위치 구조의 그래핀/실리콘 복합소재는 산화 그래핀(GO)과 실리콘 나노 입자를 이용하여 딥 코팅 방법으로 제작한다. 그림 10-1은 샌드위치 구조의 그래핀/실리콘 복합소재의 대략적인 모식도이다. 먼저 시중에서 구입한 GO 분산액을 증류수에 넣어 2mg/ml의 농도로 희석한 용액과 실리콘 나노 입자를 증류수에 섞어 만든 분산액(2mg/ml)을 각각 제조한다. 미리 준비된 니켈 폼을 GO 분산액에 담근 후 건조한다. 건조가 끝나면 GO가 코팅된 니켈 폼을 실리콘 나노 입자 분산액에 넣어 같은 방법으로 코팅을 수행한다. 샌드위치 구조의 그래핀/실리콘 복합소재를 얻기 위해 같은 과정으로 GO 분산액과 실리콘 나노 입자 분산액을 5번 반복하여 코팅한다. GO를 환원시켜 주기 위해서, 코팅된 니켈 폼 전극을 80℃의 온도로 하루 동안 열처리한다.

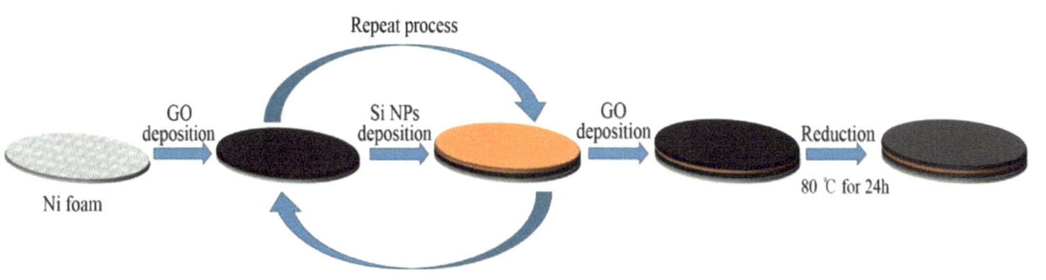

그림 10-1. 샌드위치 구조의 GO/Si 복합소재 합성 과정의 대략적인 모식도

(2) 전지의 제조

샌드위치 구조의 그래핀/실리콘 복합소재, 그래핀과 실리콘이 혼합된 그래핀/실리콘 복합소재의 전기화학적 특성을 조사하기 위해 코인 셀을 제작한다. 그림 10-2는 제작한 코인 셀의 모식도를 나타낸 것이다. 코인 셀에 사용한 작업 전극으로는 합성된 그래핀/실리콘 전극을 바인더 없이 그대로 사용하였고, 상대 전극으로는 리튬 포일, 분리막은 폴리에틸렌막을 사용한다. 전해질은 $LiPF_6$를 용해시킨 Ethylene carbonate(EC):Diethyl carbonate(DEC)(1:1 vol.%) 혼합 용액을 사용한다. 코인 셀은 아르곤 가스가 채워진 글러브 박스에서 제작한다.

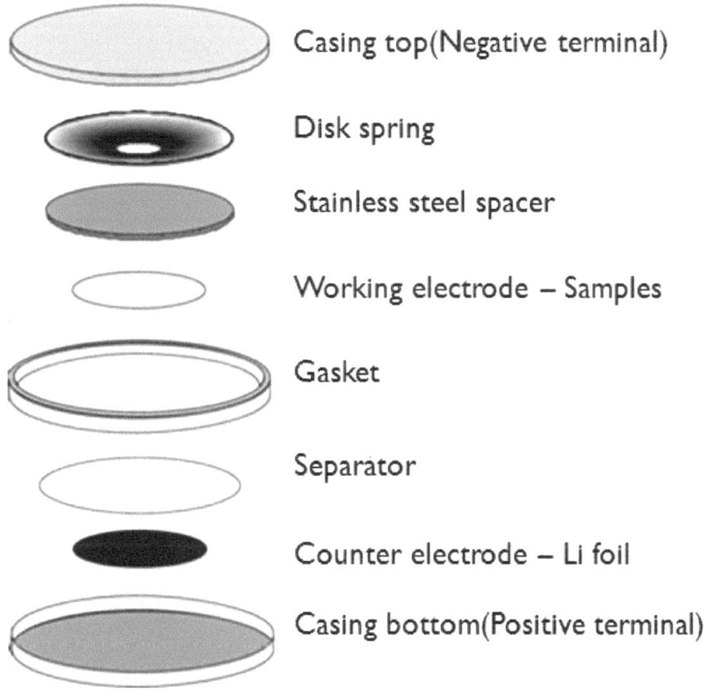

그림 10-2. 리튬 이차전지의 코인 셀의 모식도

(3) 샌드위치 구조의 그래핀/실리콘 복합소재의 물리화학적 특징

그림 10-3은 (a) 실리콘 나노 입자를 사용하지 않고 그래핀만 코팅된 니켈 폼의 표면과 (b) 그래핀과 실리콘 나노 입자가 층층이 적층되어 샌드위치 구조를 이루는 니켈 폼의 표면을 나타낸 SEM 이미지이다. 그림 10-3에서 그래핀의 전형적인 주름 구조를 확인 할 수 있는데 [87], 이것으로 그래핀이 실리콘 표면에 균일하게 코팅되어 있다는 것을 알 수 있다. (b)에서 그래핀 시트 안쪽에 분산되어 있는 실리콘 나노 입자가 관찰된다.

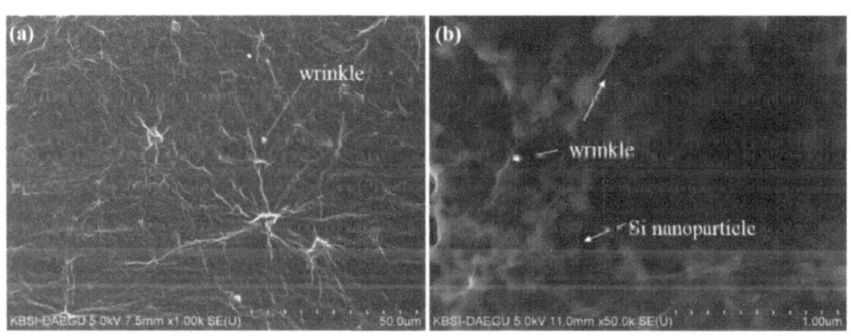

그림 10-3. SEM 이미지. (a) Ni foam에 코팅된 GO, (b) 샌드위치 구조의 GO/Si 복합소재

그림 10-4는 실리콘 나노 입자를 사용하지 않고 그래핀만 코팅된 니켈 폼 전극과 그래핀과 실리콘 나노 입자가 층층이 적층되어 샌드위치 구조를 이루는 니켈 폼 전극의 Raman 분석 결과이다.

1,580cm^{-1} 부근에서 나타나는 G-band는 흑연 결합을 나타내는 sp^2 결합으로 탄소의 이중결합

을 의미하고, 1,340cm^{-1} 부근에서 나타나는 D-band는 무질서한 흑연 또는 탄소의 결함을 나타내는 sp^3 결합으로 탄소의 단일결합을 의미한다. G-band와 D-band의 세기비(ID/IG)로 그 물질의 상대적인 결정성을 알 수 있는데, ID/IG 비가 작을수록 흑연 구조의 결함이 더 적음을 나타낸다.[88-91] 그리고 샌드위치 구조의 그래핀/실리콘 복합소재의 경우는 실리콘을 나타내는 피크가 520cm^{-1} 부근에서 나타난다.[88, 89]

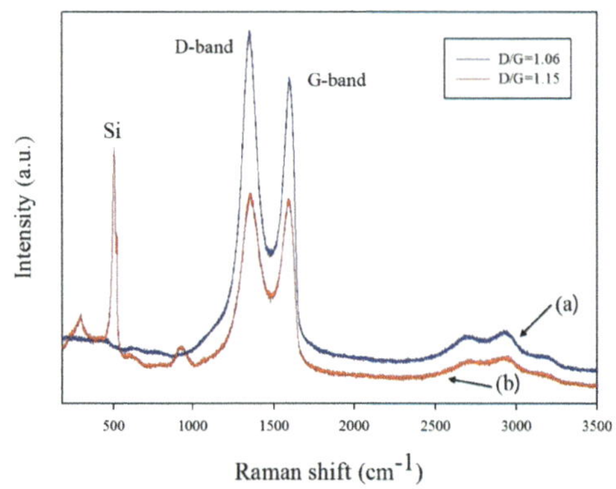

그림 10-4. Raman 스펙트럼(a) GO(b) 샌드위치 구조의 GO/Si 복합소재

그림 10-5는 샌드위치 구조의 그래핀/실리콘 복합소재 및 산화 그래핀의 XPS 분석 결과이며, 그림 10-5의 결합 에너지 범위와 결합을 분석하여 표 10-1에 나타내었다.

그림 10-5에서 볼 수 있듯이, 샌드위치 구조의 그래핀/실리콘 복합소재 및 산화 그래핀의 탄소 결합 에너지 피크는 284.6eV에서 C=C, 286.4eV에서 C-O, 288eV에서 C=O 그리고 289eV에서 COO 결합이 나타난다. 산화 그래핀과 비교하여 샌드위치 구조의 그래핀/실리콘 복합소재의 C1s spectrum에서 284.6eV를 제외한 나머지 피크들이 감소하는 것은 80℃에서 열처리를 함으로써 산화 그래핀이 환원되었다는 것을 의미한다.[92] 그리고 실리콘 결합 에너지의 피크는 99.5eV에서 단원자 실리콘, 103.3eV에서 SiO_X 결합이 나타난다.[93]

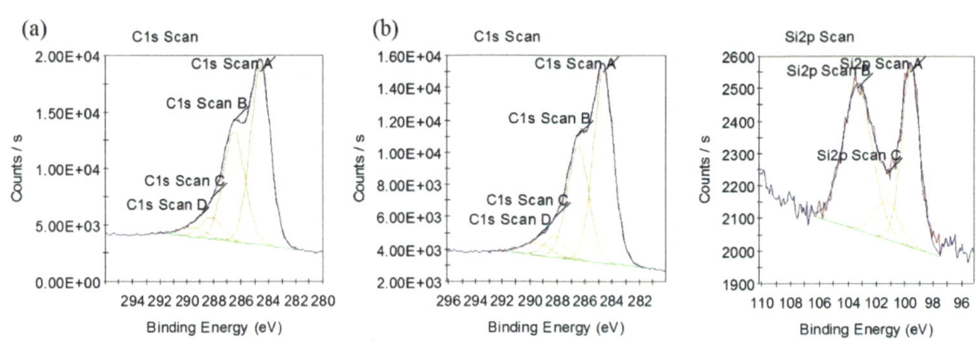

그림 10-5. XPS 스펙트럼. (a) GO (b) 샌드위치 구조의 GO/Si 복합소재

표 10-1. XPS 결과 (a) GO (b) 샌드위치 구조의 GO/Si 복합소재

		결합 에너지	결합
(a)	C1s Scan A	284.6	C=C
	C1s Scan B	286.4	C-O
	C1s Scan C	288	C=O
	C1s Scan D	289	COO
(b)	C1s Scan A	284.6	C=C
	C1s Scan B	286.4	C-O
	C1s Scan C	288	C=O
	C1s Scan D	289	COO
	Si2p Scan A	99.5	Si
	Si2p Scan B	103.3	SiOx

(4) 그래핀과 실리콘이 혼합된 그래핀/실리콘 복합소재의 물리화학적 특징

그림 10-6은 (a) 실리콘 나노 입자를 사용하지 않고 그래핀만 코팅한 전극과 (b) 그래핀과 실리콘 나노 입자가 혼합되어 제작된 복합소재의 SEM 이미지이다. 그림 10-6에서 그래핀의 전형적인 주름 구조를 확인할 수 있는데, 이것으로 그래핀이 표면에 균일하게 코팅되어 있다는 것을 알 수 있다. (b)와 (c)에서는 그래핀 시트 안쪽에 분산되어 있는 실리콘 나노 입자가 관찰된다. (b)와 (c)에서 볼 수 있듯이, 분산액의 실리콘 농도가 낮아지면 그래핀 시트 안쪽에 분산된 실리콘 나노 입자의 양이 더 적게 분산되는 것을 알 수 있다.

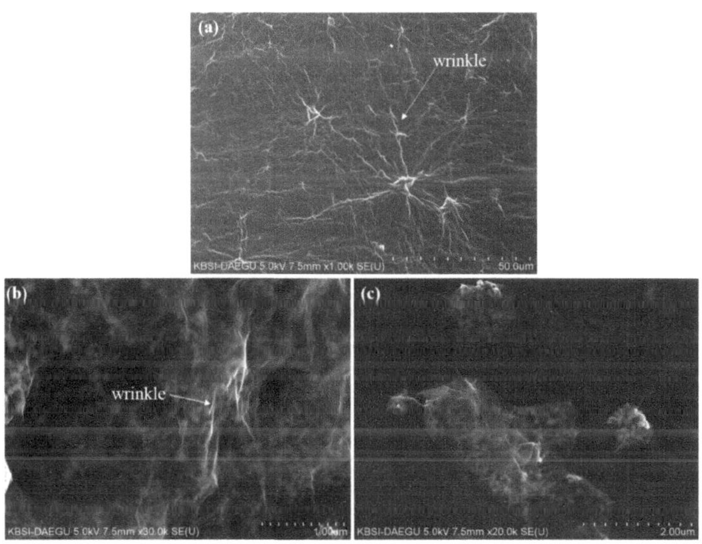

그림 10-6. SEM 이미지

(a) GO (b) 혼합된 GO/Si 복합소재(실리콘 농도: 0.2wt%) (c) 혼합된 GO/Si 복합소재(실리콘 농도: 0.03wt%)

그림 10-7은 그래핀과 실리콘 나노 입자가 혼합되어 제작된 복합소재의 Raman 결과이다.

1,580cm^{-1} 부근에서 나타나는 G-band는 흑연 결합을 나타내는 sp^2 결합으로 탄소 이중결합을 의미하고, 1,340cm^{-1} 부근에서 나타나는 D-band는 무질서 흑연 또는 탄소의 결합을 나타내는 sp^3 결합으로 탄소 단일결합을 의미한다. G-band와 D-band의 세기비(ID/IG)로 그 물질의 상대적인 결정성을 알 수 있는데, ID/IG 비가 작을수록 흑연 구조의 결합이 더 적음을 나타낸다.[88-91] 그리고 실리콘을 나타내는 피크가 520cm^{-1} 부근에서 관찰되는데 실리콘의 농도가 증가함에 따라 피크가 더욱 증가하는 것을 알 수 있다.[88, 91]

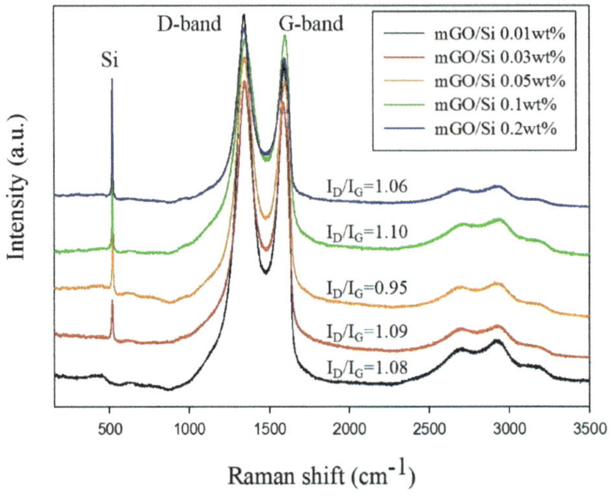

그림 10-7. 혼합된 GO/Si 복합소재의 Raman 스펙트럼

그림 10-8은 그래핀과 실리콘이 혼합된 그래핀/실리콘 복합소재 및 산화 그래핀의 XPS 결과이며, 그림 10-8의 결합 에너지 범위와 결합을 분석하여 표 10-2에 나타내었다.

그림 10-8에서 볼 수 있듯이, 그래핀과 실리콘이 혼합된 그래핀/실리콘 복합소재 및 산화 그래핀의 탄소 결합 에너지 피크는 284.6eV에서 C=C, 286.4eV에서 C-O, 288eV에서 C=O 그리고 289eV에서 COO 결합이 나타난다. 산화 그래핀과 비교하여 그래핀과 실리콘이 혼합된 그래핀/실리콘 복합소재의 C1s 스펙트럼에서 284.6eV를 제외한 나머지 피크들이 감소하는 것은 80℃에서 열처리를 함으로써 산화 그래핀이 환원되었다는 것을 의미한다.[92] 그리고 실리콘 결합 에너지의 피크는 99.5eV에서 단원자 실리콘, 103.3eV에서 SiOX 결합이 나타난다.[93]

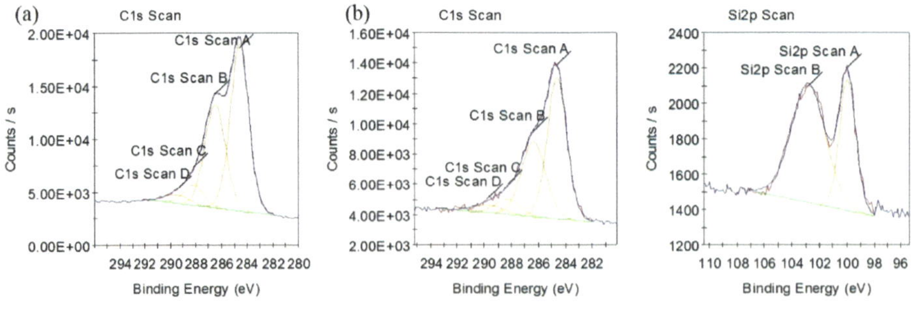

그림 10-8. XPS 스펙트럼 (a) GO (b) 혼합된 GO/Si 복합소재

표 10-2. XPS 결과 (a) GO (b) 혼합된 GO/Si 복합소재

		결합 에너지	결합
(a)	C1s Scan A	284.6	C=C
	C1s Scan B	286.4	C-O
	C1s Scan C	288	C=O
	C1s Scan D	289	COO
(b)	C1s Scan A	284.6	C=C
	C1s Scan B	286.4	C-O
	C1s Scan C	288	C=O
	C1s Scan D	289	COO
	Si2p Scan A	99.5	Si
	Si2p Scan B	103.3	SiOx

(5) 전지 제작 방법에 따른 GO/Si 복합소재의 전기화학적 특징

샌드위치 구조의 그래핀/실리콘 복합소재, 그래핀과 실리콘이 혼합된 그래핀/실리콘 복합소재를 리튬 이차전지의 음극재로 사용하였을 때의 방전 용량을 조사하여 그림 10-9에 나타내었으며, 그 결과를 표 10-3에 정리하였다. 제조된 전극의 전기화학적 특성을 알아보기 위해 0.5C rate의 전류를 인가하여 100 사이클 동안 충·방전 특성을 조사하였다. 그래핀과 실리콘이 혼합된 그래핀/실리콘 복합소재를 사용하였을 경우, 초기 용량이 1,586mAh/g에서 100 사이클 후 방전 용량이 320mAh/g으로 감소하였으며, 이로써 그래핀/실리콘 복합소재가 초기 용량이 1,311mAh/g에서 100 사이클 후 방전 용량이 185mAh/g으로 감소한 샌드위치 구조의 그래핀/실리콘 복합소재를 사용한 전극의 경우보다 전지 용량이 뛰어남을 알 수 있다. 또한 쿨롱 효율 또한 그래핀과 실리콘이 혼합된 그래핀/실리콘 복합소재가 뛰어난 것을 알 수 있는데, 이것으로 보아 그래핀과 실리콘 나노입자를 적층하여 전극을 만드는 것보다 같이 섞어 전극을 만든 경우가 전지 용량뿐만 아니라 효율 면에서도 더 뛰어나다는 것을 알 수 있다.

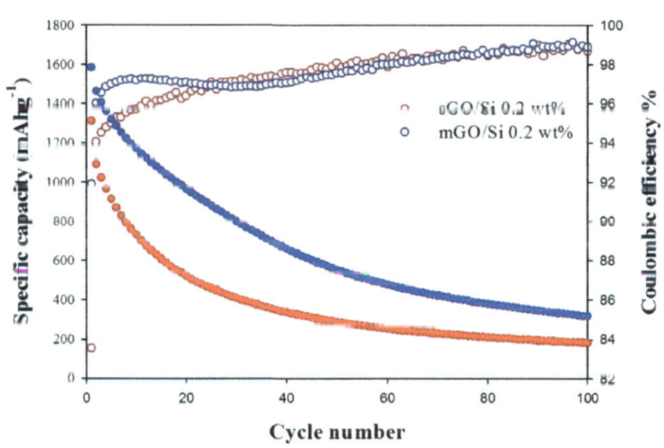

그림 10-9. 샌드위치 구조의 GO/Si 복합소재와 혼합된 GO/Si 복합소재의 사이클 성능

표 10-3. 샌드위치 구조의 GO/Si 복합소재와 혼합된 GO/Si 복합소재의 방전 용량 및 효율

샘플	방전 용량(mAh/g)	
	1번째 사이클	100번째 사이클
sGO/Si	1,311	185
mGO/Si	1,586	320

(5) 실리콘의 농도 차이에 따른 GO/Si 복합소재의 전기화학적 특성

분산액의 실리콘 농도를 달리하여 제작한 그래핀과 실리콘이 혼합된 그래핀/실리콘 복합소재 전극과 산화 그래핀을 사용하여 만든 전극을 리튬 이차전지의 음극재로 사용하였을 때의 방전 용량을 조사하여 그림 10-10에 나타내었으며, 그 결과를 표 10-4에 정리하였다.

먼저 (a)에서 보여주는 것과 같이, 실리콘 나노 입자를 사용하지 않고 산화 그래핀 분산액만 사용하여 코팅한 전극의 경우, 초기 용량이 1,541mAh/g에서 100 사이클 후 방전 용량이 390mAh/g으로 나타난다. 분산액의 실리콘 농도를 0.03, 0.05, 0.1wt%로 달리하여 코팅한 경우는 각각 2,702, 2,442, 2,628mAh/g의 초기 용량을 가지고, 100 사이클 후 방전 용량은 각각 778, 503, 635mAh/g로, 0.03wt% 실리콘 농도의 분산액을 사용하여 제작한 전극이 가장 우수한 성능을 보임을 알 수 있다.

또한, 그림 10-11에서 볼 수 있듯이, 0.03wt% 실리콘 농도의 분산액을 사용하여 제작한 전극은 30 사이클 이후 99% 이상의 높은 쿨롱 효율을 보여준다. 분산액의 실리콘 농도가 0.03wt%보다 클 때 음극 성능이 저하되는 이유는, 실리콘의 농도가 높아짐에 따라 실리콘 나노 입자가 서로 뭉치는 현상이 발생하여 그래핀 시트가 실리콘의 부피 팽창을 제대로 막아주지 못하기 때문이다.

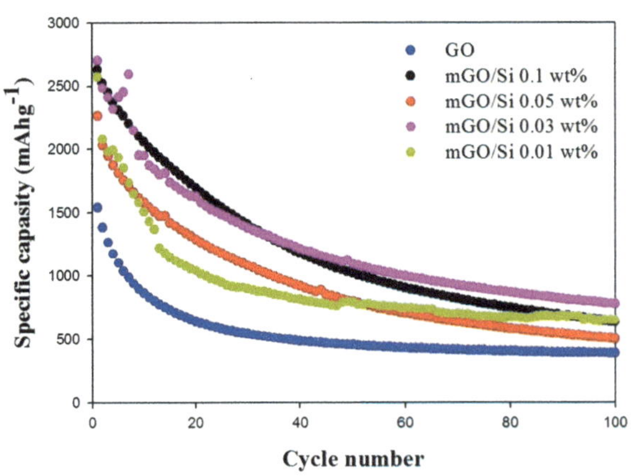

그림 10-10. 실리콘의 농도에 따른 GO와 혼합된 GO/Si 복합소재의 사이클 성능

표 10-4. 혼합된 GO/Si 복합소재의 방전 용량(실리콘의 농도:0.1, 0.05, 0.03, 0.01wt%)

샘플	방전 용량(mAh/g)	
	1번째 사이클	100번째 사이클
GO	1,541	390
mGO/Si 0.01wt%	2,574	646
mGO/Si 0.03wt%	2,702	778
mGO/Si 0.05wt%	2,442	503
mGO/Si 0.1wt%	2,628	635

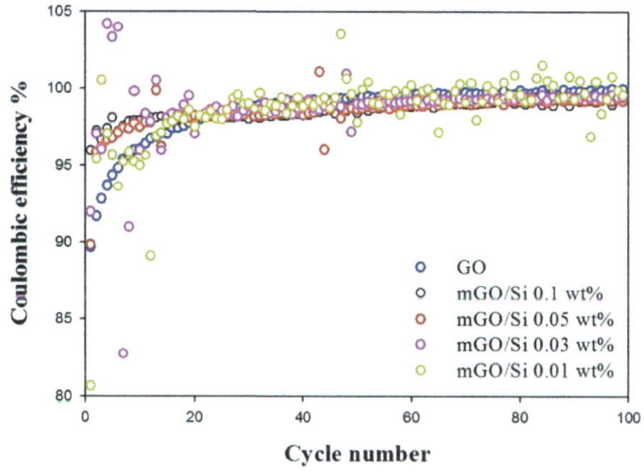

그림 10-11. GO와 혼합된 GO/Si 복합소재의 쿨롱 효율

(6) 딥코팅 횟수에 따른 방전 용량의 비교

분산액의 실리콘의 농도를 0.1wt%로 고정하고 딥코팅 횟수를 달리하여 제작한 그래핀과 실리콘이 혼합된 그래핀/실리콘 복합소재를 리튬 이차전지의 음극재로 사용하였을 때의 방전 용량을 조사하여 그림 10-12에 나타내었으며, 그 결과를 표 10-5에 정리하였다. 5번 딥코팅한 전극의 경우, 초기 용량이 2,628mAh/g에서 100 사이클 후 방전 용량이 635mAh/g으로 나타나 7번, 10번 딥코팅한 것보다 전지 용량이 우수한 것을 알 수 있다. 5번 딥코팅한 것과 비교하여 7번, 10번한 그래프를 보았을 때 전극이 불안정하거나 전지 용량이 낮은데, 이것은 딥코팅 횟수가 증가함에 따라 전극의 두께가 두꺼워져 전극의 분리가 일어나기 때문이다. 따라서 딥코팅 횟수가 적을수록 용량이 크며 더 안정하다는 것을 알 수 있다.

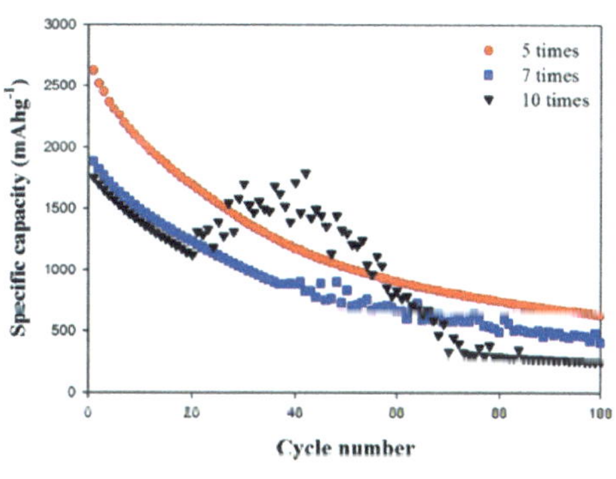

그림 10-12. 딥코팅 횟수에 따른 혼합된 GO/Si 복합소재의 사이클 성능(실리콘의 농도: 0.1wt%)

표 10-5. 딥코팅 횟수에 따른 혼합된 GO/Si 복합소재의 방전 용량 및 효율(실리콘 농도: 0.1wt%)

샘플	방전 용량(mAh/g)	
	1번째 사이클	100번째 사이클
5 번	2,628	635
7 번	1,884	408
10 번	1,751	250

10.2 탄소나노섬유/그래핀/실리콘 복합소재의 합성 및 특성 [94]

(1) Fe-Cu 이원계 촉매의 제조

탄소나노섬유의 성장에 사용할 촉매는 공침법을 사용하여 Fe-Cu 이원계 촉매를 제조하며, 촉매의 제조 방법은 그림 10-13에 나타내었다. A(Fe nitrate + Cu nitrate + Al nitrate 수용액) 및 B(Ammonium molybdate 수용액) 용액을 혼합하고, C(Ammonium carbonate 수용액) 용액을 같이 증류수에 천천히 적가하며 교반하여 침전물을 형성한다. 수득한 침전물을 필터하고, 오븐에서 60℃에서 24시간 동안 건조시키고, 건조된 침전물을 분말로 분쇄하여 탄소나노섬유(CNFs) 합성을 위한 금속 촉매로 사용한다.

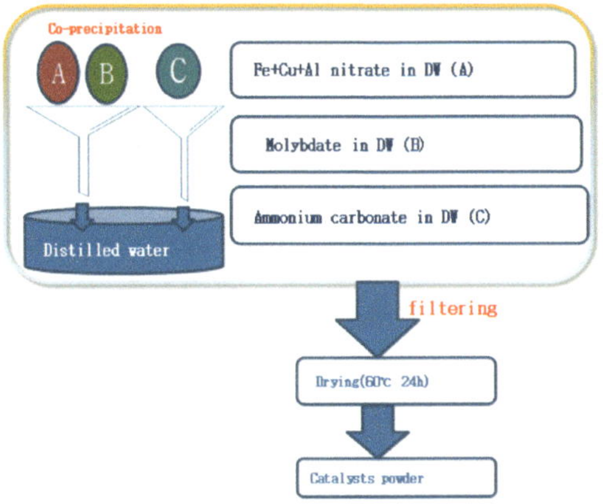

그림 10-13. Fe-Cu 촉매의 제조 방법

(2) 탄소나노섬유의 합성

Fe-Cu 촉매를 사용하여 화학 기상 증착법(CVD)으로 탄소나노섬유를 성장시켰으며, 탄소나노섬유의 합성 방법은 그림 10-14에 나타내었다.

촉매를 튜브 로의 석영 반응기에 넣고, 아르곤 분위기를 유지하며 10℃/min, 700℃까지 온도를 올려준다. 목표 합성 온도에 도달한 후, H_2/Ar 혼합 가스로 전환하고 30분 동안 환원을 위해 유지한 다음, 탄소원으로서 에틸렌(C_2H_4)을 H_2/Ar 혼합 가스와 함께 반응기에 1시간 동안 흘려준다. 그 후, 아르곤 가스 분위기를 유지하며 상온까지 냉각하면 탄소나노섬유를 성공적으로 합성할 수 있다.

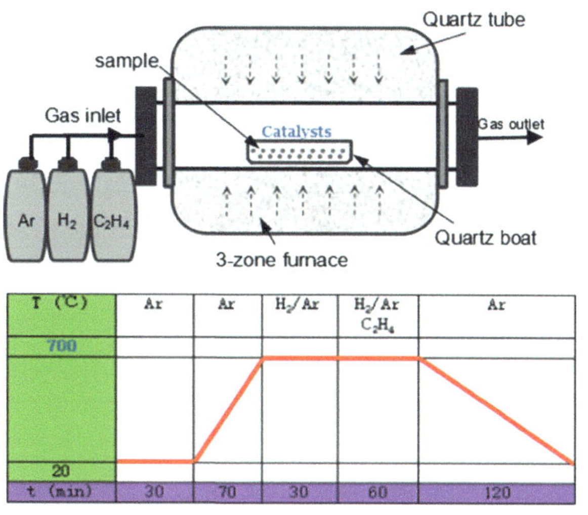

그림 10-14. 탄소나노섬유의 합성 방법

(3) Si/CNF/rGO film 제조

실리콘/탄소나노섬유/그래핀(Si/CNF/rGO) 복합체 필름의 합성 과정을 그림 10-15에 나타내었다. 나노 실리콘 분말 및 제조한 CNFs를 에탄올에 혼합 분산하고, Si/CNFs 혼합물을 얻기 위해 1시간 동안 초음파 분쇄한다. 이어서 산화 그래핀(GO) 용액을 혼합물에 첨가하고, 혼합물을 1시간 동안 다시 초음파 처리하며, 3시간 동안 자기 교반하면 매우 안정한 Si/CNFs/GO 분산액을 얻을 수 있다. 그 후, Si/CNFs/GO 분산액을 진공 필터에 의해 여과하여 총 두께가 약 0.22μm인 복합 필름을 형성한다. 필름을 블라스트 오븐에 넣고 40℃에서 24시간 동안 건조시킨 다음 필터막으로부터 분리하여, Si/CNFs/GO 복합 필름을 제조한다. 제조한 Si/CNFs/GO 복합 필름을 아르곤 가스 흐름이 있는 석영관로에서 2시간 동안 10℃/min의 속도로 550℃까지 가열하여 배터리 음극 소재로서 열적으로 환원된 Si/CNF/rGO 복합 필름을 얻는다. 전기화학적 성능을 비교하기 위해, 대조군 샘플은 동일한 방법으로 CNFs 없이 Si/rGO 필름을 제조한다.

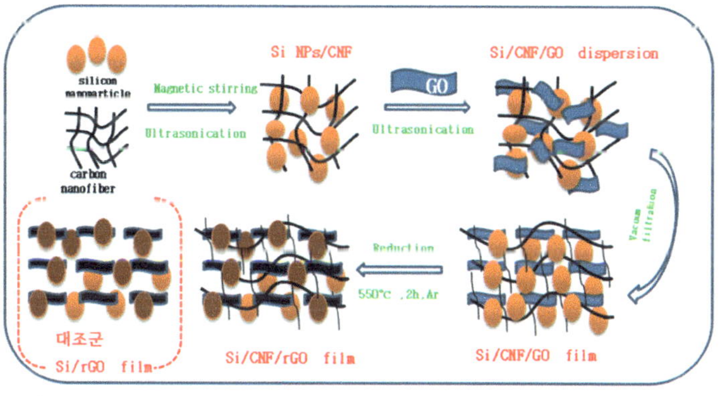

그림 10-15. Si/CNFs/rGO과 Si/rGO 복합소재 필름의 합성 방법의 모식도

(4) Si/CNF/rGO film 전극을 사용한 전지의 제조

Si/CNFs/rGO 및 Si/rGO 복합소재를 리튬 이차전지의 음극 활물질로 사용하여 2-전극 전지를 제조한다. 전극을 테스트하고 전기화학적 성능을 조사하기 위해, 제조된 Si/CNFs/rGO 및 Si/rGO 복합 필름을 작은 조각으로 절단하고 전도성 첨가제 및 결합제 없이 독립적인 작업 전극소재로 사용한다. 상대 전극 및 기준 전극으로서 금속 리튬 포일을 사용하고, 순수 아르곤으로 채워진 글러브 박스에서 2-전극 전지 리튬 이온 코인 배터리(CR2032)를 조립한다.

상대 전극 및 기준 전극으로 금속 리튬 포일, 분리막은 Celgard 2600이고, 전해질은 에틸렌카보네이트(EC)/다이메틸카보네이트(DMC)/에틸메틸카보네이트(EMC)(1:1:1 부피비)의 혼합물에 용해된 1 *M* $LiPF_6$ 용액을 사용한다. 0.01-1.5V(vs. Li/Li+)의 전압 범위 내, 실온(25℃)에서 전기화학적 워크스테이션 및 정전류 충전-방전법(Galvanostatic charge-discharge, WonATech Co., Ltd, WBCS3000)을 사용하여 사이클 실험을 통해 충·방전 용량을 조사한다. 충·방전 실험의 사이클 횟수는 100 사이클로 하여 측정한다.

(5) Si/rGO 및 Si/CNF/rGO film 전극의 물리화학적 특징

그림 10-16는 Si/CNFs/rGO 복합 필름과 Si/rGO복합 필름의 SEM 이미지이다. 그래핀으로 코팅된 실리콘 나노 입자가 탄소나노섬유 그리드에 균일하게 분산되어 있음을 그림 10-16(a)와 (b)에서 알 수 있다. (c)에서, Si/rGO 복합소재는 탄소나노섬유에 의해 밀집하게 얽혀 있고, 탄소나노섬유는 실리콘 입자 사이에 산재되어 안정적인 3차원 구조를 형성한다는 것을 알 수 있다. 이 구조는 전자의 전도 및 이온의 수송을 위한 더 짧은 수송 채널을 제공하여, 전체 전극이 우수한 전기 전도성 및 낮은 전기 저항을 갖도록 한다.[95] 또한, 3차원 그리드 구조는 양호한 공극을 가지며, 전극 전체 구조의 부피 변화를 효과적으로 수용할 수 있고, 충·방전 시 Si 나노 입자의 분쇄를 감소시켜서 전극이 우수한 기계적 안정성을 갖는다. 대조 전극으로서 Si/rGO 복합 필름의 SEM 이미지를 그림 10-16(d-f)에 나타내었다. Si 나노 입자는 그래핀층으로 덮여있으며, Si 나노 입자와 환원된 그래핀 코팅 사이의 밀접한 접촉은 안정한 복합 구조를 형성한다는 것을 의미한다.

그림 10-16. SEM 이미지(a-c) Si/CNFs/rGO(d-f) Si/rGO 복합소재

Si/CNFs/rGO 및 Si/rGO 복합 필름의 구조와 조성을 더 조사하기 위해 TEM 분석을 수행하였으며, 이를 그림 10-17에 나타내었다. Si/CNFs/rGO 복합 필름의 TEM 이미지는 그림 10-17(a-c)에 나타내었다. (a), (b)에서 보듯이, Si/rGO 입자가 가교된 탄소나노섬유 그리드에 분포되어 있고, 그래핀과 탄소나노섬유는 서로 직조된 구조를 형성한다는 것을 알 수 있다. (c)에서 Si 나노 입자의 표면은 그래핀 코팅으로 균일하게 도포되며, 탄소층의 코팅 및 CNFs의 엉킴은 실리콘 입자의 부피 변화를 효과적으로 수용하고 완충할 수 있음을 나타낸다. 부피 변화로 인한 실리콘 입자의 표면 균열 및 탄소 기판으로부터 실리콘 입자의 분리를 방지하고, 안정한 SEI 막의 형성을 촉진하여 전극 구조의 완전성을 유지한다. 음극 소재로서, 낮은 저항 및 안정적인 구조는 높은 비 용량, 우수한 사이클 및 레이트 성능에 기여할 것이다.

(e-g)는 Si/rGO 복합 필름의 TEM 이미지이며, 주름진 그래핀 시트 및 Si 나노 입자를 명확하게 볼 수 있다. Si 나노 입자 및 RGO 플레이크는 필름 전체에 균일하게 분포되고, 그래핀 시트는 Si 입자의 부피 변화를 수용하기 위해 Si 나노 입자 상에 밀접하게 코팅된다. 이 결과는 SEM 이미지와 일치하며, 복합소재의 전기 전도성을 향상시키는데 유리하다. (d), (h)에서 볼 수 있듯이, 고배율에서의 TEM 이미지는 Si 나노 입자의 격자 간격이 0.31nm이며, 이는 Si(111)에 상응하고, rGO의 격자 간격은 0.18nm로 보여진다.

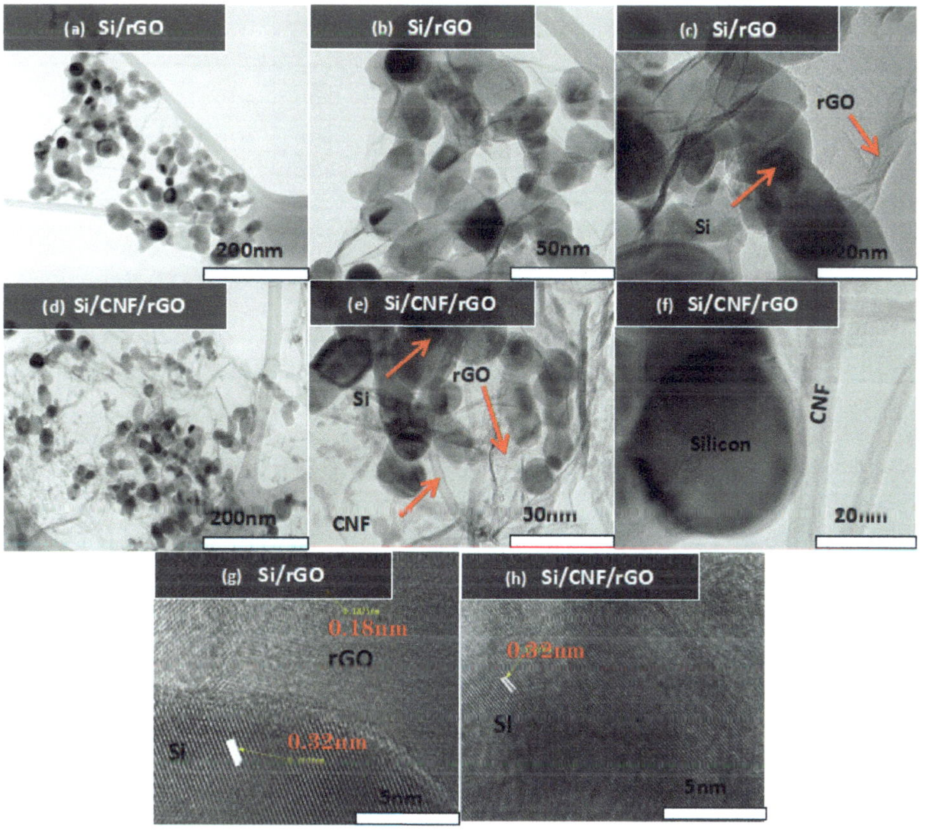

그림 10-17. TEM 이미지와 고배율 TEM 이미지.
(a-c) Si/rGO (d-f) Si/CNF/rGO

Si/CNFs/rGO, Si/CNFs, Si/rGO 복합소재 및 CNFs, rGO, GO의 XRD 패턴을 그림 10-18에서 나타내었다. 산화 그래핀의 경우, 강하고 좁은 대표 회절 피크는 2θ=9.6°에서 나타난다. 열환원된 그래핀(RGO)의 경우, 반응 후 GO의 9.6° 특성 피크가 사라지고 그래핀에 상응하는 넓고 약한 (002) 25° 피크가 재생된 것은 산화 그래핀(GO)이 그래핀(rGO)으로 성공적으로 환원되었음을 보여준다.[96-98] Si/RGO 필름의 회절 피크는 26.5°, 28.4°에서 나타났으며, 이로써 RGO 및 Si 나노 입자의 존재를 확인할 수 있다. 또한 결정성 실리콘의 특성 피크들인 Si(111) 28.4°, Si(220) 47.3°, Si(311) 56.1°, Si(400) 69.1°, Si(331) 76.4°(JCPDS 27-1402)에서의 피크도 Si/CNFs/rGO에서 나타났으며, 이는 rGO 및 CNFs와 결합한 후에도 Si 나노 입자에 변화가 없음을 의미한다. 또한 26.78°, 43.84° 및 66.87°에서 나타난 CNFs의 특성 피크가 Si/CNFs/rGO에서도 나타났다. 그리고 24° 근처에 약한 피크가 있으며, 이는 비정질 탄소의 특성 피크 위치에 해당한다.

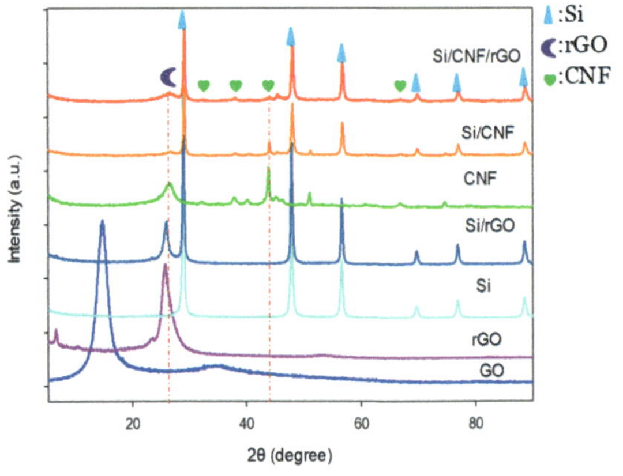

그림 10-18. Si/CNFs/rGO, Si/CNFs, CNFs, Si/rGO, Si, rGO 및 GO의 XRD 패턴

그림 10-19는 Si/CNFs/rGO 복합소재의 Raman 스펙트럼이고, GO, rGO, CNFs 및 rGO-Si 복합소재의 스펙트럼과 비교한 것이다. Si/CNFs/rGO 및 Si/rGO 복합 필름의 경우, 약 517cm^{-1} 에서의 피크는 Si 나노 입자 스펙트럼과 일치하여, 복합소재에 결합한 후 Si이 변하지 않음을 보여준다. D 밴드 및 G 밴드는 각각 1,348cm^{-1} 및 1,578cm^{-1} 이며, 이는 탄소 소재의 특징적인 피크이다.[99, 100] ID/IG 강도 비는 탄소 소재의 흑연화도 및 그래핀계 소재의 결함 밀도를 평가할 수 있다. GO(1.09)와 비교하면 열환원 후 Si/CNFs/rGO(1.02), Si/rGO(1.04) 및 rGO(0.96)의 ID/IG 강도 비율이 감소한다. 이는 면내 *sp*^{2} 영역의 크기가 현저히 증가하고 탄화도가 높을수록 D 밴드의 강도가 낮아지기 때문이다.[98, 101, 102] 또한 CNFs(0.99)는 결함이 적으므로 CNFs를 추가하면 D 밴드가 더욱 약해진다.

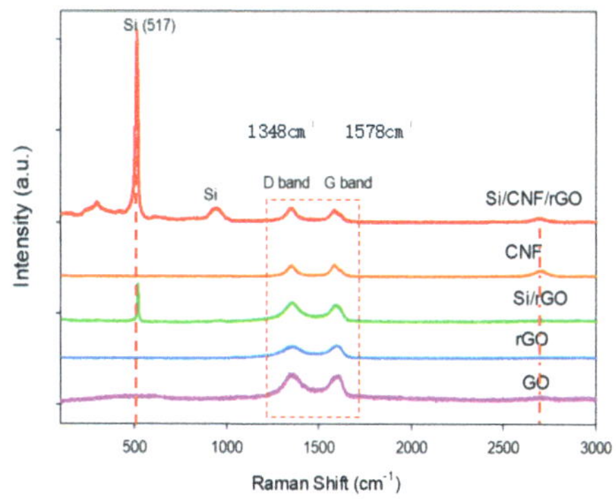

그림 10-19. Si/CNFs/rGO film, CNFs, Si/rGO film, rGO 및 GO의 Raman 스펙트럼

표 10-6. Si/CNFs/rGO film, CNFs, Si/rGO film, rGO 및 GO의 Raman 스펙트럼 결과

샘플	ID/IG
Si/CNFs/rGO	1.02
Si/rGO	1.04
CNFs	0.99
rGO	0.96
GO	1.09

Si/CNFs/rGO 복합체의 원소 정보를 XPS로 분석하여 이를 그림 10-20에 나타내었다. 복합소재 Si/GO, Si/CNFs/GO, Si/rGO 및 Si/CNFs/rGO의 C1s의 XPS 스펙트럼(a-d)에서 나타난 284eV 및 286eV의 강한 피크는 각각 C-C 및 C-O 결합이다.[103-105] 287eV 및 289eV에서 나타난 약한 피크는 각각 C=O 결합 및 O-C=O 결합에 해당하지만 O-C=O 및 C=O의 세기는 더 낮다.[106, 107] 그림 10-20(a)와 (c)를 비교하면, 복합소재의 스펙트럼에서 C-O 결합은 명백히 강한 피크에서 약한 피크로 변화하는데, 이는 열 감소 후 손실된 산소의 결과이다. (b) 및 (d)의 결과도 같은 경향으로 나타났는데, (c)를 (d)와 비교하면, (d)의 스펙트럼은 CNFs의 첨가로 인해 C-C 결합에 해당하는 285.9eV의 피크를 가짐을 알 수 있다. 또한 GO와 CNFs의 환원으로 rGO와 CNFs가 C-C 결합을 하여 285eV 피크의 세기가 변화한 것을 알 수 있다. (e)에서는 Si 2p에 해당하는 3개의 피크가 나타난다. 100.07eV 및 101.22eV의 피크는 각각 Si-Si $2p_{3/2}$ 및 Si-Si $2p_{1/2}$에 해당하고, 103.95eV는 Si-O 결합에 해당하는 피크이다. 이는 소량의 나노 실리콘 분말이 소재를 제조하는 동안 특정 온도에서 공기에 의해 산화되기 때문이다.

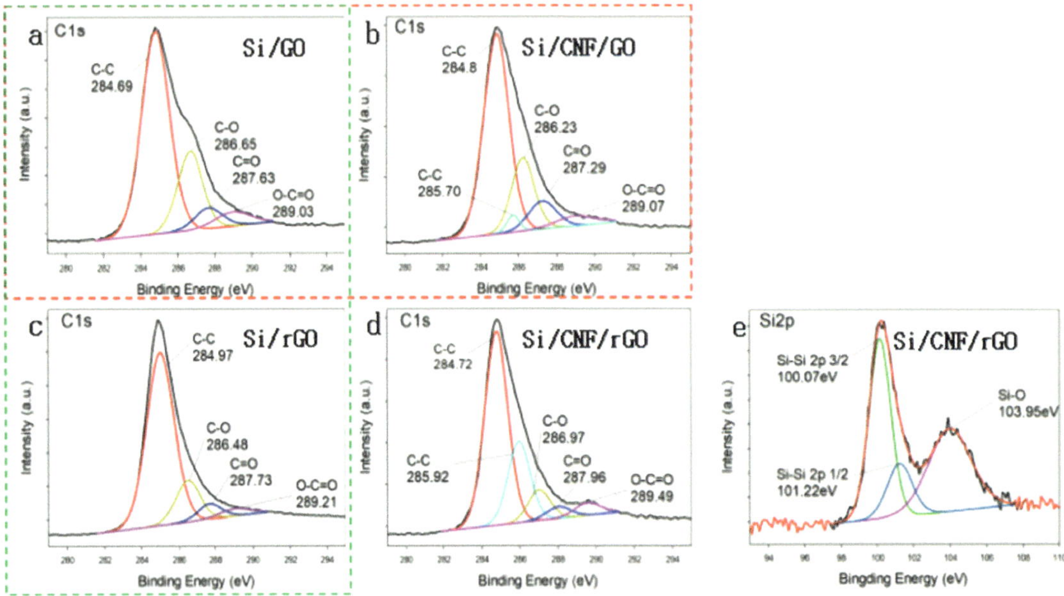

그림 10-20. C 1s XPS 스펙트럼

(a) Si/GO (b) Si/CNFs/GO (c) Si/rGO (d) Si/CNFs/rGO, Si 2p XPS 스펙트럼 (e) Si/CNFs/rGO

그림 10-21은 Si/CNFs/rGO의 TGA 그래프이다. Si/CNFs/rGO 복합소재의 경우, 420℃에서 520℃까지 중량이 급격히 감소하여 공기 중 rGO 및 CNFs의 빠른 산화 및 분해를 나타낸다. 이 중에서 420℃부터 440℃까지의 감량곡선에서 탄소나노섬유가 먼저 분해된다는 것을 알 수 있다. 440℃부터 520℃까지는 그래핀 분해에 의한 감소량을 나타낸다. 감량곡선을 통해, Si/CNF/rGO 복합 필름에서 Si의 함량은 64.25%까지 높일 수 있다는 것을 알 수 있고, rGO 및 CNFs의 총 중량은 35.75%의 중량 손실로 나타났다. 산화 반응으로 인해 무게는 520℃ 후에 점차 증가했지만 상승 추세는 명확하지 않다. 이는 Si NPs 표면에 소량의 SiO_2가 형성되어 내부의 Si 나노 입자가 거의 산화되지 않았기 때문이다.[108] 이 결과는 XPS의 Si2p 스펙트럼 결과와 일치한다.

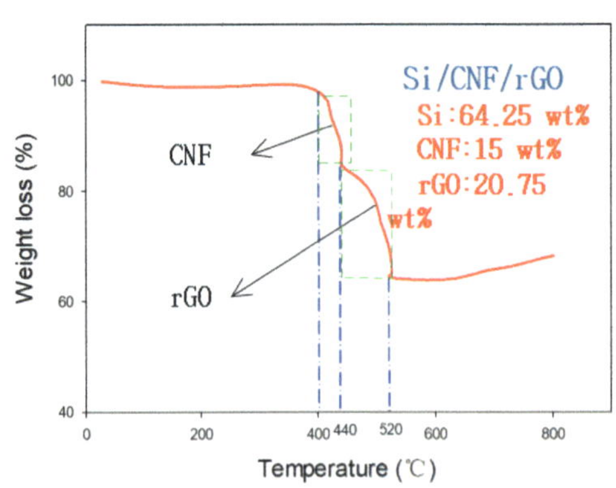

그림 10-21. Si/CNFs/rGO 복합소재의 TGA 그래프

(6) 전극소재들의 전기화학적 특징

0.01~1.5V 및 0.1A·g^{-1} 전류 밀도와 전압 범위에서 Si/rGO 복합소재 및 Si/CNFs/rGO 복합소재 전극의 사이클 성능을 그림 10-22와 표 10-7에 나타내었다. 첫 번째 사이클에서, Si/rGO 복합소재는 약 3,743.81mAh/g의 높은 방전 용량을 갖지만, 50 사이클 후 용량은 그래핀의 첨가로 인해 262.17mAh/g로 감소한다. 코팅된 복합 전극은 리튬화/탈리튬화 동안 실리콘 입자의 큰 부피 변화를 여전히 수용할 수 없으며, 이는 전극 표면이 여전히 더 두꺼운 SEI 필름을 형성하여 전자의 전도를 방해하고 궁극적으로 배터리 용량의 점진적인 감소를 초래한다.[109]

그러나 Si/CNFs/rGO 복합소재는 Si/rGO 복합소재와 비교하여 우수한 안정된 사이클 성능을 나타내는데, 100 사이클에서도 Si/CNFs/rGO 복합소재는 약 964.68mAh/g의 높은 용량을 유지한다. Si/CNFs/rGO 복합소재의 초기 쿨롱 효율은 34.6%이며, 이는 전해질과 그래핀과의 SEI 층을 형성하기 때문에 상대적으로 낮다.

그러나 3 사이클 후 쿨롱 효율은 93.1%로 증가한다. Si/CNFs/rGO 복합 필름 전극에 의해 나타나는 우수한 사이클 성능은 주로 전극의 전도성을 향상시키고 전해질과 실리콘 입자의 직접적인 접촉을 방지하여 안정한 SEI 층을 형성하는 것을 돕는 그래핀 코팅의 첨가에 기인한다. 첨가된 CNFs는 제조 과정 동안 대량의 GO 축적을 방지하고 rGO와 전해질 사이의 접촉을 효과적으로 개선할 수 있다. 탄소나노섬유가 그래핀과 실리콘의 3차원 구조의 가교 역할을 함으로써 실리콘의 부피 팽창·수축 과정에서 발생하는 그래핀층이 탈리 현상을 막고 전도성을 향상시켜 높은 용량과 사이클 안정성을 나타낸다. 또한 3차원 그리드 구조는 전자 전도 및 이온 수송을 위해 빠르고 효율적인 채널을 제공한다.

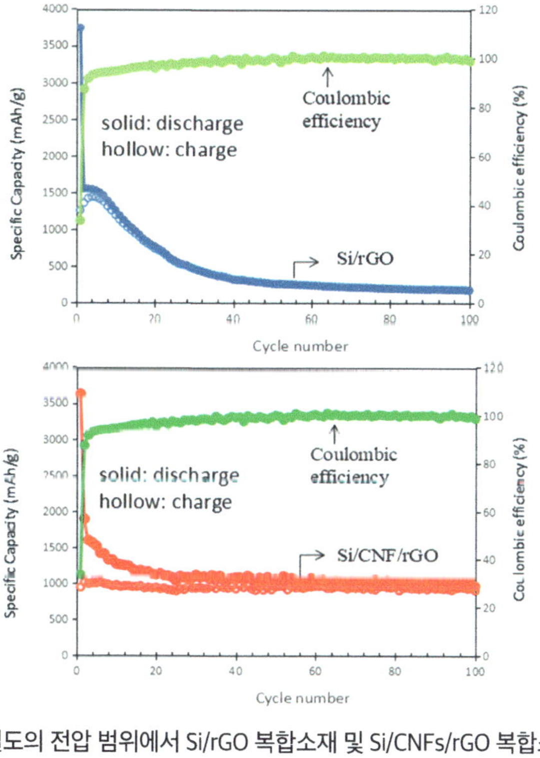

그림 10-22. 0.1 A·g^{-1} 전류 밀도의 전압 범위에서 Si/rGO 복합소재 및 Si/CNFs/rGO 복합소재 전극의 사이클 성능

표 10-7. Si/rGO 복합소재 및 Si/CNFs/rGO 복합소재 전극의 충·방전 용량과 용량 유지율

샘플	최대 방전 용량 (mAh/g)	방전 용량(mAh/g)		유지 효율(%)	
		50 사이클	100 사이클	50 사이클	100 사이클
Si/rGO	3743.81	262.17	177.28	100.00	98.74
Si/CNF/rGO	3634.95	1064.13	964.68	89.72	93.81

그림 10-23은 0.01-1.5V(vs Li+/Li)의 전압 창에서 Si:CNF/rGO = 1:1 전극으로 제작된 코인 셀의 처음 5사이클 동안 수행한 순환전압전류곡선(CV)이다. 그림 10-23(a)에서 볼 수 있듯이 스캔 속도는 0.1mVs^{-1}이다. 첫 번째 사이클의 CV 곡선에서 0.98V의 넓고 약한 피크가 나타나는 것을 볼 수 있다. 이 피크는 전극 물질과 전해질 사이의 반응 및 전극 표면에 비가역적인 SEI 막의 형성과 관련이 있다.

그러나 이 피크는 후속 사이클에서 사라져 첫 번째 사이클 후에 안정된 SEI 막이 전극 물질의 표면에 형성되었음을 알 수 있다. 약 0.25V에서 강한 환원 피크는 가역 리튬 이온 삽입/탈리 동안 비정질 실리콘에 의해 형성된 비정질 LixSi 합금에 해당한다. delithiation 과정에서 0.35V와 0.54V의 두 산화 피크는 LixSi 합금이 비정질 실리콘으로 분해되는 것과 일치한다. 또한 스캔 횟수가 증가함에 따라 피크의 강도도 점차 증가하여 복합 전극 재료이 주기 동안 점차 활성화 되었음을 나타낸다.

그림 10-24는 0.1 Ag^{-1}의 전류 밀도에서 제조한 4개 샘플의 사이클 성능을 비교한 것이다. Si/rGO 및 Si/CNF/rGO 복합재 모두 초기 용량(약 3,743.8mAh/g)이 높지만, 첫 번째 사이클에서 극도로 높은 용량 손실은 전해질 분해 및 불가피한 SEI 층 형성과 같은 비가역적 공정 때문이다. 또한 Si/rGO 전극 재료의 특정 용량이 100 사이클 후 277.3mAh/g으로 급격히 감소하는 것을 볼 수 있다. 이는 그래핀으로 코팅된 복합소재 전극이 여전히 리튬화/탈리튬화 공정 동안 Si 입자 부피의 막대한 변화에 적응할 수 없어 전극 표면에 두꺼운 SEI 층이 형성되기 때문이다. 이 두꺼운 SEI 층은 전자 전도를 방해하고 결국 배터리 용량을 점진적으로 감소시킨다.

그러나 Si/rGO 복합소재 전극에 비해 Si/CNF/rGO 복합소재 전극은 더 나은 사이클 성능을 보여준다. 조성 함량이 서로 다른 3개의 Si/CNF/rGO 복합소재 전극 중 Si:CNF/rGO = 3:2 전극은 실리콘 나노 입자 함량이 가장 높기 때문에 3,734.3mAh/g의 가장 높은 초기 용량을 가지고 있다. 그러나 사이클 수가 증가함에 따라 용량은 100 사이클 후 545.9mAh/g으로 크게 감소한다. 충전 및 방전 곡선은 Si:CNF/rGO = 3:2 전극이 초기 용량이 상당히 높지만 첫 번째 방전 용량이 매우 낮고 쿨롱 효율도 상당히 낮음을 보여준다. 그러나 전극의 CNF 및 그래핀 함량이 낮기 때문에 쿨롱 효율은 여러 사이클 후에 99.9%에 도달할 수 있다. 더욱이 Si:CNF/rGO = 3:2 전극의 전도도가 좋지 않고 많은 실리콘 나노 입자가 응집되기 용이하여 사이클 안정성이 떨어진다. Si:CNF/rGO = 2:3 복합소재 전극의 경우는, 사이클 성능이 최고이지만 100 사이클 후 초기 용량(2,339.1mAh/g) 및 가역 특정 용량(462.9mAh/g)이 가장 낮다. 또한 CNF와 그래핀 함량이 높기 때문에 가장 안정적인 전기 전도성을 가지고 있으며, 쿨롱 효율도 100%에 도달할 수 있다. 그래핀 함량이 증가하면

사이클 안정성은 크게 향상되지만 전극의 특정 용량은 감소한다. 이와 같이 복합소재의 실리콘 함량은 전극의 전도도와 실제 용량에 큰 영향을 미친다.

그러나 Si:CNF/rGO=1:1 복합소재 전극은 가장 높은 특정 용량과 최고의 사이클 안정성을 가지고 있기 때문에 최고의 전극이라 할 수 있다. 100 사이클 후에도 Si:CNF/rGO=1:1 복합소재 전극은 약 964.68mAh/g의 높은 특정 용량을 유지한다. Si:CNF/rGO=1:1 복합소재 전극의 초기 쿨롱 효율은 26.0%에 불과한데, 이는 전해질과 그래핀 간의 접촉이 SEI 층을 형성하기 때문이다. 그러나 3 사이클 후에 쿨롱 효율은 93.8%로 증가하는데, 그 이유는 Si:CNF/rGO=1:1 복합소재 전극의 우수한 사이클 성능이 전극의 전도도를 향상시키고 전해질과 실리콘 입자 사이의 직접적인 접촉을 방지하는 그래핀 코팅의 추가에 기인한다.

따라서 CNF의 추가는 안정된 SEI 층의 형성을 촉진한다. 추가된 CNF는 제조 과정에서 다량의 실리콘 나노 입자 및 GO의 축적을 방지하여 rGO와 전해질 사이의 접촉 면적을 효과적으로 증가시킬 수 있다. 추가된 CNF는 제조 과정에서 다량의 실리콘 나노 입자 및 GO의 축적을 방지할 수 있어 rGO와 전해질 사이의 접촉 면적을 효과적으로 증가시킬 수 있다. CNF는 그래핀과 실리콘 사이의 3차원 가교 구조로 작용하여 Si 나노 입자의 부피 팽창 및 수축 과정에서 발생하는 그래핀층의 탈착을 방지하고 전도성을 향상시켜 궁극적으로 고용량 및 사이클 안정성을 제공한다. 또한 3차원 구조는 전자 및 이온 수송을 위하여 빠르고 효과적인 채널을 제공한다. 그 결과, 실리콘 나노 입자에 첨가된 CNF와 환원된 GO의 총 함량이 증가함에 따라 100 사이클 후 복합소재 전극의 전극 용량도 감소함을 알 수 있다. 또한 복합소재 전극의 실리콘 함량의 차이로 인해 전극의 초기 용량도 다르다.

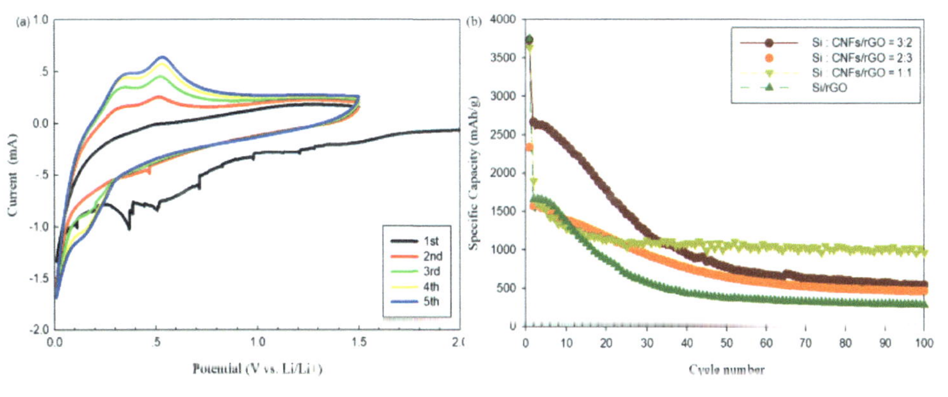

그림 10-23. (a) 합성된 Si/CNF/rGO = 초기 5 사이클에서 1:1 복합소재의 순환전압전류곡선
(b) 0.1Ag^{-1}의 전류 밀도에서 합성된 Si/rGO 및 Si/CNF/rGO = 1:1, 2:3 및 3:2 복합소재 전극의 사이클 성능

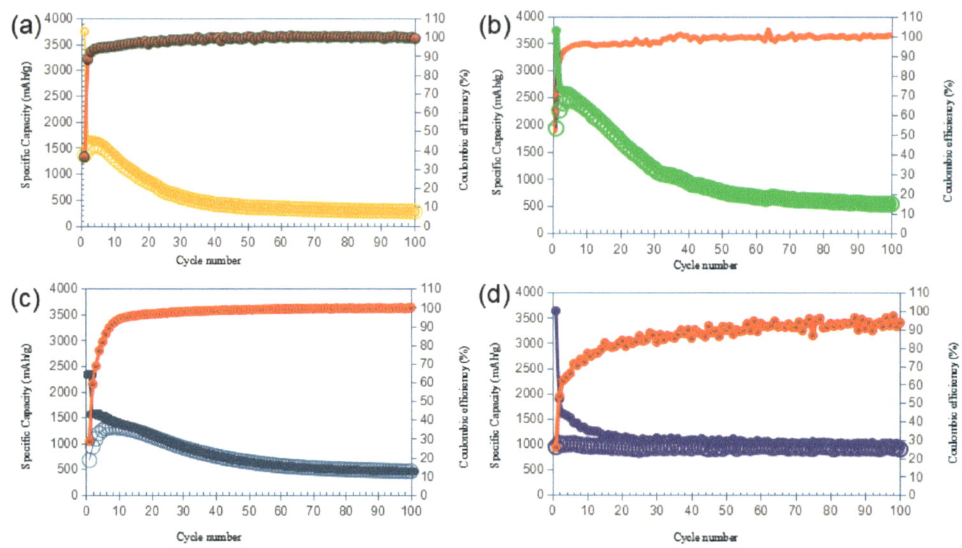

그림 10-24. 합성된 Si/rGO

(a) Si:CNF/rGO = 3:2 (b) Si:CNF/rGO = 2:3 (c) 및 Si:CNF/rGO = 1:1 (d) 복합소재 전극의 0.1A/g^{-1} 전류 밀도에서의 사이클 성능

그림 10-25에 10mHZ ~ 100 kHZ 범위의 주파수와 5mV의 진폭 비율에서 서로 다른 전극의 EIS 패턴을 나타내었다. Nyquist 플롯은 고주파수 및 중주파수 영역에서 반원으로 나타나고 저주파 영역에서 기울어 직선으로 나타난다. 반원의 직경은 활물질 입자 표면의 절연층을 통한 리튬 이온의 저항(R_{SEI}) 및 전하 전달 저항(R_{CT})과 관련이 있다. 사선은 전극 활물질 내 리튬 이온의 확산 저항에 해당한다. 확산 저항은 이에 따라 Warburg 임피던스(ZW)로 표시된다. 그림 10-25(a)는 사이클 후 Si/rGO 및 Si/CNF/rGO 전극의 Nyquist 플롯을 보여준다. 예상대로 Si:CNF/rGO = 1:1, 2:3 및 3:2 합성물의 R_{CT} 값은 각각 247.3, 372.0 및 374.3Ω이고, Si/rGO의 R_{CT} 값은 546.8Ω이다. Si:CNF/rGO = 1:1 복합소재 전극의 전하 이동 저항은 다른 복합소재 전극보다 현저히 낮다. 이는 Si:CNF/rGO = 1:1 전극층이 전자의 전달을 효과적으로 향상시킬 수 있음을 보여주며, 전하를 통해 전하 전달 저항을 크게 감소시키고 전극의 전기화학적 성능을 향상시키기 때문이다.

안정적인 SEI 필름이 형성되었는지 여부를 추가로 평가하기 위하여, 그림 10-25(b)에 표시된 것처럼 100 사이클 후 모든 샘플의 Nyquist 플롯을 조사하였다. Si:CNF/rGO = 3:2(17.9Ω), Si:CNF/rGO = 2:3(36.7Ω) 및 Si/rGO(58.2Ω) 복합소재 전극의 저항값에 비해, Si:CNF/rGO = 1:1(12Ω) 전극은 RSEI 값이 더 낮다. 이것은 CNF의 삽입이 전극 표면에 SEI 막의 형성을 감소시켜 저항값을 감소시키는데 유리하다는 것을 보여준다. 그림 10-25(d)는 각각 50 및 100 사이클 후 Si:CNF/rGO = 1:1 전극의 Nyquist 플롯을 각각 26.3Ω 및 12.0Ω의 저항 R_{SEI} 값과 비교한 것이다. 분석한 활성 전극의 우수한 성능을 비교하기 위해, Si/rGO 전극의 R_{SEI} 값을 각각 50 및 100 사이클 후에 측정하여 R_{SEI} = 36.8Ω 및 R_{SEI} = 58.2Ω의 저항값을 얻었다. 그림 10-25(c)에서 보는 바와 같이, 사이클 수가 증가할수록 저항값은 크게 변하지 않고 SEI 층이 안정화되는 경향이 있다. 이는 전극 구조가 크게 변하지 않았고 전극의 구조적 안정성이 우수하여 리튬 이온 전달을 위한 효과적인 채널을 제공하여 전극의 전도도를 향상시킨다는 것을 보여준다. EIS 스펙트럼에서 계산된 R_{CT} 및 R_{SEI} 값을 표 10-8에 나타내었다. 50 및 100 사이클 후 Si:CNF/rGO = 2:3 및 Si:CNF/rGO = 3:2 전극의 Nyquist 플롯 간의 비교를 그림 10-26에 나타내었다. 따라서 복합소재 전극의 저항값은 실리콘 나노 입자의 함량에 따라 달라지며, 실리콘 나노 입자의 함량이 높을수록 R_{CT} 값이 높아진다.

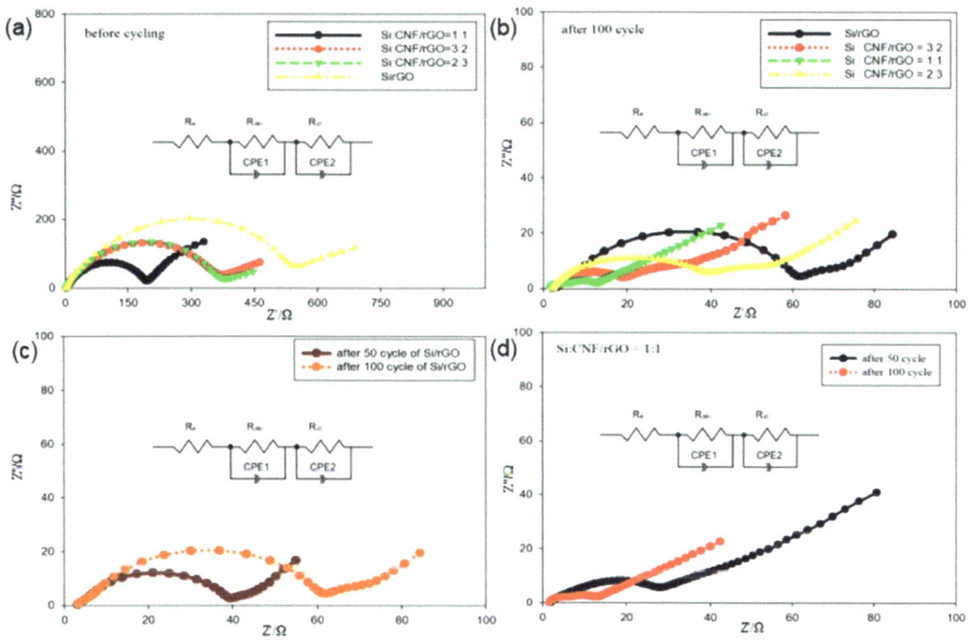

그림 10-25. (a) 사이클 전 Si:CNF /rGO = 1:1, 3:2 및 2:3 및 Si/rGO 복합소재 전극의 Nyquist 플롯 및 전기화학 임피던스 스펙트럼 (b) 사이클 후 Si:CNF/rGO = 1:1, 3:2 및 2:3 및 Si/rGO 복합소재 전극의 Nyquist 플롯 및 전기화학적 임피던스 스펙트럼 (c, d) 50 및 100 사이클 후 Si/rGO 복합소재 전극(c) 및 Si:CNF/rGO = 1:1 복합소재 전극 (d)의 EIS 곡선.

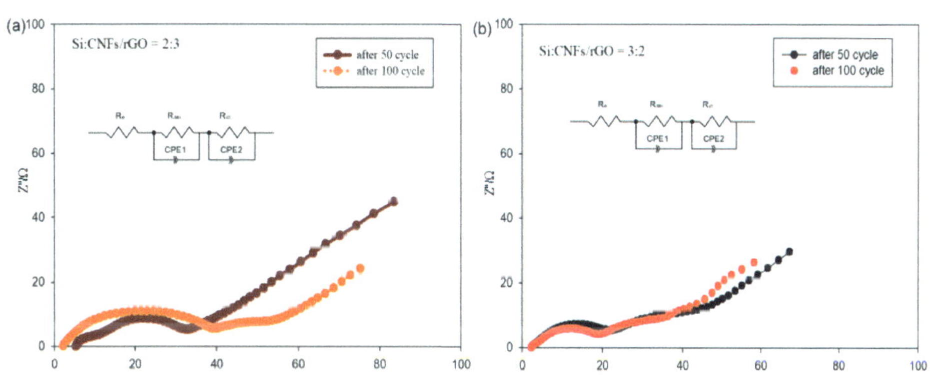

그림 10-26. 50 및 100 사이클 후 Si:CNF/rGO = 2:3 및 Si:CNF/rGO = 3:2 전극의 Nyquist 플롯 및 전기화학 임피던스 스펙트럼

표 10-8. EIS 스펙트럼에서 계산된 R_{CT} 및 R_{SEI} 값

샘플	$R_{CT}(\Omega)$	$R_{SEI}(\Omega)$
Si/rGO	546.8	58.2
Si:CNF/rGO = 1:1	247.3	12.0
Si:CNF/rGO = 2:3	372.0	36.7
Si:CNF/rGO = 3:2	374.3	17.9

11 TiO_2/Graphene 나노 복합소재의 합성 및 특성 [110]

(1) 아나타제 이산화 티타늄 나노로드의 합성

2.0g의 Titanium sulphate를 40ml의 탈이온수에 용해시킨다. 암모니아 용액 20ml를 이전 용액에 1시간 동안 적가하고 오토클레이브에서 180℃, 24시간 동안 가열한다. 열수 반응 후 물로 5회 세척하고 60℃ 오븐에서 24시간 동안 건조시킨다. 아나타제 상을 형성하기 위해 건조된 샘플을 500℃에서 1시간 동안 하소시킨다.

(2) 아나타제 이산화 티타늄 나노섬유의 합성

0.5g의 시판 아나타제 분말(나노 파우더, 25nm 입자 크기, 99.7% 미량 금속 기준; Sigma-Aldrich, St. Louis, MO, USA)을 격렬하게 교반하면서 65mL의 10 *M* NaOH 용액에 첨가한다. 용액을 PTFE 라이닝 된 오토클레이브에 넣고 190℃에서 22시간 동안 가열한다. 그 다음, 세척 용액이 pH 7이 될 때까지 백색 침전물을 탈이온수로 세척한다. 이 침전물을 원심 분리로 수집하여 60℃에서 건조시킨 후, 분말을 0.1 *M* HCl 용액에 분산시켜 나트륨 이온을 양성자로 바꾸고 DI water로 pH 7까지 세척하고 60℃에서 진공 건조시킨다. 아르곤 분위기에서 800℃에서 1시간 동안 어닐링한 후 아나타제 나노섬유를 얻는다.[111, 112]

(3) 복합소재의 제조

1.2g의 아나타제 TiO_2 나노 입자를 200mL(2mg/ml)에 분산시킨 GO 용액을 플라스크에 넣고 혼합물을 90℃에서 2시간 동안 환류시킨다. 플라스크를 실온까지 냉각 및 원심 분리하고 물과 에탄올로 여러 번 세척한다. 생성물을 20mL의 에탄올과 10mL의 증류수 용액에 재분산한 후, 혼합물을 500ml의 테플론 오토클레이브에 옮겨 180℃에서 24시간 동안 가열한다. 수열 처리 후 생성물을 아르곤 분위기로 400℃에서 4시간 동안 소성하여 결정성이 높은 복합소재를 얻는다. 아나타제 TiO_2(나노로드 및 나노섬유)와 GO의 합성물을 얻기 위해 동일한 방법으로 수행하였다.[113] 설계된 실험 절차는 그림 11-1에 나타내었다.

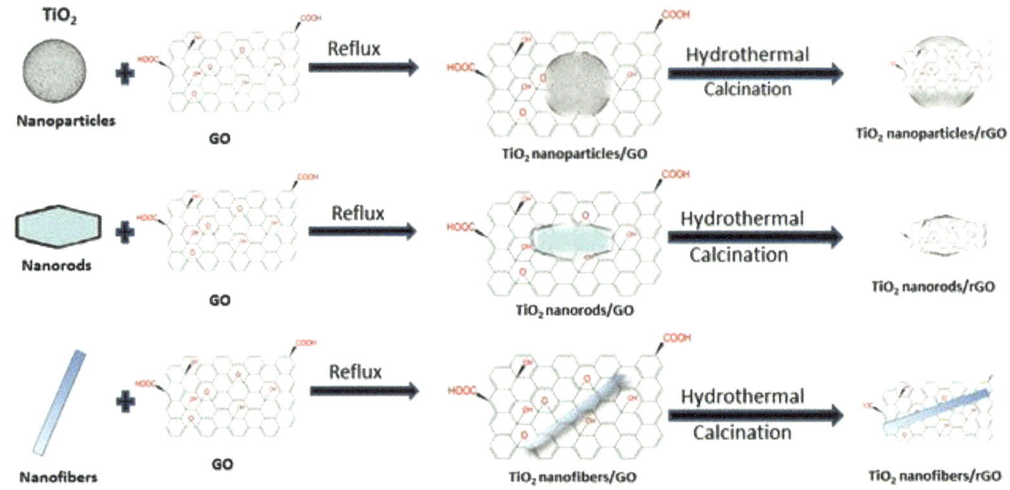

그림 11-1. rGO에 분산된 TiO_2 나노 구조의 합성 개략도

(4) 전극의 제조

전극의 제조를 위해 전극 활성 물질(80 wt.%), 카본 블랙(10 wt.%, Alfa Aesar) 및 Polyvinylidene difluoride(PVDF, 10 wt.%, Alfa Aesar)를 N-methylpyrrolidone(NMP, Sigma-Aldrich)에 혼합하고 30분간 교반한다. 이 실험에서 하중 밀도는 5 mg/cm^2 이다. 생성된 슬러리를 Cu foil에 코팅하고 진공 조건에서 80℃, 12시간 동안 건조시킨다. 그런 다음 코인 셀(CR-2032)을 조립하였는데, 이 때 상대 전극으로 리튬 금속, 분리막으로 Celgard 2600, 전해질로서는 1:1 부피비로 ethylene carbonate(EC) and dimethyl carbonate(DEC)에 용해된 1M $LiPF_6$를 사용하여 아르곤 가스가 충전된 글러브 박스에서 조립하였다.

제조한 전지는 1.0-3.0V(vs. Li/Li+)의 전압 범위 내에서 전지 테스터(Neware Co., Ltd, Shenzhen)를 사용하여 25℃에서 수행하였다.

전기화학 임피던스(Electrochemical Impedance Spectroscopy, EIS) 측정은 25℃에서 CHI 660D 전기화학 분석기기(CH Instruments, Inc. Shanghai)로 측정하였다. EIS 측정에서 적용된 여기 전압은 5 mV이고, 주파수 범위는 100 kHz 및 0.01Hz이다. 모든 샘플의 특정 용량은 질량을 기준으로 계산하였다.

(5) 전극소재의 물리화학적 특성

TiO_2의 형태와 나노 구조는 SEM 및 TEM으로 조사하였다. 고유한 형태를 가진 모든 샘플을 그림 11-2(a-e)에 나타내었다. 그림 11-3(a-c)에 평균 직경이 ~ 30nm인 TiO_2 나노 입자, 최대 크기가 ~ 180nm의 TiO_2 나노로드, 길이가 수백nm 인 TiO_2 나노섬유를 나타내었다. Ar 분위기에서 400℃에서 4시간 동안 하소한 복합소재의 크기와 형태는 FE-SEM과 HR-TEM으로 측정하여, 각각 그림 11-4(a-f) 및 그림 11-5(a-f)에 나타내었다. 샘플의 하소 후 약간의 응집이 나타나지만 모든 샘플의

실제 형태는 보존되고 있다.

그림 11-5(b, d, f)에서 HR-TEM의 격자 무늬는 0.353nm이며, 이는 아나타제(101) 평면의 면간 간격과 잘 일치함을 보여준다. 더욱이 0.35nm의 면간 간격은 그래핀(002) 평면에 잘 일치한다.[114] 열수 및 하소 처리 후 TiO_2/그래핀 나노 복합소재가 GO에 성공적으로 분산된 것을 그림 11-4(a-f)에서 볼 수 있다. 그래핀 시트 사이에 TiO_2의 균일한 분포는 높은 표면적을 부여하여 빠른 lithiation-delithiation를 위한 더 많은 반응성 사이트를 제공한다.[115] 효과적인 전도성을 위해 GO 시트는 인접한 TiO_2 입자와 상호 연결되어 효과적인 네트워크를 만든다.

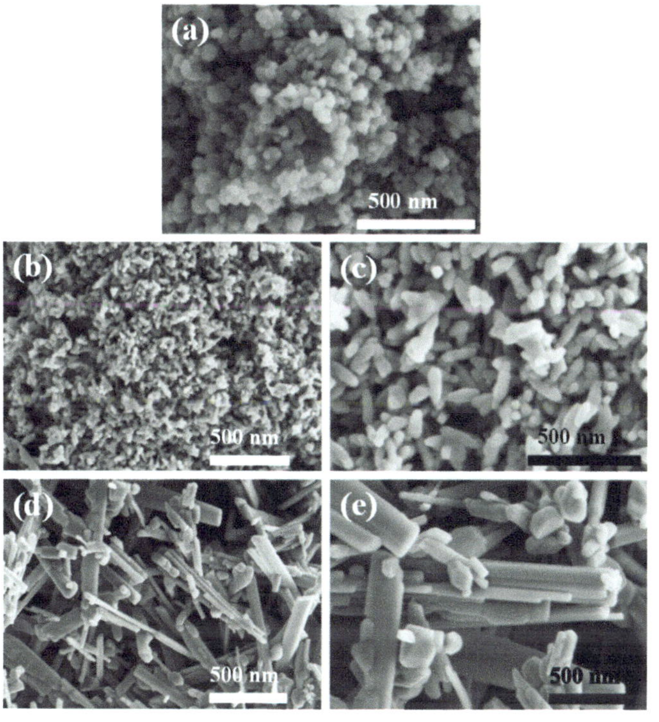

그림 11-2. TiO_2의 FE-SEM 이미지. (a) 나노 입자 (b, c) 나노 로드 (d, e) 나노섬유

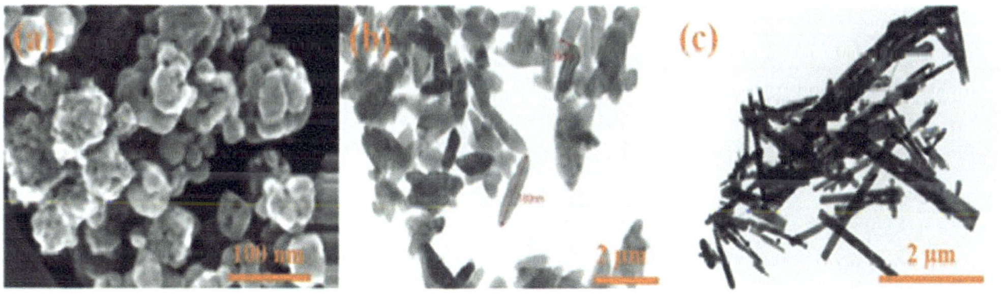

그림 11-3. TiO_2의 TEM 이미지. (a) 나노 입자 (b) 나노 로드 (c) 나노섬유

그림 11-4. 잘 분산된 TiO_2/rGO의 FE-SEM 이미지. (a, b) 나노 입자 (c, d) 나노 로드 (e, f) 나노섬유

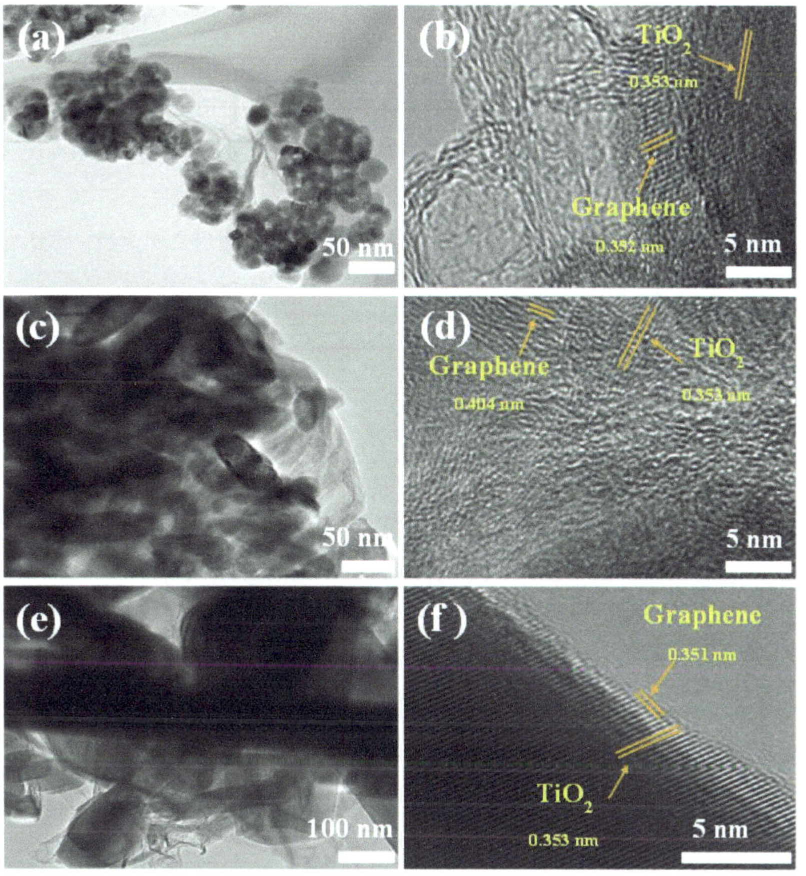

그림 11-5. 잘 분산된 TiO_2/rGO의 HR-TEM 이미지. (a, b) 나노 입자 (c, d) 나노 로드 (e, f) 나노섬유

TiO_2 나노 입자, 제조한 TiO_2 나노 로드 및 TiO_2 나노섬유의 XRD 패턴은 Ar 분위기에서 각각 500℃ 및 800℃에서 1시간 동안 어닐링한 후 측정하였으며, 그림 11-6에 나타내었다.

TiO_2 나노 로드와 TiO_2 나노섬유를 어닐링하면 아나타제 결정 형태의 TiO_2가 형성된다. 모든 회절 피크는 아나타제 TiO_2(JCPDS No. 21-1272)로 잘 일치한다. 온도 처리에 따라 TiO_2 나노 구조의 평균 결정 크기가 변한다.[111]

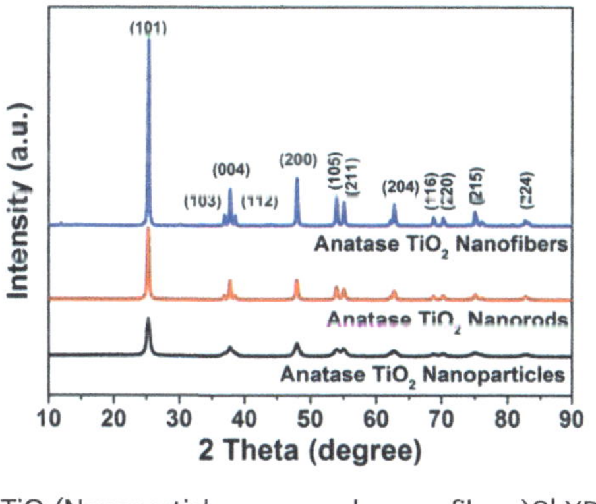

그림 11-6. TiO_2(Nanoparticles, nanorods, nanofibers)의 XRD 패턴

그림 11-7은 Ar 분위기에서 4시간 동안 400℃에서 하소한 후 얻은 복합소재(TiO_2 나노 입자/rGO, TiO_2 나노 로드/rGO 및 TiO_2 나노섬유/rGO)의 XRD 패턴을 보여준다.

GO 샘플은 천연 흑연이 GO로 산화되었음을 나타내는 층간 간격의 특징적인(001) 피크를 나타낸다.[113] 모든 샘플의 모든 회절 피크는 아나타제 TiO_2와 잘 일치하였다(JCPDS No.21-1272). 모든 샘플의 전체 회절 강도는 열수 및 하소 처리 후 크게 향상되었으며, 이는 TiO_2의 결정도가 더욱 증가하였음을 나타낸다. GO 또는 G에 해당하는 피크는 관찰되지 않았으며, 이는 복합소재에서 탄소 함량이 거의 없음을 나타낸다.

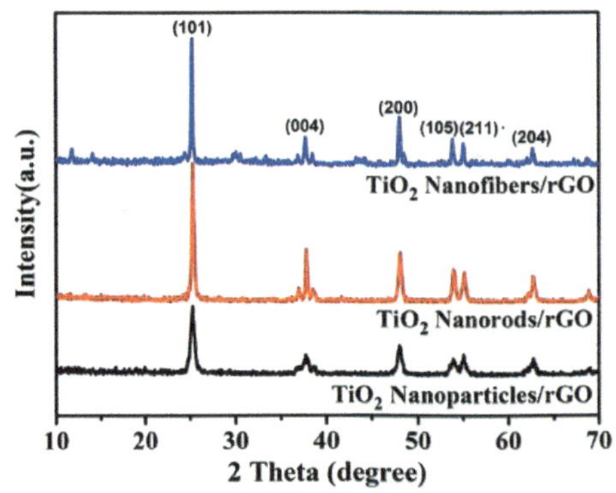

그림 11-7. Nanoparticles/rGO, nanorods/rGO, nanofibers/rGO의 XRD 패턴

TiO_2/rGO 복합소재 네 가지 샘플에 대한 FTIR 스펙트럼을 그림 11-8에 나타내었다. 산소 함유 작용기에 대한 GO는 3,413cm^{-1} 주변에 몇 가지 특징적인 흡수 피크를 나타내었으며, 이는 O-H 스트레칭 진동에 해당한다. 또한, 약 1,729cm^{-1}, 1,618cm^{-1}, 1,225cm^{-1} 및 1,058cm^{-1} 부근의 피크는 각각 C-O 카르복실기의 스트레칭, C-C의 방향족 스트레칭, C-O 에폭시드의 스트레칭 및 C-OH 알콕시드의 스트레칭에 해당한다.[116]

그림 11-8의 TiO_2/rGO 복합소재에서 피크의 강도는 감소하거나 심지어는 사라져 GO의 성공적인 감소를 나타낸다. 이것은 1,536cm^{-1} 및 3,100 ~ 3,500cm^{-1}에서 흡수를 나타내며 각각 C=C 스트레칭 및 O-H 굽힘 진동에 해당된다.[117] 약 2,300cm^{-1}의 피크는 공기 중의 CO_2에 해당된다.[118] 또한 1,000cm^{-1} 미만의 흡수는 TiO_2와 그래핀 사이의 화학적 상호 작용으로 인해 Ti-O-Ti 및 Ti-O-C 진동 모드의 조합에 기인할 수 있음을 보여준다.[119]

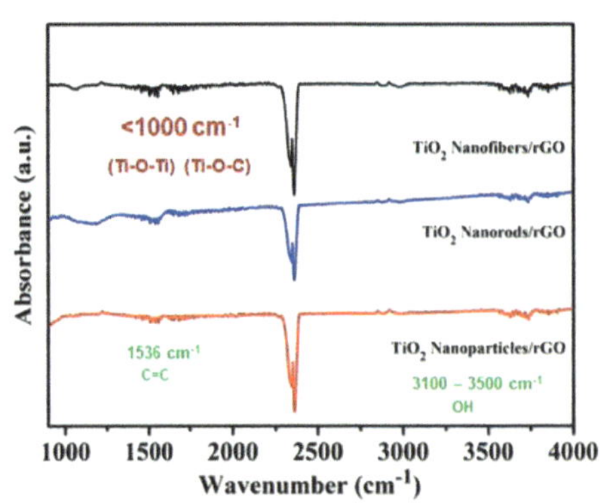

그림 11-8. Nanoparticles/rGO, nanorods/rGO, nanofibers/rGO에 대하여 10℃에서 100 사이클 주기 전 TiO_2/rGO 나노 복합소재의 FT-IR 스펙트럼

TiO_2/rGO 복합소재의 라만 스펙트럼을 그림 11-9에 나타내었다. 396, 513 및 633cm^{-1}의 밴드는 아나타제 TiO_2의 다양한 진동 모드로 지정할 수 있다.[120] 1,351cm^{-1}의 확장된 주파수는의 k-point phonons breathing mode 모드와 복합소재에서 C *sp*^{2}의 E2g phonon에 해당하는 1,595cm^{-1} G 밴드에 기인할 수 있다.[121]

복합소재 TiO_2 나노 입자/rGO(1.06), TiO_2 나노 로드 /rGO(1.05) 및 TiO_2 나노섬유 /rGO(1.02)의 강도비(ID/IG)는 TiO_2 나노 입자가 그래핀 시트 사이에 분산되어 있음을 나타낸다.[122] GO(0.81)와 비교하여 TiO_2 그래핀 나노 복합소재의 D 밴드와 G 밴드 강도 비율(ID/IG)은 GO의 감소를 의미한다.[123]

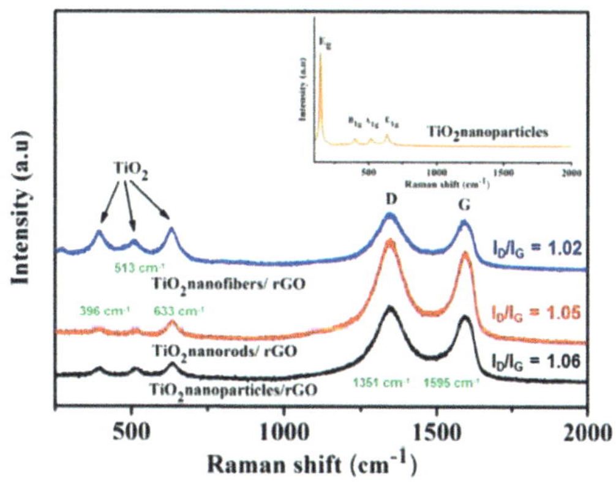

그림 11-9. TiO_2 nanoparticles/rGO, nanorods/rGO 및 nanofibers/rGO의 Raman 스펙트럼
(그래프 안: TiO_2 nanoparticles의 스펙트럼)

비표면적과 기공 구조를 조사하기 위해 77K에서 복합소재를 합성하기 전, TiO_2 나노 구조체의 N_2 흡착-탈착 등온선과 해당 기공 크기 분포 곡선(삽입)을 측정하여 그림 11-10(a-c)에 나타내었다. (b)의 BJH 기공 분포는 TiO_2 나노 로드가 약 43.5nm의 기공 직경을 보였지만 BET 표면적은 22m^{2}g^{-1}임을 보여준다. TiO_2 나노 입자는 기공 크기가 10nm 이며, 69 m^{2}g^{-1}의 가장 높은 비표면적을 나타내고, 이는 (a)에서 볼 수 있다.

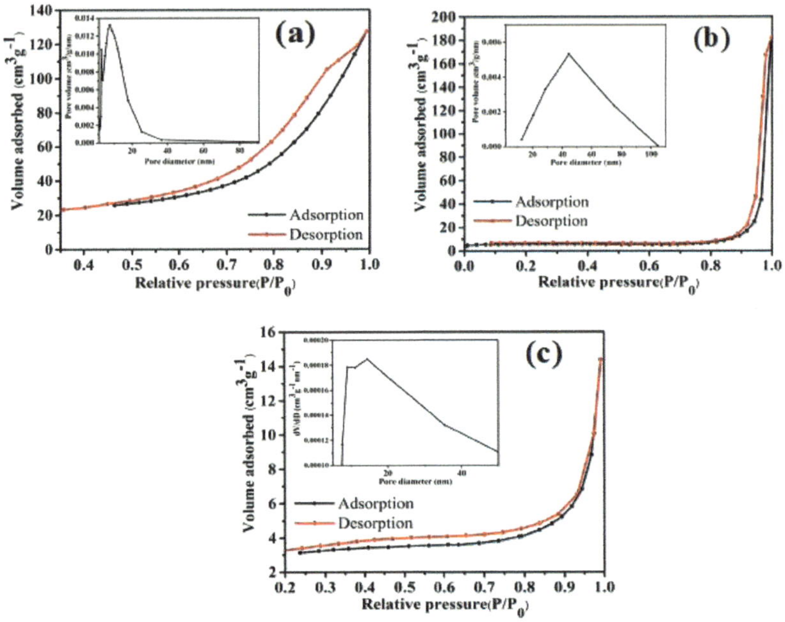

그림 11-10. 복합재 제조 전 TiO_2의 질소 흡착 등온선 및 해당 공극 크기 분포 곡선(삽입)

(a) Nanoparticles (b) Nanorods (c) Nanofibers

그림 11-11은 각 시료들의 질소 흡착 등온선 곡선을 나타내며, 이는 GO와 합성물을 합성한 후 아나타제 TiO_2의 BET 및 BJH를 보여준다. TiO_2 나노 입자/rGO의 BET 비표면적은 97.70m^2g^{-1}로 표 42의 TiO_2 나노 로드/rGO(69.38m^2g^{-1})보다 현저하게 높다.

TiO_2 나노 입자의 높은 비표면적은 그래핀의 기여에 기인한다. TiO_2 나노 입자의 기공 크기와 넓은 비표면적은 리튬 이온의 확산을 크게 향상시켜 리튬 이온 배터리에 적용하는데 매우 유용하다. TiO_2의 나노 구조에 있는 그래핀 시트는 링크 역할을 할 수 있으며, 이는 빠른 lithiation-delithiation 공정에 유리하다.[124]

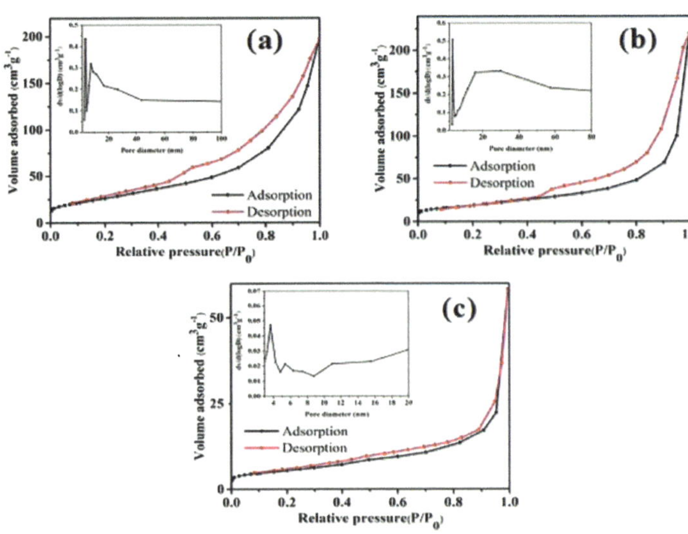

그림 11-11. 질소 흡착 등온선 및 해당 기공 크기 분포 곡선(삽입)

(a) TiO_2 Nanoparticles/rGO (b) TiO_2 Nanorods/rGO (c) TiO_2 Nanofibers/rGO

표 11-1. 원래의 TiO_2와 그 복합소재의 질소 탈착 등온선에서 추출한 BET 및 BJH 데이터

샘플	BET 비표면적(m^2g^{-1})	BJH 기공 직경 (nm)	누적 기공 부피 (cm^3g^{-1})
TiO_2 nanoparticles	69.0	10.3	0.2113
TiO_2 nanorods	22.76	43.47	0.3010
TiO_2 nanofibers	10.9	11.68	0.0215
TiO_2 nanoparticles/rGo	97.709	3.761	0.307
TiO_2 nanorods/rGO	69.385	3.739	0.350
TiO_2 nanofibers/rGO	19.358	3.695	0.086

그림 11-12는 Ar 분위기에서 4시간 동안 400℃에서 하소한 후, 잘 분산된 TiO_2 나노 입자/rGO, TiO_2 나노 로드/rGO 및 TiO_2 나노섬유/rGO 복합소재의 EDX 스펙트럼을 보여준다. EDX 분석 결과는 복합소재에 Ti, C 및 O 원소가 포함되어 있음을 나타내고 있다. 복합소재의 EDX 결과로부터 복합소재에서 그래핀의 실제 비율이 약 ~13% 인 것을 알 수 있다.

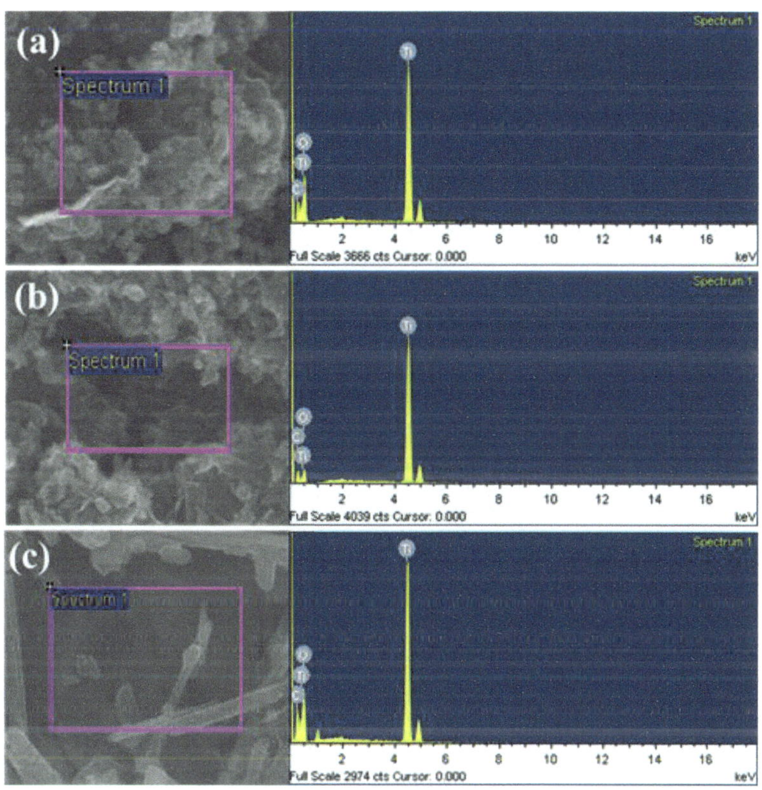

그림 11-12. Ar 분위기에서 4시간 동안 400℃에서 하소한 복합소재의 EDX 스펙트럼
(a) TiO_2 Nanoparticles/rGO (b) TiO_2 Nanorods/rGO (c) TiO_2 Nanofibers/rGO

고해상도 X 선 광전자 분광법(HR-XPS)을 사용하여 각 샘플에서 Ti, O 및 C의 전자 및 산화 상태를 조사하였다. 그림 11-13은 TiO_2 나노 입자/rGO, TiO_2 나노 로드/rGO 및 TiO_2 나노섬유/rGO

에 대한 Ti2p 및 O1s의 고해상도 광전자(HR-XPS) 스펙트럼을 보여준다.

모든 샘플에 대한 그림 11-13(a)의 Ti 2p는 각각의 샘플에서 Ti^{4+} 전자 상태의 존재에 해당하는 약 459.0eV 및 465.0eV로 나타나는 Ti2p3/2 및 Ti2p1/2의 피크를 나타낸다.[125] 순수한 TiO_2와 비교하여 모든 복합소재는 rGO와 TiO_2 사이의 상호 작용을 나타내는 Ti2p 피크에 대해 더 높은 결합 에너지의 이동을 보여준다. 결합 에너지의 이러한 변화는 Ti에서 rGO로 전자가 배출되어 TiO_2와 rGO 사이에 결합이 형성되기 때문이다.[123] 그림 11-13(b-d)의 각 샘플에 대한 O1s 스펙트럼은 530-531eV 및 531-532eV 범위 내에서 나타나는 두 개의 주요 피크에 해당한다. 첫 번째 피크는 Ti-O-Ti의 형성에 기인할 수 있는 반면, 나중 피크는 각각 Ti-O-C의 존재와 연관될 수 있으며, 둘 다 TiO_2와 rGO의 상호 작용을 의미한다.[126, 127] 원래의 TiO_2 샘플과 비교하여 모든 TiO_2/rGO 복합소재 샘플에서 더 높은 결합 에너지로 첫 번째 피크(530-531eV)가 이동하고, 더 낮은 결합 에너지 값으로 두 번째 피크(531-532eV)가 이동하는 것을 명확하게 관찰할 수 있다. 첫 번째 피크의 이동은 TiO_2/rGO 복합소재에서 Ti-O-C 연결을 명확하게 지원하는 반면, 두 번째 피크의 이동은 rGO-TiO_2 복합소재를 구성하는 rGO에 있는 비격자 산소 때문일 수 있다.[126, 128-130]

그림 11-14는 모든 TiO_2/rGO 복합소재에 대한 C1s 영역에 대한 고해상도 XPS 스펙트럼을 보여준다. 모든 샘플은 각각 285.0eV, 286.5eV 및 289.0eV에서 나타나는 세 개의 피크를 보여준다.[127, 131, 132] 약 285.0eV로 나타나는 피크는 rGO의 sp^2 혼성화 탄소원자 내 C-C 결합과 관련이 있다.[125] 286.5eV 및 289.0eV에서 나타나는 피크는 $Ti(OH)_2$와 rGO의 카르복실기 간의 상호 작용의 결과로 C-O-R/O=C-OH 및 Ti-O-C 결합과 같은 산소화 탄소 종에 해당한다.[127, 133, 134] 따라서 모든 복합소재 샘플의 XPS 스펙트럼은 현재 실험에서 채택된 합성 전략에 의해 TiO_2 나노 구조와 rGO 함량 사이의 화학적 상호 작용을 명확하게 나타낸다.

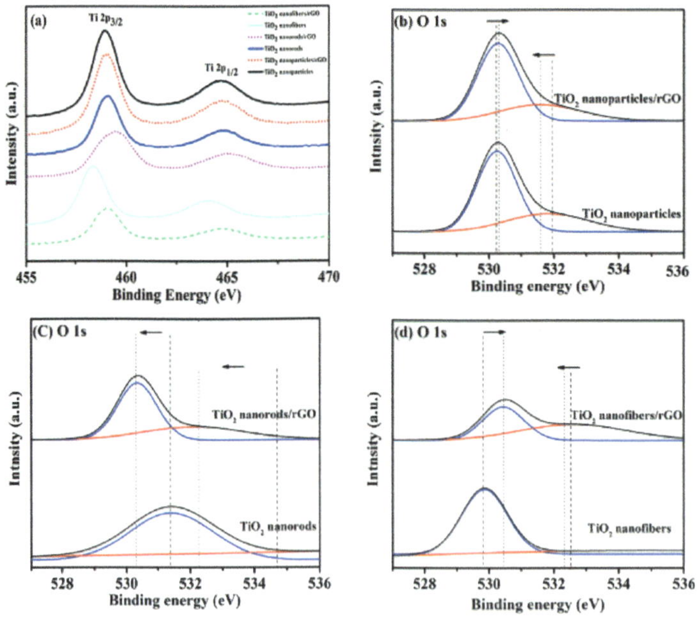

그림 11-13. HR-XPS 스펙트럼

(a) Ti2p(b-d) TiO_2 nanoparticles/rGO, TiO_2 nanorods/rGO 및 TiO_2 nanofibers/rGO에 대한 O1s

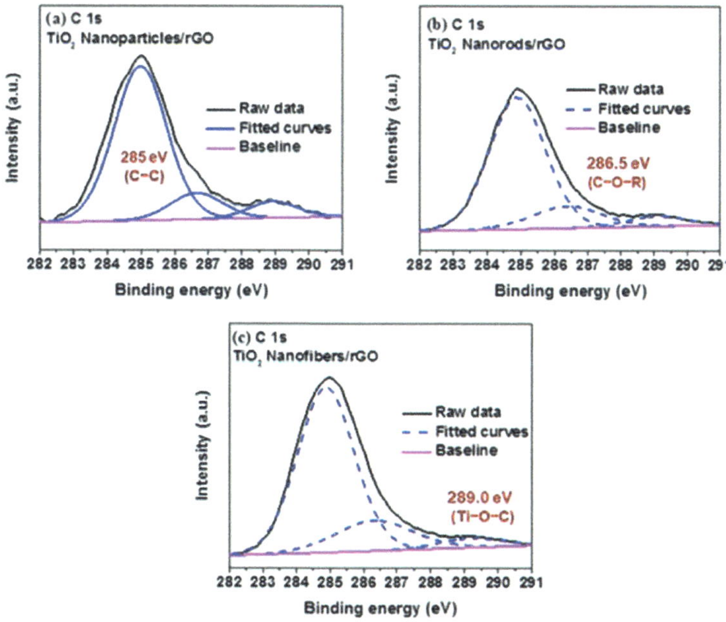

그림 11-14. C1s의 HR-XPS 스펙트럼

(a) TiO_2 nanoparticles/rGO (b) TiO_2 nanorods/rGO (c) TiO_2 nanofibers/rGO

(6) 전기화학적 특성

1.0-3.0V vs(Li/Li^+)의 전압 내에서 TiO_2/rGO 나노 복합소재의 전기화학적 성능을 조사하였다. TiO_2/rGO 나노 복합소재의 전기화학적 성능은 TiO_2의 특성(예: 크기, 형태), TiO_2와 rGO 간의 상호 작용 유형, 텍스처 특성(표면적, 기공 크기, 다공성)과 같은 여러 요인에 따라 달라진다.

그림 11-15(a-c)는 0.5C의 일정한 전류 밀도에서 모든 나노 복합체의 초기 4 사이클 동안 충전 및 방전 곡선을 보여준다. 그림 11-15(a, b)에서 TiO_2 나노 입자 rGO 및 TiO_2 나노 로드/rGO는 ~1.7V 및 2.0V에서 일반적인 수평 방전 및 충전 안정기 임을 보여주는데, 이것은 TiO_2와 $Li_{0.5}TiO_2$ 사이의 삽입 및 탈리에 기인하게 된다. 초기 사이클에서 약간의 용량 손실은 TiO_2와 전해질 간의 계면비가 가역적 반응으로 표시 될 수 있다.

그러나 이러한 유형의 리튬 저장 메커니즘은 그림 11-15(c)에서 관찰된 바와 같이 TiO_2 나노섬유/rGO에서는 발생하지 않는다. TiO_2 나노섬유/rGO가 최소한의 용량 손실로 일관된 결과를 보여 주었기 때문에 기울어진 프로파일이 관찰되며, 작은 표면적과 기공 부피가 있어도 리튬 이온 삽입으로 인한 리튬 저장 증가로 인해 성선 용량 동작(capacitive behaviour)이 발생한다. 그림 11-15(d)에서 C-rate 10C 및 20C에서 TiO_2 나노 로드/rGO의 특정 용량은 TiO_2 나노 입자/rGO의 특징 용량보다 높으며, 이는 고전류에서 나노 입자에 대한 더 높은 저항 경로 때문일 수 있다.

반면, 그림 11-15(c)의 나노 로드의 경우, 나노 입자보다 낮은 저항 경로를 제공한다. 따라서, 높은 C-rate에서의 특정 용량은 나노 로드의 경우 더 높다. 20C에서 TiO_2 나노 로드/rGO 및 TiO_2 나노섬유/rGO는 42mAhg^{-1} 및 24 mAh g^{-1} 인 것으로 나타났지만, TiO_2 나노섬유/rGO는 높은 접촉 면적으로 인해 전극과 전해질 사이의 접촉이 더 커져 전류 밀도 20C 이후 0.5C에서 64mAh g^{-1}의 우수한 속도 능력이 나타난다. 그러나 TiO_2 나노 로드의 경우, rGO에서 TiO_2 나노 로드의 응집이 적고 잘 분산되어 높은 접촉 영역을 유지하므로 더 많은 반응성 사이트를 효과적으로 제공하여 결과적으로 특정 전류 밀도가 발생할 수 있다. 따라서, 낮은 특정 전류 밀도는 높은 속도로 용량을 유지하는 데 유리하여 전극을 안정화시킨다. 높은 속도 측정 후 더 중요한 것은 TiO_2 나노 입자/rGO 전극의 특정 용량이 0.5C(109mAhg^{-1})에서 자체적으로 회복 될 수 있어, 아나타제에서 루타일로 순환하는 동안 위상 변화로 인한 낮은 구조적 안정성을 보여준다.

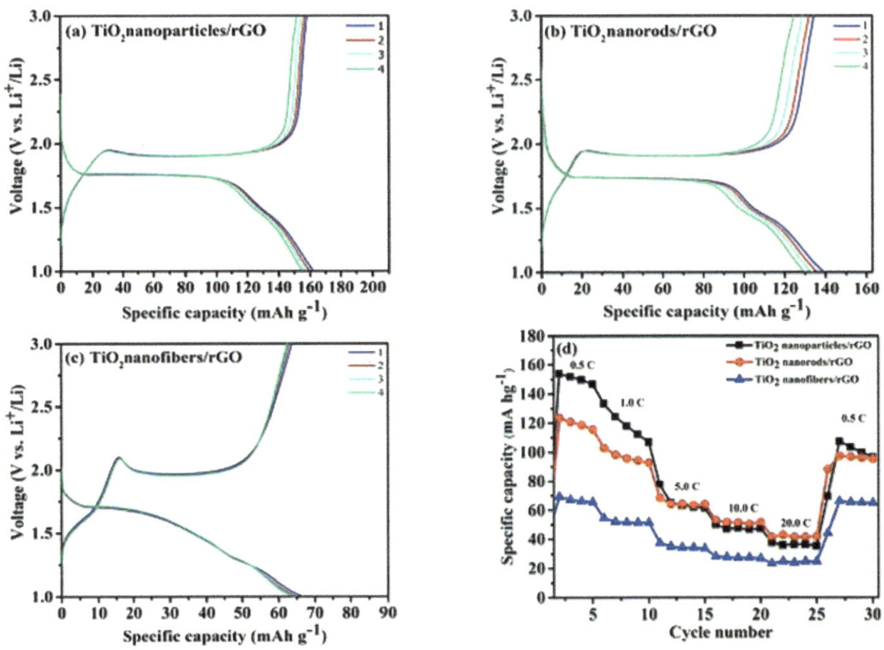

그림 11-15. 충전/방전 전압 프로파일

(a) TiO_2 nanoparticles/rGO (b) TiO_2 nanorods/rGO (c) TiO_2 nanofibers/rGO(0.5C)(1C=168mAhg^{-1}) (d) 속도에 따른 사이클

사이클링 작용은 10C 방전율 조건에서 수행되었으며 그림 11-16에 나타내었다. TiO_2 나노 입자/rGO는 처음 20 사이클 동안 고용량을 나타내며, 100 사이클 후에는 52mAhg^{-1}의 용량을 제공한다. 초기 사이클 동안의 용량 감소는 고체 전해질 계면(SEI)의 형성 때문일 수 있다. TiO_2 나노 로드/rGO는 긴 사이클 동안 우수한 용량 유지율을 보여주고 100 사이클 후 10C의 높은 전류 밀도에서 53mAhg^{-1}의 가역 용량을 제공한다. TiO_2 나노 로드/rGO 나노 로드 유형의 형태는 매우 유용하며, 높은 전류 밀도를 위한 낮은 저항 경로를 제공한다. 이것은 TiO_2 나노 로드/rGO가 높은 전류 밀도에 대해 안정적이며 Li^+ 삽입/탈리 과정이 매우 가역적임을 보여준다. TiO_2 나노섬유/rGO는 26mAhg^{-1}의 초기 용량을 보여주고, 그 용량은 사이클에 따라 증가하고 있으며 100 사이클 후에 30mAhg^{-1} 의 가역 용량을 제공한다. TiO_2 나노섬유/rGO 전극은 리튬화 및 탈리튬화 과정에서 다공성에 완만하게 영향을 미치기 때문에 점차적으로 용량을 향상시키는 것으로 나타난다. 결과적으로 더 많은 반응 사이트와 더 나은 Li 저장 용량에 기여한다. 문헌에 보고된 전극의 전기화학적 성능 비교를 표 11-2에 정리하였다.

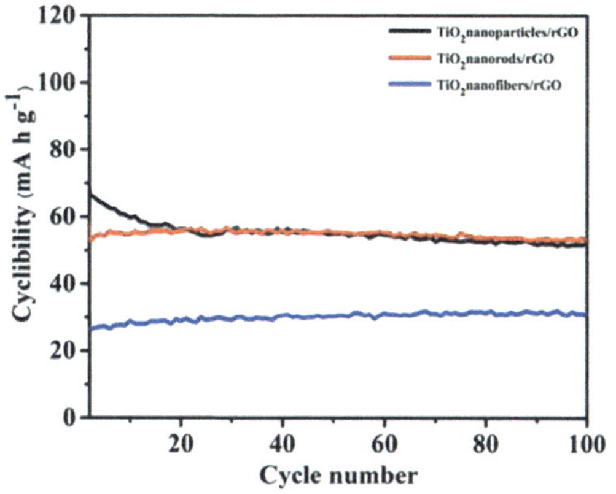

그림 11-16. 100 사이클 동안 10C의 충방전률에서 TiO_2 nanoparticles/rGO, nanorods/rGO, nanofibers/rGO의 사이클링 성능.

표 11-2. 다른 방법을 사용하여 제조한 LIB에 대한 이전 보고서와 현재 보고서 간의 전기화학적 성능 비교

Reference	Samples	Observation
[135]	Reduced graphene oxide wrapped with mesoporous TiO_2 microspheres	Discharge capacity of 155.8mAhg^{-1} at the 5C rate.
[116]	TiO_2 nanofibers wrapped with reduced graphene oxide	Specific capacity of 160 mAhg^{-1}at 0.1C rate.
[136]	TiO_2 nanotubes wrapped with reduced graphene oxide	Capacity of 263mAhg^{-1} at 0.1 Ag^{-1} after 100 cycles.
[137]	Hierarchically TiO_2 nanorods routile@ anatase anode	Capacity of 158.8mAhg^{-1} at 0.5C rate.
[138]	Graphene wrapped with TiO_2 nanofibers for sodium ion anode	Initial capacity of 217mAhg^{-1} at and capacity retention 85% after 200 cycles at 0.2 C.
본 연구	TiO_2 Nanoparticles/rGO	Rate capability of 155mAhg^{-1} at 0.5C.
본 연구	TiO_2 Nanorods/rGO	Rate capability of 124mAhg^{-1} at 0.5C.
본 연구	TiO_2 Nanofibers/rGO	Rate capability of 68 mAh g^{-1} at 0.5C with 95% retention.

전기화학적 임피던스 분광법은 TiO_2 나노 구조물의 전도도에 대한 그래핀의 효과를 입증하기 위해 사용하며, 스펙트럼의 전형적인 Nyquist plots과 삽입은 EIS에 맞게 사용된 등가 회로와 함께 그림 11-17에 나타내었다. 모든 EIS 곡선에 대해 고주파 영역에서 실제 축의 중심에 반원이 관찰되는 반면, 저주파 영역에서 직선은 Warburg 임피던스에 해당한다.[139, 140] 문헌에 따르면 Rs는 전해질의 저항이고 Rct는 입자/전해질 계면에서의 전하 이동 저항이다.[141-143] Rs 및 Rct의 값은 각각 TiO_2 나노 로드/rGO보다 높은 TiO_2 나노 입자/rGO의 경우 5.11Ω 및 33Ω이다. 높은 전하 이동 저항의 이유는 lithiation-delithiation 과정에서 속도가 느리기 때문이다. TiO_2 나노 로드/rGO의 Rs

및 Rct 값은 1.3Ω 및 26.7Ω이며, 아나타제 TiO_2 나노 로드 간의 긴밀한 결합 인터페이스로 인해 접촉 및 전하 이동 저항이 더 낮다. 이것은 그래핀이 전극소재의 전자 전도도를 높이는 데 유리하다는 것을 알 수 있다. TiO_2 나노섬유/rGO는 Rs 및 Rct 값이 높기 때문에 전반적으로 전기화학적 성능이 더 낮았다.

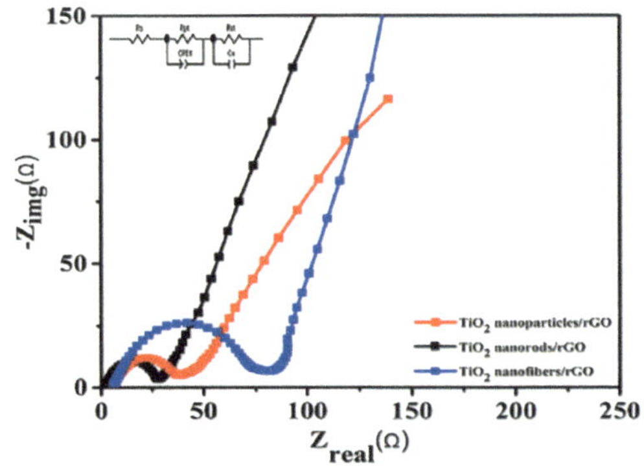

그림 11-17. 10C에서 100 사이클 후 TiO_2 nanoparticles/rGO, nanorods/rGO, nanofibers/rGO의 EIS 스펙트럼 (삽입: 해당 등가 회로)

표 11-3. EIS 스펙트럼에서 계산된 Rs 및 Rct 값

샘플	Rs(Ω)	Rct(Ω)
TiO_2 nanoparticles/rGO	5.11	33.17
TiO_2 nanorods/rGO	1.38	26.67
TiO_2 nanofibers/rGO	5.35	74.84

그림 11-18에서 볼 수 있듯이, 샘플에서 리튬 이온 확산으로 저주파 영역에서는 직선이다. 방정식(1)과 (2)는 저주파 범위에서 Z_{re}와 관련된 리튬 이온 확산 계수($D_{Li}{}^{+}$)와 Warburg 인자(σ) 사이의 관계를 보여준다.

$$Z_{re} = R_{ct} + R_s + \sigma\omega^{-1/2} \quad (1)$$

$$D_{Li} = \frac{T^2R^2}{2A^2n^4F^4C_{Li}^2\sigma^2} \quad (2)$$

저주파 영역에서 Z_{re}와 주파수 $\omega^{-1/2}$의 제곱근 간의 관계는 그림 11-18에 나와 있다. 모든 곡선에 대해 선형 측면을 볼 수 있으며 삽입은 기울기 값에 해당한다. 따라서 그림 11-18와 식(1)의 바탕에서 TiO_2 나노 로드/rGO의 Warburg 계수(σ)는 36.02로 TiO_2 나노 입자/rGO의 경우 39.91보다 낮을 수 있다. 분명히(σ) 값이 낮을수록 리튬 이온 확산 계수 값이 높음을 의미하며, TiO_2 나노 로드/rGO 전극은 TiO_2 나노 입자/rGO보다 확산 계수가 더 높다는 것을 알 수 있다. 이 결과는 아나타제의 Bragg peaks가 강한 아나타제 TiO_2 나노 로드/rGO가 리튬 이온 삽입을 선호하기 때문에 산화 그래핀과 복합된 아나타제 TiO_2 나노 로드의 독특한 형태가 리튬 이온 이동성을 현저하게 향상시킬 수 있음을 분명히 보여준다. TiO_2 나노섬유/rGO(30.7)의 Warburg 계수(σ)는 100 사이클의 lithiation 및 delithiation 후 다공성이 급격히 증가하기 때문에 높은 수치의 리튬 이온 확산 계수를 제안한다.

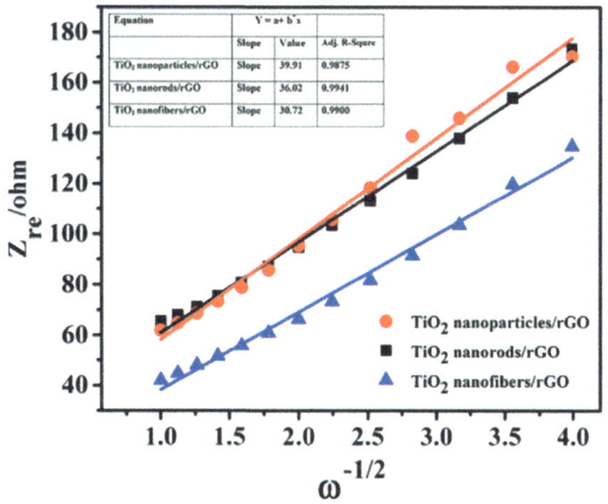

그림 11-18. TiO_2 nanoparticles/rGO, TiO_2 nanorods/rGO 및 TiO_2 nanofibers/rGO에 대해 저주파 영역에서 $\omega^{-0.5}$에 대해 플롯된 Z_{re} 그래프(삽입 값 : 해당 기울기 값)

(7) 100 사이클 후 물리화학적 특징

전기화학적 개선을 위한 복합소재 구조의 역할을 확인하기 위해 10C에서 100 사이클 후 TiO_2/rGO 나노 구조 전극의 형태를 TEM 및 HR-TEM을 수행하여 그림 11-19와 그림 11-20에 나타내었다. 모든 복합소재의 형태가 사이클링 전과 유사하게 보존되어 있음을 알 수 있다. 또한 전체 나노 구조 전극은 rGO로 덮여있어 특정 용량을 향상시키는 데 중요한 역할을 한다.

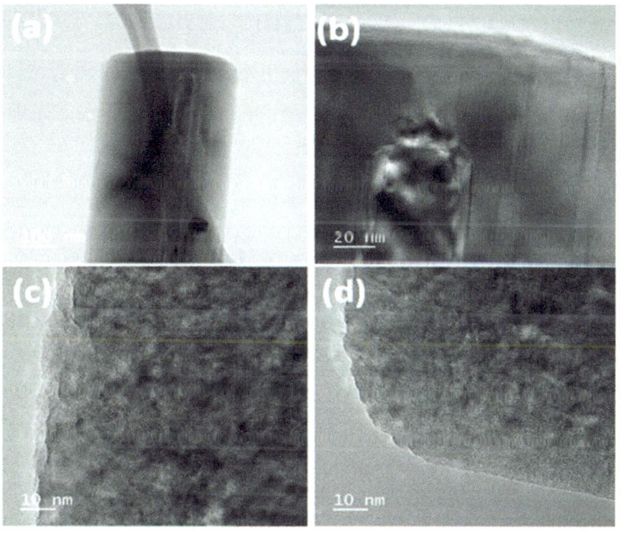

그림 11-19. 10C에서 100 사이클 전의 TiO_2/rGO (a,b) TiO_2 nanofibers/rGO 및 10 C에서 100 사이클 후 (c,d) TiO_2 nanofibers/rGO의 TEM 이미지

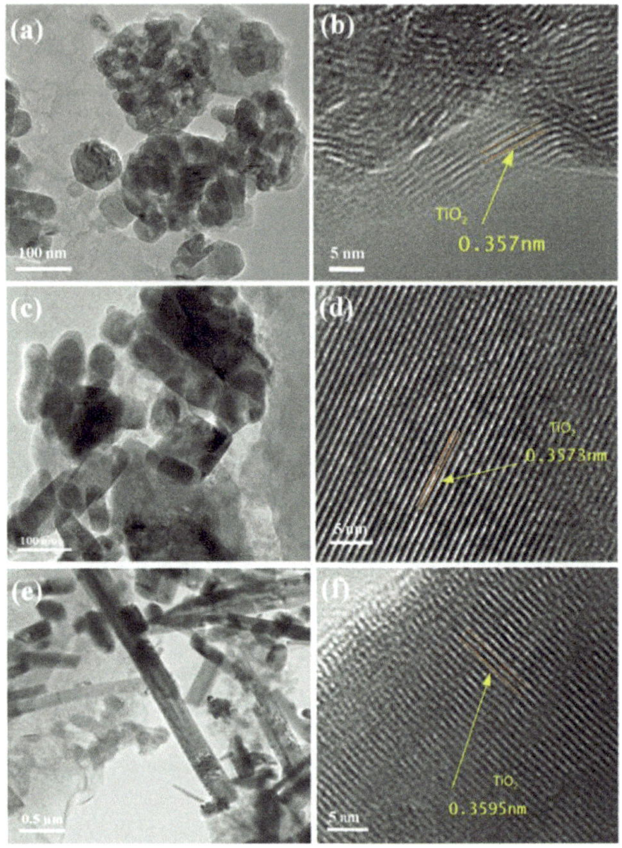

그림 11-20. 10C에서 100 사이클 후 (a,b) TiO_2 nanoparticles/rGO, (c,d) TiO_2 nanorods/rGO, (e,f) TiO_2 nanofibers/rGO 전극의 HR-TEM

아나타제 TiO_2/rGO 나노 복합소재 전극의 가능한 메커니즘을 확인하기 위해 ex-situ XRD 패턴을 수행하였다. (101), (004), (200), (105) 및 (211)의 회절 패턴은 TiO_2의 아나타제 상에 해당한다. TiO_2 Nanoparticles/rGO는 44.2° 및 51.2°에서 약간의 뚜렷한 회절 피크를 보이고, 이는 사이클링 중 약간의 분해로 인해 가능한 반면, 다른 두 전극은 TiO_2의 아나타제 단계를 상당히 유지하는 것으로 보인다.

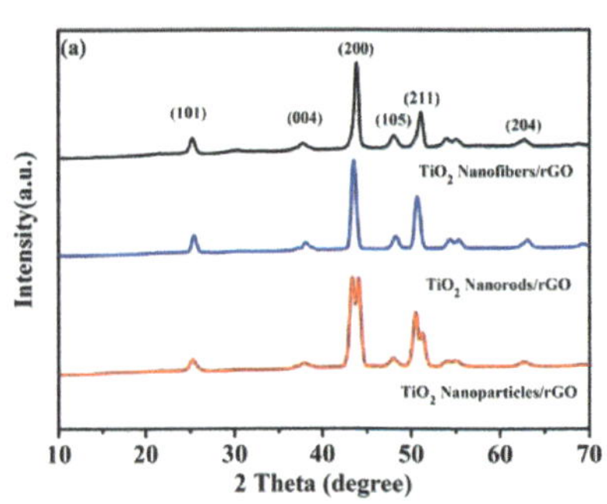

그림 11-21. TiO_2 nanoparticles/rGO, TiO_2 nanorods/rGO, TiO_2 nanofibers/rGO의 10C에서 100 사이클 후 TiO_2 구리 코팅 전극의 XRD 패턴(XRD step size: 0.044).

결합의 특성은 10C에서 100 사이클 후 모든 TiO_2/rGO 나노 구조 전극의 FT-IR 스펙트럼으로 분석하였다. 그림 11-22에서 모든 TiO_2/rGO 나노 구조 전극은 1,000cm^{-1} 미만에서 Ti-O-Ti 및 Ti-O-C 진동을 보이며, 이는 사이클링 후 TiO_2와 rGO 간의 상호 작용임을 알 수 있다.

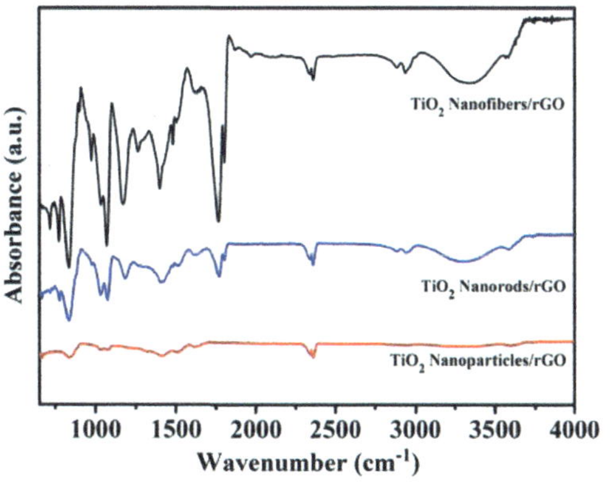

그림 11-22. TiO_2 nanoparticles/rGO, TiO_2 nanorods/rGO, TiO_2 nanofibers/rGO에 대해 10C에서 100 사이클 후 TiO_2/rGO 나노 복합소재의 FT-IR 스펙트럼

Ti-O-Ti 결합은 XPS에 의해 추가로 확인할 수 있다. 10C에서 100 사이클 후 TiO_2/rGO 나노 복합소재 전극의 XPS 스펙트럼을 그림 11-23에 나타내었다. 그림 11-23의 Ti2p는 전해실 성분으로 덮일 수 있거나, 최대 수 나노 미터 깊이(~10nm)인 XPS의 검출 한계로 인해 관찰할 수 없다. 그러나 TiO_2는 XRD 및 TEM 분석에서 확인된다. 모든 나노 복합소재 전극에 대한 O1s 스펙트럼의 530-533eV 및 533-535eV에 나타나는 피크는 각각 Ti-O-Ti 및 Ti-O-C와 연관되어 TiO_2와 rGO의 상호 작용을 보여준다. 또한 C, Li, F 및 P 그림 11-23(c-f)의 피크도 C와 함께 나타나 사용된 샘플에 전해질 함량이 있음을 보여준다.

열수 및 하소 처리를 통해 TiO_2/rGO 나노 복합소재를 얻을 수 있다. Li-ion 배터리에 적용되는 전극 재료로서, rGO 도메인에 내장된 TiO_2 나노 입자의 전기화학적 성능은 전해질과의 접촉을 향상시키는 높은 표면적(97m^2g^{-1})을 제공하는 반면, TiO_2 입자의 나노 크기는 또한 이온 및 전자에 대한 확산 길이, 따라서 더 많은 반응성 사이트를 제공하고 리튬 이온의 확산을 개선한다. 이 전극 소재는 0.5C에서 155$mAhg^{-1}$의 속도 용량을 제공하고 20C 이후 30%의 용량 손실로 109$mAhg^{-1}$의 속도 용량을 복원한다. TiO_2 나노 입자/rGO 전극은 좋은 리튬화 및 탈리튬화를 겪지 않는다는 점이 있다.

TiO_2 나노 로드/rGO는 고유한 형태로 인해 0.5C에서 124$mAhg^{-1}$의 속도 성능을 보이고, 22%의 용량 손실로 97$mAhg^{-1}$의 속도 성능을 회복한다. 또한 10C에서 사이클을 수행하여 TiO_2와 그래핀 간의 강한 결합으로 인해 높은 선류 밀도에서 우수한 구조적 안정성을 보여준다. 티타늄과 그래핀 사이의 화학적 상호 작용이 전사 수송에 노출이 된다는 것도 보여준다.

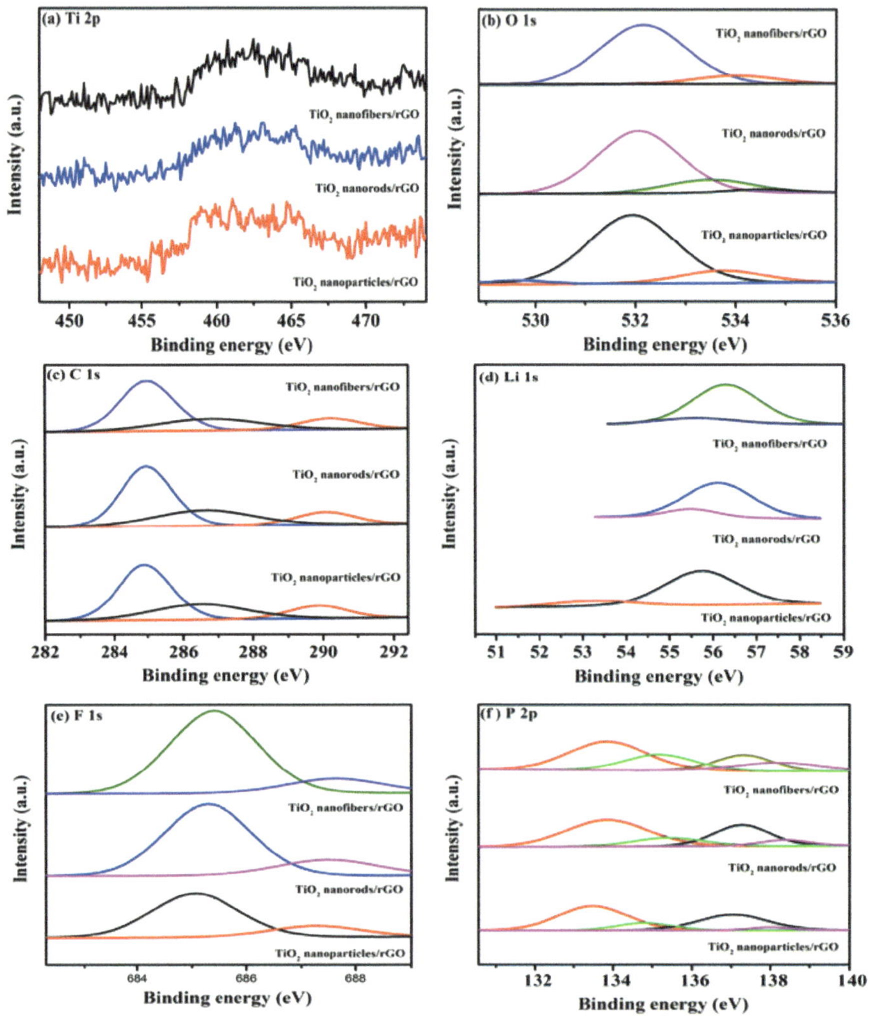

그림 11-23. TiO_2 nanoparticles/rGO, TiO_2 nanorods/rGO, TiO_2 nanofibers/rGO(a) Ti2p(b) O1s(c) C1s(d) Li1s(e) F1s(f) P2p의 10C에서 100 사이클 후 HR-XPS 스펙트럼

세 가지 유형의 모든 샘플 중에서 TiO_2 나노섬유/rGO는 가장 낮은 BET 표면적과 낮은 전도도를 가지므로 특정 용량이 가장 낮다. 낮은 특정 용량으로 인해 높은 C-rate에서도 충전 및 방전에 낮은 전류가 필요하다. 그러나 다른 전극의 경우는 더 높은 전류가 필요하므로 더 빠른 속도로 저하된다.

12 윤활유용 기능화된 그래핀의 합성 및 특성

12.1 염화알킬 기능화 산화 그래핀의 합성/분산 및 트라이볼로지적 특성

[144]

(1) 아민기가 치환된 산화 그래핀의 제조

먼저 시중에서 구입한 산화 그래핀(Graphene Oxide, GO) 0.25g을 100mL의 에탄올에 섞어 만든 분산액을 제조한다. 산화 그래핀 분산액에 3mL의 에틸렌다이아민을 넣어준 뒤 75℃에서 16시간 동안 환류 반응을 시켜 아민기가 치환된 산화 그래핀(NH_2-GO)을 얻는다. 반응이 끝난 NH_2-GO는 다량의 에탄올을 사용하여 충분히 여과 및 세척한 후, 60℃에서 24시간 동안 건조한다. 아민기가 치환된 산화 그래핀의 제조에 대한 개략도를 그림 12-1에 나타내있다.

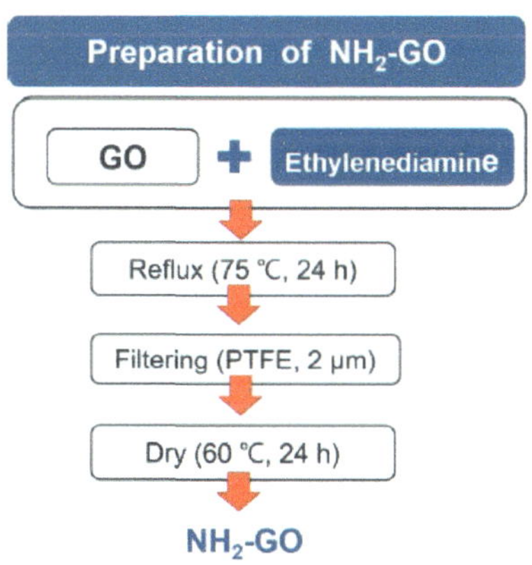

그림 12-1. GO 및 에틸렌다이아민으로부터 NH_2-GO를 제조하는 공정

(2) 기능화 산화 그래핀의 제조

NH_2-GO 0.25g을 100mL의 증류수에 섞어 만든 분산액과 butyl chloride 0.5ml를 100ml의 에탄올에 섞어 만든 분산액을 각각 제조한다. NH_2-GO 분산액에 butyl chloride 분산액을 천천히 적가한 후, 80℃에서 24시간 동안 reflux 반응시킨다. 반응이 끝난 butyl functionalized GO(FGO-4)는 다량의 에탄올을 사용하여 충분히 여과 및 세척한 후, 60℃에서 24시간 동안 건조한다. FGO-8과 FGO-14도 octyl chloride과 tetradecyl chloride를 이용하여 이와 같은 방법으로 제조한다. 기능화

산화 그래핀의 제조 과정에 대한 개략도를 그림 12-2에 나타내었다.

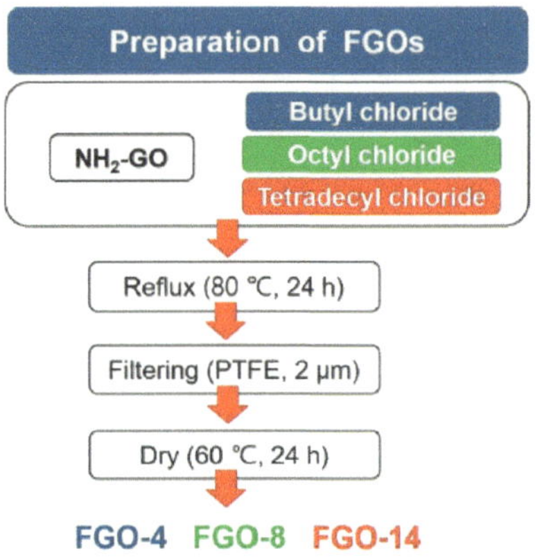

그림 12-2. 알킬 기능화된 GO의 제조 과정

(3) 분산 안정성 시험

산화 그래핀과 제조한 기능화 산화 그래핀(FGO-4, FGO-8 및 FGO-14)을 PAO-0W40 오일에 0.02wt%의 농도로 첨가한 후 2시간 동안 초음파 처리를 하여 분산한다. 산화 그래핀과 기능화 산화 그래핀이 각각 분산된 PAO-0W40 오일의 분산 안정성을 30일 동안 면밀히 관찰한다. 분산 안정성 시험의 개략도는 그림 12-3에 나타내었다.

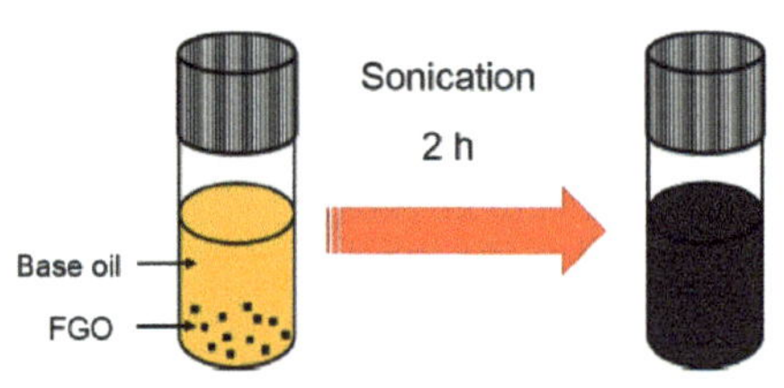

그림 12-3. PAO 오일에서 GO, FGO-4, FGO-8 및 FGO-14 샘플에 대한 분산 안정성 시험

(4) 트라이볼로지 시험

산화 그래핀과 제조한 기능화 산화 그래핀의 마찰 계수와 마모에 관한 트라이볼로지적 특성은 High frequency friction/wear tester(TE 77 AUTO)로 수행하며, 그 개략도를 그림 12-4에 나타내었다. 시험 방식은 직선 왕복 ball-on-disk이다. 볼과 디스크의 재료는 모두 베어링강 SUJ2(Ø = 10 및 HRC: 60~63)을 사용한다. 트라이볼로지적 특성을 시험하기 전에 볼과 디스크는 아세톤으로 초음파 세척한다. 그 다음 10mL의 윤활제를 볼과 디스크 사이의 배스에 부어준다. 시험은 10Hz의 왕복 주파수와 50N의 하중에서 360초 동안 수행한다. 시험을 하는 동안, 디스크는 측정 장치의 하부에 고정시키고 볼이 직선 왕복 운동으로 디스크를 눌러주며, 각 테스트마다 새로운 볼과 디스크을 사용한다. 시험 후 디스크는 표면의 상태를 관찰하기 위해 아세톤으로 초음파 세척한다. 마모 트랙의 형태학적 특징은 광학 현미경으로 관찰한다.

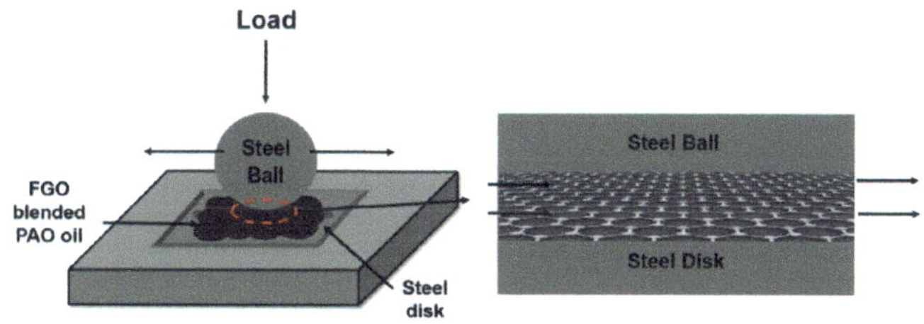

그림 12-4. 마찰 조건에서 ball-on-disk 시험의 개략도

(5) 물리화학적 특성

두 단계 반응으로 기능화 산화 그래핀의 합성을 진행한다. 첫 단계로 산화 그래핀의 가장자리에 분포한 카르복실 그룹과 에틸렌다이아민의 아민 그룹과의 아마이드 결합을 형성시키고, 두 번째 단계는 첫 단계에서 제조된 NH_2-GO와 염화알킬 사이에서 염화알킬의 -Cl 이 좋은 이탈기로 작용하여 친핵성 치환 반응을 하는 강력한 두 단계의 반응으로 이루어진다. 그림 12-5에 탄화수소 사슬이 도입된 기능화 산화 그래핀의 합성 및 제조 단계에 대한 개략도를 나타내었다. 산화 그래핀의 나노 시트 위에 염화알킬을 사용하여 탄화수소 사슬을 기능화하고, 다양한 탄화수소 사슬 길이에 따른 나노 시트 표면의 구조, 분산 안정성 및 트라이볼로지적 특성에 대하여 조사한다.

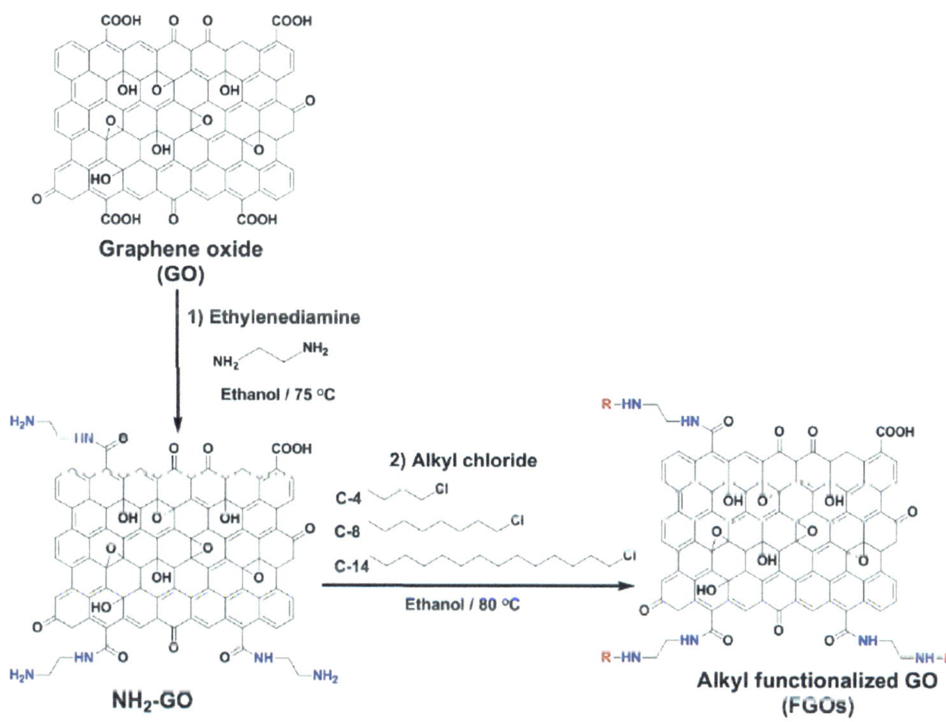

그림 12-5. 알킬 기능화된 GO(FGO)의 합성 과정

산화 그래핀과 제조한 기능화 산화 그래핀에 존재하는 작용기를 조사하기 위해 FTIR 스펙트럼 분석을 하여, 이를 그림 12-6에서 나타내었다.

산화 그래핀의 스펙트럼은 3,244 ~ 3,777cm^{-1}에서 하이드록시 그룹과 관련된 광범위한 피크가 나타났으며, 1,725cm^{-1}은 카르복실 그룹에 해당하고, 1,042cm^{-1}과 1,113cm^{-1}에서 에폭사이드 그룹에 해당하는 피크가 각각 나타났다. 이로써 FTIR 스펙트럼을 통해 산화 그래핀에서 산소 작용기의 존재를 확인할 수 있다. 염화알킬로 산화 그래핀 나노 시트의 표면을 기능화한 기능화 산화 그래핀은 761cm^{-1} 부근의 피크와 함께 알킬 사슬의 C-H 신축 진동에 해당하는 피크가 2,834 ~ 2,978cm^{-1} 부근에서 나타났다. 또한 기능화 산화 그래핀의 1,581cm^{-1} 피크는 N-H 결합에 해당하며, 이는 산화 그래핀의 성공적인 아미노화를 나타낸다. 기능화 후 카르복실 그룹과 에폭사이드 그룹에 해당하는 1,725cm^{-1}과 1,042cm^{-1}의 피크의 세기는 감쇠되었고, N-H 결합의 형성을 나타내는 1,581cm^{-1}의 새로운 피크가 나타났다.

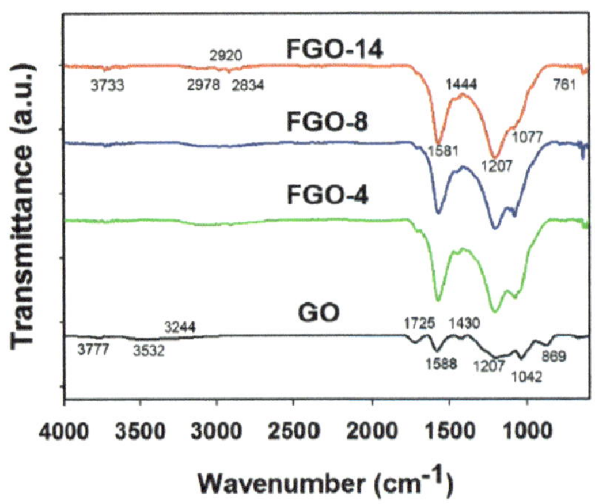

그림 12-6. GO, FGO-4, FGO-8 및 FGO-14 샘플의 FTIR 스펙트럼

산화 그래핀과 제조한 기능화 산화 그래핀의 결합 에너지를 알아보기 위해 XPS 스펙트럼 분석을 하여, 이를 그림 12-7에 나타내었다.

(a)는 산화 그래핀과 기능화 산화 그래핀의 Survey 스펙트럼 결과를 나타낸다. 산화 그래핀에서는 287eV와 532eV에서 두 개의 강한 피크가 나타났으며, 이는 각각 C1s와 O1s 피크에 해당한다. 산화 그래핀의 기능화 후, 532eV에서 O1s 피크가 극도로 감쇠되었고 280eV에서는 C1s 피크의 강도가 현저하게 증가되었음을 볼 수 있다. 또한 기능화가 성공적으로 이루어졌음을 399eV에서 N1s의 새로운 피크가 나타난 것으로도 확인할 수 있다. C1s, O1s 및 N1s에 대한 고해상도 스펙트럼을 측정하였으며, 대표적인 결과로서 산화 그래핀과 기능화 산화 그래핀(FGO-14)의 C1s scan을 (b), (c)에 나타내었다. GO의 C1s scan의 디콘볼루션(deconvolution)은 C-C(284.64eV), C-O(284.48eV), C=O(288.08eV), 및 COO(289.04eV)에 해당하는 4개의 주요 피크를 나타낸다. 이것은 산화 그래핀 나노 시트에서 산소 작용기가 존재하고 더불어 산화 그래핀의 산화 정도가 상당히 높음을 나타낸다. 또한, FGO-14의 경우 tetradecyl chloride에 의한 기능화로 인해 C-O 및 COO에 해당하는 피크가 급격히 감소하고 285.88eV에서 C-N 피크가 나타난다. 이 사실은

399.49eV(C-N), 400.50eV(N-H) 및 398.68eV(N-O)에서 세 개의 피크를 보인 d의 FGO-14 N1s scan으로부터 더 확실히 알 수 있다.

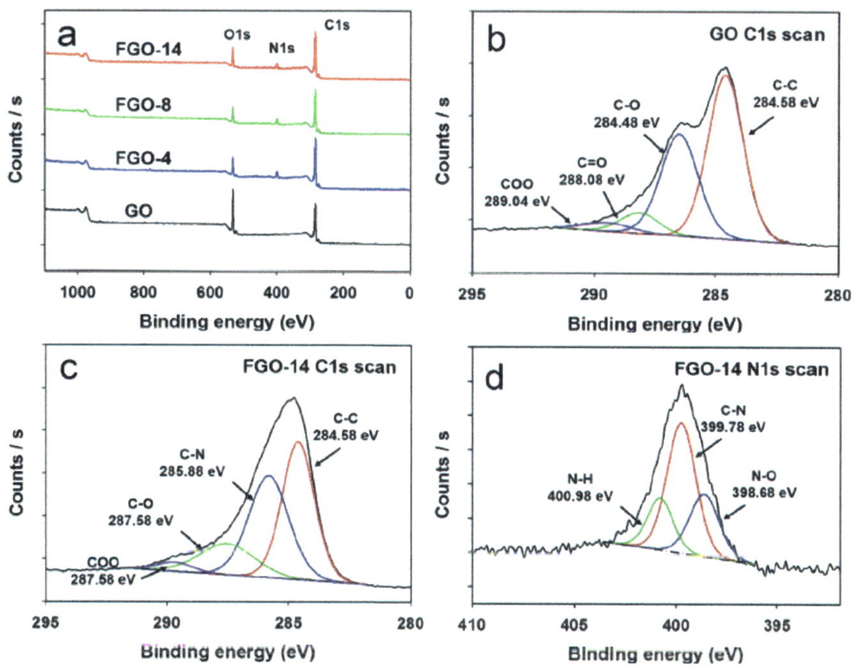

그림 12-7. GO 및 FGO-14 샘플의 XPS 스펙트럼

산화 그래핀과 제조한 기능화 산화 그래핀의 나노 시트 간 층간 간격과 결정성을 조사하기 위해 XRD 패턴을 측정하여, 이를 그림 12-8에 나타내었다.[145]

XRD 패턴의 d-spacing은 다음의 브래그 방정식을 통해 계산할 수 있다.

$$n\lambda = 2d \sin\theta$$

방정식에서 λ는 X선의 파장, θ는 입사각, d는 격자면 간격을 나타낸다. 산화 그래핀은 2θ=9.75°에서 회절 피크를 보여주며, 이에 상응하는 *d*-spacing은 0.91nm이다.[146] 흑연은 2θ = 26.4° 부근에만 하나의 회절 피크가 있고, d-spacing은 약 0.334nm 이다.[147] 산화 그래핀의 층간 거리가 흑연에 비해 더 넓은 것은 기저면과 가장자리에 산소 작용기가 존재하기 때문이다. 산화 그래핀 나노 시트 층 사이에 긴 탄화수소 사슬을 도입한 후, 흑연의 결정화도가 감소되어, 주요 회절 피크가 더 낮은 각으로 변한다. FGO-4, FGO-8 및 FGO-14는 각각 2θ = 3.70°, 3.50°, 3.30°에서 넓은 피크를 보인다. 기능화 산화 그래핀 나노 시트 사이의 *d*-spacing은 2.39nm, 2.49nm 및 2.67nm로 기존 산화 그래핀의 0.91nm보다 더 큰 값을 보인다. 동시에 기능화 산화 그래핀의 XRD 패턴은 약 2θ=23~24° 부근에서 새로운 피크를 보이며, 흑연의 회절 피크(2θ=26°)와 가까워졌음을 관찰할 수 있다. 이는 산화 그래핀 나노 시트 위에 산소 작용기의 감소로 인하여 재배열된 무질서한 그래핀 나노 시트의 형성을 의미한다.[148]

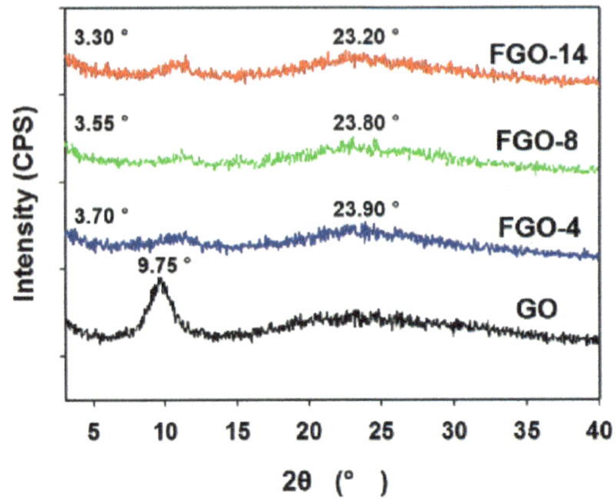

그림 12-8. GO, FGO-4, FGO-8 및 FGO-14 샘플의 XRD 패턴

산화 그래핀과 제조한 기능화 산화 그래핀의 결정성을 비교하기 위해 측정한 Raman 스펙트럼을 그림 12-9와 표 12-1에 나타내었다. Raman 스펙트럼은 다이아몬드, 흑연, 탄소나노튜브, 그래핀 등과 같은 다양한 나노 구조를 가지는 탄소 동소체의 그래파이트화 정도를 특성화할 수 있다.[149] 대표적으로 산화 그래핀 나노 시트에서 1,349cm^{-1} 에 위치하는 D-band는 구조적 결함이 있는 sp^3 구조의 탄소에 해당되며, 1,594cm^{-1} 에 위치하는 G-band는 sp^2 구조의 탄소에 해당된다. D 및 G 밴드의 상대적 강도비(ID/IG)는 탄소의 구조적 특성에 의존하는 것으로 알려져 있다.[150] 기능화 산화 그래핀의 G-band는 산화 그래핀 나노 시트 상의 산소 작용기 감소로 인해, 기존의 산화 그래핀에 비해 적색편이 된다.[148] 기능화 산화 그래핀은 산화 그래핀보다 전형적인 흑연의 G-band(1,579cm^{-1}) 피크에 더 가까워졌으며, 이는 sp^2 네트워크의 복원을 의미한다. 산화 그래핀과 기능화 산화 그래핀(FGO-4, FGO-8 및 FGO-14)의 강도비 ID/IG는 각각 0.94, 1.13, 1.12 및 1.08으로 기능화 후, ID/IG 값이 조금 증가된다. 이러한 변화는 긴 탄화수소 사슬이 나노 시트의 간격을 증가시킴으로써 규칙성이 감소되었음을 의미한다.[151]

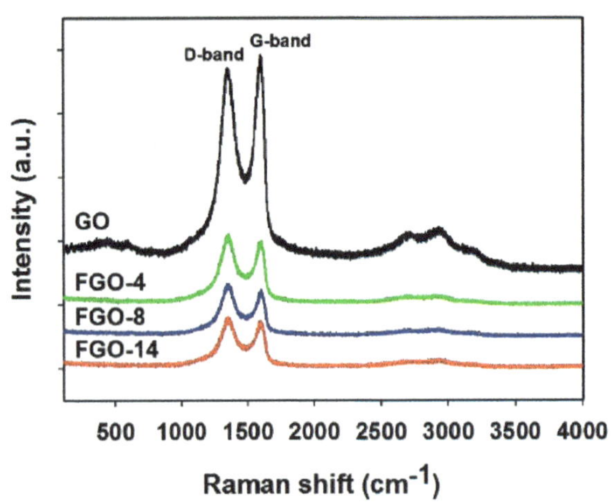

그림 12-9. GO, FGO-4, FGO-8 및 FGO-14 샘플의 Raman 스펙트럼

표 12-1. GO, FGO-4, FGO-8 및 FGO-14 샘플의 Raman 스펙트럼의 결과

	D-band	G-band	ID/IG
GO	1349	1594	0.94
FGO-4	1346	1586	1.13
FGO-8	1352	1591	1.12
FGO-14	1352	1586	1.08

산화 그래핀과 제조한 기능화 산화 그래핀의 전체적인 형태 및 미세 구조를 알아보기 위해 SEM 분석을 수행하였다. 기존의 산화 그래핀은 매끄러운 표면을 가진 평면 시트와 유사한 모양을 나타낸다. 그러나 산화 그래핀에 긴 탄화수소 사슬을 도입한 기능화 산화 그래핀은 '구겨진 종이'와 같이 무작위한 형태로 주름 및 일부 접힌 영역을 갖는 구겨진 시트를 보여준다. 또한 염화알킬의 탄화수소 사슬 길이가 길어질수록 표면이 더 구겨지고 거칠기가 많은 두꺼운 영역이 형성됨을 관찰할 수 있다.

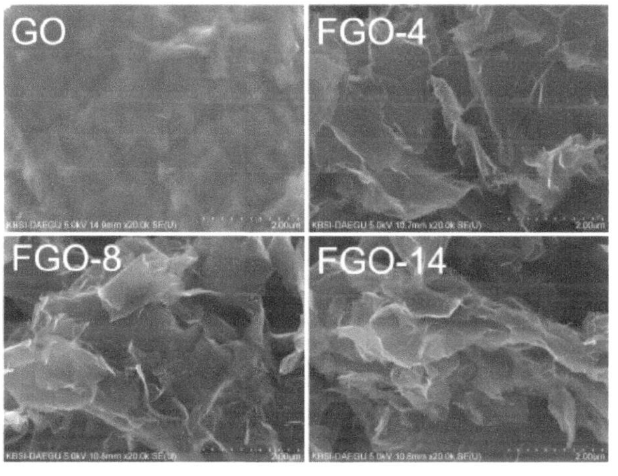

그림 12-10. (a) GO, (b) FGO-4, (c) FGO-8 (d) FGO-14 샘플의 SEM 이미지

산화 그래핀과 제조한 기능화 산화 그래핀의 특징 부분을 EDS로 정성·정량 분석하여 표 46에 나타내었다. 산화 그래핀의 분석 결과는 탄소원소 59.36%, 산소 원소 37.94%로 나타나고, 기능화 후 FGO-4는 탄소원소 78.79%, 산소 원소 37.94%로 나타난다. 이로써 다량의 산소 작용기가 존재하던 산화 그래핀에 탄화수소 사슬을 도입한 후 산소 원소의 함량은 감소하고 탄소원소의 함량이 증가하여 기능화가 잘 이루어졌음을 알 수 있고, 도입된 탄화수소 사슬의 길이가 길수록 탄소원소의 함량이 더 증가함을 알 수 있다.

표 12-2. GO, FGO-4, FGO-8 및 FGO-14 샘플의 EDS 결과

원소(%) 평균값의 모든 결과				
	GO	FGO-4	FGO-8	FGO-14
C	59.36	78.79	80.93	83.43
O	37.94	21.02	18.72	16.57
S	2.70	0.20	0.35	0.00

산화 그래핀과 제조한 기능화된 산화 그래핀의 전체적인 형태 및 미세적인 구조를 알아보기 위해 TEM 분석을 수행하여, 이를 그림 12-11에 나타내었다. 기존의 산화 그래핀은 매끄러운 표면을 가진 평면 시트와 유사한 모양을 나타낸다. 그러나 산화 그래핀에 긴 탄화수소 사슬을 도입한 후, 기능화 산화 그래핀은 '구겨진 종이'와 같이 무작위한 형태로 주름 및 일부 접힌 영역을 갖는 구겨진 시트를 보여준다. 또한 염화알킬의 탄화수소 사슬 길이가 길어질수록 표면이 더 구겨지고 거칠기가 많은 두꺼운 영역이 형성됨을 관찰할 수 있다.

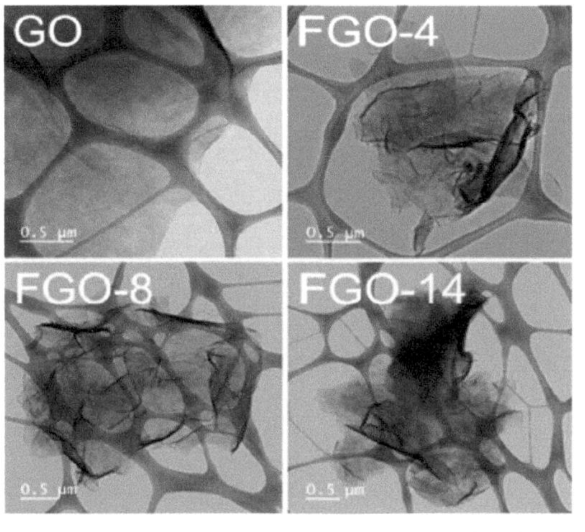

그림 12-11. (a) GO, (b) FGO-4, (c) FGO-8, (d) FGO-14 샘플의 TEM 이미지

그림 12-12는 산화 그래핀 및 기능화 산화 그래핀(FGO-14)에 대한 TEM 이미지의 elemental mapping 결과이다. 산화 그래핀의 elemental mapping 결과는 탄소원소와 더불어 풍부한 산소원소를 보여준다. 이는 산화 그래핀 나노 시트 위에 존재하는 산소 작용기를 의미한다. 반면에 긴 탄화수소 사슬로 기능화 된 FGO-14는 기존의 산화 그래핀 위의 산소 작용기의 감소와 성공적인 아미노화로 인해 질소가 나타남을 관찰할 수 있다. 따라서 elemental mapping의 결과로서 두 단계의 합성 반응이 성공적으로 이루어졌음을 확인할 수 있다.

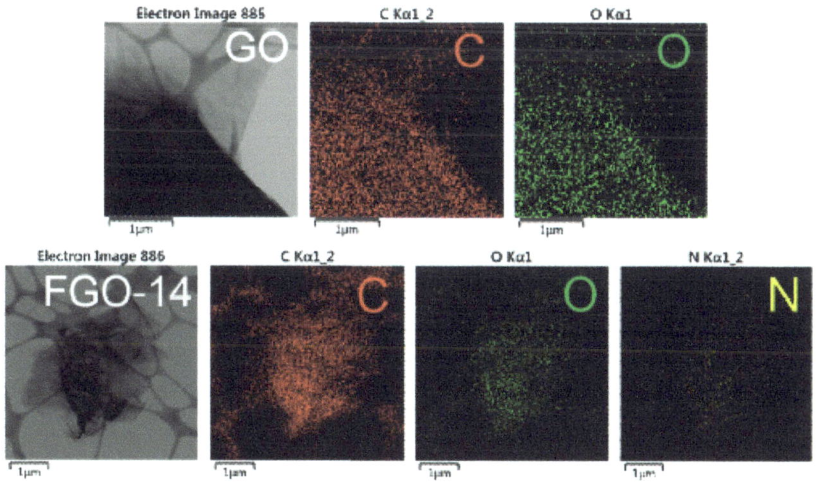

그림 12-12. GO와 FGO-14 샘플의 TEM elemental mapping 이미지

(6) 분산 안정성

산화 그래핀과 제조한 기능화 산화 그래핀의 분산 안정성 시험 결과이다. 분산 안정성 시험은 산화 그래핀과 제조한 기능화 산화 그래핀을 PAO-0W40 오일에 0.02wt%의 농도로 분산시킨 후, 30일 동안 분산 안정성을 면밀히 관찰하여 얻은 것이다. 기존의 산화 그래핀은 친수성의 성질로 인해 PAO-0W40 오일에 분산되지 않았지만, 기능화된 산화 그래핀은 분산된다. 그러나 30일 지난 후, FGO-4와 FGO-8은 부분적으로 침전이 일어나고, FGO-14만 유일하게 분산 상태가 유지된다. 이는 FGO-14가 적절하게 긴 탄화수소 사슬의 도입으로 친유성의 성질을 가지고, 더불어 '구겨진 종이'와 같은 기능화 산화 그래핀의 높은 비표면적에 기인한다.[152] 또한 FGO-14의 tetradecyl 사슬과 PAO-0W40 오일의 탄화수소 사슬 사이의 van der Waals 상호 작용이 장기간의 분산 안정성을 제공한다.[145]

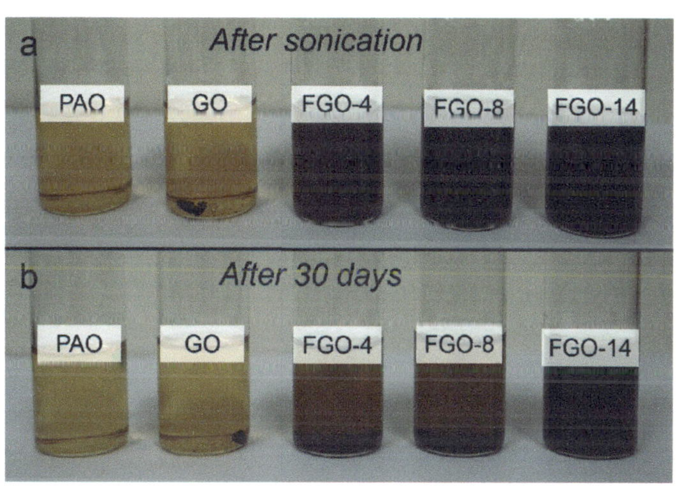

그림 12-13. PAO 오일에서 GO, FGO-4, FGO-8 및 FGO-14 샘플의 분산 안정성 테스트 결과

(7) 마찰 계수

기존 PAO-0W40 오일과 제조한 기능화 산화 그래핀을 각각 첨가시킨 분산 용액들의 트라이볼로지적 특성을 알아보기 위해 마찰 계수를 측정하여 그림 12-14에 나타내었다. PAO-0W40 오일과 비교하여 FGO-4와 FGO-8의 마찰 계수는 각각 ~34.48%, ~9.70%로 증가하였으나, FGO-14의 마찰 계수는 ~5.88% 만큼 감소한다. 이것은 FGO-4와 FGO-8의 좋지 못한 분산 안정성이 오히려 트라이볼로지적 특성을 저해한다는 것을 시사한다. 그러나 FGO-14는 산화 그래핀이 매끄러운 판상과 같은 나노 시트 물질로서 층간의 강한 van der Waals 상호 작용으로 인해 응집되는 경향이 있지만, 긴 탄화수소 사슬로 기능화된 기능화 산화 그래핀은 '구겨진 종이'와 같은 나노 시트 물질로서 높은 비표면적으로 인해 층간의 응집을 감소시키면서 기존 산화 그래핀의 우수한 기계적 강도는 유지하여 강화된 나노 베어링의 메커니즘으로 트라이볼로지적 특성을 향상시킬 수 있다.[153]

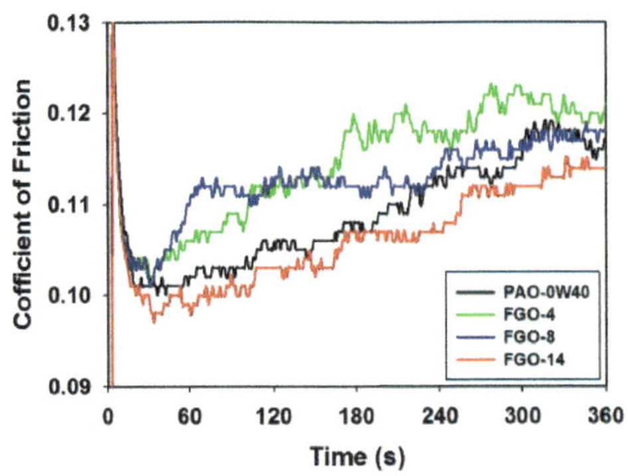

그림 12-14. PAO 오일에 분산 된 PAO 오일 및 FGO-4, FGO-8, FGO-14 샘플의 마찰 계수

(8) 마모 트랙

트라이볼로지 시험 후, PAO-0W40 오일과 기능화 산화 그래핀이 각각 첨가된 분산 용액으로 윤활된 하부 디스크의 마모 트랙을 관찰한 광학 현미경 이미지를 그림 12-15에서 나타내었다. PAO-0W40 오일과 기능화 산화 그래핀이 첨가된 오일의 마모 트랙 폭은 각각 ~155μm 및 ~165μm, ~159μm, ~149μm로 나타났다. FGO-4와 FGO-8은 앞에서 언급한 바와 같이, 좋지 못한 분산 안정성이 트라이볼로지적 특성을 저해하여 마모 트랙의 폭이 기유와 비교하였을 때 오히려 증가한 것으로 보인다. 반면에 FGO-14의 마모 트랙 폭은 ~3.8%로 감소하는데, 이것은 FGO-14의 '구겨진 종이'와 같은 형상이 마찰을 감소시켜 하부 디스크의 내마모성이 향상되었고, 이로 인해 마모 트랙이 감소한 것으로 보인다.

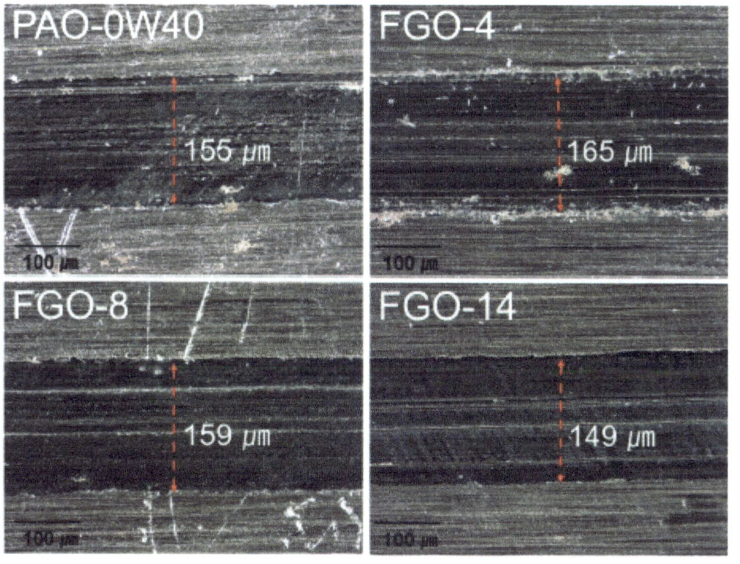

그림 12-15. Ball-on-disk 테스트를 한 후, PAO 오일에 분산된 PAO 오일 및 FGO-4, FGO-8, FGO-14의 마모 트랙

12.2 윤활유 첨가제로써 알킬 기능화 산화그래핀의 합성 및 분산 특성 [154]

(1) 알킬 기능화 산화 그래핀(FGO)의 제조

NH_2-GO를 파우더 형태로 만든 후, 100mL의 증류수에 분산시켜 분산액을 제조하며, 여러 가지의 alkyl chloride(chlorobutane, chlorohexane, chlorooctane, chlorodecane, chlorododecane, chlorotetradecane) 0.5mL를 첨가하여 80℃에서 24시간 동안 환류 반응을 시킨다. 반응이 끝난 후에는 필터링을 하면서 다량의 에탄올로 세척하고 60℃의 오븐에서 24시간 동안 건조시켜 알킬 기능화 산화 그래핀(FGO)을 얻었으며, alkyl chloride의 종류에 따라 FGO4, 6, 8, 10, 12 및 14로 명명한다. FGO의 합성 과정에 대한 개략도를 그림 12-16에 나타내었다.

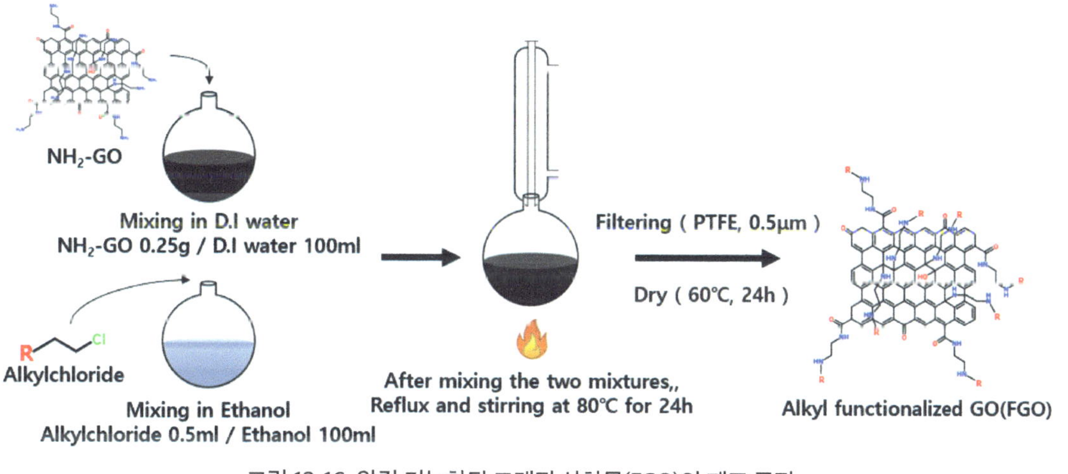

그림 12-16. 알킬 기능화된 그래핀 산화물(FGO)의 제조 공정

(2) 1-Methyl-2,4-bis(N-octadecylurea)benzene(MOB)의 제조

겔화제인 MOB는 이전에 보고된 방법에 의해 합성하였다.[155] Octadecylamine 5.4g, toluene-2,4-diisocyanate 1.74g을 각각 toluene 100mL에 첨가, 교반하여 두 개의 분산액을 제조하고 ice-bath에서 분산액을 다른 한쪽에 천천히 첨가한 후, 약 30분 동안 교반시킨다. 교반이 완료된 후 감압 증류를 하여 toluene을 제거하고 흰색 고체를 파우더로 만든 뒤 나머지 반응물을 제거하기 위해 30분 동안 에탄올 용매에서 교반 및 필터링 한다. 이 과정을 세 번 반복하고, 이후에는 진공 오븐에서 30℃로 건조한다. MOB의 합성 과정에 대한 개략도는 그림 12-17에 나타내었다.

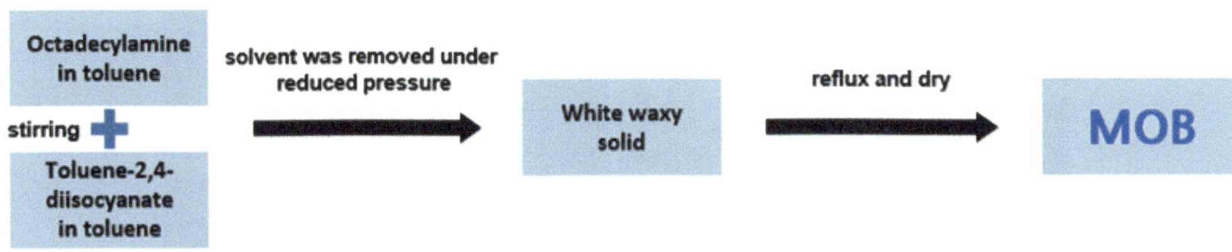

그림 12-17. 1-methyl-2,4 bis(N-octadecylurea) benzene(MOB)의 합성 과정

(3) 제로겔(Xerogel)의 제조

겔화 과정에서의 MOB 네트워크 형태를 관찰하기 위한 제로겔은 이전에 보고된 방법에 의해 합성한다.[155] 건조된 MOB를 3wt%로 Chlorobenzene에 첨가하여 170℃에서 교반한다. 용액이 투명하게 변했을 때 교반을 중지하고 실온에서 식혀준 뒤, 동결 건조 하여 제로겔을 얻는다. 제로겔의 합성 과정에 대한 개략도는 그림 12-18에 나타내었다.

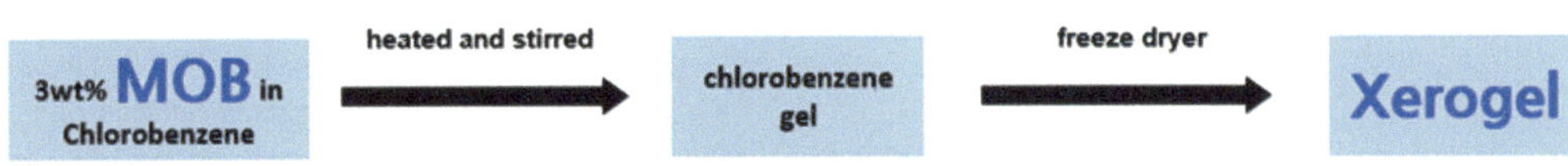

그림 12-18. 제로겔(Xerogel)의 합성 과정

(4) 분산 안정성 시험

윤활유 시료는 base oil인 PAO4 oil에 GO와 FGO를 0.1wt%, IF-WS_2를 각각 0.1wt%, 1wt%, 2wt%, MOB는 1wt%의 농도로 첨가하여 제조한다. 첨가한 후에는 bath에서 초음파 처리를 통해 분산시키고, PAO4@FGO4, 6, 8, 10, 12, 14, PAO4@IF-WS_2, PAO4@IF-WS_2@FGO@MOB으로 각각 샘플을 제조한다. 제조한 뒤에는 분산 안정성을 7~30일 동안 관찰한다. 분산 안정성 테스트에 대한 개략도를 그림 12-19에 나타내었다.

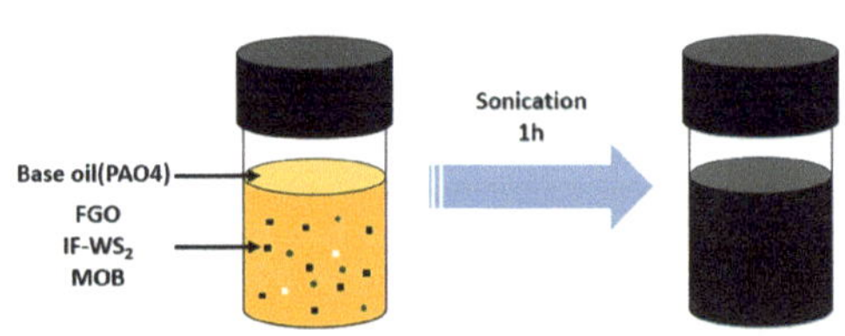

그림 12-19. PAO4 오일에서 GO, FGO4, 6, 8, 10, 12, 14, IF-WS_2 및 MOB 샘플에 대한 분산 안정성 시험

(5) 마찰 및 마모 특성 시험

GO, FGO 및 IF-WS_2의 마찰 계수와 마모와 관련된 특성을 분석하기 위해 High frequency friction/wear tester(TE 77 AUTO)를 사용하였으며, 내마모성을 분석하기 위해 4 ball test(ASTMD 2266)를 수행하고, 그 개략도를 그림 12-20과 그림 12-21에 나타내었다. High frequency friction/wear tester의 시험 방식은 ball-on-disk의 직선 왕복 운동이다. 볼과 하부 시편은 베어링강 SUJ2(ϕ = 10 및 HRC: 60~63)을 사용한다. 조건은 10Hz의 왕복 주파수와 50N의 하중에서 900초 동안 수행되며, 시험 후 하부 시편은 마모 흔적을 관찰하기 위해 아세톤으로 초음파 세척을 한다. 또한 각 테스트마다 볼과 하부 디스크는 새 것으로 교체한다. 4 ball test는 고정구 3개를 놓고 그 위에 오일을 도포한 후, 시험용 강구(12.7mm)를 접촉시켜 40kg의 하중, 1200rpm, 1시간 조건으로 테스트를 진행한다. 테스트 후에 고정구 3개의 마모흔을 x축, y축으로 측정, 총 6개 값의 평균값을 산출한다. Ball-On-disk와 four ball 테스트 후, 디스크 및 고정구 마모흔의 형태학적 특징은 광학 현미경(Nikonecli-pseni-U)으로 관찰한다.

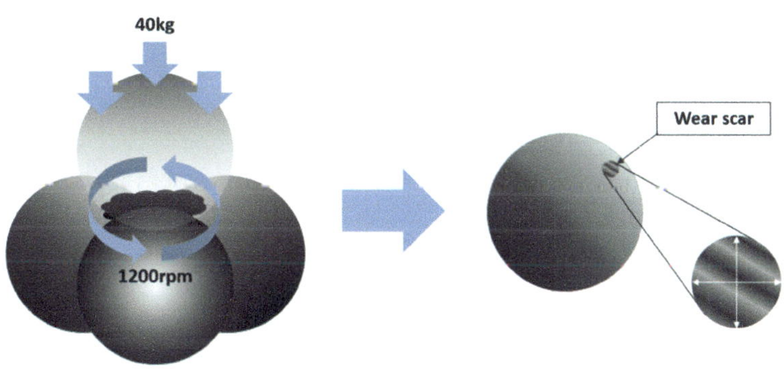

그림 12-20. 마찰 조건에서 4 ball 테스트의 개략도

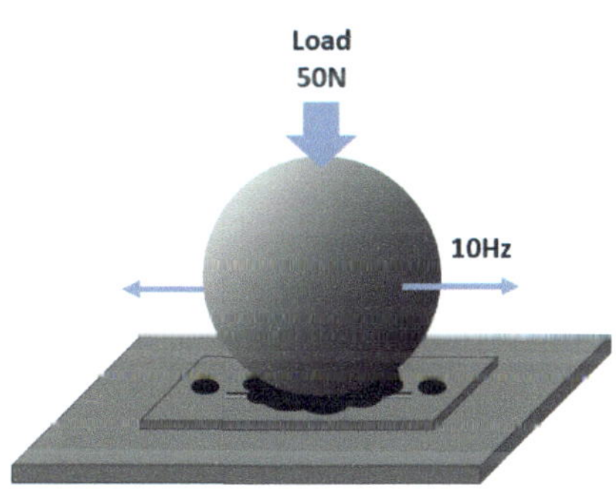

그림 12-21. 마찰 조건에서 ball-on-disk 테스트의 개략도

(6) 물리화학적 특징

윤활유 첨가제로써 GO에 alkyl chain을 도입하는 FGO의 합성을 수행하였다. 이 과정은 첫 단계로 산화 그래핀에 존재하는 carboxyl 그룹과 epoxide 그룹이 ethylenediamine의 amine 그룹과

반응하여 amide 결합을 형성하고, 합성된 NH_2-OH와 alkyl chloride가 만났을 때, alkyl chloride의 -Cl이 좋은 이탈기로 작용하여 친핵성 치환 반응을 하는 두 단계 반응으로 이루어진다. 그림 12-22에 알킬 사슬이 도입된 FGO의 합성 단계에 대한 개략도를 나타내었다. 또한 분산 안정성 향상을 위해 겔화제인 MOB를 합성한다. GO에 알킬 사슬을 도입하여 기능화하고, 사슬 길이에 따른 표면의 구조를 확인하고, IF-WS_2, MOB와 함께 oil에 첨가하여 분산 안정성 및 마찰 특성에 대하여 조사하였다.

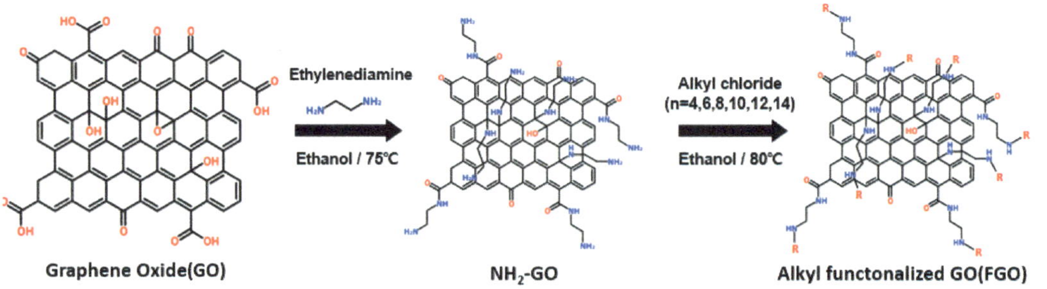

그림 12-22. 알킬 기능화된 GO(FGO)의 합성 과정

측정 시료인 GO, FGO4, FGO6, FGO8, FGO10, FGO12, FGO14 및 Xerogel의 전체적인 형태 및 미세 구조를 관찰하기 위해 SEM 및 EDS 분석을 하여, 이에 대한 결과를 그림 12-23, 그림 12-24 및 표 12-3에 나타내었다.

그림 12-23에서 기존의 GO는 표면이 매끄럽고 그래핀 시트들이 잘 적층되어 있는 평면 시트와 같은 형태를 나타낸다. 반면 FGO4, 6, 8, 10, 12, 14의 경우에는 그래핀 시트 사이사이에 알킬 사슬이 도입되고, 그 결과 평면과 비슷했던 GO의 시트가 깨졌으며, 깨진 유리와 같은 불규칙적인 형태로 바뀐 것을 알 수 있다. 또한 (h)에는 MOB의 겔화 과정에서 조립되는 네트워크를 확인하기 위한 Xerogel의 분석 결과를 나타내었으며, 형성된 네트워크 사이사이에 FGO와 IF-WS_2가 자리잡고 있음을 알 수 있다.

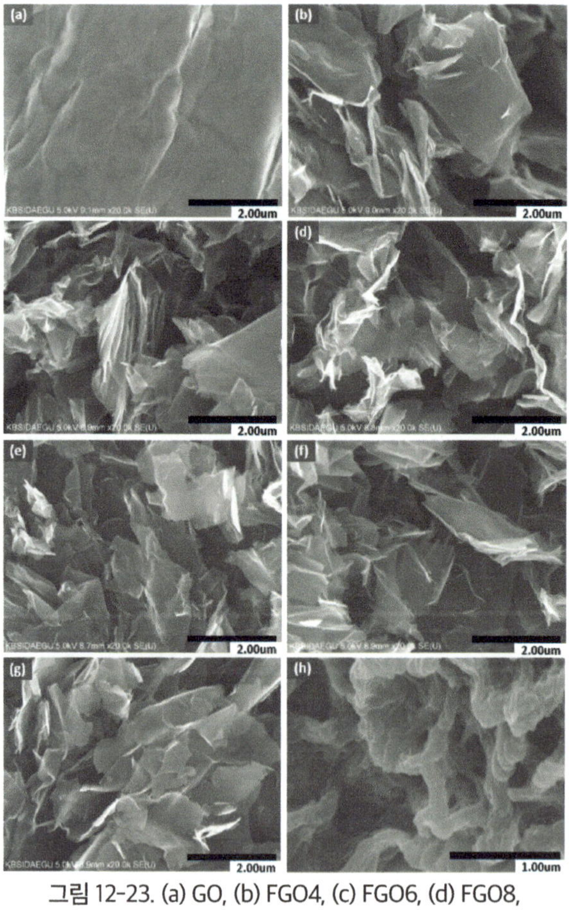

그림 12-23. (a) GO, (b) FGO4, (c) FGO6, (d) FGO8, (e) FGO10, (f) FGO12, (g) FGO14 및 (f) Xerogel 샘플의 SEM 이미지

그림 12-24 및 표 12-3의 EDS 분석 결과를 보면 알 수 있듯이, GO의 원소 분석 결과는 탄소 57.91%, 산소 42.09%로 나타났으며 질소는 나타나지 않았다. 알킬 사슬로 기능화된 FGO14는 탄소 78.76%, 산소 12.07% 및 질소 9.17%로써 GO에 비해 산소 원소의 %가 크게 감소하고, 합성 과정에서의 아민화에 의해 새롭게 질소 원소가 나타났으며, 탄소원소의 함량이 증가하였다.

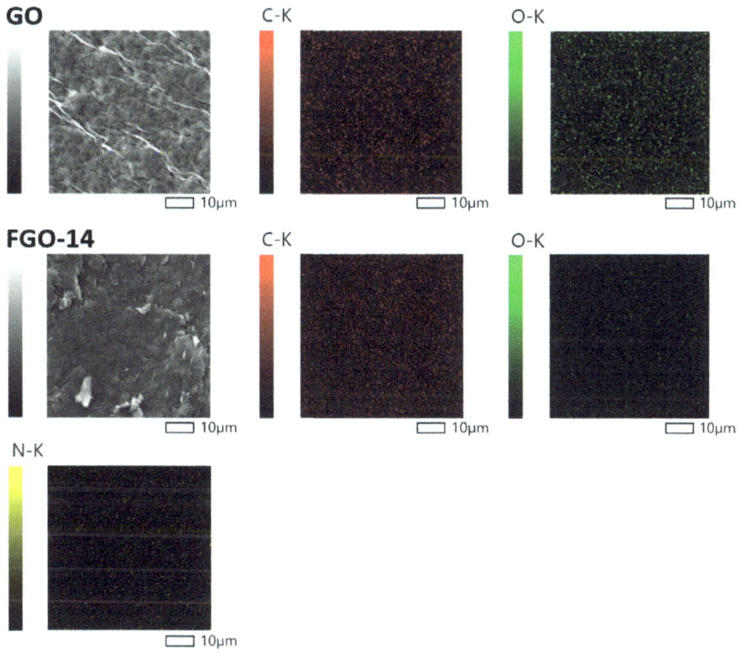

그림 12-24. GO 및 FGO14 샘플의 SEM elemental mapping 이미지

표 12-3. GO와 FGO14 샘플의 SEM/EDS 결과

	GO		FGO14	
Element	Mass	Atom	Mass	Atom
C	50.80±0.18%	57.91±0.21%	74.98±0.18%	78.76±0.19%
O	49.20±0.41%	42.09±0.35%	13.40±0.37%	12.07±0.33%
N	0%	0%	11.63±0.22%	9.17±0.18%
Total	100.00%	100.00%	100.00%	100.00%

측정 시료인 GO, FGO4, 6, 8, 10, 12, 14 및 IF-WS_2의 전체적인 형태 및 미세 구조를 관찰하기 위해 TEM을 측정하고, 이에 대한 결과를 그림 12-15에 나타내었다. SEM 분석 결과와 비슷하게, 기존의 GO는 표면이 매끄럽고 거칠기가 없으며 평면의 형태를 띠고 있기 때문에 어두운 영역이 비교적 관찰되지 않았다. 반면에 FGO의 경우에는 알킬 사슬의 도입으로 인해 GO의 평면 시트가 깨진 유리의 형태를 띠고 있기 때문에, 표면이 더 구겨지고 거칠기가 많아졌으며 많은 두꺼운 영역이 관찰되었다. 또한 (h) 및 (i)의 IF-WS_2 TEM 분석 결과, IF-WS_2의 2차원 시트가 구 형태로 양파의 껍질처럼 적층되어 있는 것을 관찰할 수 있다.

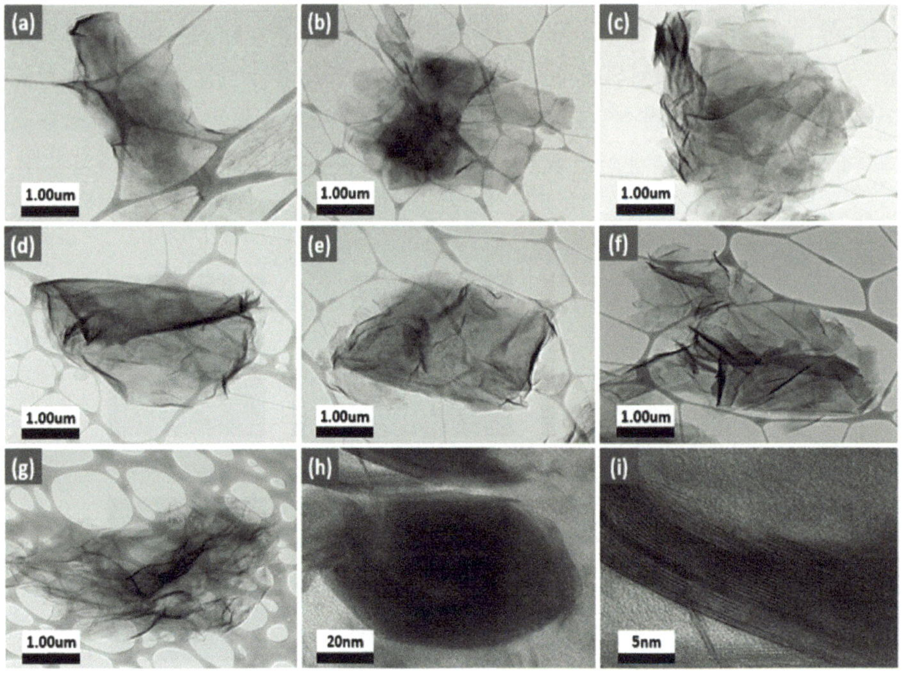

그림 12-25. (a) GO (b) FGO4 (c) FGO6 (d) FGO8 (e) FGO10 (f) FGO12 (g) FGO14 (h), (i) IF-WS_2 샘플의 TEM 이미지

측정 시료인 GO, NH_2-GO 및 FGO의 구조와 작용기의 변화를 조사하기 위하여 FT-IR 분석을 수행하였다. GO의 스펙트럼은 3,224cm^{-1} 부근에서 -OH 그룹과 관련된 넓고 완만한 피크가 나타나며, 2,980cm^{-1}, 723cm^{-1} 에서 각각 C-H 신축 진동, 1724cm^{-1}, 1616cm^{-1}에서 O=C-O 그룹, C=O 그룹과 관련된 피크가 나타났고, 1,180cm^{-1}, 1,047cm^{-1}에서 C-O 신축 진동에 해당되는 피크가 나타났다. NH_2-GO의 스펙트럼에서는 amine 기능화 과정에서 GO의 3,224cm^{-1} 부근에 존재하던 -OH 그룹과 관련된 피크가 사라지고, 2,980cm^{-1}, 723cm^{-1}에서의 C-H 신축 진동에 해당되는 피크가 증가하였다. 또한 1,178cm^{-1}, 1,547cm^{-1}에서 amine 기에 의한 C-N과 N-H의 굽힘 진동에 해당하는 피크가 새롭게 나타났으며, 이는 GO의 성공적인 아민화를 의미한다. FGO14의 스펙트럼에서는 알킬 사슬의 기능화로 인하여 2,980cm^{-1}, 723cm^{-1}에서 더 증가한 C-H 신축 진동에 관련된 피크를 보여준다.[156-159]

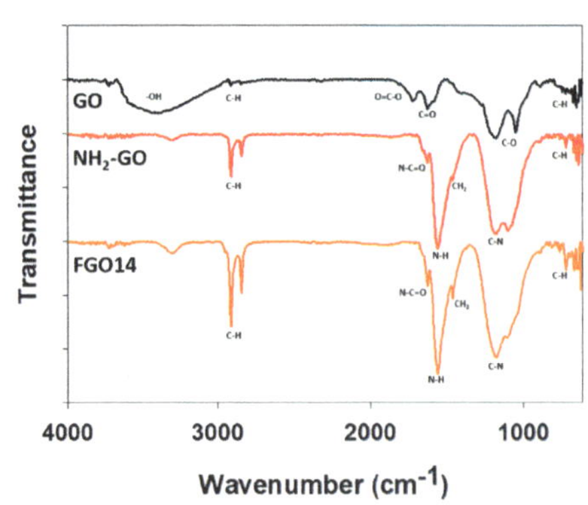

그림 12-26. 산화 그래핀(GO), NH_2-GO 및 FGO14의 FT-IR 스펙트럼

표 12-4. GO, NH_2-GO 및 FGO14의 FT-IR 스펙트럼

Wavenumber=(cm^{-1})	Functional group	Wavenumber=(cm^{-1})	Functional group
723	C-H	1,547	N-H(amine)
1,047 ~ 1,180	C-O	1,616	C=O(Ketone) N-C=O(Amide)
1,178	C-N(amine)	1,724	O=C-O(carboxyl)
1,394	CH_2(methylene)	2,980	C-H

측정 시료인 GO와 FGO4, 6, 8, 10, 12 및 14의 결정성을 조사하기 위해 XRD 패턴 분석을 수행하고, 이에 대한 결과를 그림 12-27에 나타내었다. GO의 경우는 2θ = 9.44°에서 하나의 특정 회절 피크만을 나타내었다. 흑연은 2θ = 26°의 부근에서 하나의 회절 피크(002)가 존재하는데, 이는 흑연이 비정질 상태임을 나타낸다.[161] 알킬 사슬이 도입된 FGO에서는 GO에서 나타났던 2θ = 9.44°의 피크가 사라지고, 흑연의 피크와 가까운 2θ=22° 근처에서 새로운 피크가 발견되었다. 이는 GO에 알킬 사슬을 도입함으로 인하여 GO의 평면 시트가 깨지면서 FGO가 흑연과 비슷한 비정질 상태로 변하였음을 의미한다.

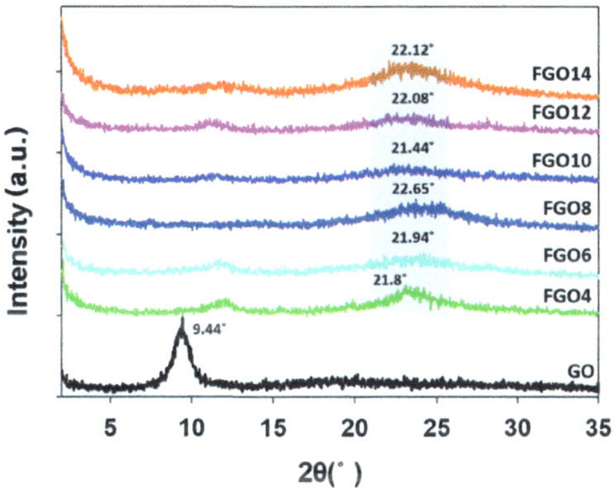

그림 12-27. GO, 합성된 FGO4, FGO6, FGO8, FGO10, FGO12 및 FGO14 샘플의 XRD 패턴

측정 시료인 GO, NH_2-GO, FGO4, 6, 8, 10, 12 및 14의 결정성을 비교하기 위해 Raman 스펙트럼 분석을 수행하고, 이에 대한 결과를 그림 12-28 및 표 12-5에 나타내었다. Raman 스펙트럼은 다이아몬드, 흑연, 탄소나노튜브 및 그래핀 등 다양한 탄소 나노 구조를 가지는 탄소 동소체의 Graphite 정도를 특성화 한다.[149] GO의 라만 스펙트럼에서는 1,349.37cm^{-1}와 1,606.23cm^{-1} 부근에서 sp^3 구조의 탄소를 나타내는 D-band와 sp^2 구조의 탄소를 나타내는 G-band가 나타났다. D-band 및 G-band의 상대적 강도 비인 ID/IG는 탄소의 구조적 특성에 의존하는 것으로 알려져 있다.[150] NH_2-GO와 FGO4, 6, 8, 10, 12, 14 시료는 1,350cm^{-1}, 1,589cm^{-1} 부근에서 D-band와 G-band가 관찰되었다. G-band의 shift에 대해서는 아민 기능화 시 G피크가 1,596cm^{-1} 부근에서 1,588cm^{-1}로 이동하는 것으로 밝혀진 이전 연구에서의 결과와 비슷하다.[162] GO와 FGO4, 6, 8, 10,

12 및 14의 ID/IG는 각각 1.052, 1.172, 1.229, 1.148, 1188, 1.112 및 1.220으로 이러한 결과는 이미 GO에서 산화로 인한 결합 부위가 존재하고, 동일한 결합 부위에서 amine 및 알킬 사슬 기능화가 이루어졌기 때문에, 큰 차이가 나지 않고 유사한 값으로 나타난 것으로 사료된다.

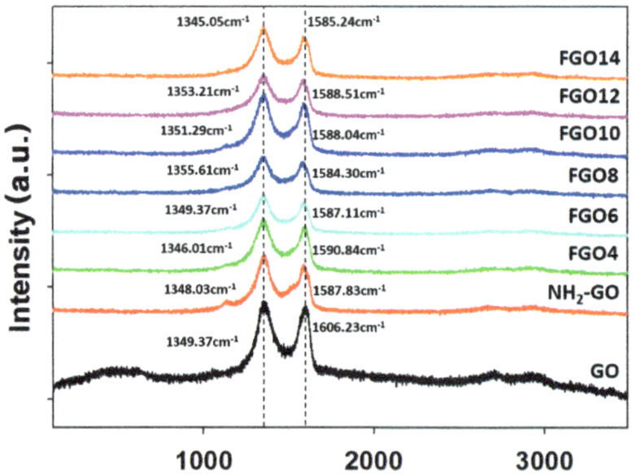

그림 12-28. GO, 합성된 FGO4, FGO6, FGO8, FGO10, FGO12 및 FGO14 샘플의 Raman 스펙트럼.

표 12-5. GO, 합성 된 FGO4, FGO6, FGO8, FGO10, FGO12 및 FGO14 샘플의 Raman 스펙트럼 결과.

	D-band d	G-band	ID/IG IG
GO	1349.37cm^{-1}	1606.23cm^{-1}	1.052
FGO-4	1346.01cm^{-1}	1590.84cm^{-1}	1.172
FGO-6	1349.37cm^{-1}	1587.11cm^{-1}	1.229
FGO-8	1355.61cm^{-1}	1584.30cm^{-1}	1.148
FGO-10	1351.29cm^{-1}	1588.04cm^{-1}	1.188
FGO-12	1353.21cm^{-1}	1588.51cm^{-1}	1.112
FGO-14	1345.05cm^{-1}	1585.24cm^{-1}	1.220

GO와 FGO14의 결합 에너지 변화를 조사하기 위해 XPS spectra 분석을 수행하고, 이에 대한 결과를 그림 12-9에 나타내었다. GO, NH_2-GO 및 FGO4, 6, 8, 10, 12 및 14의 Survey 스펙트럼 결과를 (a)에 나타내었다. GO에서는 532.45 ev와 285.89 ev에서 O1s와 C1s의 강한 피크가 나타났으며, NH_2-GO에서는 O1s 피크가 약해지고 새롭게 amine 기능화에 의한 N1s 피크가 나타났다. FGO4, 6, 8, 10, 12, 14에서도 마찬가지로 O1s 피크의 강도가 약해지고, N1s 피크가 새롭게 나타났으며, alkyl 기능화에 의해 C1s 피크의 강도가 증가한 것을 확인할 수 있다. 또한 O1s, N1s, C1s에 대한 고해상도 스펙트럼을 측정하여 GO의 C1s와 O1s scan을 (b), (c)에 나타내고, FGO14의 C1s, N1s, O1s를 (d), (e) 및 (f)에 나타내었다. GO의 C1s scan은 C-C(284.88ev), C-O(286.22ev), C=O(288.65ev), O=C-O(289.9ev)에 해당하는 피크가 관찰되었으며, 이는 GO의 산화정도를 나타낸다. O1s에서는 C=O(530.79ev), C-O(532ev), O=C-O(533.49ev)에 해당하는 피크가 나타났

다. FGO14의 C1s scan에서는 alkyl 기능화에 의해 강도가 증가된 C-C(284.88ev) 피크와 감소된 C-O(287.49ev), O=C-O(289.9ev)의 피크가 관찰되며, 새롭게 C-N(287.49ev) 피크가 나타났다. 이러한 사실은 N1s scan에서 나타난 O=C-NH(398.72ev), C-NH-R(399.96ev), C-NH_2(401.01ev) 및 N-H(402.23ev)의 피크로부터 더 상세하게 알 수 있다. 또한 alkyl 기능화 과정에서 현저하게 감소된 O-C(532.99ev), O=C-O(534.06ev)의 피크를 O1s scan에서 관찰할 수 있다.[160]

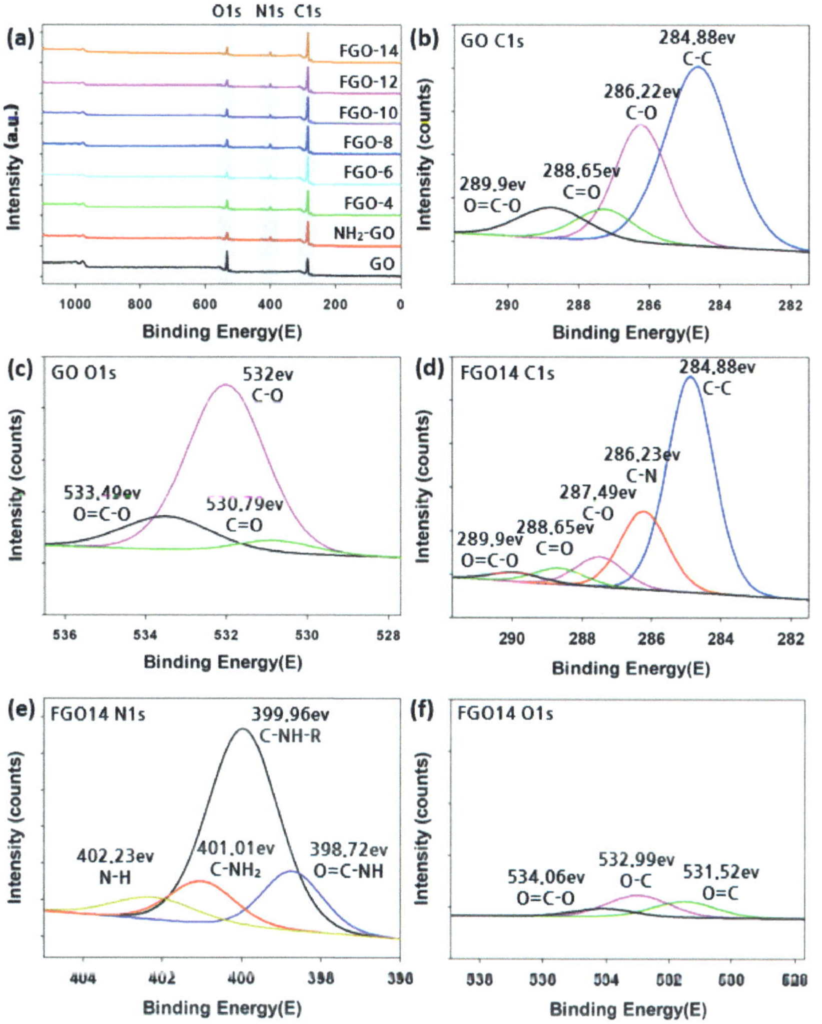

그림 12-29. GO 및 합성된 FGO의 XPS 스펙트럼

(a) survey spectra (b) GO의 C1s 스캔 (c) GO의 O1s 스캔 (d) FGO14의 C1s 스캔 (e) FGO14의 N1s 스캔 (f) FGO14의 O1s 스캔

(7) 분산 안정성 특성

측정 시료인 GO와 FGO4, 6, 8, 10, 12 및 14의 분산성을 알아보기 위해 PAO4 오일에 위의 시료들을 0.1wt%로 첨가한 후, 1시간 동안 초음파 처리를 하여 분산시킨다. 이 후 경과를 관찰하고, 분산 지속성 개선을 위해 추가로 MOB를 1wt% 첨가한다. 이에 대한 결과를 그림 12-30과 그림 12-31에

나타내었다. 기존의 GO는 표면의 많은 산소 작용기로 인해 친수성을 띄고 있으며, 이 때문에 초음파 처리를 하였음에도 PAO4 오일에 분산이 되지 않았다. 반면에 FGO4, 6, 8, 10, 12 및 14는 줄어든 산소 작용기와 도입된 알킬 사슬에 의해 친유성이 되었기 때문에 PAO 오일에 잘 분산됨을 보여준다. 그러나 7일이 지난 후에는 FGO 시료들이 모두 침전과 응집이 발생하여 분산 지속성의 개선이 필요하다. 따라서 분산 지속성을 개선하기 위해 MOB를 첨가하여 gel 형태의 윤활유를 제조한다. 이렇게 제조된 윤활유는 30일이 지난 뒤에도 분산이 그대로 유지되는 것을 보여준다.

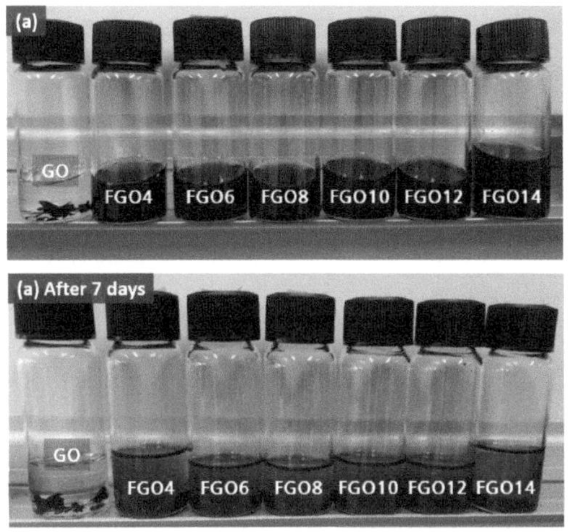

그림 12-30. PAO4 오일에서 GO, 합성된 FGO4, FGO6, FGO8, FGO10, FGO12 및 FGO14 샘플에 대한 분산성 테스트 결과. (a) 초음파 처리 후 (b) 7일 후

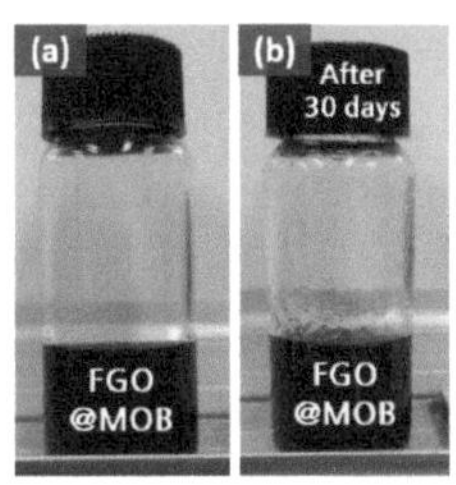

그림 12-31. PAO4 오일에서 FGO-6, MOB-(FGO4) 샘플의 분산성 테스트 결과

(8) 마모 특성

윤활 성능을 확인하기 위하여 PAO4 오일에 FGO, IF-WS_2 및 MOB를 첨가한 후 4 ball 테스트를 수행한다. 테스트가 끝난 후 볼의 마모흔을 광학 현미경으로 관찰하였으며, 각 시료마다 총 6개의 값에 대한 평균값을 구하였고, 이에 대한 결과를 그림 12-32와 그림 12-33에 나타내었다. 그림 12-32는 테스트가 끝난 후의 마모흔을 광학 현미경으로 관찰한 이미지이다. PAO4 오일에 FGO만을 첨가하였을 때는 오히려 마모흔의 사이즈가 증가하며, 그나마 FGO 중에서 FGO4, 6 및 8을 첨가하였을 때 마모흔의 사이즈가 적은 폭으로 증가한다. PAO4 오일에 IF-WS_2 만을 0.1wt%, 1wt% 및 2wt% 농도로 첨가하여 테스트를 진행하였을 때는, 1wt% 농도일 때 마모흔의 사이즈가 감소한다.

1wt% $IF-WS_2$와 FGO 중에서 마모흔 사이즈의 증가폭이 작았던 FGO4, 6, 8을 함께 첨가했을 때에는 마모흔의 사이즈가 눈에 띄게 감소하며, 그 중에서 FGO6를 함께 첨가하였을 때 감소폭이 가장 컸다. 여기에 분산 지속성 향상을 위해 MOB를 1wt% 농도로 첨가한 결과, 마모흔의 사이즈가 더욱 감소되었으며, 최종적으로 PAO4 오일과 비교하였을 때 마모흔의 사이즈가 약 21% 감소되었다. 이에 대한 전체적인 데이터를 그림 12-33에서 그래프로 나타내었다. 결론적으로, FGO와 $IF-WS_2$를 따로 첨가하였을 때보다 함께 첨가하였을 때, 윤활 작용의 시너지 효과로 인해 마모 표면이 더 매끄러운 것으로 관찰되었다.

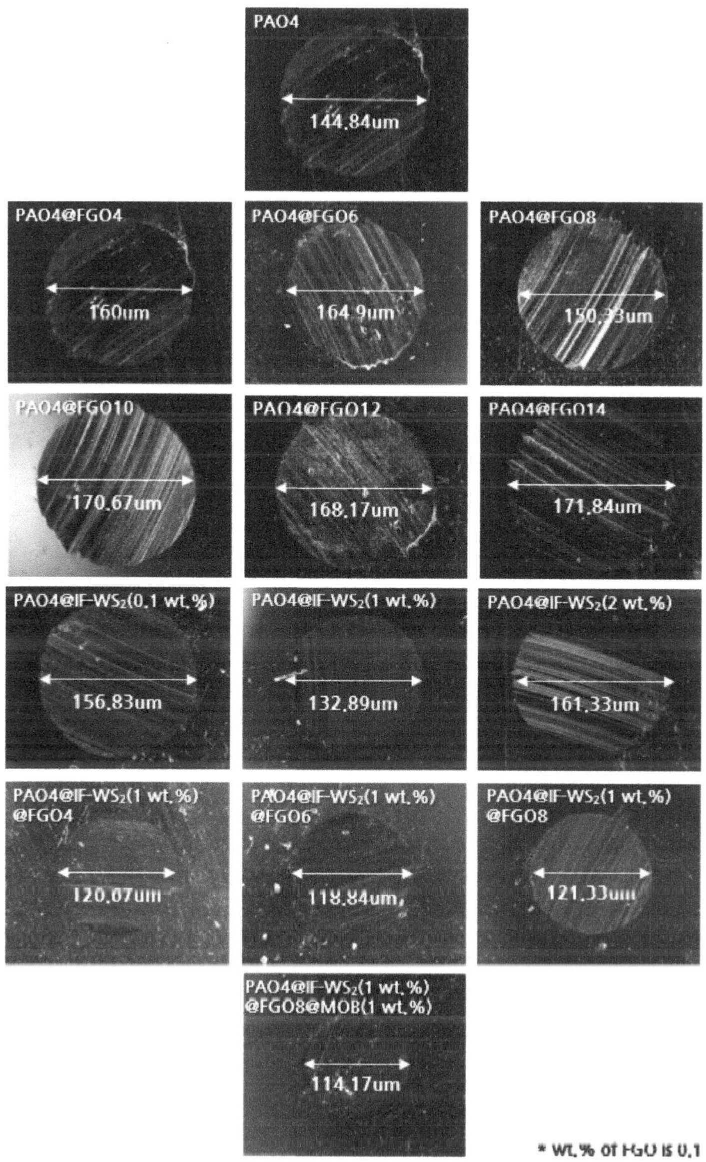

그림 12-32. 4 ball 테스트를 통해 PAO4에 분산된 FGO, $IF-WS_2$ 및 MOB의 마모흔

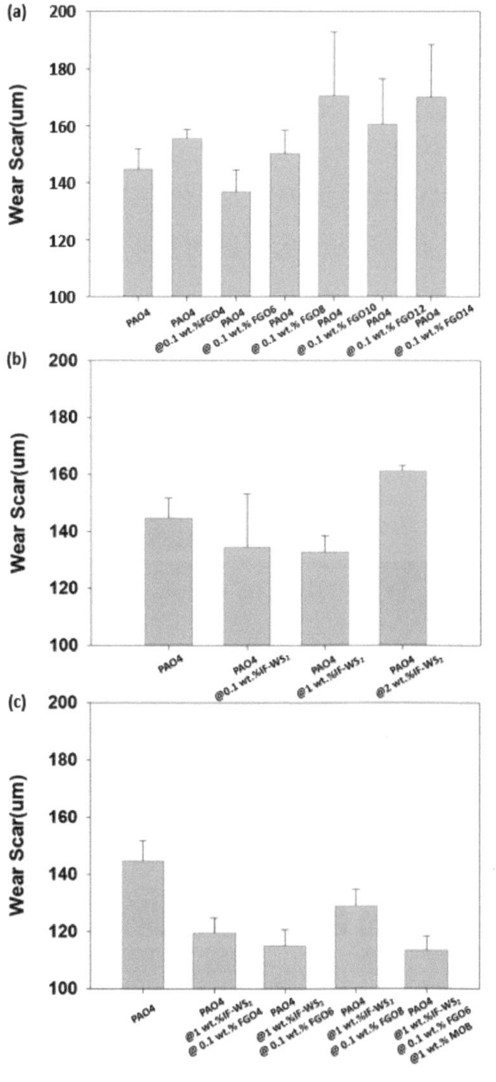

그림 12-33. 평균 마모흔 그래프. (a) PAO4, PAO4@0.1wt% FGO4, 6, 8, 10, 12, 14, (b) PAO4, PAO4@0.1wt% IF-WS_2, PAO4@1wt% IF-WS_2, PAO4@2wt% IF-WS_2, (c) PAO4, PAO4@1wt% IF-WS_2-@0.1wt% FGO4, 6, 8, PAO4@1wt% IF-WS_2@0.1wt% FGO6@1wt% MOB

(9) 마찰 계수

4 ball 테스트의 결과를 바탕으로 ball-on-disk 법을 수행하였으며, 마찰 계수를 측정하여 그 결과를 그림 12-34 및 표 12-6에 나타내었다. 그림 12-34에서 볼 수 있듯이, PAO4 오일의 마찰 계수는 0.108로 나타났으며, FGO6를 첨가했을 때는 마찰 계수가 소폭 증가하였다. 1wt%의 IF-WS_2를 첨가하였을 때는 마찰 계수가 0.1044로 감소하고, 여기에 FGO6를 함께 첨가하였을 때 0.1007으로 더 감소하였다. 마지막으로 FGO6와 IF-WS_2, MOB를 모두 첨가했을 때는 0.0939로 PAO 대비 마찰 계수가 약 13% 감소한다. 이를 통해 FGO와 IF-WS_2의 시너지 효과를 확인할 수 있으며, 추가로 첨가된 MOB가 첨가제의 침전, 응집을 막아 줌으로써 윤활 성능이 한 단계 더 향상되었다는 것을 확인할 수 있다.

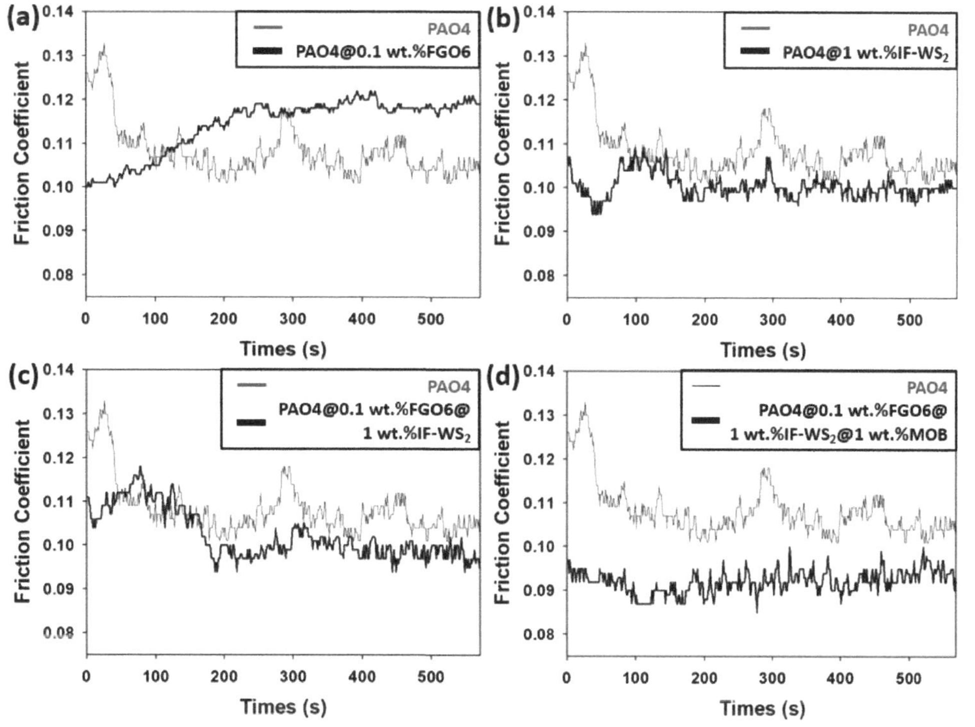

그림 12-34. 마찰 계수. (a) PAO4, PAO4@0.1wt% FGO6 (b) PAO4, PAO4@1wt% IF-WS_2 (c) PAO4, PAO4@0.1wt% FGO6@1wt%IF-WS_2 (d) PAO4, PAO4@0.1wt% FGO6@1wt% IF-WS_2@1wt% MOB

표 12-6. PAO4@FGO6@IF-WS_2@MOB 샘플의 마모 테스트 결과

샘플	마찰 계수
PAO4	0.1083
PAO4@0.1wt% FGO6	0.1147
PAO4@1wt% IF-WS_2	0.1044
PAO4@0.1wt% FGO6@1wt% IF-WS_2	0.1007
PAO4@0.1wt% FGO6@1wt% IF-WS_2@1wt% MOB	0.0939

(10) 마찰 테스트 후의 시료 분석 특성

마찰 테스트가 끝난 후, FGO와 IF-WS_2의 형태를 관찰하기 위하여 윤활유 시료의 TEM 분석을 실시하였다. 이에 대한 결과와 이미지는 그림 12-35 및 그림 12-36에 나타내었다. 그림 12-35의 TEM 이미지에서 안쪽에 IF-WS_2가 있으며, 그 위를 FGO 시트가 감싸는 모습을 보여준다. 이를 통해 IF-WS_2가 FGO사이에서 볼 베어링 역할을 수행한다고 판단된다.

그림 12-36은 테스트가 끝난 샘플을 회수한 것이다. 테스트가 끝난 후에도 분산이 유지되고 있는 모습을 확인할 수 있다. 이를 통해 측정한 시료가 윤활제로 사용되었을 때, 마찰이 일어나더라도 gel화에 의한 첨가제 분산은 계속 유지될 수 있다는 것을 확인할 수 있다.

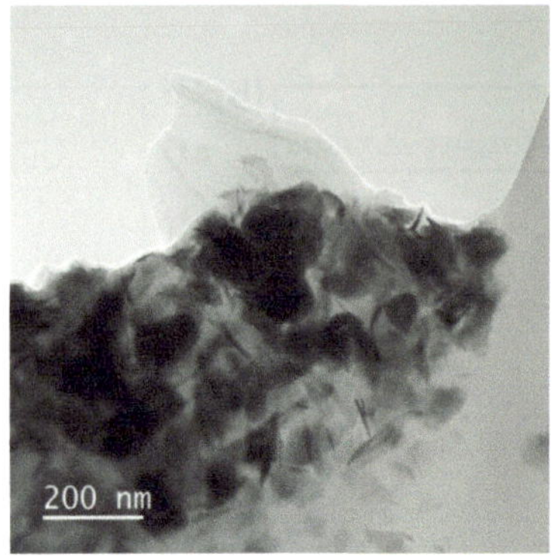

그림 12-35. PAO4@FGO6@IF-WS_2@MOB 시료의 마찰 테스트 후 TEM 이미지

그림 12-36. PAO4@FGO6@IF-WS_2@MOB 시료의 마찰 테스트 후 상태

(11) 알킬 기능화 산화 그래핀(FGO)과 IF-WS_2의 윤활 메커니즘

IF-WS_2와 FGO의 윤활 메커니즘은 접촉면에서 마모가 일어난 곳을 IF-WS_2가 채워주며, FGO 사이에 IF-WS_2가 들어가 볼 베어링 역할을 수행하기 때문에 윤활 작용이 일어나는 것으로 사료된다. 또한 MOB는 첨가제가 침전이나 응집이 되지 않도록 고정시켜 주는 역할을 한다.

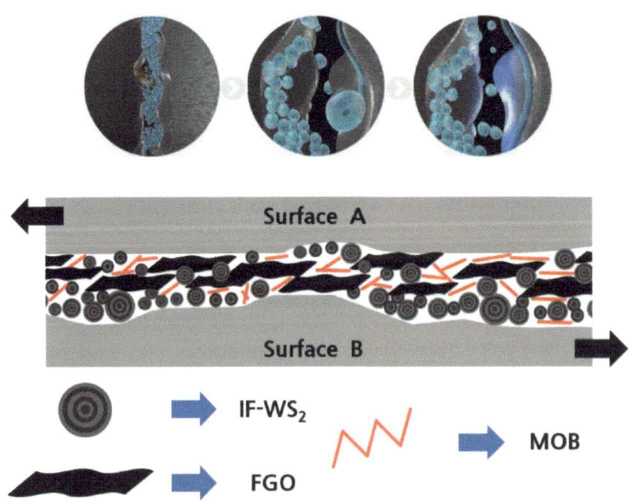

그림 12-37. 강철/강철 마찰에 대한 PAO4@FGO6@IF-WS_2@MOB의 윤활 메커니즘

13 자기유변유체용 산화 그래핀 및 $MnFe_2O_4$ 나노 입자의 합성 및 특성 [163]

(1) 자기유변유체

유변학(Rheology)은 "흐름(rheo-)"과 "학문(-logy)"을 나타내는 합성어로 물질의 흐름과 변형을 다루는 과학 분야이다. 유변유체란 전류 또는 자기장을 인가하였을 때 유체의 흐름을 능동적으로 제어할 수 있는 스마트 물질이며, 대표적으로 자기유변유체(Magnetorheological Fluid, MR 유체)가 있다. 미국의 Jacob Rabinow에 의해 1948년에 최초로 발견된 MR 유체는 외부 자기장의 영향으로 유동 저항이 변화하고, 점도를 조절할 수 있는 특징을 가진다. MR 유체에 자기장을 가하지 않으면 점성을 가진 액체 상태이고, 자기장을 가하면 수 밀리 초(ms) 이내에 젤리 같은 고체 상태로 물성이 변화되어 항복 응력이 증가한다. 스마트 물질의 다른 한 종류인 ER 유체(Electrorheological Fluid)가 고전압을 사용하는 것과 달리, MR 유체는 자기장의 영향을 받기 때문에 보다 안정적이라는 장점이 있다. 또한 ER 유체보다 전단 강도가 약 10배 더 강하며 점도의 변화가 크다는 장점으로 다양한 분야에서의 응용이 더욱 기대된다.

MR 유체는 실리콘 오일(silicon oil), PAO 등과 같은 비자성 매질에 철, 니켈, 코발트 등의 자성 입자가 분산된 물질로 일반적으로 사용되는 자성 입자는 수~수십 마이크로미터(μm) 크기를 가진다. 입자의 밀도는 오일 매질의 밀도보다 훨씬 크기 때문에 MR 유체의 분산 안정성을 유지하는 데 심각한 걸림돌이 된다. 특히 자성 재료로 흔히 사용되는 카보닐 철(CI)은 2~5μm의 적절한 입자 크기로 인해 용이성이 뛰어나지만, 카보닐 철(Carbonyl Iron, CI) 입자의 밀도(7.97 g/cm³)가 실리콘 오일의 밀도(0.965g/cm³)보다 훨씬 크기 때문에 밀도 차로 인한 침강이 일어난다. 그러나 나노 입자를 사용할 경우 입자 크기가 작아서 침전이 방지될 수 있을 것으로 기대되지만, MR 효과는 입자의 크기에 따라 증가하는 경향이 있으므로 약한 MR 성능을 보이게 된다. 이러한 한계점을 해결하기 위해 첨가제를 사용하거나 자성 입자의 형태를 바꾸는 등 많은 연구가 시도되고 있다.

본 장에서는 일반적으로 자기유변유체의 소재로 많이 사용되는 카보닐 철(CI) 입자에 $MnFe_2O_4$ 나노 입자를 보조 자성체로 첨가하고, 여기에 산화 그래핀을 분산 안전성을 증가시켜주는 침강 방지제로 첨가하여 성능이 향상된 자기유변유체를 제조하는 방법에 대하여 소개하고자 한다.

(2) 자기유변유체의 작동 원리

MR 유체는 오일과 같이 자성을 나타내지 않는 액체 매질에 마이크로 크기의 자성 입자가 분산된 형태로 자기장이 가해지면 빠르고 가역적으로 물성이 변형된다. 자기장을 인가하지 않은 상태에서

MR 유체 안의 자성 입자는 액체 매질에 불규칙적으로 분산되어 Newtonian 유체의 거동을 나타낸다. 자기장이 가해지면 MR 유체는 액체와 같은 상태에서 고체와 같은 상태로 신속한 변화를 보인다. 이것은 그림 13-1에 나타낸 것과 같이 분산되어 있던 자성 입자가 외부 자기장과 같은 방향으로 정렬되어 사슬형 구조를 형성하기 때문이다. 자기장을 제거하면 사슬형 구조를 이루고 있는 입자는 다시 무작위로 분산되어서 액체 상태로 되돌아오게 된다. 고체 상태가 된 MR 유체는 높은 항복 응력 및 전단 점도 등을 가지고 외부 힘에 대해 큰 저항력이 생긴다. 제어 가능한 기계적 특성으로 인해 MR 유체는 브레이크, 안전벨트, 댐퍼, 클러치 등 다양한 분야에서 충격을 흡수해 주는 장치로 주목받고 있다.

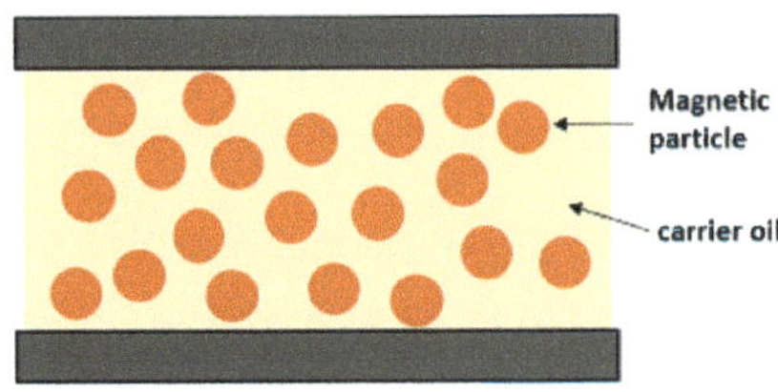

(a) Without Magnetic Field

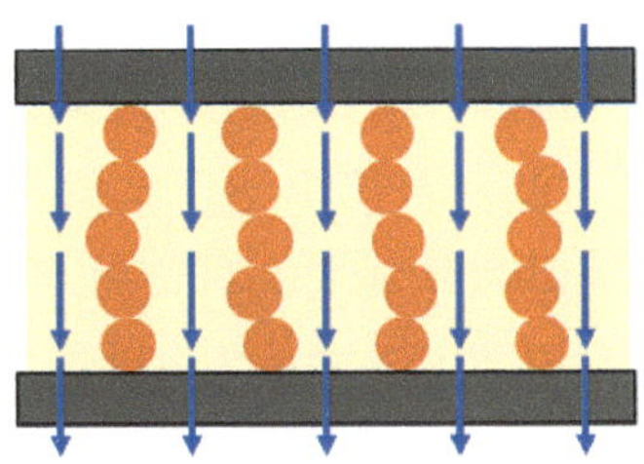

(b) With Magnetic Field

그림 13-1. MR 유체의 작동 원리에 대한 개략도

(3) CI/$MnFe_2O_4$/rGO 복합체의 제조

먼저 CI 19.3g과 0.5wt% GO 용액 20g을 증류수 150mL에 첨가하여 초음파 분산을 통해 균일한 용액을 제조한다. 분산액에 3.5 *M* NaOH 용액 20mL를 첨가하여 pH 값을 11로 조정한다. Iron(Ⅲ) chloride hexahydrate 1.16g과 Manganese(Ⅱ) chloride tetrahydrate 0.59g을 용해한 수용액을 적가하고 80℃에서 2시간 동안 교반한다.

수득한 흑색 침전물을 Magnet decantation을 통해 자기적으로 분리하고 증류수로 충분히 세척한 후, 60℃에서 12시간 이상 건조하여 CI/$MnFe_2O_4$/GO 복합체를 제조한다. 제조한 CI/$MnFe_2O_4$/GO 복합체를 석영관 보트에 고르게 펼쳐 튜브로에 넣고, 아르곤 분위기에서 10℃/min로 550℃까지 온도를 올리고 2시간 동안 반응시킨다. 그 후, 아르곤 분위기를 유지하며 상온까지 천천히 냉각하여 환원된 CI/$MnFe_2O_4$/rGO 복합체를 제조한다. CI/$MnFe_2O_4$/rGO 복합체의 합성 과정에 대한 모식도를 그림 13-2에 나타내었다.

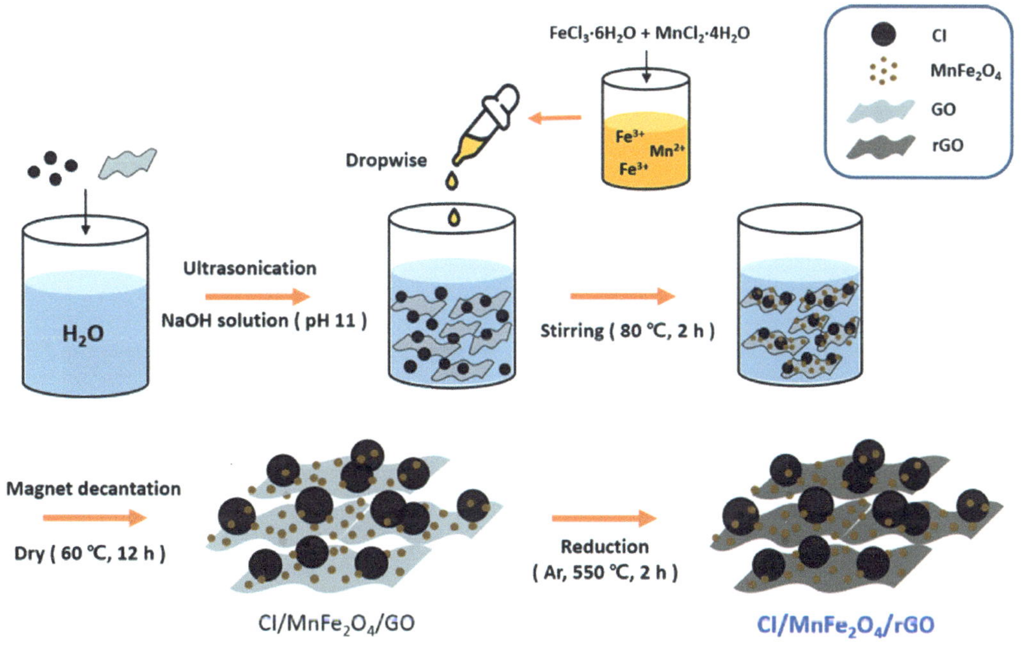

그림 13-2. CI/$MnFe_2O_4$/rGO 제조 과정의 개략도

(4) MR 유체의 제조

합성한 CI/$MnFe_2O_4$/rGO 복합체 기반의 MR 유체와 대조군으로 CI 기반의 MR 유체 두 가지를 제조하였다. base oil인 100cst의 실리콘 오일에 CI와 CI/$MnFe_2O_4$/rGO 복합체를 50wt% 분율로 각각 첨가하여 분산시킨다. 시료의 균질한 분포를 얻기 위해 ultrasonic bath에서 2시간 동안 초음파 처리를 한다. CI/$MnFe_2O_4$/rGO 복합체 기반 MR 유체와 CI 기반 MR 유체의 제조 과정에 대한 모식도를 그림 13-3에 나타내었다.

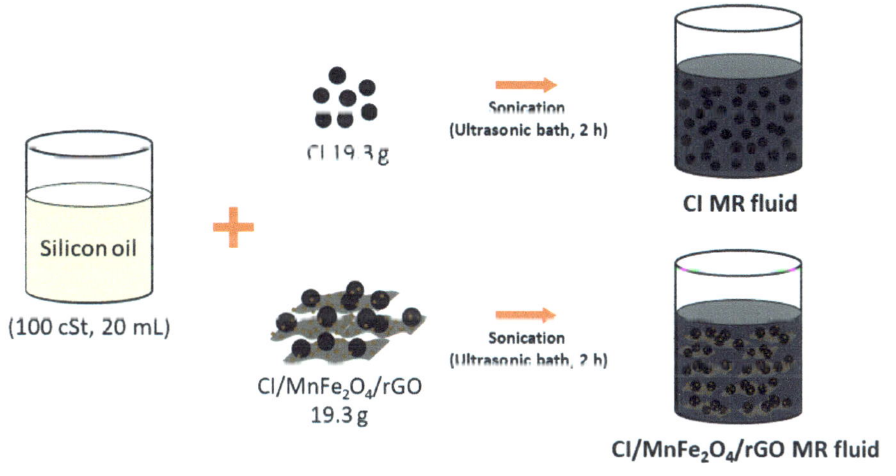

그림 13-3. CI MR 유체 및 CI/$MnFe_2O_4$/rGO MR 유체 제조 과정의 개략도

(5) 합성한 CI/$MnFe_2O_4$/GO 복합체의 물리화학적 특징

CI/$MnFe_2O_4$/GO 복합체를 합성한 후에 환원하기 전 단계에서 복합체의 합성 및 증착 상태를 보기 위해 SEM 분석을 진행하였다. 그림 13-4는 CI와 $MnFe_2O_4$, CI/$MnFe_2O_4$/GO의 SEM 이미지이다. (a)는 CI 입자로 구형의 매끄러운 표면이 관찰되었으며, 2~5 μm의 입자 크기를 가진 것을 볼 수 있다. $MnFe_2O_4$ 나노 입자의 형태는 (b)를 통해 확인할 수 있으며, CI/$MnFe_2O_4$/GO 복합체의 합성 상태는(c)와 (d)에 나타내었다. 주름진 GO 시트 사이에 구형의 CI 입자와 $MnFe_2O_4$ 나노 입자가 잘 증착되어 있음을 볼 수 있다.

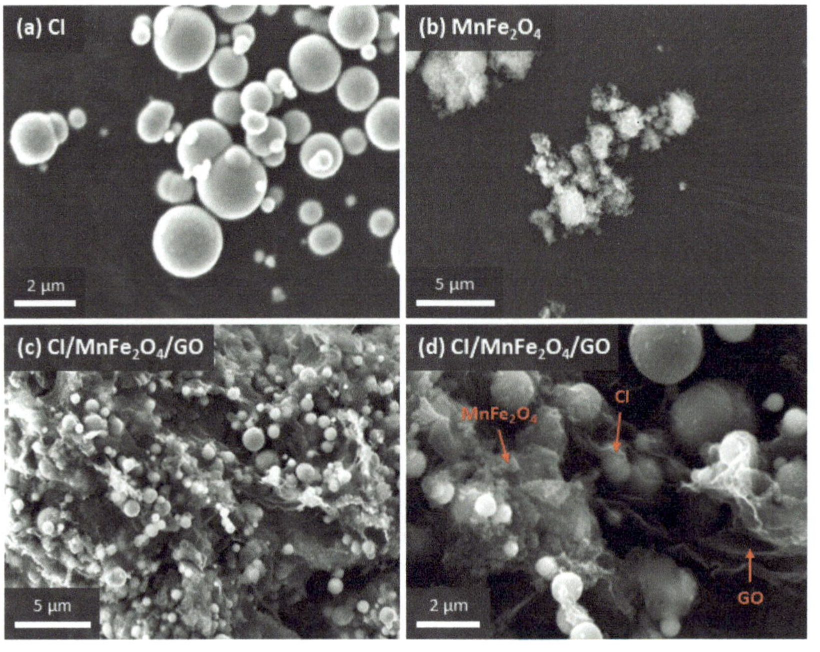

그림 13-4. SEM 이미지. (a) CI, (b) $MnFe_2O_4$, (c-d) CI/$MnFe_2O_4$/GO

CI/$MnFe_2O_4$/GO 복합체를 환원하기 전 단계에서, GO 시트 위에 증착된 CI 입자와 $MnFe_2O_4$ 나노 입자의 구조를 확인하기 위하여 TEM 이미지를 관찰하였으며, 이를 그림 13-5에 나타내었다. (a)는 CI 입자로 구형의 매끄러운 표면이 관찰된다. (b)는 $MnFe_2O_4$ 나노 입자로 8~12nm의 입자 크기를 가지는 것으로 나타났다. 전형적인 GO 시트의 평평하고 주름진 형상은(c)를 통해 확인할 수 있으며, (d)는 CI/$MnFe_2O_4$/GO 복합체로 CI 입자와 $MnFe_2O_4$ 나노 입자가 GO 시트 위에 잘 부착되어 있음을 나타낸다. 이러한 분석 결과는 SEM 이미지와 잘 일치하며, 이를 통해 CI/$MnFe_2O_4$/GO 복합체가 잘 합성되었다는 것을 알 수 있다.

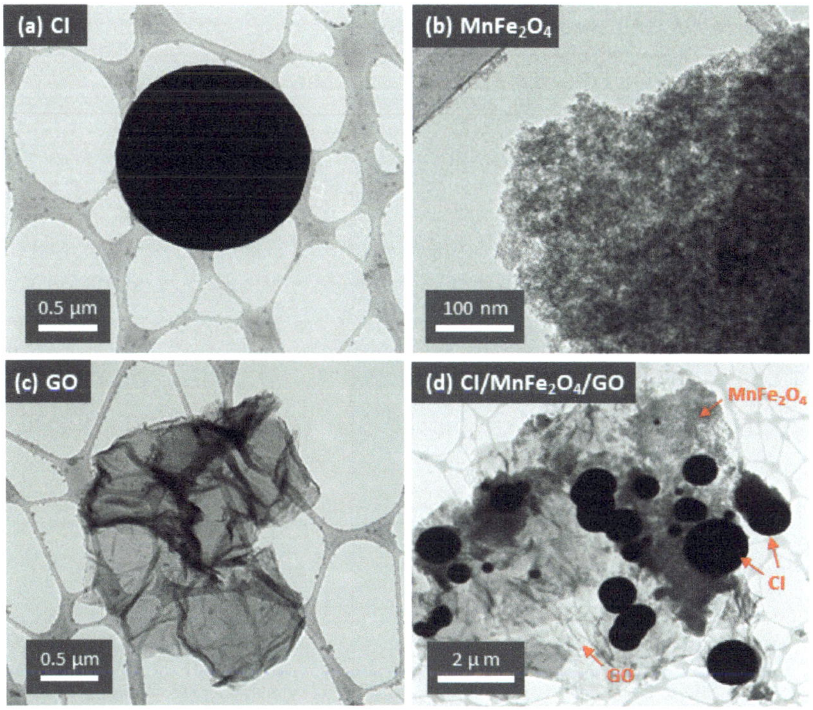

그림 13-5. TEM 이미지. (a) CI, (b) $MnFe_2O_4$, (c) GO, (d) CI/$MnFe_2O_4$/GO

그림 13-6은 CI/$MnFe_2O_4$/GO 복합체에 대한 TEM 이미지의 원소 매핑 결과이다. (b)와 (e)에서 넓게 분포되어 있는 탄소와 산소 원소는 GO 시트를 의미한다. (c)에서 확인되는 구형의 철 원소는 CI 입자를 나타내며(c), (d) 및 (e)에서 넓게 분포되어 있는 철, 망간, 산소 원소를 통해 $MnFe_2O_4$ 나노 입자가 GO 시트 위에 균일하게 분산되어있음을 알 수 있다.

CI/$MnFe_2O_4$/GO 복합체의 특정 부분을 정성 및 정량 분석하기 위해 EDS 분석을 수행하였으며, 그 결과를 표 13-1에 나타내었다. CI/$MnFe_2O_4$/GO 복합체의 원소 분석 결과는 탄소 13.76wt%, 철 62.23wt%, 망간 9.21wt%, 산소 14.79wt%로 나타났다.

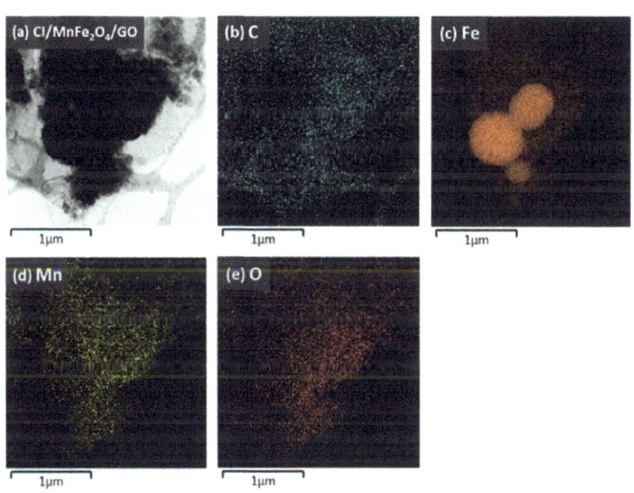

그림 13-6. (a) CI/$MnFe_2O_4$/GO의 TEM 이미지 및 (b) C, (c) Fe, (d) Mn 및 (e) O 원소에 대한 해당 원소 mapping

표 13-1. CI/$MnFe_2O_4$/GO 샘플의 EDS 결과

Element	C	Fe	Mn	O	Total
wt%	13.76	62.23	9.21	14.79	100.00

CI/$MnFe_2O_4$/rGO 복합체, $MnFe_2O_4$, CI 및 rGO의 결정성을 조사하기 위해 XRD 패턴 분석을 수행하였으며, 이에 관한 결과를 그림 13-7에 나타내었다. 측정 조건으로 2θ 각도는 10°에서 90°의 범위이고, step size는 0.02°이다. CI의 경우 2θ=44.5°, 64.8° 및 82.3°에서 특성 피크인(110), (200), (211) 피크가 나타났다.[164] $MnFe_2O_4$ 나노 입자의 특징적인 회절 피크는 2θ = 18.0°, 29.7°, 34.9°, 42.5°, 52.5°, 56.1° 및 61.6°에서 관찰되었으며, 각각 (111), (220), (311), (400), (422), (511) 및 (440)에 해당한다. 식별된 모든 피크의 위치와 강도는 $MnFe_2O_4$(JCPDS card No. 74-2403)의 표준 데이터와 잘 일치한다. rGO의 경우, 2θ = 25.7°에서 그래핀에 상응하는 하나의(002) 회절 피크만을 나타내었다. CI/$MnFe_2O_4$/rGO 복합체에서는 CI의 특성 피크가 그대로 나타났고, 일부 약한 피크가 있었지만 $MnFe_2O_4$의 주요 피크가 관찰되었으며, 이로써 복합체에서 CI 및 $MnFe_2O_4$ 나노 입자의 존재를 확인할 수 있다. 그러나 25.7°에 나타나는 rGO의 피크는 관찰되지 않았는데, 이는 rGO의 함량이 상대적으로 적고, 또한 $MnFe_2O_4$ 나노 입자의 결정 성장에 의해 그래핀 나노 시트의 규칙적인 적층이 파괴되었다는 것을 의미한다.[164, 165]

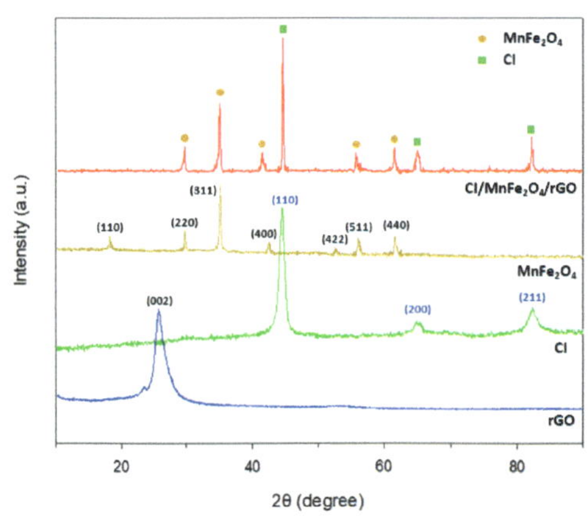

그림 13-7. CI/$MnFe_2O_4$/rGO, $MnFe_2O_4$, CI 및 rGO 시료의 XRD 패턴

CI/$MnFe_2O_4$/rGO 복합체의 결합 에너지를 조사하기 위해 XPS 분석을 수행하였으며, 분석 결과를 그림 13-8과 표 13-2에 나타내었다. (a)는 CI/$MnFe_2O_4$/rGO 복합체의 survey 스펙트럼 결과로 복합체가 C, O, Mn 및 Fe 원소로 구성되어있는 것을 알 수 있다. Survey 스펙트럼에서는 285.77, 531.39, 641.84, 711.26eV의 결합 에너지에서 각각 C1s, O1s, Mn2p 및 Fe2p 피크가 명확하게 관찰되었다. CI/$MnFe_2O_4$/rGO 복합체에서 C, Fe, Mn의 화학적 상태를 더 잘 연구하기 위하여 C1s, Fe2p, Mn2p에 대한 고해상도 XPS 스펙트럼을 측정하였다. (b)의 C1s scan에서 4개의 탄소 결합 에너지 피크는 284.90, 286.68, 287.97 및 289.23eV에서 관찰되었다. 284.90eV의 주요 피크

는 방향족 고리의 C-C/C=C에 해당하며, 286.68, 287.97 및 289.23eV의 다른 피크는 에폭시와 알콕시의 C-O, C=O 및 O-C=O 그룹에 해당한다. 이것은 rGO의 표면이 전하가 풍부한 산소 그룹으로 덮여 있다는 것을 의미하고, 이 산소 그룹이 $MnFe_2O_4$와 rGO 사이의 강력한 결합 형성을 촉진할 수 있다. (c)의 Fe2p 스캔은 710.98eV와 724.68eV의 결합 에너지에 위치한 두 개의 피크를 보여주며, 각각 $Fe2p_{3/2}$ 및 $Fe2p_{1/2}$로 철의 산화 상태를 나타낸다. 그림 (d)의 Mn2p 스캔에서 653.38eV와 641.88eV의 두 개의 강한 피크는 각각 $Mn2p_{1/2}$과 $Mn2p_{3/2}$에 해당되며 망간의 산화 상태를 나타낸다. 이를 통해서 각각의 첨가제가 그래핀 시트의 표면에 성공적으로 부착되었음을 알 수 있다.[166, 167]

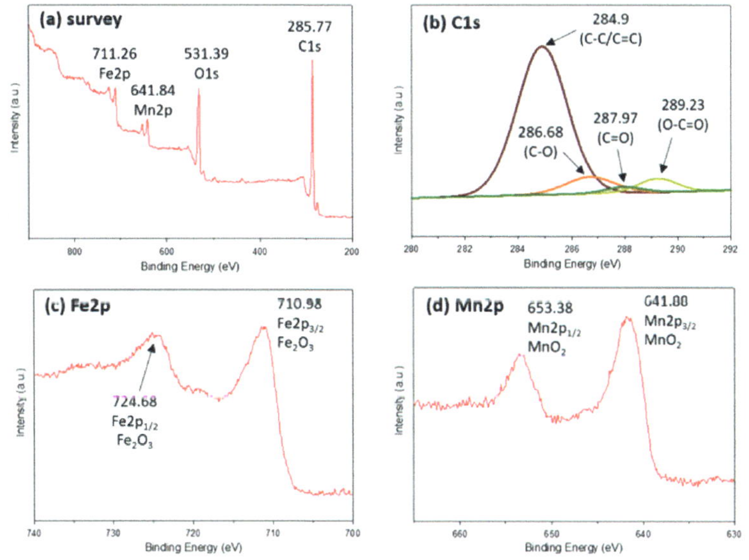

그림 13-8. $CI/MnFe_2O_4/rGO$의 XPS 스펙트럼

(a) survey 스펙트럼, (b) C1s scan, (c) Fe2p scan, (d) Mn2p scan

표 13-2. $CI/MnFe_2O_4/rGO$ 샘플의 XPS 결과

Name		Peak BE(eV)	Analysis
(a)	survey	285.77	C1s
		531.39	O1s
		641.84	Mn2p
		711.26	Fe2p
(b)	C1s	284.90	C-C/C=C
		286.68	C-O
		287.97	C=O
		289.23	O-C=O
(c)	$Fe2p_{3/2}$	710.98	Fe_2O_3
	$Fe2p_{1/2}$	724.68	Fe_2O_3
(d)	$Mn2p_{3/2}$	641.88	MnO_2
	$Mn2p_{1/2}$	653.38	MnO_2

(6) 합성한 CI/$MnFe_2O_4$/GO 복합체 기반 MR 유체의 유변학적 특징

그림 13-9와 그림 13-10은 다양한 자기장 강도에서 전단 속도(Shear rate)에 따른 전단 응력(Shear stress) 및 전단 속도(Shear rate)에 따른 점도(Viscosity)를 나타낸 그래프이다. 전단 속도란 전단의 시간적 변화를 의미하고, 전단 응력은 전단이 일어날 때 유체에 가해지는 힘을 의미한다. Rotational rheometer의 Flow test에서 전단 속도는 0.01 ~ 200 1/s 범위 내에서 수행되었고, 자기장은 0, 68, 137, 205 및 273 kA/m로 총 다섯 개의 강도로 측정하였다. 색칠된 기호는 CI 기반 MR 유체이며, 색칠되지 않은 기호는 CI/$MnFe_2O_4$/rGO 복합체 기반 MR 유체를 나타낸다. 그림 13-9에서 볼 수 있듯이, 외부 자기장이 없을 때 두 종류의 MR 유체는 모두 전단 응력과 전단 속도가 거의 선형성의 관계를 보였으며, Newtonian 유체와 같은 거동을 나타낸다.

그러나 외부 자기장이 가해졌을 때, 두 MR 유체 모두 전체 전단 속도에 걸쳐 평평한 그래프가 관찰된다. 이것은 MR 유체 내의 자성 입자들이 사슬 구조를 형성하고, 사슬 구조의 자기력이 파단력에 저항할 만큼 강하다는 것을 뜻한다. 따라서 두 MR 유체는 항복 응력을 보이며 고체 형태의 거동을 나타낸다. 또한, 자기장의 세기가 증가함에 따라 입자 간의 인력이 증가하게 되어 전단 응력값이 증가하였으며, 더욱 고체와 같은 성질을 띠게 된다. CI 기반 MR 유체와 비교하여 CI/$MnFe_2O_4$/rGO MR 유체는 외부 자기장이 가해졌을 때 더 높은 전단 응력값을 보이는데, 이러한 이유는 자성 입자인 $MnFe_2O_4$가 첨가됨으로써 외부 자기장에 더 크게 반응하기 때문이다. 그러므로 제조한 삼성분계 복합체의 MR 특성이 더욱 향상되었다는 것을 알 수 있다.

전단 속도에 따른 점도는 그림 13-10과 같이 외부 자기장이 가해졌을 때 전단 속도가 증가함에 따라 점도가 감소하는 전단 박화(shear thinning) 현상이 나타났다. 전단 속도는 유체의 흐름 하에서 자기장 방향에 수직으로 작용하게 되므로, 전단 속도가 증가함에 따라 MR 유체 내의 사슬 구조들이 무너지게 되면서 점도가 감소하는 경향을 보인다. 외부 자기장을 인가하지 않았을 때는 약간의 전단 박화 현상은 보이지만 유체와 같은 특성이 강하였다. 추가로 자기장의 세기가 증가함에 따라 유체의 점도값도 증가하게 된다. 이것은 자화가 지속적으로 향상되어 보다 안정적인 사슬 구조가 형성됨으로 인해 MR 유체를 더욱 점성화 시켰다는 것을 의미한다. CI/$MnFe_2O_4$/rGO 기반 MR 유체는 각각의 자기장 세기에서 CI 기반 MR 유체보다 더 높은 점도값을 보였으므로 이로써 삼성분계 복합체의 MR 특성이 향상되었음을 알 수 있다.

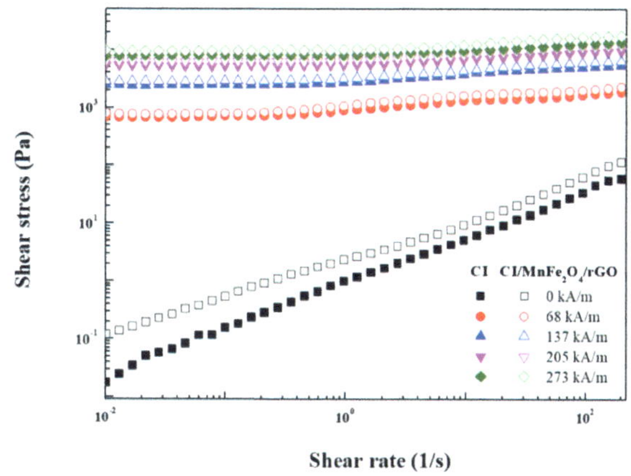

그림 13-9. MR 유체를 기반으로 한 CI(closed symbol) 및 CI/$MnFe_2O_4$/rGO(open symbol)에 대한 전단속도의 함수로서 전단 응력

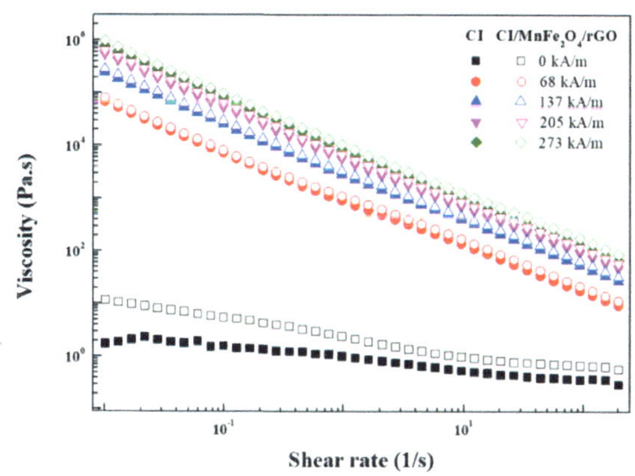

그림 13-10. MR 유체를 기반으로 한 CI(closed symbol) 및 CI/$MnFe_2O_4$/rGO(open symbol)에 대한 전단속도의 함수로서의 점도

그림 13-11은 5개의 다른 자기장 강도에서 전단 변형률(Shear strain)에 따른 저장 탄성률(Storage modulus)을 나타낸 그래프이다. Amplitude sweep test는 1Hz(6.28 rad/s)의 일정한 진동수에서 0.001% ~100%이 넓은 전단 변형률 범위 내에서 수행되었다. 색칠된 기호는 CI 기반 MR 유체이며, 색칠되지 않은 기호는 CI/$MnFe_2O_4$/rGO 복합체 기반 MR 유체이다. 두 MR 유체의 저장 탄성률은 모두 낮은 전단 변형률 범위에서 평평한 부분인 선형 점탄성 영역(linear-viscoelastic region, LVE)을 보였다. CI/$MnFe_2O_4$/rGO 복합체 기반 MR 유체의 저장 탄성률이 모든 범위의 전단 변형률에서 CI 기반 MR 유체보다 높은 것으로 보아, 제조한 복합체가 MR 유체의 저장 탄성률을 증가시키는 역할을 한다는 것을 알 수 있다. 두 MR 유체 모두 일정 변형률을 지나면 저장 탄성률이 급격하게 감소하였으며, 이 때의 변형률을 임계 변형률이라고 한다. 저장 탄성률이 감소한 이유는 큰 변형으로 인해 MR 유체 내부의 사슬 구조가 손상되었기 때문이다. 그러므로 MR 유체 내부의 구조를 손상시키지 않는 조건에서 추가 실험을 진행하기 위하여 Frequency sweep test는 선형 점탄성 영역(LVE)인 전단 변형률이 0.01%인 조건에서 측정을 진행하였다.

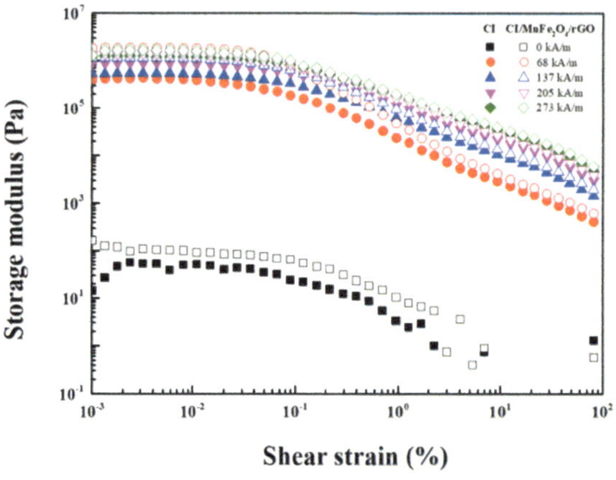

그림 13-11. MR 유체를 기반으로 한 CI(closed symbol) 및 CI/$MnFe_2O_4$/rGO(open symbol)에 대한 전단 변형의 함수로서 저장 계수

그림 13-12는 0~273kA/m 사이의 5가지 자기장 강도에서 진동수(Angular frequency)에 따른 저장 탄성률(Storage modulus)을 나타낸 그래프이다. 저장 탄성률은 탄성에 의해 손실 없이 저장되는 에너지를 의미한다. 진동수는 1~200 rad/s 범위 내에서 측정하였으며, 유체 내부의 구조가 손상되지 않는 조건으로 strain을 0.01%로 고정하고 측정을 진행하였다. 색칠된 기호는 CI 기반 MR 유체이며, 색칠되지 않은 기호는 CI/$MnFe_2O_4$/rGO 복합체 기반 MR 유체이다.

외부 자기장이 없는 경우, 진동수가 증가함에 따라 저장 탄성률이 증가한다. 자기장이 가해지면 두 MR 유체의 저장 탄성률은 모두 전체 진동수 영역에서 안정되고 일정한 값을 보인다. 이러한 현상은 외부 자기장이 가해졌을 때, 두 유체 모두 액체상에서 고체상으로 바뀌는 것을 나타낸다. 자기장 세기가 증가할수록 저장 탄성률 또한 증가하는데, 이것은 향상된 입자 간의 상호 작용으로 더욱 강한 고체 형태의 구조가 되었음을 의미한다. Frequency sweep test 역시 CI/$MnFe_2O_4$/rGO 복합체 기반 MR 유체가 모든 자기장 하에서 더 높은 저장 탄성률을 나타내었다. 이로 인해 첨가제로 작용한 $MnFe_2O_4$가 유체의 물성을 증가시키는 것을 확인할 수 있다.

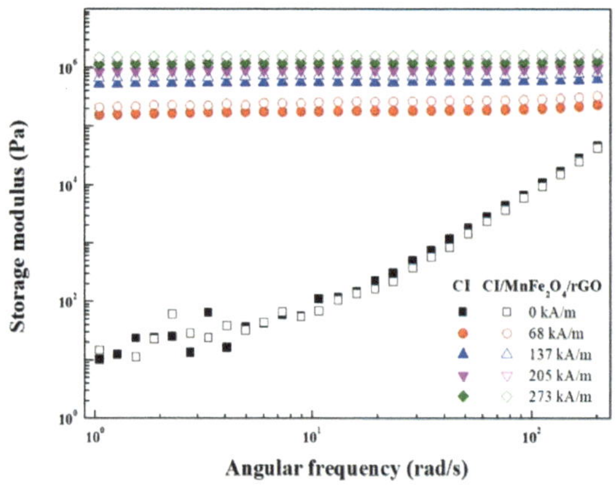

그림 13-12. MR 유체를 기반으로 한 CI(closed symbol) 및 CI/$MnFe_2O_4$/rGO(open symbol)에 대한 각 주파수 함수로서의 저장 계수

CI 기반 MR 유체와 CI/$MnFe_2O_4$/rGO 복합체 기반 MR 유체의 침강 및 분산 안정성은 Turbiscan을 사용하여 처음 3시간 동안 2분마다 한 번씩, 그리고 24시간 동안 30분마다 한 번씩 기록하였다. 그림 13-13은 두 가지 MR 유체의 침강률을 시간의 함수로 표시한 그래프이다. 순수한 CI 기반 MR 유체의 경우, 시간이 지남에 따라 매우 빠르게 침강함으로써 CI 입자에서 해결해야 할 문제인 좋지 않은 분산성을 보였으며, 24시간 후의 침강 잔류 비율이 약 21%로 나타났다.

그러나 CI/$MnFe_2O_4$/rGO 기반 MR 유체의 경우, rGO 시트의 분산 안정성 효과로 인해 CI MR 유체에 비해 느린 침강을 보이는 것을 확인할 수 있으며, 24시간 후의 침강 잔류 비율은 약 38%이다. 따라서 CI/$MnFe_2O_4$/rGO MR 유체의 분산 안정성은 CI 기반 MR 유체의 분산 안정성보다 더욱 향상되었다. 이는 rGO 시트의 저밀도, 평면구조로 인해 침강 속도가 감소할 뿐만 아니라, CI 입자 표면에 $MnFe_2O_4$ 나노 입자가 부분적으로 붙어있어 흐름 저항을 유발함으로 인해 더 느린 침강을 나타내기 때문이다.

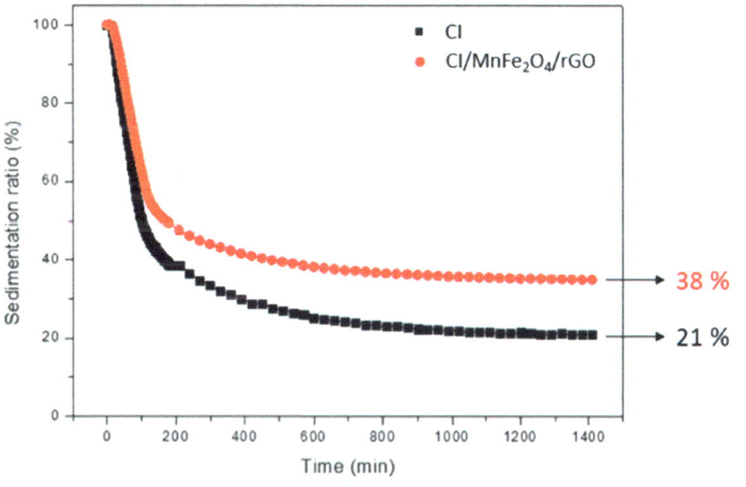

그림 13-13. MR 유체를 기반으로 한 CI 및 CI/$MnFe_2O_4$/rGO의 침강 비율

14 실리콘/탄소나노소재/그래핀 복합체의 합성 및 특성

14.1 나노-실리콘/탄소나노튜브/그래핀 복합 필름의 합성 [168]

(1) SiNPs/CNT/rGO 복합 필름의 제조

나노-실리콘/탄소나노튜브/그래핀 복합 필름의 제조 과정을 그림 14-1에 나타내었다. 실리콘 나노입자(SiNPs)와 탄소나노튜브(CNT) 분말을 에탄올에 넣고 교반한 후, 2시간 동안 초음파 처리를 한다. 이어서 산화 그래핀(GO) 수용액을 SiNPs/CNT 혼합 용액에 첨가하고 2시간 동안 초음파 분쇄한다. 이후 2시간 동안 교반하여 SiNPs/CNT/GO 분산액을 수득한다. 이어서 SiNPs/CNT/GO 분산액을 PTFE 필터(0.5μm)를 이용하여 진공 필터하여 복합 필름을 수득하고 실온에서 24시간, 60℃ 오븐에서 24시간 동안 건조한다.[169] 제조한 SiNPs/CNT/GO 복합 필름을 수평 석영관에 넣고 10℃/min로 550℃까지 승온하여 일정한 유량(500sccm)의 아르곤 가스를 흘려준다. 이렇게 하여 최종적으로 열적으로 환원된 SiNPs/CNT/rGO 복합 필름을 제조할 수 있다.[170]

특성 분석의 대조군으로 사용한 SiNPs/rGO 복합 필름의 제조 과정은 탄소나노튜브 없이 위의 과정과 동일하게 진행하며, 전기화학적 성능은 SiNPs/CNT/GO 분산액을 진공 필터 과정 중 용액의 부피를 다르게 하여 필름의 두께를 조절해 비교하였다.

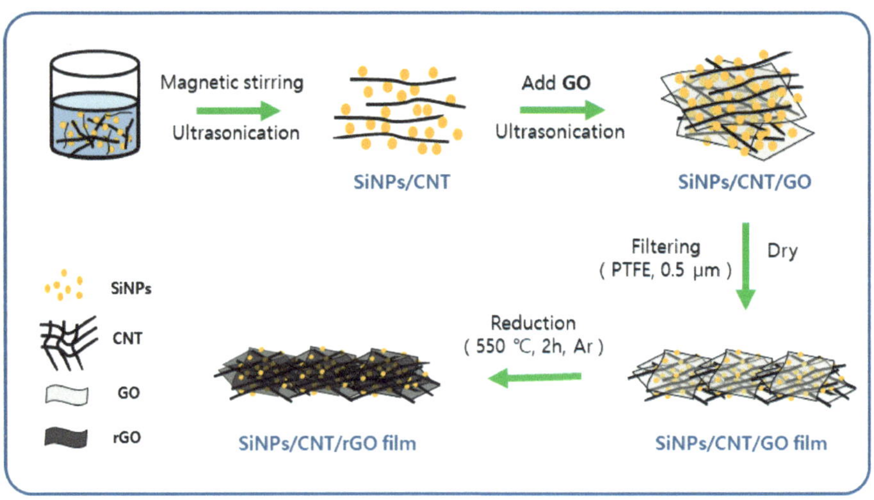

그림 14-1. SiNPs/CNT/rGO 복합 필름 제조 과정의 개략도

(2) 리튬 이차전지의 제조

SiNPs/CNT/rGO 복합 필름을 리튬 이차전지의 음극 활물질로 활용하여 다른 전도성 첨가제 및 바인더 없이 전지를 제조한다. 리튬 금속 포일을 상대 전극 및 기준 전극으로, 분리막은 Celgard 2600을 사용한다. 에틸렌 카보네이트(EC), 다이메틸 카보네이트(DMC) 및 에틸 메틸 카보네이트(EMC)을 1:1:1 부피비로 혼합한 용액에 용해된 1 *M* $LiPF_6$ 용액을 전해질로 사용하여 아르곤으로 채워진 글러브 박스에서 코인 셀(CR2032) 형태로 조립하였다.[170]

조립된 셀은 전압 범위를 0.01-1.5V(vs.Li/Li^+)로 하여 정전류 충전-방전법(galvanostatic charge-discharge, WonATech Co., Ltd, WBCS3000)을 통하여 30 사이클까지의 충·방전 용량을 측정하였다. 또한 순환 전압전류법(cyclic voltammetry)과 전기화학 임피던스 분광법(electro-chemical impedance spectroscopy)을 통해 전기화학적 특성을 조사하였다.

(3) 합성된 SiNPs/CNT/rGO 및 SiNPs/rGO 복합 필름의 물리화학적 특징

SiNPs/CNT/rGO 복합 필름과 SiNPs/rGO 복합 필름의 배율별 SEM 이미지를 그림 14-2에 나타내었다. 두 샘플 모두 동글동글한 형태의 실리콘과 주름진 그래핀 시트가 관찰되었으며, 실리콘 나노 입자가 그래핀 위에 균일하게 분산된 모습을 볼 수 있다. 그림 14-2(d-f)에서는 SiNPs/rGO 복합 필름과 달리, 긴 실 형태의 탄소나노튜브가 추가로 관찰되었으며, 탄소나노튜브가 실리콘과 그래핀과 함께 서로 밀집하게 얽혀 있어 안정한 3차원 구조를 형성하는 것을 알 수 있다.[169, 171, 172]

그림 14-2. (a-c) SiNPs/rGO 및 (d-f) SiNPs/CNT/rGO 복합 필름의 SEM 이미지

제조한 시료의 형태와 조성을 더 알아보기 위해 TEM 분석을 수행하였으며, 이것을 그림 14-3에 나타내었다. SEM 이미지와 마찬가지로 SiNPs/rGO 복합 필름과 SiNPs/CNT/rGO 복합 필름에서 동글동글한 형태의 실리콘 나노 입자와 주름진 형태의 그래핀 시트를 볼 수 있으며, 이것은 그림 14-3(a-c)에서 그 모습을 더 명확하게 확인할 수 있다. 그림 14-3(d-f)에서는 길고 가는 형태의 탄소나노튜브를 추가적으로 관찰되었고, 복합체 내에서 탄소나노튜브가 SiNPs/rGO와 함께 서로 직조된 구조를 형성하는 모습을 볼 수 있다.[169, 171, 172]

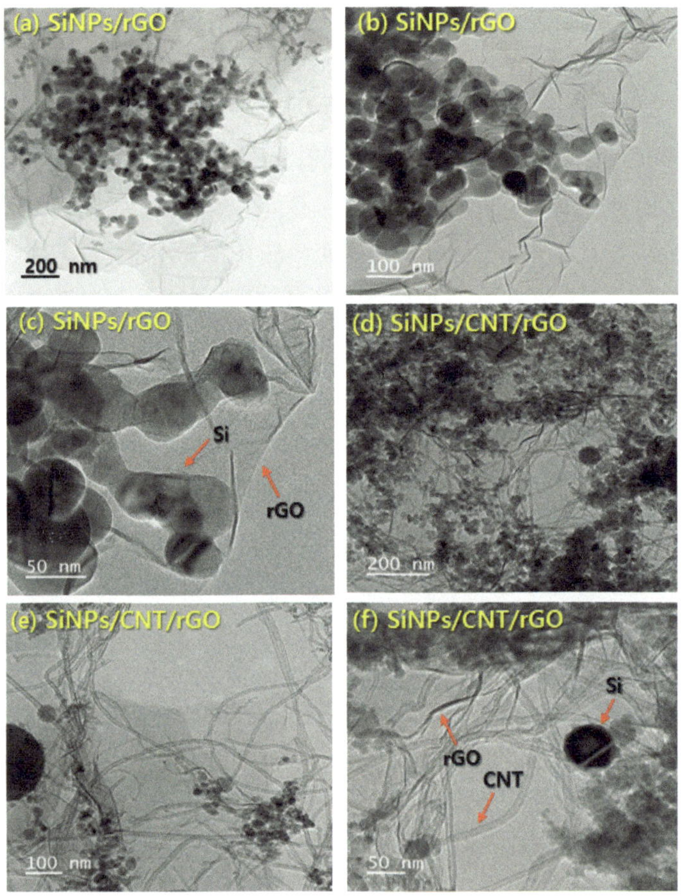

그림 14-3. (a-c) SiNPs/rGO 및 (d-f) SiNPs/CNT/rGO 복합 필름의 TEM 이미지

그림 14-4의 원소 매핑 이미지를 살펴보면, 두 가지 샘플 모두에서 탄소, 산소, 실리콘이 나타났으며 균일하게 분산된 모습을 확인할 수 있다. 두 샘플에서의 각 원소의 함량은 표 14-1에서 알 수 있듯이, 탄소가 약 30~32%, 산소가 약 6~7%, 실리콘이 약 61%로 나타났다. SiNPs/CNT/rGO 복합 필름의 경우, 탄소나노튜브가 추가되면서 SiNPs/rGO 복합 필름과 비교하여 탄소함량이 약간 증가하고 산소와 실리콘의 함량이 감소하였다.[172]

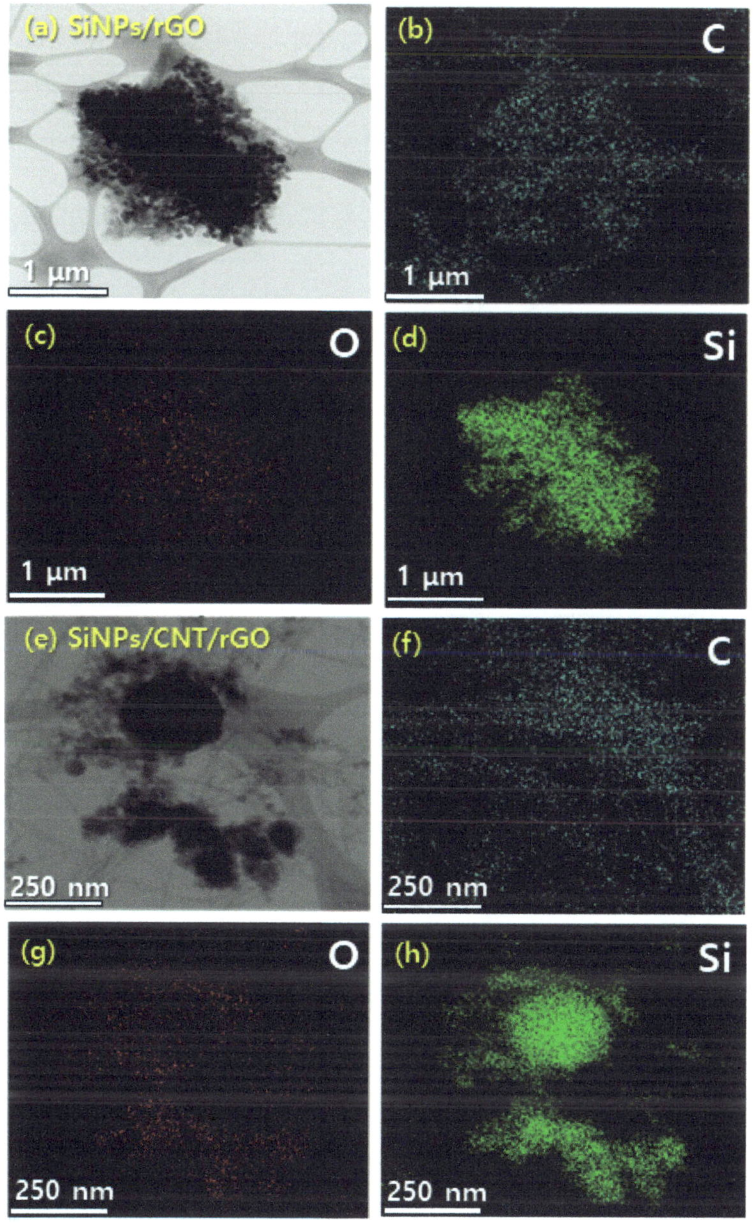

그림 14-4. (a) SiNPs/rGO, (e) SiNPs/CNT/rGO의 TEM 이미지;(b), (f): C, (c), (g): O 및 (d), (h): Si의 원소 매핑

표 14-1. SiNPs/rGO 및 SiNPs/ CNT/rGO의 원소 조성

Element	C(%)	O(%)	Si(%)	Total(%)
SiNPs/rGO(wt%)	30.8	7.75	61.5	100
SiNPs/CNT/rGO(wt%)	32.1	6.74	61.2	100

고배율의 TEM 이미지인 그림 14-5에서는 실리콘의 격자 간격이 0.31nm, 그래핀의 격자 간격이 0.19nm로 그림 14-5(a)와 (b)에서 동일하게 나타났으며, 이는 실리콘의 결정 구조(111)에 대응

한다. 그림 14-5(b)에 삽입된 SAED 패턴을 보면, 흑연 결정 구조에 대응하는(002), 실리콘 결정 구조에 대응하는(111), (220), (311), (400)의 고리 형태의 회절 무늬가 나타났으며, 이는 복합체의 XRD 패턴과 일치하였다. 그림 14-5(c)에서는 0.36nm의 탄소나노튜브의 격자 간격이 관찰되면서 SiNPs/CNT/rGO 복합 필름 내의 탄소나노튜브의 존재가 확인되었다.[169, 171]

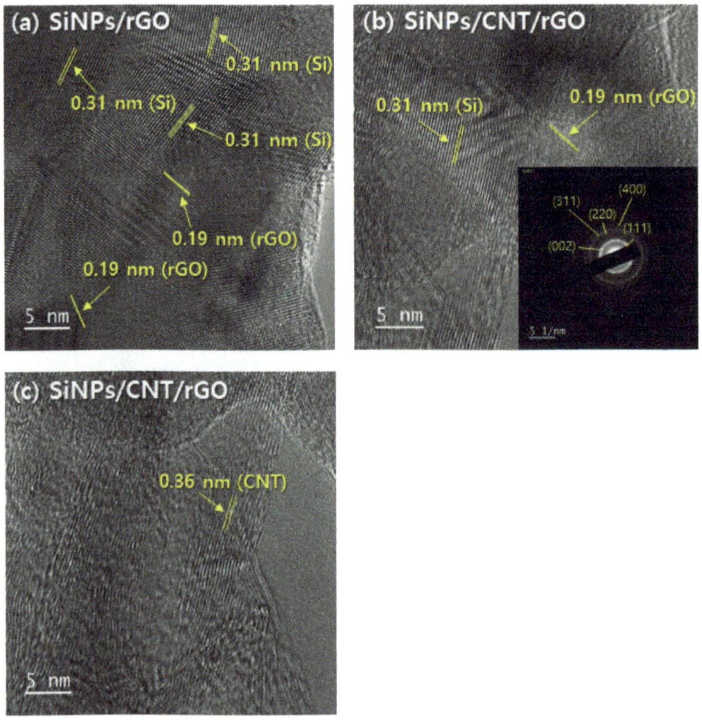

그림 14-5. (a) SiNPs/rGO 및 (b), (c) SiNPs/CNT/rGO의 고해상도 TEM 이미지

[삽입 이미지: SiNPs/CNT/rGO의 선택된 영역 전자 회절(SAED) 패턴]

SiNPs/CNT/rGO 복합 필름의 결정성을 알아보기 위해 GO, rGO, Si, SiNPs/rGO, CNT, SiNPs/CNT/rGO의 XRD 분석을 수행하였으며, 이를 그림 14-6에 나타내고 비교 분석하였다. 먼저 그래핀 옥사이드(GO)는 $2\theta = 9.6°$에서 강하고 좁은 피크가 나타났다. 환원된 그래핀 옥사이드(rGO)는 열환원 후 9.6°에서 나타나는 GO의 특성 피크가 사라지고 25.2°에서 그래핀에 대응하는 넓은 피크가 나타났다. 이로써 GO가 rGO로 성공적으로 환원되었음을 알 수 있다. 실리콘(Si)에서는 28.4°Si(111), 47.3°Si(220), 56.1°Si(311), 69.1°Si(400), 76.4°Si(331)에서 결정성 실리콘의 특성 피크들이 나타났다.

이 강하고 좁은 특성 피크들과 25.2°에서의 피크가 SiNPs/rGO 복합 필름에서도 나타남으로써 Si 및 rGO의 존재를 확인할 수 있다. 탄소나노튜브(CNT)는 결정면(002)에 대응하는 흑연 피크를 포함하여 43°, 53°와 78°에서 특성 피크가 나타나 전형적인 다중벽 탄소나노튜브(MWCNT)의 피크를 보여주고 있다. SiNPs/CNT/rGO에서 비정질의 탄소 특성 피크, 결정성 실리콘 피크, 탄소나노튜브 피크가 모두 나타나, 반응 후에도 각각 변하지 않고 유지되어 SiNPs/CNT/rGO 복합 필름이 잘 합성된 것을 알 수 있다.[169, 173]

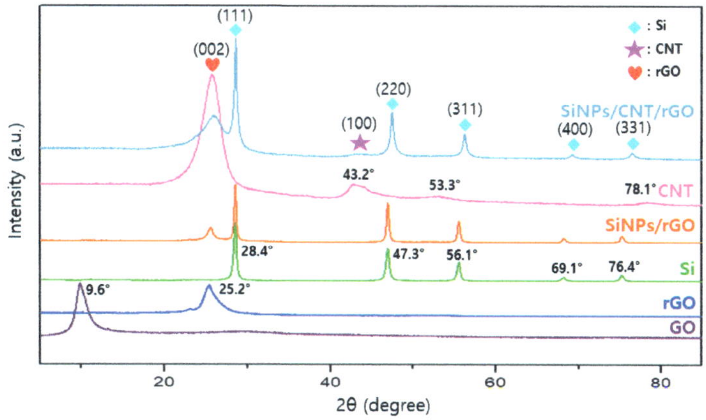

그림 14-6. SiNPs/CNT/rGO, CNT, SiNPs/rGO, Si, rGO 및 GO의 XRD 패턴

그림 14-7에 SiNPs/CNT/rGO, SiNPs/rGO, rGO 및 GO의 라만 스펙트럼을 나타내었다. SiNPs/CNT/rGO 및 SiNPs/rGO 복합 필름에서 약 514cm^{-1} 부근에 실리콘의 피크가 나타나 복합체 생성 후 실리콘이 변하지 않았음을 알 수 있다. SiNPs/CNT/rGO 복합 필름에서 탄소의 *sp*^{2} 결합에 의한 G band가 1,590cm^{-1}, 결정 내 결함에 의한 D band가 1,352cm^{-1} 에서 나타났다. G band와 D band는 탄소 소재의 특징적인 피크로서 피크의 상대적인 강도비(ID/IG)는 GO가 rGO로 환원된 후 1.06에서 0.95로 감소하였다. 이는 환원 후에 *sp*^{2} 영역이 증가하였기 때문이다. 같은 이유로 SiNPs/rGO와 SiNPs/CNT/rGO를 비교하였을 때, 탄소나노튜브를 추가한 후에 강도비가 감소한 것을 볼 수 있다. 이는 탄소나노튜브의 결합이 *sp*^{2} 결합으로 이루어져 있어 탄소나노튜브가 도입됨으로써 G band가 현저히 증가하고, 또 탄화도가 높을수록 D band의 강도가 낮아지기 때문이다.[169, 171]

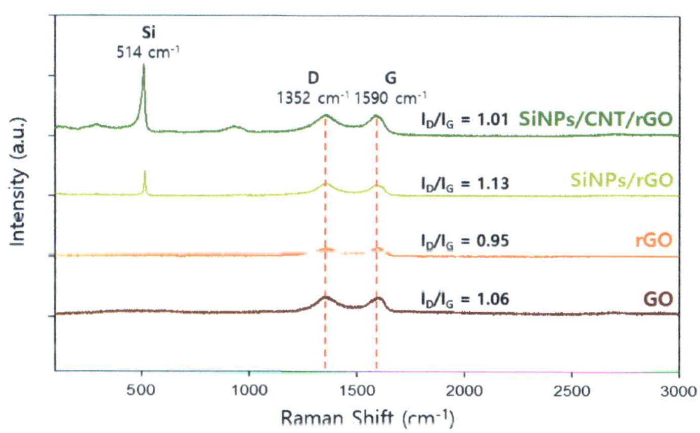

그림 14-7. SiNPs/CNT/rGO, SiNPs/rGO, rGO 및 GO의 Raman 스펙트럼

표 14-2. GO, rGO, SiNPs/rGO 및 SiNPs/CNT/rGO 샘플의 라만 스펙트럼 결과

Sample	ID/IG
SiNPs/CNT/rGO	1.01
SiNPs/rGO	1.13
rGO	0.95
GO	1.06

복합체의 화학적 조성과 결합 에너지를 알아보기 위해 XPS 분석을 수행하여 그림 14-8에 나타내었다. 그림 14-8(a-d)는 복합체 SiNPs/GO, SiNPs/rGO, SiNPs/CNT/GO 및 SiNPs/CNT/rGO의 C1s XPS 스펙트럼이다. 그림 14-8(a-d)에서 공통으로 나타나는 284eV 과 286eV의 강한 피크는 각각 C=C과 C-O 결합이며, 287eV 과 289eV에서 나타난 약한 피크는 각각 C=O 결합과 O-C=O 결합에 해당한다. 전반적으로 C=O 결합 피크의 세기가 O-C=O 결합의 피크보다 더 세다. 그림 14-8(a)와 (b)를 비교하였을 때, 환원 후 산소의 손실로 C-O 결합 피크가 현저히 약해진다. 같은 이유로 그림 14-8(c) 및 (d)를 비교해볼 때, 그림 14-8(d)의 C-O, C=O 및 O-C=O 결합에 대한 피크의 세기가 감소한다. 그림 14-8(c)를 보면 탄소나노튜브를 첨가한 후에 285.87eV에서 sp^3 결합에 대응하는 피크와 290.68eV에서 π-π 결합에 대응하는 피크가 추가적으로 나타났다.

그림 14-8(d)에서 GO와 CNT의 환원으로 rGO와 CNT가 C-C 결합하여 sp^3에 해당하는 탄소 피크의 세기가 증가하였다. SiNPs/CNT/rGO Si2p 스펙트럼인 그림 14-8(e)를 보면 3가지 피크가 관찰된다. 99.98eV과 101.44eV에서 각각 Si2p 3/2과 Si2p 1/2 피크가 나타났으며, 104.01eV에서 Si-O 결합 피크가 나타났다. 이는 소량의 실리콘 나노 입자가 복합체 합성 과정 중 공기 중에서 산화되어 나타나는 피크라 할 수 있다.[169, 173]

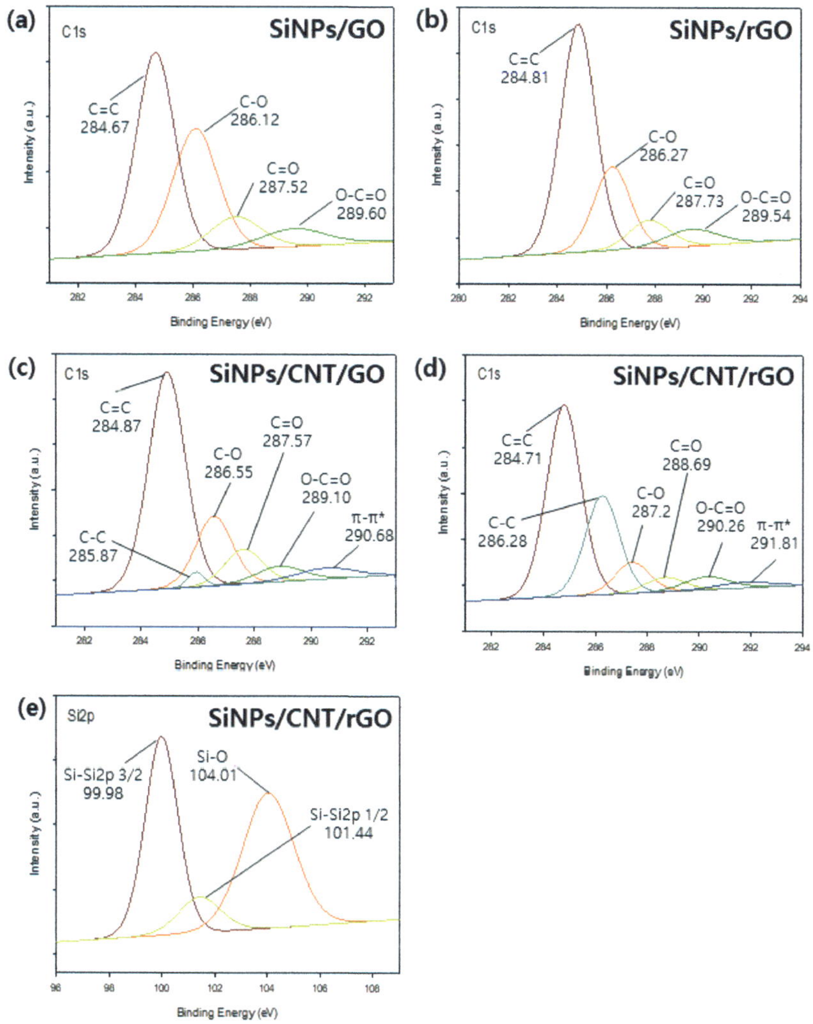

그림 14-8. (a) SiNPs/GO, (b) SiNPs/rGO, (C) SiNPs/CNT/GO 및 (d) SiNPs/CNT/rGO의 C1s XPS 스펙트럼; (e) SiNPs/CNT/rGO의 Si2p XPS 스펙트럼

(4) 합성된 SiNPs/CNT/rGO 복합 필름의 전기화학적 특징

합성한 SiNPs/CNT/rGO 복합 필름을 리튬 이차전지의 음극 소재로 적용하여 조립한 코인 셀 전지의 전기화학적 특성을 조사하였다. 그림 14-9는 0.01~1.5V(vs. Li/Li+)의 전압 범위와 0.1mV/s에서 측성한 첫 번째 사이클과 5번째 사이클을 나타낸 cyclic voltammogram 이다. 전지는 신공 필터 과정 중 분산 용액의 부피를 20mL, 25mL 및 30mL로 조절해서 필름을 제조하여 비교 분석하였다.

먼저 그림 14-9(a)의 첫 번째 사이클에서 1.3V의 넓고 약한 피크가 나타나고, 이 피크가 5번째 사이클에서는 사라진 것을 볼 수 있는데, 이는 안정한 SEI 층이 전극 표면에 형성된 것을 의미한다. 그림 14-9(b)와 (c)에서 0.5V 부근의 강한 환원 피크는 가역적인 리튬 이온의 탈·삽입 반응에서 비정질 실리콘이 LixSi로 리튬과 합금화 되었음을 의미한다. 방전 시에 나타나는 0.3V와 0.5V 부근의 산화 피크는 LixSi에서 리튬이 탈착되면서 실리콘이 생성되는 역반응을 나타내며, 또한 사이클이 진행됨에 따라 산화 피크가 강해지면서 리튬 이온이 실리콘 내부로 확산되어 전극이 활성화되었다는 것을 알 수 있다.[169, 171, 172]

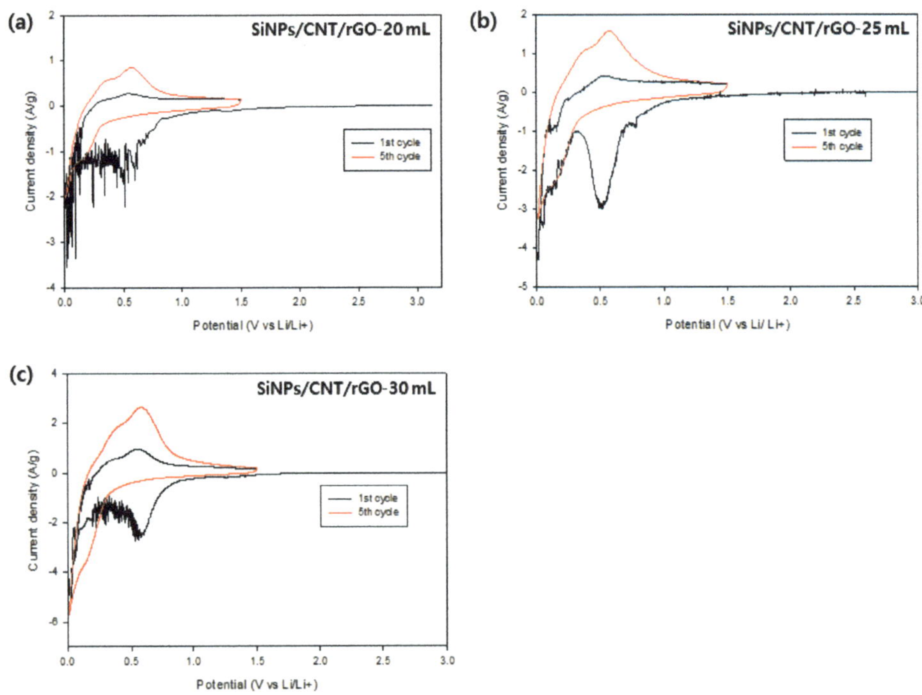

그림 14-9. (a) SiNP/ CNT/rGO-20mL, (b) SiNP/CNT/rGO-25mL 및 (c) SNP/CNT/rGO-30mL의 순환전압전류곡선

그림 14-10에는 전류 밀도 및 전압 범위를 0.1 A/g과 0.01~1.5V로 하여 SiNPs/CNT/rGO 복합 필름의 두께별로 측정한 사이클 성능을 나타내었다. 3가지 복합 필름에 대하여 30 사이클까지 방전 용량을 측정하였을 때, 첫 번째 사이클의 용량은 20mL, 25mL, 30mL 순으로 높았다. 20mL의 경우 4번째 사이클 후부터 용량 손실이 빠르게 일어나고, 30 사이클 후에는 3가지 필름 중 가장 낮은 용량을 유지하였다. 25mL의 경우 가장 안정한 사이클 성능을 보여주었으며, 30 사이클 후의 용량은 198mAh/g으로 가장 높은 용량을 유지하였다. 30mL의 경우는 초기 용량은 가장 낮았지만 16번째 사이클부터 20mL보다 더 높은 용량을 나타내었다.

각 전극의 초기 용량과 30사이클 후의 용량을 표 14-3에 나타내었다. 표 14-3에서 볼 수 있듯이, 탄소나노튜브가 실리콘 나노 입자와 그래핀의 3차원 구조에서 가교 역할을 함으로써, 실리콘의 부피 변화 과정에서 생기는 그래핀의 탈리 현상을 방지하고 전도성을 향상시켜 높은 용량과 안정한 사이클 성능을 나타낸 것으로 사료 된다. 그리고 이 구조는 전자와 이온의 빠른 수송을 위한 효율적인 채널을 제공한다.

전지의 쿨롱 효율은 전지를 충전한 후 방전된 경우, 충전 시 충전된 충전 전기량에 대한 방전 용량의 백분율을 나타낸 것으로 충·방전 효율이라고도 불린다. 쿨롱 효율이 높으면 충전한 충전 전기량 대부분이 방전 가능해 좋은 전지라 할 수 있다. 각 전극의 쿨롱 효율을 살펴보면 3가지 전극 모

두 30 사이클까지 99% 이상의 쿨롱 효율을 보여주고 있다.[169, 171, 172]

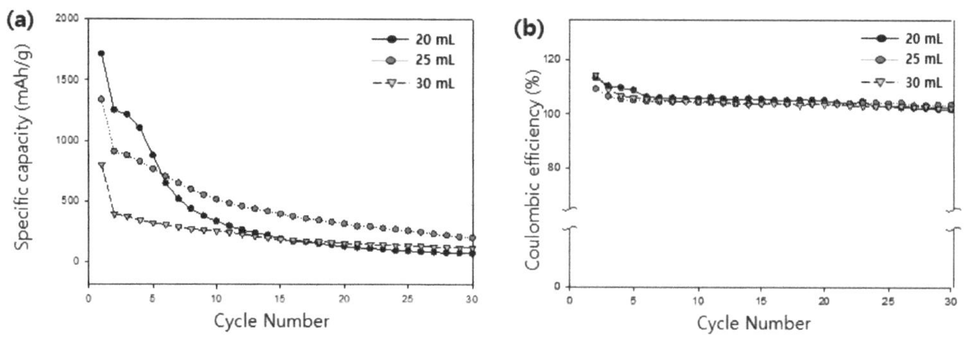

그림 14-10. (a) SiNPs/CNT/rGO-20mL, 25mL 및 30mL의 0.1 A/g에서 30 사이클 동안의 사이클링 성능, (b) 사이클 수에 따른 SiNP/CNT/rGO-20mL, 25mL 및 30mL의 쿨롱 효율.

표 14-3. 초기 방전 용량 및 30 사이클 후 SiNPs/CNT/rGO-20mL, 25mL 및 30mL의 방전 용량

항목	20mL	25mL	30mL
초기 방전 용량(mAh/g)	1,712	1,336	796
30 사이클 후 방전 용량(mAh/g)	71	198	115

SiNPs/CNT/rGO 복합 필름의 전기화학적 성능을 더 분석하기 위하여 전기화학적 임피던스 분광법(EIS)를 수행하였다. Nyquist 곡선은 고주파 영역 및 중주파 영역의 반원과 저주파 영역의 경사 선을 포함하고 있다. 반원은 전하 전달 저항(R_{CT})과 SEI 층 저항(R_{SEI})을 나타내며 경사 선은 리튬 이온 확산 저항(Z_W)을 나타낸다. 그림 14-11(a)와 (b)에는 SiNPs/CNT/rGO-20mL, 25mL와 30mL 복합 필름의 사이클 전과 후의 Nyquist plot을 나타내었다.

전지가 작동되기 전에는 SiNPs/CNT/rGO-20mL, 25mL와 30mL 복합 필름의 R_{CT} 값은 각각 240Ω, 213Ω, 396Ω이다. SiNPs/CNT/rGO-25mL 복합 필름의 전하 전달 저항이 3가지 전극 중 가장 낮았으며, 이는 SiNPs/CNT/rGO-25mL 전극이 전자를 효과적으로 전달하여 전하 전달 저항을 감소시켜 전기화학적 성능을 향상시킬 수 있음을 보여준다.

안정적인 SEI 필름이 형성되었는지 알아보기 위하여, 5 사이클 후의 SiNPs/CNT/rGO-20mL, 25mL와 30mL 복합 필름의 Nyquist plot을 그림 14-11(b)에 나타내었다. SiNPs/CNT/rGO-20mL, 25mL와 30mL 복합 필름의 R_{SEI} 값은 각각 38Ω, 45Ω, 24Ω이다. 사이클 후의 저항값이 사이클 전보다 월등히 감소한 것으로 보아 사이클이 진행됨에 따라 SEI 층이 안정화되어 구조적 안정성을 유지하며, 리튬 이온 수송을 위한 효과적인 채널을 제공하여 전도도가 향상되었다는 것을 알 수 있다.[169, 171] EIS 스펙트럼에서 계산된 R_{CT} 및 R_{SEI} 값을 표 14-4에 나타내었다.

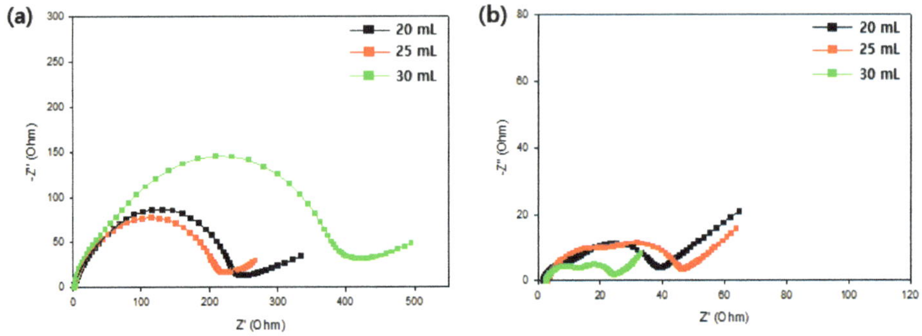

그림 14-11. (a) 사이클 전 SiNPs/CNT/rGO-20mL, 25mL 및 30mL의 Nyquist plots (b) 사이클 후 SiNPs/CNT/rGO-20mL, 25mL 및 30mL의 Nyquist plots.

표 14-4. 시료에 대한 EIS 스펙트럼의 R_{CT} 및 R_{SEI} 값

Sample	$R_{CT}(\Omega)$	$R_{SEI}(\Omega)$
SiNPs/CNT/rGO-20mL	240	38
SiNPs/CNT/rGO-25mL	213	45
SiNPs/CNT/rGO-30mL	396	24

14.2 그래핀 양자점/실리콘/탄소나노소재 복합체의 합성 [174]

(1) 개요

본 장에서는 리튬 이차전지의 연구에서 리튬 이온 확산에 방해가 될 수 있는 그래핀의 구조적 단점을 극복할 수 있는 형태인 그래핀 양자점과 이론 용량이 높은 실리콘, 그리고 전기 전도성이 높은 2가지 탄소나노소재(탄소나노섬유, 탄소나노튜브) 각각을 이용하여 서로 다른 3성분 복합체를 합성하는 방법을 기술하였다. 또한 합성한 두 복합체의 물성을 비교 및 분석함으로써, 이 소재가 리튬 이차전지 음극소재로서 적합한지 여부를 검토하고자 하였다.

현재 실리콘은 리튬 이차전지 분야에 있어서 낮은 방전 전위와 높은 이론 용량(4,200mAh/g) 때문에 가장 유망한 음극 재료로 여겨지고 있다. 그러나 리튬 이온의 삽입 및 탈리 과정에서 실리콘 입자는 약 400%에 달하는 부피 팽창 및 수축 현상으로 인하여 물질의 분쇄를 초래한다. 이로 인해 전해질과 부반응을 일으켜 실리콘 입자의 표면에서 불안정한 고체-전해질 계면(Solid Electrolyte Interphase, SEI)이 형성되어, 전지의 충·방전에 따라 팽창 및 파열을 반복함에 따라 실리콘 입자의 표면에 점점 더 두꺼운 SEI가 형성된다. 이로 인해 전극이 더 이상 리튬 이온과 접촉하지 못하게 되어 제조된 전지의 용량 감소 및 수명 저하를 야기한다. 또한 실리콘의 낮은 전도성으로 인하여 전극 제조에 있어 많은 제약이 따른다.

앞에서 기술한 실리콘의 전기화학적 특성을 개선하기 위하여, 많은 연구자들이 다양한 형태의 나노 크기의 실리콘 입자(실리콘 나노튜브, 실리콘 나노와이어, 다공성 실리콘 등)를 사용하는 방법과, 완충 역할을 할 수 있는 탄소 소재를 이용한 복합체(실리콘/그래핀 복합체, 실리콘/탄소나노튜브, 탄소 코팅된 실리콘 등)을 합성하는 방법을 제안하여 왔다.

따라서 본 장에서는 실리콘의 부피 팽창과 낮은 전도성을 보완할 수 있도록 나노 구조의 실리콘을 사용하며, 그래핀 양자점으로 하여금 실리콘 입자와 탄소나노소재 사이에 가교 역할을 수행하게 하고, 탄소나노소재를 이용하여 전도성이 향상된 3성분 복합체를 합성함으로써 리튬 이차전지의 음극재로서의 응용 가능성을 조사하는 내용을 기술하였다.

(2) 그래핀 양자점

그래핀 양자점은 10nm 미만의 단일층 내지 수십층의 그래핀을 말한다. 체적 대비 표면적이 매우 크고 우수한 전자전도 특성 및 기계적 특성으로 많은 분야에서 사랑받는 그래핀(graphene)과, 양자점(quantum dot)의 특성을 동시에 가지는 0차원적 구조의 물질이다. 특히 2차원적인 평면 구조로 인해 리튬 이차전지 분야에서 리튬 이온 확산을 방해하는 문제점이 있는 그래핀에 비하여 구조적으로 큰 이점을 가진다.

양자점은 유기·무기화합물 입자들이 아주 작은 크기로 줄어들면서, 원자·분자 간의 상호 작용으로 에너지 준위가 분화하여 기존의 에너지 준위와 다른 값을 가지게 되면서 에너지 밴드의 두께가 변화하게 된다. 이로써 전자들이 많이 분포된 원자가 띠와 전자들이 대부분 비어있는 전도띠 사이의 공간(밴드 격차)을 조절할 수 있게 됨에 따라, 입자의 크기를 조절하여 에너지를 선택적으로 흡수·방출 가능한 물질로, 특히 반도체 분야에서 각광을 받고 있다.

이렇듯 앞에서 기술한 장점뿐만 아니라 저독성, 광발광성 및 전도성 등의 우수한 광학적 특성 때문에 디스플레이나 태양전지, 바이오센서 등 다양한 분야에서 활발하게 응용되고 있으며, 제조 방법으로는 크게 Top down 방식과 Bottom up 방식이 존재한다. 2가지 방식 중 어느 방식을 채택함에 따라 서로 다른 장단점이 있으며, 물질의 응용 분야 또한 달라지게 된다.

Top down 방식

Top down 방식은 벌크 물질을 물리적·화학적 방법으로 쪼개어 물질을 생성하는 방식이다. 이 방식은 주로 생성된 물질의 기능화를 용이하게 하거나 물질의 용매에 대한 용해성을 높여주지만, 생성되는 물질의 모양과 크기를 조절할 수 없기에 물성이 낮고 물질의 수득율 또한 낮다는 단점을 가지고 있다. 대표적으로 액체 박리법, 열수 처리, 초음파 처리 등의 방법이 여기에 해당된다. Top down 방식에 의한 그래핀의 제조는 이와 같은 단점이 있으나 그만큼 후술할 Bottom up 방식에 비하여 편리하고 새로운 물질을 탐구하는 데에 있어서 물질의 구조나 특성을 파악하기에는 좋은 방법으로 여겨지고 있다.

Bottom up 방식

Bottom up 방식은 작은 분자 또는 고분자를 전구체로서 이용하여 큰 분자로 합성하는 방식이다. 이 방식은 물질의 모양과 크기 조절이 가능하여 물질의 구조적 결함이 낮고 품질이 높은 편이며 수득율이 높다는 장점을 가진다. 앞에서 언급한 Top down 방식에 비하여 상대적으로 물질이 용매에 대하여 낮은 용해성을 보이거나 응집성이 높다는 단점이 있으나, 물질을 제조하는 데에 있어 훨씬 넓은 범주의 물질을 시작 물질로 선정할 수 있고 물질의 기능화 또한 쉽다는 장점을 가지고 있다.

(3) 촉매 제조 및 탄소나노섬유의 합성

탄소나노섬유의 성장을 위해 공침법을 사용하여 Fe-Cu 이원계 촉매를 제조한다. 촉매의 제조 방법은 A(Fe nitrate + Cu nitrate + Al nitrate 수용액) 및 B(ammonium molybdate 수용액) 용액을 혼합한 후, C(ammonium carbonate 수용액) 용액을 동시에 증류수에 천천히 적가하면서 교반하여 침전물을 형성시킨다. 이렇게 수득된 침전물을 여과하고 60℃에서 하루 동안 건조하고 분쇄하여 분말 형태의 금속 촉매를 제조한다.

탄소나노섬유는 화학 기상 증착법으로 합성하며, 합성 방법을 그림 14-12에 나타내었다. Fe-Cu 촉매를 튜브 퍼니스에 넣고, Ar 분위기를 유지하며 10℃/min의 속도로 700℃까지 승온시킨다. 목표 온도에 도달한 후, H_2/Ar 혼합 가스로 전환하고 30분 동안 환원을 위해 유지한다. 이후 탄소원으로 에틸렌(C_2H_4) 가스를 H_2/Ar 혼합 가스와 함께 반응기에 1시간 동안 흘려주며, Ar 분위기를 유지하며 천천히 반응기를 상온까지 냉각하여 탄소나노섬유를 합성한다.

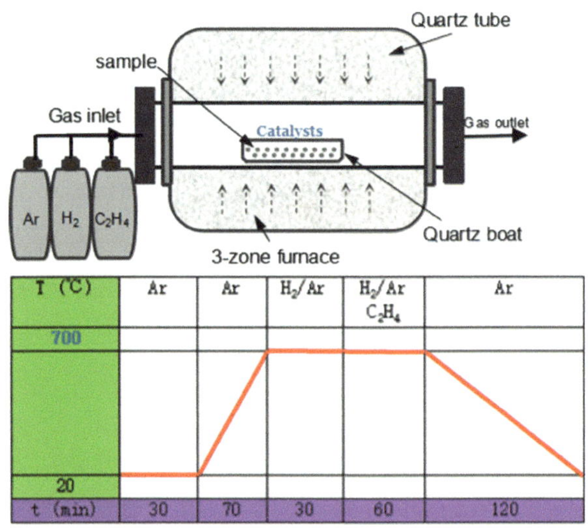

그림 14-12. 탄소나노섬유의 합성 과정

(4) OH-GQDs(Hydroxyl-attached GQDs)의 제조

복합체의 합성을 위하여 실리콘 나노 입자와 GQDs를 정전기적 인력으로 결합시킬 필요가 있다. 따라서 GQDs가 양으로 하전된 실리콘 나노 입자에 대하여 상대적으로 음전하를 띠도록 OH기로 기능화시켜 주었으며, OH-GQDs의 제조 과정을 그림 14-13에 나타내었다.

OH-GQDs의 제조 방법으로는 pyrene을 이용하는 방법을 사용하였다. 먼저 pyrene 2g과 160mL 질산 용액을 혼합하여 80℃로 약 12시간 동안 reflux 시켜준다. 그 후 여과 및 건조 과정을 거쳐 1,3,6-trinitropyrene을 수득한다. 이 수득물 3g을 0.2 *M* NaOH 용액 610mL와 혼합 및 교반시키고, 추가로 초음파 처리를 통해 분산액을 제조한다. 이렇게 얻은 분산액을 200℃로 12시간 동안 teflon-autoclave에서 열수 처리를 시킨 후, 상온으로 냉각하고 4,000RPM으로 30분간 원심분리를 하여 불필요한 탄소를 제거한다. 제조한 물질은 UV light를 조사함으로써 quantum confinement effect를 관찰하여 최종적으로 OH-GQDs가 성공적으로 제조되었다는 것을 알 수 있다.

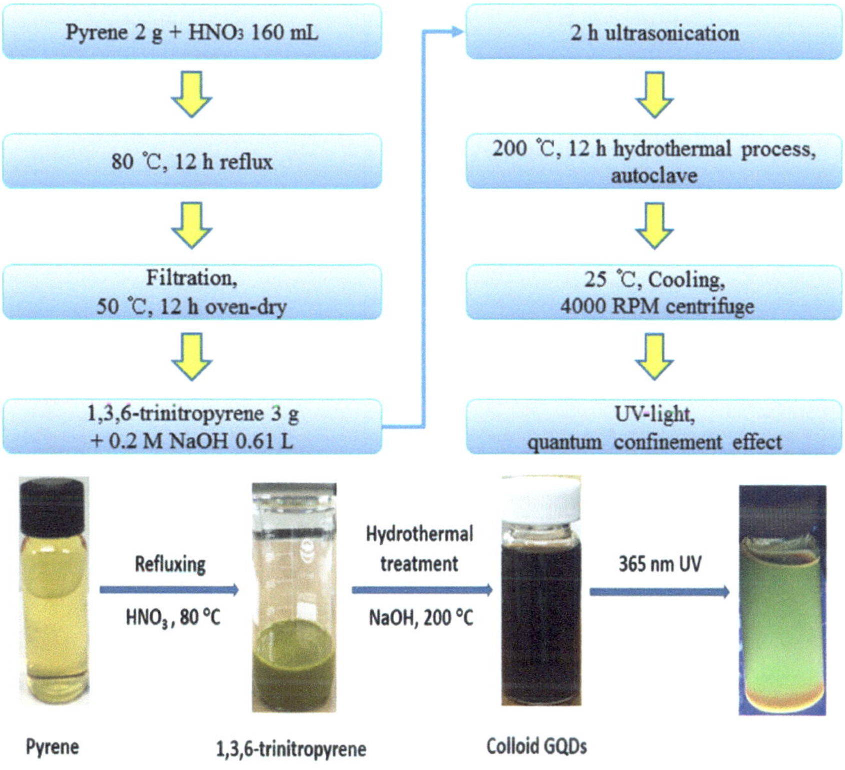

그림 14-13. OH-GQDs의 합성 과정

(5) 양으로 하전된 실리콘 나노 입자(+SiNP)의 제조

양으로 하전된 실리콘 나노 입자의 제조 과정을 그림 14-14에 나타내었다. 먼저 아세톤, 에탄올, 증류수를 1:1:1의 비로 혼합해 제조한 용액에 실리콘 입자를 분산시키고 세척하여 불순물을 제거한다. 이후 실리콘 입자를 4% 불화수소 용액에 5분 동안 담지하여 황산과 과산화수소를 3:1의 비로 제조한 piranha 용액에 실리콘 입자를 넣고 1시간 동안 80℃로 교반시킨다. 이후 여과 및 건조 과정을 거쳐 35wt% PolyDADMAC(polydiallyldimethylammonium chloride)를 첨가하여 표면이 양으로 하전된 실리콘 나노 입자를 제조한다.

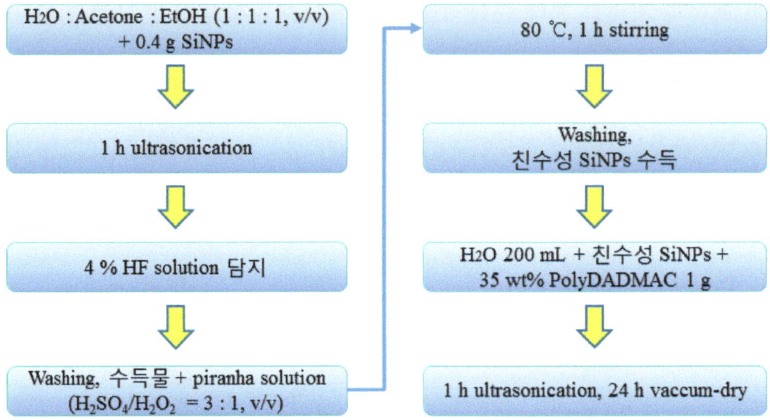

그림 14-14. 양으로 하전된 실리콘 나노 입자의 합성 과정

(6) 그래핀 양자점/실리콘 복합체의 합성

그래핀 양자점/실리콘(GQD/SiNP) 복합체의 합성 과정을 그림 14-15에 나타내었다. 양으로 하전된 실리콘을 에탄올 50mL에 분산시켜 분산액을 제조한다. 제조된 분산액에 묽은 질산을 소량 첨가하여 분산액의 pH를 7에서 2까지 변화시킨 뒤, 분산액을 교반시키면서 OH-GQDs 50mL를 천천히 적가해준다. 이후 용액을 추가로 4시간 동안 교반하여 OH-GQDs를 골고루 분산시킨 뒤, 해당 분산액을 하루 동안 진공 건조한다. 최종적으로 분말 형태로 수득한 물질을 튜브 퍼니스에서 450℃로 열처리하여 불필요한 과량의 PolyDADMAC(Mw≤100,000)을 제거하고 GQD/SiNP 복합체를 합성한다.

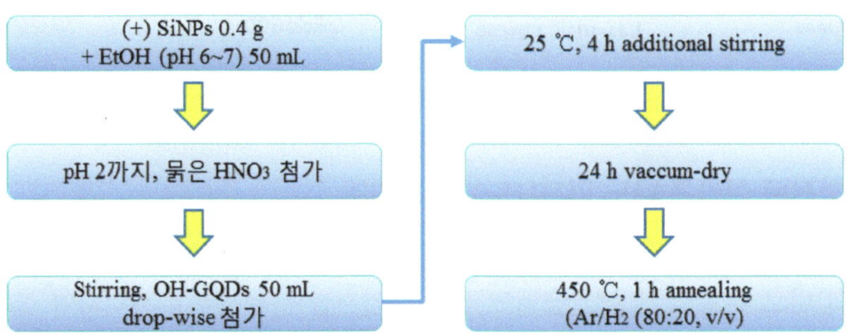

그림 14-15. GQD/SiNP 복합체의 합성방법

(7) 그래핀 양자점/실리콘/탄소나노소재 복합체의 합성

그래핀 양자점/실리콘/탄소나노소재(GQD/SiNP/CNFs 또는 GQD/SiNP/CNTs) 복합체의 합성 과정을 그림 14-16에 나타내었다. 그래핀 양자점/실리콘/탄소나노소재 복합체를 합성하기 위하여 먼저 나노실리콘 분말을 piranha 용액(H_2SO_4:H_2O_2 = 3:1)을 이용하여 친수성을 띠게 한다. 이어서 여과 및 건조 후, PolyDADMAC을 첨가해 실리콘 입자를 양으로 하전시켜 준다. 이로 인해 양

전하를 띠고 있는 실리콘 입자에 상대적으로 음전하를 띠는 OH 기능화된 그래핀 양자점을 첨가하여 정전기적 인력으로 결합시킨 후, 불필요한 과량의 PolyDADMAC을 열처리를 통해 제거한다. 합성된 GQD/SiNP 2성분 복합체에 탄소나노소재(CNFs 또는 CNTs)를 각각 첨가함으로써 GQD/SiNP/CNFs 및 GQD/SiNP/CNTs 복합체를 합성한다.

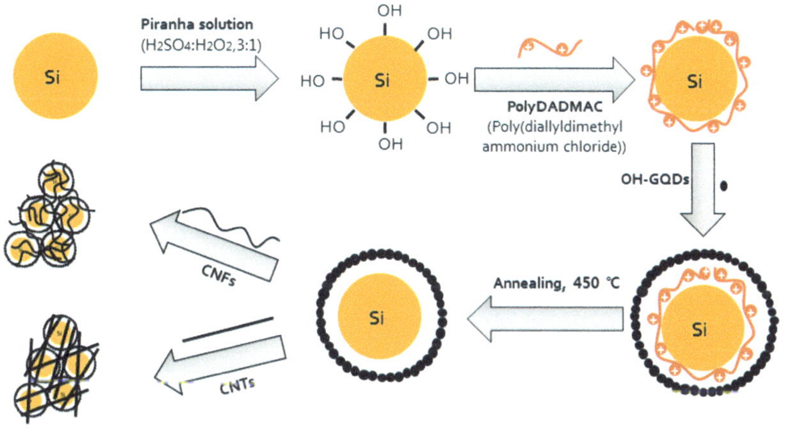

그림 14-16. GQD/SiNP/CNF 및 GQD/SiNP/CNT 복합체 합성방법의 개략도

(8) 합성한 OH-GQDs의 물리화학적 특징

그림 14-17(a-c)에는 OH-GQDs의 TEM 이미지를 나타내었다. 그림 14-17(a)에서 OH-GQDs가 검은 점 형태로 존재하고 있음을 볼 수 있다. 그림 14-17(b)와 (c)에서는 각각 합성한 OH-GQD 한 개의 지름은 약 6.51nm 정도라는 점과 0.21nm의 격자 간격을 가진다는 사실을 알 수 있다. 이를 통해 OH-GQDs가 성공적으로 합성되었다는 것을 확인할 수 있다.

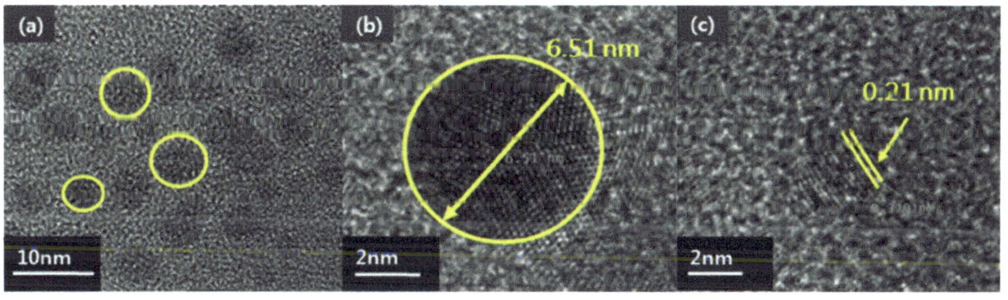

그림 14-17. 합성된 OH-GQD의 TEM 이미지

합성한 OH-GQDs를 XPS로 분석하여 그림 14-18에 나타내었다. 284.6eV에서 나타난 강한 피크는 C-C 결합에 의한 것이며, 286.5eV에서 나타난 약한 피크는 C-O 결합에 의한 것이고 [175, 176], 288.5eV에서 나타난 피크는 그래핀 양자점이 OH 기능화됨에 따라 생성된 C-OH 결합에 의하여

나타난 것이다.[177] 또한 290.8eV에서도 O-C=O 결합에 의한 약한 피크가 나타났다.

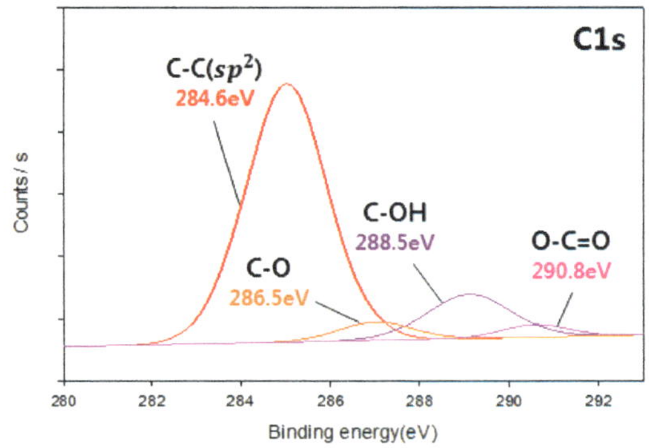

그림 14-18. 합성된 OH-GQDs의 XPS 스펙트럼

OH-GQDs의 작용기를 확인하기 위하여 FT-IR 분석을 수행하여, 그 결과를 그림 14-19에 나타내었다. 3,500-3,200cm^{-1}에서 O-H 결합에 의한 중간 세기의 피크가 나타났다. 1,800-1,750cm^{-1}에서 C=O 결합에 의한 피크가, 1,750-1,600cm^{-1}에서 C=C 결합에 의한 피크가 나타났으며, 1,500-1,250cm^{-1}까지 C-O 결합에 의한 피크가 나타났다. 995-895cm^{-1}에서 C=C 결합, 780-730cm^{-1}에서 C-H 결합에 의한 피크가 나타난 것을 알 수 있다.

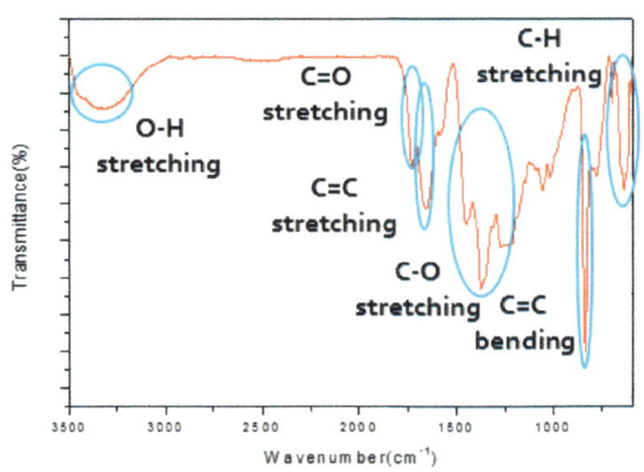

그림 14-19. 합성된 OH-GQDs의 FT-IR 스펙트럼

(9) 합성한 GQD/SiNP 복합체의 물리화학적 특징

제조한 GQD/SiNP 복합체를 어닐링(annealing) 한 후, 불필요한 과량의 PolyDADMAC가 제거되었는지를 확인하고자 어닐링 처리 전과 후에 FT-IR 분석을 수행하였으며, 그 결과를 그림 14-20에 나타내었다.

먼저 어닐링 처리 전의 GQD/SiNP 복합체를 나타내는 그림 14-20(a)에서 1,350-1,300cm^{-1}의 Si-O 결합과 어닐링 처리 후의 복합체를 나타내는 그림 14-20(b)의 1,075cm^{-1} 부근에서 나타난

Si-O-Si 결합은 실리콘 입자로 인하여 나타난 것으로 보인다. 그리고 그림 14-20(a)의 1,350cm^{-1}에서 나타난 Si-O 결합과 중첩되어 관찰하지 못한 C=C 결합과 그림 14-20(a) 및 (b)에서 공통적으로 700-600cm^{-1}의 범위에서 나타난 C=C 결합의 경우는 GQDs의 존재를 의미한다.

그러나 그림 14-20(a)의 3,500-3,200cm^{-1}과 1,800-1,600cm^{-1}에서 나타나는 N-H 결합과 1,800-1,600cm^{-1}의 C=N 결합, 850-750cm^{-1}에서 나타나는 C-Cl 결합을 나타내는 피크가 어닐링 처리 후의 GQD/SiNP 복합체를 나타내는 그림 14-20(b)에서는 사라진 것을 볼 수 있다. 이 3가지 결합은 $(C_8H_{16}NCl)_n$의 화학식을 가지는 PolyDADMAC으로 인해 나타난 것으로, 이를 통해 실리콘 입자를 양으로 하전시킨 후, 불필요한 과량의 PolyDADMAC이 열처리를 통해 사라졌음을 알 수 있다. 또한 그림 14-20(a)에서 PolyDADMAC으로 인해 나타난 피크 중 그림 14-20(a)의 990-970cm^{-1}에서 나타나는 Si-N 결합은 그림 14-20(b)의 1,075cm^{-1} 부근에 나타난 Si-O-Si 결합과 중첩되어 관찰되지 않았으나 열처리 후에도 남아있음을 알 수 있다. 또한 그림 14-20(b)의 1,350cm-1에서 C-N 결합이 관찰됨으로써 450℃ 열처리 후에는 양으로 하전된 실리콘 입자의 표면에만 최소한의 PolyDADMAC이 남아있는 상태라는 것을 알 수 있다.

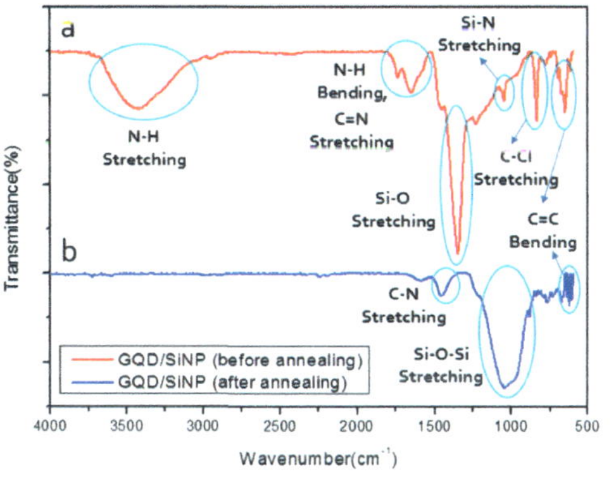

그림 14-20. GQD/SiNP 합성체의 FT-IR 스펙트럼, (a) 450℃에서 어닐링 전 및 (b) 450℃에서 어닐링 후

(10) 합성한 GQD/SiNP/CNFs 및 GQD/SiNP/CNTs 복합체의 물리화학적 특징

그림 14-21(a-d)에는 CNFs, GQD/SiNP/CNFs 복합체, CNTs, GQD/SiNP/CNTs 복합체의 SEM 이미지를 나타내었다. 그림 14-21(a) 및 (c)에 CNFs 및 CNTs의 SEM 이미지를 나타내었다. 그림 14-21(b) 및 (d)에서는 GQD/SiNP/CNFs 및 GQD/SiNP/CNTs 복합체 각각에서 CNFs 또는 CNTs가 실리콘 나노 입자들을 감싸고 있는 형태로 나타남을 알 수 있다. 이 때 그림 14-21(b)와 (d)에서 OH-GQDs는 입자의 크기가 너무 작아서 SEM 이미지로는 관찰되지 않았다.[178]

합성한 두 3성분 복합체에서의 원소 분포를 비교하기 위해 EDS 분석을 수행하였으며, 그 결과를 표 14-5에 나타내었다. 두 복합체의 분석 결과에서 공통적으로 C, O, Na, Al 및 Si이 나타났다. C, O, Si은 GQD/SiNP 2성분 복합체와 탄소나노소재에 의해 나타난 것이며, Na의 경우는 OH-GQDs 제조 과정에서 NaOH 용액을 사용하였기 때문에 나타난 것이다. 또한 Al은 각각의 복합체 합성 시 사용했던 탄소나노소재(CNFs 또는 CNTs)의 촉매 제조 과정에서 사용된 Al으로 인해 나

타난 것이다. 마지막으로 GQD/SiNP/CNFs 복합체에서 Fe이, GQD/SiNP/CNTs 복합체에서 Co가 나타났는데, 그 이유는 탄소나노섬유와 탄소나노튜브의 합성 과정에서 촉매로 Fe과 Co가 사용되었기 때문이다.

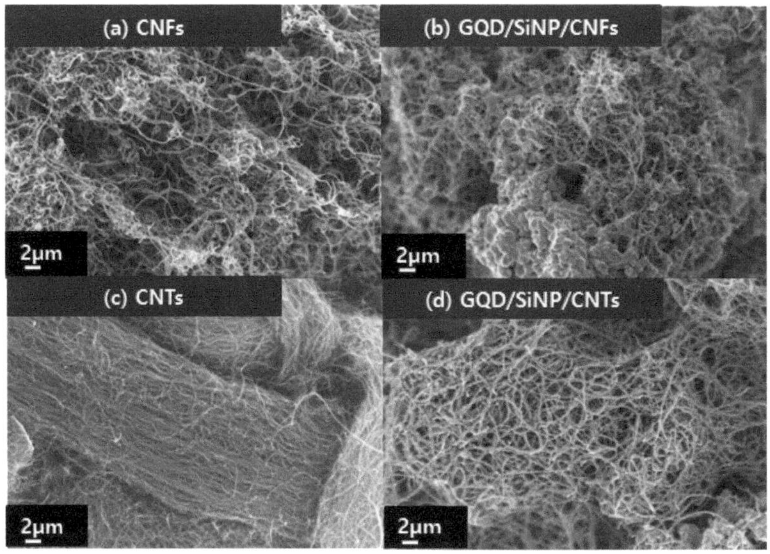

그림 14-21. SEM 이미지. (a) CNFs, (b) GQD/SiNP/CNFs 복합체, (c) CNTs, (d) GQD/SiNP/CNTs 복합체

표 14-5. GQD/SiNP/CNFs 및 GQD/SiNP/CNTs 복합체의 EDS 결과

Element	GQD/SiNP/CNFs	GQD/SiNP/CNTs
C	81.0%	81.9%
O	12.9%	11.7%
Na	1.28%	1.48%
Al	1.43%	1.00%
Si	1.60%	1.87%
Fe	1.79%	
Co		2.03%
Total	100%	100%

GQDs와 복합체의 미세 구조 관찰을 위해 TEM 분석을 수행하였으며, OH-GQDs를 포함한 GQD/SiNP/CNFs와 GQD/SiNP/CNTs 복합체의 TEM 이미지를 그림 14-22(a-f)에 나타내었다. 그림 14-22(a-c)에는 GQD/SiNP/CNFs 복합체를, 그림 14-22(d-f)에는 GQD/SiNP/CNTs 복합체를 나타내었으며, 그림에서 볼 수 있듯이 전반적으로 탄소나노소재가 실리콘 입자들을 감싸고 있는 구조를 나타내고있다. 그림 14-22(b)와 그림 14-22(c), (e)와 (f)에서는 각각의 복합체에서 실리

콘 입자 위에 OH-GQDs 입자들이 검은 점 형태로 존재하고 있다. 이로써 탄소나노소재가 실리콘 입자를 감싸고 있고, 그 실리콘 입자 표면에 OH-GQDs가 존재하는 형태로 두 물질 사이의 가교 역할을 하고 있음을 알 수 있다.

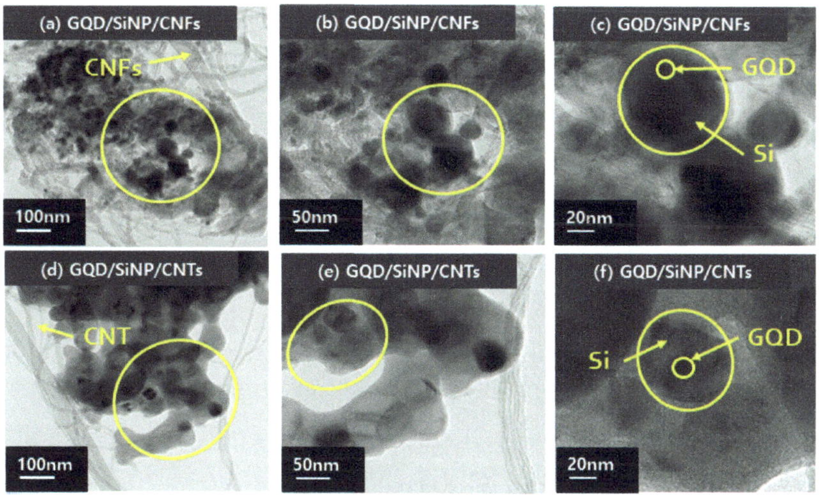

그림 14-22. TEM 이미지. (a-c) GQD/SiNP/CNFs 및 (d-f) GQD/SiNP/CNTs 복합체

합성한 그래핀 양자점/실리콘/탄소나노소재 복합체(GQD/SiNP/CNFs, GQD/SiNP/CNTs)와 CNFs, CNTs, OH-GQDs, 그리고 실리콘 입자의 XRD 패턴을 그림 14-23(a-f)에 나타내었다.

GQD/SiNP/CNFs 및 GQD/SiNP/CNTs 복합체의 경우, 2θ = 27°와 44°에서 공통적으로 나타난 피크는 탄소나노소재(CNTs 또는 CNFs)에 의한 탄소 피크이다.[179] GQD/SiNP/CNFs와 GQD/SiNP/CNTs 복합체의 XRD 회절도에서 32°와 38°에서 나타난 작은 피크는 OH-GQDs의 피크이며, 두 복합체의 28.4°와 56.1°에서 나타난 피크는 실리콘의 피크이다.[180-182] 이로써 두 복합체 GQD/SiNP/CNFs 및 GQD/SiNP/CNTs가 그래핀 양자점, 실리콘, 탄소나노소재, 이렇게 3가지 소재를 구성 요소로 하여 합성되었음을 알 수 있다.

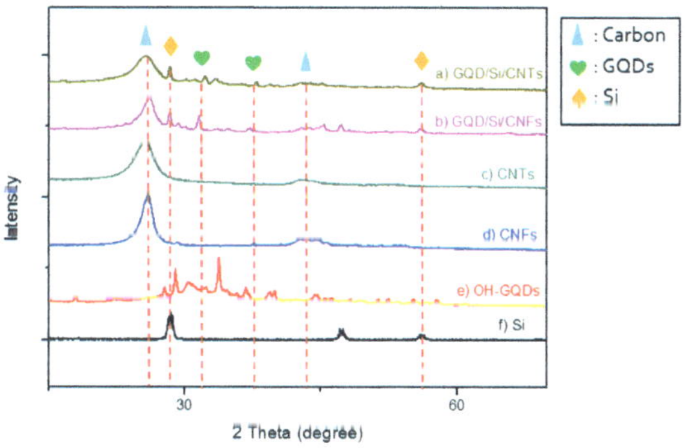

그림 14-23. XRD 패턴(a) GQD/SiNP/CNTs, (b) GQD/SiNP/CNFs, (c) CNTs, (d) CNFs, (e) OH-GQDs, (f) Si 나노 입자

합성한 GQD/SiNP/CNFs 및 GQD/SiNP/CNTs 복합체를 XPS로 분석하여 그림 14-24에 나타

내었다. 그림 14-24(a)와 (d)는 복합체 각각의 survey spectrum으로서, 1,070eV, 533eV, 399eV, 286eV 및 103eV의 피크는 각각 Na1s, O1s, N1s, C1s 및 Si2p의 피크를 나타낸다. 여기서 C, O, Si는 GQDs와 탄소나노소재 및 실리콘에 의해 나타난 것이며, Na은 OH-GQDs 제조 과정에서 NaOH 용액을 사용했기 때문에, N은 실리콘 표면에 필요한 최소량의 PolyDADMAC으로 인하여 나타난 것으로 보인다.

그림 14-24(b), (e)에서 합성된 두 3성분 복합체에서 C1s 피크의 hyperfine spectrum을 보면, 먼저 그림 14-24(b)의 284.6eV와 (e)의 284.8eV에서 나타난 피크는 혼성 함수 sp^2에 해당하는 C-C 결합으로 인한 것이다.[175, 176] 또한 그림 14-24(b)의 286.3eV와 (e)의 286.9eV에서는 C-O 결합에 의한 피크가 나타났으며, 그림 14-24(b)의 290.0eV와 (e)의 289.5eV에서 관찰되는 피크는 O-C=O 결합에 의한 것임을 알 수 있다. 그에 비하여 그림 14-24(b)의 285.8eV에서 관찰되는 sp^3 혼성 결합에 해당하는 C-C 결합의 피크가 그림 14-24(e)에서는 관찰되지 않았고, 그림 14-24(e)의 291.5eV에서 관찰되는 π-π 결합이 그림 14-24(b)에서는 관찰되지 않았다. 이는 내부의 결합구조는 sp^3에 해당하나 겉은 sp^2의 C-C 결합으로 이루어진 탄소나노섬유와 달리 탄소나노튜브의 경우, 혼성 함수 sp^2에 해당하는 C-C 결합이 주를 이루고 있으므로 같은 sp^2 C-C 결합 간에 전자의 비편재화가 일어났기 때문이다.[183] 그림 14-24(c)와 (f)의 103.0eV와 그림 14-24(e)의 104.0eV에서는 공통적으로 Si-O 결합이 관찰되었는데, 이는 나노 크기 실리콘 분말이 소재를 제조하는 동안 특정 온도에서 공기에 의하여 산화되었기 때문이다.

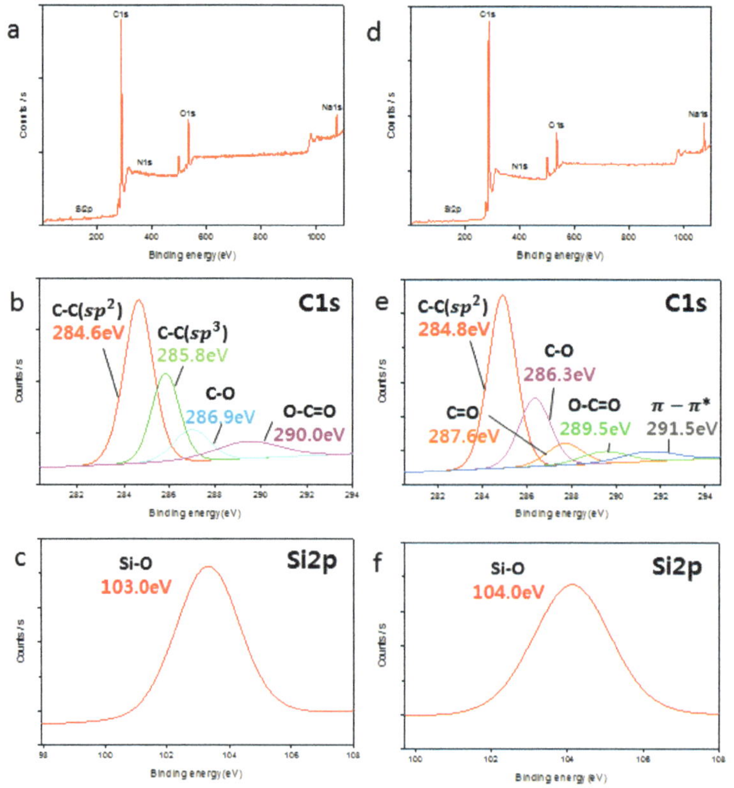

그림 14-24. XPS 스펙트럼 (a-c) GQD/SiNP/CNFs, (d-f) GQD/SiNP/CNTs 복합체 (a), (d) survey spectra, (b), (e) C1s hyperfine spectra, (c), (f) Si2p hyperfine spectra

그림 14-25는 라만 분광법으로 두 3성분 복합체를 분석한 결과이다. 먼저 라만 분광법에서 D band는 탄소 소재의 구조적 결함을 나타내는 것으로, 주로 sp^3 결합을 가리킨다. 그에 반해 G band는 흑연 구조를 나타내는 것으로 sp^2 결합을 가리킨다. 그리고 ID/IG, G band에 대한 D band의 강도 비는 탄소 소재의 흑연화도 및 그래핀계 소재의 결함 밀도를 평가하기 위한 파라미터이다.[184, 185] GQD/SiNP/CNTs 복합체의 경우 1,356.75cm^{-1}와 1,582.52cm^{-1}에서 각각 D band와 G band가 나타났으며, 이는 탄소 소재의 특징적인 피크로,[185, 186] ID/IG는 1.03이다. GQD/SiNP/CNFs 복합체의 경우 역시 D band와 G band가 각각 1,352.43cm^{-1}과 1,585.87cm^{-1}에서 나타남으로써 탄소 소재의 특징적 피크를 보였으며, ID/IG는 1.14의 값을 나타낸다. 이를 통하여 ID/IG 값이 더 낮은 GQD/SiNP/CNTs 복합체가 GQD/SiNP/CNFs 복합체보다 구조적 결함이 더 적고 결정성이 좋으며, 탄소나노섬유를 이용하여 합성한 복합체의 D band가 더 높은 수치를 나타내는 이유는 탄소나노섬유의 구조적인 특징으로 탄소나노튜브에 비하여 sp^3 결합을 더 많이 가지고 있기 때문이다.

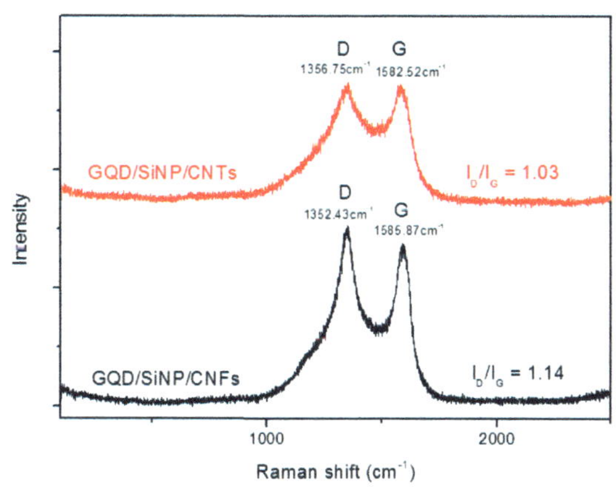

그림 14-25. GQD/SiNP/CNFs 및 GQD/SiNP/CNTs 복합체의 Raman 스펙트럼

참고문헌

1. 과학나눔연구회. 다양한 형태와 천의 얼굴을 가진 탄소재료 탄소섬유; 일진사 도서 출판사, 2010.
2. 원종옥, 원영무. 나노기술을 위한 화학·재료입문; 자유아카데미, 2009.
3. 서갑양. 나노기술의 이해; 서울대학교 출판문화원, 2011.
4. 중소기업청, 2013 중소기업 기술로드맵, 첨단융합, 나노융합, 2013.
5. Inagaki, M.; Yang, Y.; Kang, F. Carbon nanofibers prepared via electrospinning. Adv. Mater. 2012, 24, 2547.
6. Zhang, L.; Aboagye, A.; Kelkar, A.; Lai, C.; Fong, H. A review: Carbon nanofibers from electrospun polyacrylonitrile and their applications. J. Mater. Sci. 2014, 49, 463.
7. Qin, X. H.; Wan, Y. Q.; He, J. H.; Zhang, J.; Yu, J. Y.; Wang, S. Y. Polymer 2004, 45, 6409.
8. Kalayci,V.E.; Patra, P. K.; Kim, Y. K.; Ugbolue, S. C.; Warner, S. B. Polymer 2005, 46, 7191.
9. Zhang, L.; Hsieh, Y. L. Nanotechnology 2006, 17, 4416.
10. Kirecci, A.; Ozkoc, U.; Icoglu, H. I. J. Appl. Polym. Sci. 2012, 124, 4961.
11. Yarin, A. L.; Koombhongse, S.; Reneker, D. H.; J. Appl. Phys. 2001, 90, 4836.
12. Shin, Y. M.; Hohman, M. M.; Brenner, M. P.; Rutledge, G. C. Polymer 2001, 42, 9955.
13. Reneker, D. H.; Yarin, A. L.; Fong, H.; Koombhongse, S. J. Appl. Phys. 2000, 87, 4531.
14. Shin, Y.; Hohman, M.; Brenner, M.; Rutledge, G. Appl. Phys. Lett. 2001, 78, 1149.
15. Hohman, M. M.; Shin, M.; Rutledge, G.; Brenner, M. P. Phys. Fluids. 2001, 13, 2201.
16. Zussman. E.; Rittel, D.; Yarin, A. L. Appl. Phys. Lett. 2003, 82, 3958.
17. Zhang, H.; Nie, H.; Yu, D.; Wu, C.; Zhang, Y.; White, C. J. B.; Zhu, L. Desalination 2010, 256, 141.
18. Zhang, L.; Luo, J.; Menkhaus, T. J.;Varadaraju, H.; Sun, Y.; Fong, H. J. Membr. Sci. 2011, 369, 499.
19. Guo, Z.; Shao, C., Mu, J., Zhang, M.; Zhang, Z.; Zhang, P.; Chen, B.; Liu, Y. Catal. Commun. 2011, 12, 880.
20. Li, Y.; Quan, J.; Branford-White, C.; Williams, G. R.; Wu, J. X.; Zhu , L. M. J. Mol. Catal. B: Enzym. 2012, 76, 15.
21. Wang, Y.; Serrano, S.; Santiago-Aviles, J. J. Synth. Met. 2003, 138, 423.
22. Ko, F.; Gogotsi, Y.; Ali, A.; Naguib, N.; Ye, H.; Yang, G.; Li, C.; Willis, P. Adv. Mater. 2003, 15, 1161.

23. Hou, H.; Ge, J. J.; Zeng, J.; Li, Q.; Reneker, D. H.; Greiner, A.; Cheng, S. Z. D. Chem. Mater. 2005, 17, 967.
24. Zussman, E.; Chen, X.; Ding, W.; Calabri, L.; Dikin, D. A.; Quintana, J. P.; Ruoff, R. S. Carbon 2005, 43, 2175.
25. Kim, C.; Yang, K. S.; Kojima, M.; Yoshida, K.; Kim, Y. J.; Kim, Y. A.; Endo, M. Adv. Funct. Mater. 2006, 16, 2393.
26. Wu, M.; Wang, Q.; Li, K.; Wu, Y.; Liu, H. Polym. Degrad. Stab.2012, 97, 1511.
27. Zhang, L.; Hsieh, Y. L. Eur. Polym. J. 2009, 45, 47.
28. Beecroft, L. L.; Ober, C. Chem. Mater. 1997, 9, 1302.
29. "Hybrid Organic-Inorganic Composites"(J. E. Mark, C. Y.-C. Lee, and P. A. Bianconi, Eds.), ACS Symposium Series 585. Am. Chem. Soc., Washington DC, 1995.
30. Loy, A. Mater. Bull. 2001, 26, 364.
31. Pomogailo, D. Russian Chem. Rev. 2000, 69, 53.
32. Rostein, H.; Tannenbaum, R. Polymer metal nanocluster composites, in "Synthesis, Functionalization and Surface Treatment of Nanoparticles"(M.-I. Baraton, Ed.), American Scientific Publishers, Los Angeles, 2003.
33. Mordkovich,V. Z. Theor. Found. Chem. Eng. 2003, 37, 429.
34. Tibbetts, G. G.; Lake, M. L.; Strong, K. L.; Rice, B. P. Compos. Sci. Technol. 2007, 67, 1709.
35. Kim, Y. A.; Hayashi, T.; Fukai, Y.; Endo. M.; Yanagisawa, T.; Dresselhaus, M. S. Chem. Phys. Lett. 2002, 355, 279.
36. VanHattum, F. W. J.; Serp, P.; Figueiredo, J. L.; Bernardo, C. A.; Carbon 1997, 35, 860.
37. Al-Saleh, M. H.; Sundararaj, U. Carbon 2009, 47, 2.
38. Dresselhaus, M. S.; Dresselhaus, G.; Eklund, P. C.; Saito, R.; Endo, In Carbon Nanotubes: Preparation and Properties, edited by T. Ebbesen, CRC Press, Inc., Boca Raton, Florida, USA, 1997.
39. Zhang, H.; Xu, J.; Nie, L. IOP Conf. Ser.: Earth Environ. Sci. 2020, 474,1.
40. Dresselhaus, M. S.; Dresselhaus, G.; Eklund, P. C. Science of Fullerenes and Carbon Nanotubes, Academic Press, San Diego, CA, 1996.
41. Lake, M. L.; Ting, J.-M.; Burchell, T. D. Ed.; Pergamon: Netherlands, 1999.
42. Issi, J. P.; Yardim, M. F. Ed.; Kluwer Academic Publishers: Netherlands, 2001.
43. Wakihara, M. Mater. Sci. Eng. R-Rep. 2001, 33, 109.
44. Yamauchi, Y.; Hino, T.; Ohzeki, K.; Kubota, Y.; Deyama, S. Carbon 2005, 43(6), 1334.
45. Ding, N.; Xu, J.; Yao, Y.; Wegner, G.; Lieberwirth, I.; Chen, C. J. Power Sources 2009, 192, 644.
46. Guo, Z.; Zhou, D.; Liu, H.; Dong, X.; Yuan, S.; Yu, A.; Wang, Y.; Xia, Y. J. Power Sources 2015, 276, 181.
47. Toebes, M. L.; van der Lee, Martijn K; Tang, L. M.; Huis in'tVeld, M. H., Bitter, J. H.; van Dillen, A. J.; de Jong, K. P. Phys. Chem. B 2004, 108, 11611.
48. Yang, K. S.; Kim, B. H.; Lee, Y. J. Polymer Science and Technology 2010, 21(2), 179.
49. Han S. M.; Park, S. M. RIST Research paper 2004, 18, 124.

50. Chae, H. G.; Lee, S. H.; Gu, B. C.; Park, M.; Kim, J. Y. Polymer Science and Technology 2010, 21(2), 157.
51. Lee, S. W.; Mees, K.; Park, H. S.; Willert-Porada, M.; Lee, C. S. Advanced Materials Research 2013, 750, 280.
52. Zhang, F.; Wang, K. X.; Li, G. D.; Chen, J. S. Electrochem. Commun. 2009, 11, 130.
53. An, G. H.; Lee, T. K.; Ahn, H. J. J. Korean Powder Metall. Inst. 2015, 22(5), 367.
54. Berman, D.; Erdemir, A.; Sumant, A.V. Materials Today 2014, 17(1), 31.
55. Berman, D.; Erdemir, A.; Sumant, A.V. Carbon 2013, 59, 167.
56. 김청균. 트라이볼로지; 형설출판사: 서울, 2006.
57. 최웅수. 윤활제 및 첨가제의 응용; 유체기계저널 9(5), 2006.
58. Kim, T. Y.; Park, H. S.; Willert-Porada, M.; Lee, C. S. J. Nanosci. Nanotechnol. 2013, 13(11), 7337.
59. Hyun, Y.; Kim, H. S.; Lee, C. S. Bull. Korean Chem. Soc. 2012, 33(10), 3177.
60. Lee, S. W.; Lee, C. S. J. Nanosci. Nanotechnol. 2015, 15(9), 7317.
61. Jang, K. H.; Lee, S. H.; Han, S. J.; Yoon, S. H.; Lee, C. S. J. Nanosci. Nanotechnol. 2016, 16(10), 10767.
62. Jang, K. H.; Hyun, Y.; Park, Y. H.; Lee, C. S. J. Nanosci. Nanotechnol. 2017, 17(11), 8500.
63. Park, T. H.; Yeo, J. S.; Seo, M. H.; Miyawaki, J.; Mochida, I.; Yoon, S. H. Journal of novel carbon resource sciences 2012, 6, 24.
64. Li, Z.; Shi, T. J.; Guo, L. Y.; J. Serb. Chem. Soc. 2010, 75, 385.
65. Kasavajjula, U.; Wang, C.; Appleby, A. J. J. Power Sources 2007, 163, 1003.
66. Nam, K. M.; Mees, K., Park, H. S.; Willert-Porada, M.; Lee, C. S. Bull. Korean Chem. Soc. 2014, 35(8), 2431.
67. Nam, K. M.; Park, H. K.; Lee, C. S. J. Nanosci. Nanotechnol. 2015, 5(11), 8989.
68. Cheng, J.; Zou, X.; Zhang, H.; Li, F.; Ren, P.; Zhu, Guang.; Su, Y.; Wang, M.; Nanoscale Res Lett 2008, 3, 295.
69. Zhang, Q, Coi, Z. Mater. Lett. 2009, 63, 850.
70. Nocun, M.; Cholewa-Kowalska, K.; Łaczka, M.; J. Mol. Struct. 2009, 938, 24.
71. Yan, N.; Wang, F.; Zhong, H.; Li,Y.; Wang, Y.; Hu, L.; Chen, Q. Scie. Rep. 2013, 3, 1563.
72. Du, Y.; Hou, M.; Zhou, D.; Wang, Y.; Wang, C.; Xia, Y. J. Energy Chem. 2014, 23, 315.
73. Hyun, Y.; Park, E. S.; Mees, K.; Park, H. S.; Willert-Porada, M. Lee, C. S. J. Nanosci. Nanotechnol. 2015, 15(9), 7293.
74. Hyun, Y.; Park, H. K.; Park, H. S.; Lee, C. S. J. Nanosci. Nanotechnol. 2015, 15(11), 8951.
75. Park, E. S.; Kim, J. W.; Lee, C. S. Bull. Korean Chem. Soc. 2014, 35(6), 1687.
76. Park, E. S.; Park, H. K.; Park, H. S.; Lee, C. S. J. Nanosci. Nanotechnol. 2015, 15(11), 8961.
77. Park, E. S.; Choi, J. H.; Lee, C. S. Bull. Korean Chem. Soc. 2015, 36(5), 1366.
78. Kim, M. S.; Park, E. S.; Hyun, Y.; Park, H. K.; Lee, C. S. J. Nanosci. Nanotechnol. 2017, 17(5), 2970.
79. Jang, E. Y.; Park, H. K.; Choi, J. H.; Lee, C. S. Bull. Korean Chem. Soc. 2015, 36(5), 1452.
80. Jang, E. Y.; Park, H. K.; Lee, C. S. J. Nanosci. Nanotechnol. 2016, 16(5), 4792.

81. Kim, S. J.; Hyun, Y.; Lee, C. S. Journal of The Korean Chemical Society, 2016, 60(3), 299.
82. Hyun, Y.; Choi, J. Y.; Bae, J. Y.; Park, H. K.; Lee, C. S. Materials Research Bulletin, 2016, 82, 92 .
83. Hyun, Y.; Choi, J. Y.; Park, H. K.; Lee, C. S. Applied Surface Science, 2016, 388, 274.
84. Choi, J. Y.; Hyun, Y.; Park, H. K.; Lee, C. S. Jounal of Industrial and Engineering Chemistry, 2018, 68, 161.
85. Hwang, E. J.; Hyun, Y.; Lee, C. S. J. Nanosci. Nanotechnol. 2020, 20(3), 1622.
86. Lee, S. H.; Kim, Y. J.; Nam, Y. S.; Park, S. H.; Lee, H. C.; Hyun, Y.; Lee, C. S. J. Nanosci. Nanotechnol. 2018, 18(7), 5026.
87. Cao, H.; Zhou, X.; Zheng, C.; Liu, Z. Carbon 2015, 89, 41.
88. Chang, J.; Huang, X.; Zhou, G.; Cui, S.; Hallac, P. B.; Jiang, J.; Hurley, P. T.; Chen, J. Adv. Mater. 2014, 26, 758.
89. Zhou, M.; Cai, T.; Pu, F.; Chen, H.; Wang, Z.; Zhang, H.; Guan, S. ACS Appl. Mater. Interfaces 2013, 5, 3449.
90. Lee, J. W.; Hall, A. S.; Kim, J.; Mallouk, T. E. Chem. Mater. 2012, 24, 1158.
91. Kim, H.; Kim, S.; Hong, J.; Park, Y.; Kang, K. J. Mater. Res. 2011, 26, 2665.
92. He, D.; Shen, L.; Zhang, X.; Wang, Y.; Bao, N.; Kung, H. H. AIChE J. 2014, 60, 2757.
93. Xin, X.; Zhou, X.; Wang, F.; Yao, X.; Xu, X.; Zhu, Y.; Liu, Z. J. Mater. Chem. 2012, 22, 7724.
94. 총여엽, 바인더 프리 리튬 이차전지용 음극소재로서의 나노-실리콘/탄소나노섬유/그래핀 복합 필름의 합성 및 전기화학적 특성, 석사학위논문, 2020.
95. Higgins, T. M.; Park, S. H.; King, P. J.; Zhang, C.; McEvoy, N.; Berner, N. C.; Daly, D.; Shmeliov, A.; Khan, U.; Duesberg, G.; Nicolosi,V.; Coleman, J. N. ACS Nano. 2016, 10(3), 3702.
96. Park, S. H.; Kim, H. K.; Ahn, D. J.; Lee, S. I.; Roh, K. C.; Kim, K. B. Electrochem. Commun. 2013, 34, 117.
97. Wang, D.; Gao, M.; Pan, H.; Wang, J.; Liu, Y. J. Power Sources. 2014, 256, 190.
98. Fang, M.; Wang, Z.; Chen, X.; Guan, S. Applied Surface Science. 2018, 436, 345.
99. Yoo, E.; Kim, J.; Hosono, E.; Zhou, H.; Kudo, T.; Honma, I. Nano Lett. 2008, 8, 2277.
100. Yue, H.; Li, F.; Yang, Z.; Li, X.; Lin, S.; He, D. J. Mater. Chem. A 2014, 2, 17352.
101. Park, M. H.; Kim, M. G.; Joo, J.; Kim, K.; Kim, J.; Ahn, S.; Cui, Y.; Cho, J. Nano Lett. 2009, 9, 3844.
102. Zhu, S.; Zhu, C.; Ma, J.; Meng, Q.; Guo, Z.; Yu, Z.; Lu, T.; Li, Y.; Zhang, D.; Lau, W. M. RSC Advance 2013, 3, 6141.
103. Baddour-Hadjean, R.; Pereira-Ramos, J. P. Chem. Rev. 2010, 110, 1278.
104. Sun, Z.; Wang, X.; Ying, H.; Wang, G.; Han, W. ACS Appl. Mater. Interfaces 2016, 8, 15279-15287.
105. Wang, X.; Li, G.; Hassan, F. M.; Li, M.; Feng, K.; Xiao, X.; Chen, Z. J.Mater. Chem. A. 2015, 3, 3962.
106. Feng, K.; Ahn, W.; Lui, G.; Parka, H. W.; Kashkooli, A. G.; Jiang, G.; Wang, X.; Xiao, X.; Chen, Z. Nano Energ 2016, 19, 187.
107. Liu, H.; Shen, Z.; Liang, S.; Liu, L.; Yi, M.; Zhang, X.; Ma, S. New J. Chem. 2016, 40, 7053.
108. Zhou, M.; Pu, F.; Wang, Z.; Guan, S. Carbon 2014, 68, 185.

109. Yue, H.; Li, Q.; Liu, D.; Hou, X.; Bai, S.; Lin, S.; He, D. J. Alloys Comps. 2018, 744, 243.
110. Jamal, H.; Kang, B. S.; Lee, H. C.; Yu, J. S.; Lee, C. S. Journal of Industrial Engineering Chemistry, 2018, 64, 151.
111. Zakharova, G.; Jahne, C.; Popa, A.; Täschner, C.; Gemming, T.; Leonhardt, A.; Buchner, B.; Klingeler, R. J. Phys. Chem. C 2012, 116, 8714.
112. Mao, Y.; Wong, S. S. J. Am. Chem. Soc. 2006, 128, 8217.
113. Xiu, Z.; Hao, X.; Wu, Y.; Lu, Q.; Liu, S. J. Power Sources 2015, 287, 334.
114. Wang, G.; Shen, X.; Yao, J.; Park, J. Carbon 2009, 47, 2049.
115. Wu, Z.; Ren, W.; Wen, L.; Gao, L.; Zhao, J.; Chen, Z.; Zhou, G.; Li, F.; Cheng, H. ACS nano 2010, 4, 3187.
116. Thirugunanam, L.; Kaveri, S.; Etacheri,V.; Ramaprabhu, S.; Dutta, M.; Pol,V. G. Materials Characterization 2017, 131, 64.
117. Guo, H.; Wang, X.; Qian, Q.; Wang, F.; Xia, X. ACS nano 2009, 3, 2653.
118. Dong, L.; Li, M.; Zhao, M.; Feng, J.; Han, Y.; Deng, J.; Li, X.; Li, D.; Sun, X. Int. J. Hydrog. Energy 2014, 39, 16116.
119. Pan, X.; Zhao, Y.; Liu, S.; Korzeniewski, C. L.; Wang, S.; Fan, Z. ACS Appl. Mater. Interfaces 2012, 4, 3944.
120. Ohsaka, T.; Izumi, F.; Fujiki, Y. J. Raman Spectrosc. 1978, 7, 321.
121. Liu, H.; Li, W.; Shen, D.; Zhao, D.; Wang, G. J. Am. Chem. Soc. 2015, 137, 13161.
122. Tong, X.; Zeng, M.; Li, J.; Li, F. Appl. Surf. Sci. 2017, 392, 897.
123. Razzaq, A.; Grimes, C. A.; In, S. Carbon 2016, 98, 537.
124. Sambandam, B.; Soundharrajan,V.; Song, J.; Kim, S.; Jo, J.; Pham, D. T.; Kim, S.; Mathew,V.; Kim, K. H.; Sun, Y. J. Electroanal. Chem. 2018, 810, 34.
125. Sim, L. C.; Leong, K. H.; Ibrahim, S.; Saravanan, P. J.Mater. Chem. A. 2014, 2, 5315.
126. Lu, T.; Zhang, R.; Hu, C.; Chen, F.; Duo, S.; Hu, Q. Phys. Chem. Chem. Phys. 2013, 15, 12963.
127. Sreekantan, S.; Saharudin, K. A.; Lockman, Z.; Tzu, T. W. Nanotechnology 2010, 21(36), 365603.
128. Razzaq, A.; Sinhamahapatra, A.; Kang, T.; Grimes, C. A.; Yu, J.; In, S. Appl. Catal. B Environ. 2017, 215, 28.
129. Han, M.; Chen, G. Appl. Surf. Sci. 2016, 388, 401.
130. Wang, P.; Tang, Y.; Dong, Z.; Chen, Z.; Lim, T. J. Mater. Chem. A. 2013, 1, 4718.
131. Luan, X.; Chen, L.; Zhang, J.; Qu, G.; Flake, J. C.; Wang, Y. Electrochim. Acta 2013, 111, 216.
132. Wen, Y.; Ding, H.; Shan, Y. Nanoscale 2011, 3, 4411.
133. Akhavan, O.; Abdolahad, M.; Abdi, Y.; Mohajerzadeh, S. Carbon 2009, 47, 3280.
134. Cheng, X.; Liu, H.; Chen, Q.; Li, J.; Wang, P. Carbon 2014, 66, 450.
135. Yan, X.; Li, Y.; Du, F.; Zhu, K.; Zhang, Y.; Su, A.; Chen, G.; Wei, Y. Nanoscale 2014, 6, 4108.
136. Zheng, P.; Liu, T.; Su, Y.; Zhang, L.; Guo, S. Scientific reports 2016, 6(36580), 1.
137. Liu, Y.; Ding, T.; Shen, D.; Dou, J.; Wei, M. J. Electroanal. Chem. 2017, 804, 87.
138. Yeo, Y.; Jung, J.; Park, K.; Kim, I. Scientific reports 2015, 5(13862), 1.
139. Shenouda, A. Y.; Liu, H. K. J. Power Sources 2008, 185, 1386.

140. Fey, G. T.; Lu, C.; Kumar, T. P. J. Power Sources 2003, 115, 332.
141. Zhou, W.; Zhu, J.; Cheng, C.; Liu, J.; Yang, H.; Cong, C.; Guan, C.; Jia, X.; Fan, H. J.; Yan, Q. Energy Environ. Sci. 2011, 4, 4954.
142. Cao, H.; Li, B.; Zhang, J.; Lian, F.; Kong, X.; Qu, M. J. Mater. Chem. 2012, 22, 9759.
143. Liu, H.; Bi, S.; Wen, G.; Teng, X.; Gao, P.; Ni, Z.; Zhu, Y.; Zhang, F. J. Alloy. Compd. 2012, 543, 99.
144. Choe, J. Y.; Kim, Y. J.; Lee, C. S. Appl. Chem. Eng. 2018, 29(5), 553.
145. Mungse, H. P.; Kumar, N.; Khatri, O. P. RSC Adv. 2015, 5(32), 25565.
146. Arunvisut, S.; Phummanee, S.; Somwangthanaroj, A. J. Appl. Polym. Sci. 2007, 106(4), 2210.
147. Daud, N. A.; Chieng, B. W.; Ibrahim, N. A.; Talib, Z. A. Journal of Engineering Science 2017, 13, 1.
148. Jang, J.; Pham,V. H.; Hur, S. H.; Chung, J. S. J. Colloid Interface Sci. 2014, 424, 62.
149. Ryu, S. H.; Shanmugharaj, A. M. Chem. Eng. J. 2014, 244, 552.
150. Sun, W.; Hu, R.; Zhang, M.; Liu, J.; Zhu, M. J. Power Sources 2016, 318, 113.
151. Ferrari, A. C.; Robertson, J. Phys. Rev. B 2000, 61(20), 14095.
152. Luo, J.; Jang, H. D.; Sun, T.; Xiao, L.; He, Z.; Katsoulidis, A. P.; Huang, J. ACS nano 2011, 5(11), 8943.
153. Dou, X.; Koltonow, A. R.; He, X.; Jang, H. D.; Wang, Q.; Chung, Y. W.; Huang, J. Proc. Natl. Acad. Sci. U.S.A. 2016, 113(6), 1528.
154. 한종석, 윤활유 첨가제로써 알킬 기능화 산화 그래핀의 합성/분산 및 트라이볼로지적 특성과 나노 플러렌 이황화텅스텐과의 시너지 효과, 석사학위논문, 2020.
155. Xiong, Y.; Liu, Q.; Wang, H.; Yang, Y. J. Colloid Interface Sci. 2008, 318(2), 496.
156. Mudunkotuwa, I. A.; Minshid, A. A.; Grassian,V. H. Analyst 2014, 139(5), 870.
157.Verma, S.; Dutta, R. K., RSC Advances 2015, 5(94), 77192.
158. Lai, L.; Chen, L.; Zhan, D.; Sun, L.; Liu, J.; Lim, S. H.; Poh, C. K.; Shen, Z.; Lin, J. Carbon 2011, 49(10), 3250.
159. Bartlam, C.; Morsch, S.; Heard, K. W. J.; Quayle, P.; Yeates, S. G.;Vijay araghavan, A. Carbon 2018, 139, 317.
160. Navaee, A.; Salimi, A. RSC Advances 2015, 5(74), 59874.
161. Shang, H.; Lu, Y.; Zhao, F.; Chao, C.; Zhang, B.; Zhang, H. RSC Advances 2015, 5(92), 75728.
162. Li, W.; Tang, X. Z.; Zhang, H. B., Jiang, Z. G.; Yu, Z. Z.; Du, X. S.; Mai, Y. W. Carbon 2011, 49(14), 4724.
163. 최형윤, 환원된 산화 그래핀 및 $MnFe_2O_4$ 나노 입자가 카보닐 철 기반 자기유변유체에 미치는 효과, 석사학위논문, 2021.
164. Aruna, M.; Rahman, M.; Joladarashi, S.; Kumara, H. IOP Conf. Ser.: Mater. Sci. Eng. 2019, 577, 012049.
165. Kotutha, I.; Swatsitang, E.; Meewassana, W.; Maensiri, S. Jpn. J. Appl. Phys. 2015, 54, 06FH10.
166. Wang, Y.; Wu, X.; Zhang, W.; Huang, S. Mater. Technol. 2017, 32, 32.
167. Zhang, Z.; Chen, X.; Wang, Z.; Heng, L.; Wang, S.; Tang, Z.; Zou, Y. Opt. Mater. Express 2018,

8, 3319.
168. 노은희, 리튬 이온전지 음극재용 나노-실리콘/탄소나노튜브/그래핀 복합 필름의 합성, 물성 및 전기화학적 특성, 석사학위논문, 2021.
169. Han, X.; Zhao, D.; Meng, W.; Yang, H.; Zhao, M.; Duan, Y.; Tian, X. Appl. Surf. Sci. 2019, 484, 11.
170. Kang, Y.; Deng, C.; Chen, Y.; Liu, X.; Liang, Z.; Li, T.; Hu, Q.; Zhao, Y. Nanoscale Res. Lett. 2020, 15, 1.
171. Xiao, L.; Sehlleier, Y. H.; Dobrowolny, S.; Orthner, H.; Mahlendorf, F.; Heinzel, A.; Schulz, C.; Wiggers, H. ChemElectroChem 2015, 2, 1983.
172. Li, P.; Zhao, G.; Zheng, X.; Xu, X.; Yao, C.; Sun, W.; Dou, S. X. Energy Stor. Mater. 2018, 15, 422.
173. Al Hassan, M.; Sen, A.; Zaman, T.; Mostari, M. Mater. Today Chem. 2019, 11, 225.
174. 권세라, 그래핀 양자점/실리콘/탄소나노소재 복합체의 합성 및 물성, 석사학위논문, 2021.
175. Sun, Z.; Wang, X.; Ying, H.; Wang, G. & Han, W.-Q. ACS Appl. Mater. Interfaces 2016, 8, 15279.
176. Wang, X.; Li, G.; Hassan, F. M.; Li, M.; Feng, K.; Xiao, X. & Chen, Z. J. Mater. Chem. A. 2015, 3, 3962.
177. Ruiyi, L.; Yuanyuan, J.; Xiaoyan, Z.; Zaijun, L.; Zhiguo, G.; Guangli, W. & Junkang, L. Electrochim. Acta 2015, 178, 303.
178. Alqaheem, Y. & Alomair, A. A. Membranes 2020, 10(2), 33.
179. Salam, M. A. & Burk, R. Arab. J. Chem. 2017, 10, Supplement 1, 921.
180. Wu, N.-L.; Liu, Z.; Zhang, W.; Wei, M. & Xu, T. Chem. Comm. 2018, 54, 1413.
181. Hashemzadeh, N.; Hasanzadeh, M.; Shadjou, N.; Eivazi-Ziaei, J.; Khoubnasabjafari, M. & Jouyban, A. J. Pharm. Anal. 2016, 6, 235.
182. Zhou, X.; Yin, Y. X.; Wan, L. J. & Guo, Y. G. Adv. Energy Mater. 2012, 2, 1086.
183. Yang, D.-Q.; Hennequin, B.; Sacher, E. Chem. Mater. 2006, 18, 5033.
184. Yoo, E.; Kim, J.; Hosono, E.; Zhou, H.; Kudo, T.; Honma, I. Nano Lett. 2008, 8, 2277.
185. Yue, H.; Li, F.; Yang, Z.; Li, X.; Lin, S.; He, D. J. Mater. Chem. A. 2014, 2, 17352.
186. Fang, M.; Wang, Z.; Chen, X.; Guan, S. Appl. Surf. Sci. 2018, 436, 345.

색인

저자 소개

이창섭

1979. 2. 경북대학교 자연대 화학과 이학사
1981. 2. 경북대학교 대학원 화학과 이학석사
1983. 9. ~ 1985.12 육군제3사관학교 교수부 화학과 전임강사
1991. 6. Oregon State University Ph.D.(표면화학)
1991. 9. ~ 1993. 6. 계명대학교 공업화학과 조교수
1993. 7. ~ 현재 계명대학교 화학과 조교수, 부교수, 교수
2015. 1. ~ 2016. 12 (사)대한화학회 대구경북지부장, 본부 이사, 감사
2016.11. ~ 현재 (사)한국과총 대구지역연합회, 부회장
2018.11. ~ 현재 World Journal of Textile Engineering and Technology, Editor in Chief
2020. 5. ~ 현재 International Association of Advanced Materials, Fellow
2020. 8. ~ 현재 Vebleo Society of Materials Science & Engineering, Fellow

[연구실적] 논문 138편, 특허 47건, 저서 20권
[수상실적] 계명대학교 비사상 외 4회, 대구시 문화상(학술상), 국무총리 표창 수상

현유라

2010. 2. 계명대학교 자연대 화학과 이학사
2012. 2. 계명대학교 대학원 화학과 이학석사
2016. 2. 계명대학교 대학원 화학과 이학박사(분석화학)
2016. 5. ~ 2017. 2. 계명대학교 화학과 박사후연구원
2017. 3. ~ 2018. 6. 한국국제대학교 세약공학과 조교수
2018. 9. ~ 현재 계명대학교 화학과 박사후연구원

[연구실적] 논문 16편, 특허 5건, 저서 7권
[수상실적] 대한화학회 및 한국공업화학회 우수논문상 4회 수상

탄소나노소재의 합성 및 응용

1판 인쇄 2021년 6월 15일
1판 발행 2021년 6월 20일

지은이 이창섭, 현유라
펴낸이 홍정수
펴낸곳 탐구당

출판등록 1950. 11. 1 서울 제 03-00993호
140-011 서울특별시 용산구 한강대로62 나길 6
대표전화 (02)3785 - 2211 | 팩스 (02)3785 - 2272
E-mail : tamgudang@paran.com
http://www.tamgudang.co.kr

ISBN 978-89-6499-050-6
값 30,000원